TJAD 建筑工程设计技术导则丛书

酒店建筑设计导则

同济大学建筑设计研究院（集团）有限公司　组织编写

陈剑秋　王　健　编著

中国建筑工业出版社

图书在版编目（CIP）数据

酒店建筑设计导则/同济大学建筑设计研究院（集团）有限公司组织编写；陈剑秋，王健编著. —北京：中国建筑工业出版社，2015.8（2024.2重印）

（TJAD建筑工程设计技术导则丛书）

ISBN 978-7-112-18315-9

Ⅰ.①酒… Ⅱ.①同… ②陈… ③王… Ⅲ.①饭店－建筑设计 Ⅳ.①TU247.4

中国版本图书馆CIP数据核字（2015）第172343号

责任编辑：赵梦梅
责任校对：李美娜 刘梦然

TJAD 建筑工程设计技术导则丛书

酒店建筑设计导则

同济大学建筑设计研究院（集团）有限公司 组织编写

陈剑秋 王 健 编著

*

中国建筑工业出版社出版、发行（北京西郊百万庄）

各地新华书店 建筑书店经销

北京楠竹文化发展有限公司制版

北京中科印刷有限公司印刷

*

开本：880×1230毫米 1/16 印张：21½ 字数：768千字

2016年4月第一版 2024年2月第六次印刷

定价：79.00元

ISBN 978-7-112-18315-9

（34392）

前　言

　　同济大学建筑设计研究院（集团）有限公司（以下简称同济设计集团）产品线技术标准是指导同济设计集团产品线设计工作的标准性、指导性文件，是同济设计集团工程设计的技术支撑。产品线技术标准文件的编制，反映了同济设计集团的工程设计水平和最新研发成果。

　　《酒店建筑设计导则》作为产品线技术标准的一个组成部分，整合了同济设计集团近年来在酒店建筑产品线专业化方向积累的大量工程设计经验，并结合相关理论与研究方法，通过系统地分析和整理而成，对提高同济设计集团在酒店建筑设计的综合技术水平、进一步加强设计人员对酒店建筑设计的理解和掌握，提升设计产品核心竞争力都具有较高的实用和参考价值。作为同济设计集团酒店建筑专业化的关键技术成果，主要在酒店策划与设计流程、功能设施、机电设备、技术措施和实例等方面进行了归纳与整理，对于机电设备、技术措施部分虽非酒店特性的内容，以完整性出发，也一并加以收录，便于系统了解和方便查阅。本导则在使用时应结合国家及各地方技术法规、标准。

　　《酒店建筑设计导则》编制组成员为：主编：陈剑秋、副主编：王健。

　　主要编制人员为：陈继良、孙晔、戚鑫、汤艳丽、姜都、郑毅敏、潘涛、张智力、夏林、严志峰、李丽萍、翁晓虹、朱鸣、刘海生、牟筱童、邹杰、谢亚玲等。

　　本导则审查工作由张洛先担任主审，主要审查人员为：王文胜、江立敏、车学娅、张丽萍、归谈纯、钱大勋、徐桓、杨民等。

　　本导则在编制过程中得到了同济设计集团总裁丁洁民教授的热情指导，各专业总工程师及相关案例设计部门也提供了大量帮助。张韧、张金霞、杨扬、滕晓煜等参与了整书的编写绘制工作。

　　鉴于编者资料收集面及编制水平、时间的限制，本导则对酒店设计的归纳总结尚存缺漏，望读者在使用过程中及时将相关问题整理相告，以便在后续版本中予以充实完善。

酒店建筑设计导则编制组

二〇一五年三月

目 录

第1章 概 述

国际上把给宾客提供歇宿和饮食的场所统称为 hotel，国内市场上对此业态主要采用"酒店"一词，按照不同的习惯和特定领域还有旅馆、宾馆、饭店、度假村等不同称谓，如以住建部主导的法律法规中统称为"旅馆"，国家旅游局主导的法律法规统称为"旅游饭店"，国内建筑设计及相关产品则统称为"酒店"，因此，本导则中统一称呼此类建筑为"酒店"。

随着人类的进步、社会经济的发展，科学文化、技术和交通的发达，带来了世界旅游、商务的兴旺，酒店业也随之迅速发展起来，而且越来越强调酒店特色性、兼容性，越来越专业化。不同人群、不同地域、不同需求的市场要求对酒店的种类和等级也出现明显的差异化，因此酒店建筑设计的专业性更为必要。本导则首先对国外和国内酒店市场运行现状进行归纳，并对酒店的策划和业态配置进行解析，其次对酒店建筑的功能及设施按照区域深入分析，与其相配套的机电设备、技术措施同样作为研究的一部分，最后取不同类型或等级的酒店实例加以分析作为补充。

本章主要对酒店业态的发展、酒店的分类及国际国内主要酒店品牌和酒店管理公司等进行研究。

1.1 酒店的定义

建筑工业行业标准《旅馆建筑设计规范》JGJ 62-2014，"旅馆"定义为：为客人提供一定时间的住宿和服务的公共建筑或场所，通常由客房部分、公共部分、辅助部分组成。我国许多地区也常称其为酒店、饭店、宾馆或度假村。

《旅游饭店星级的划分与评定》GB/T14308-2010，"旅游饭店"定义为：能够以夜为时间单位向旅游客人提供配有餐饮及相关服务的住宿设施，按不同习惯它也被称为宾馆、酒店、旅馆、旅社、宾舍、度假村、俱乐部、大厦、中心等。

国际上对"酒店"的定义是：基于商业的原则，为旅行的公众提供借宿，餐饮和其他服务的建筑物。（不列颠简明百科全书）。

在英文中，通常与"酒店"相对应的词语为"Hotel"，按照不同的定位和侧重点会有不同的词语表示，例如："Resort"、"Inn"、"Suite"、"Lodge"、"Budget"等。

1.2 业态发展概述

1.2.1 国外酒店业发展回顾

酒店业是人类历史上古老的产业之一。在公元前四、五千年，美索不达米亚境内建造了许多神殿，并用来提供宿泊，也许这就是人类最早的宿泊设施。今天我们所理解的"酒店"（Hotel）这一词的含义，通常认为是英国人 18 世纪末才提出来的。国际酒店业的发展分为五个时期。

史前酒店时期

我们把从古代到 19 世纪上半叶之前的宿泊设施的发展定义为近代酒店业的史前时期。这个时期宿泊产业的最突出的特点是：旅馆设施规模小，内容贫乏简陋，服务方式简单而粗糙。

富豪型酒店时期

19 世纪中叶开始，近代酒店业发展进入第二时期——富豪型酒店时期。这时期的酒店主要面向拥有特权的王公贵族，并以他们的趣味爱好作为酒店的经营方针。投资者所关心的是自己的社会名声和社会地位，把出资建造何种酒店作为自己社会地位的注脚。这时酒店的设施是豪华奢侈型的，组织与管理机构是独立的，大规模的。

商用型酒店时期

19 世纪末、20 世纪初，国际酒店业进入了商用型酒店时期，其特点是：酒店直接面向商人或业主，投资者所关心的是如何取得利润，因而其经营方针是以价格为中心；酒店的设备以标准化、方便、低价、考究而著称；组织上采取财务联营制，以追求大规模的利润。

新时期的酒店时期

20 世纪后半叶开始，国际酒店业进入新的历史时期，我们称之为"新时期的酒店时期"。在这个时期中，旅游者的动机、需求、旅游形态等都发生了重大转变，所有这些都大大促进了新时期酒店业的迅猛发展，给酒店经营带来了新的特色，这主要表现为：

1. 各国都在加快发展酒店业。
2. 酒店设置了多种服务项目，以适应旅游形态的转变。
3. 旅游业的发展，使旅游业同酒店、交通运输业同酒店的关系日益密切，从而形成了所谓整体营运的综合体。
4. 酒店规模的日益大型化，使用目的的日益多样化，使酒店的功能也日益多元化。

现代酒店时期

进入 21 世纪，国际酒店业的发展现状具有 2 个特点：

第一，产业规模持续增长。国际酒店业作为旅游服务与商务休闲消费产业，同时也成为集房地产投资、资产保值与增值等多重功效于一体的产业，其规模和水平已经成为全球消费服务产业的主体，国际酒店企业集团之销售收入规模也进入世界大企业行列。

第二，品牌企业逆市成长。根据 2013 年数据，全球酒店集团排名 10 强中，排名次序依次为洲际酒店集团、希尔顿酒店集团、万豪国际酒店集团、温德姆酒店集团、精品国际酒店集团、雅高酒店集团、喜达屋酒店集团、最佳西方酒店集团、如家酒店集团、卡尔森酒店集团。

1.2.2　中国酒店业发展回顾

我国从殷商时代起就有了宿泊设施，距今已有三千余年的历史。我国酒店业的发展分为以下几个时期。

古代酒店时期

据历史记载，中国最古老的一种官方住宿设施是驿站。中国古代驿站是与驿传制度相适应的为信使提供的住宿设施。驿站这一名称，有时专指其初创时的官方住宿设施，有时则又包括了民间旅舍。

我国很早就有了设在都城用于招待宾客的迎宾馆。春秋时期的"诸侯馆"和战国时期的"传舍"，以后几乎历代都分别建有不同规模的迎宾馆，并冠以各种不同的称谓。清末时，此类馆舍正式得名为"迎宾馆"。

古人对旅途中休憩食宿处所的泛称是"逆旅"。以后逆旅成为古人对旅馆的书面称谓。民间旅店在发达的商业交通的推动下，进一步发展为遍布全国的大规模的旅店业。

中国近代酒店的兴起与发展

西式酒店是 19 世纪初外国资本侵入中国后兴建和经营的酒店的统称。这类酒店在建筑式样和风格上、在设备设施、内部装修、经营方式、服务对象等方面都与中国传统酒店有所不同，是中国近代酒店业中的外来成分。

西式酒店的大量出现，刺激了中国民族资本向酒店业投资。从民国开始，各地相继出现一大批具有"半中半西"风格的新式酒店。中西式酒店不仅在建筑上趋于西化，而且在设备设施、服务项目、经营体制和经营方式上亦受到西式酒店的影响。

现代酒店发展时期

酒店业在我国的发展大致可分为三个阶段：

改革开放初至 20 世纪 80 年代末期：入境旅游为导向的酒店业发展阶段。20 世纪 80 年代初期，我国大中城市形成了一批以接待国际游客为重点的旅游涉外酒店；

20 世纪 90 年代：星级化为导向的酒店业发展阶段——1988 年，国家旅游局推出了酒店星级评定制度，酒店业的发展逐渐从旅游涉外定点建设过渡到星级酒店建设，酒店业态多元化发展的态势开始显现；

21 世纪以后：多业态为导向的酒店业发展阶段——入世后特别是进入 21 世纪以来，酒店业进入一个新的时期，业态逐步丰富、完善。

1.2.3 全球酒店集团规模排名

酒店业调研和咨询公司 MKG Group 的报告显示，在 2013 年全球最大型的酒店集团和酒店品牌的排行榜当中，美国的酒店集团公司继续保持主导地位，其次是欧洲的酒店集团公司。排名第一的仍然是英国的酒店集团洲际酒店集团，希尔顿酒店集团则再次力挫温德姆酒店集团，前者稳坐它去年所获得的第二名的位置。万豪国际酒店集团紧随其后，排名第三。温德姆酒店集团依然将重心放在美国市场，它正寻求在全球市场实现增长。截至 2014 年，精品国际酒店在全世界近 100 多个国家连锁经营 6000 多家酒店，房间总数超过 50 万间套。雅高酒店集团凭借其子品牌、租赁协议及其所管理的酒店，在全球酒店运营商的排行榜上继续保持首位。喜达屋酒店集团 2013 年在全球 22 个国家与地区成功开设 74 家新酒店，尤其拓展了在新兴市场的布局。最佳西方国际集团是全球单一品牌最大的酒店连锁集团，酒店分布在全球近百个国家和地区，超过四千两百个酒店成员。增长最为快速的酒店集团是中国的如家酒店集团，2013 年其客房数量增长了 21%。卡尔森酒店集团是全球规模最大、最具发展活力的酒店集团之一，计划在 2015 年前，集团旗下开业和在建的酒店总数提高至近 1500 家。锦江国际酒店以完善的综合酒店服务及独特的业务模式享誉全国；海外业务方面，锦江酒店持股 50% 的美国洲际酒店集团在全球十个国家管理了近 400 家酒店。全球主要酒店集团 2010 ～ 2013 年房间数与酒店数如表 1.2-1 所示。

2010 ～ 2013 年全球主要酒店集团规模排名　　　　　　　　　　　　　　　　　表 1.2-1

公 司	2013 年			2012 年			2011 年			2010 年		
	排名	房间数	酒店数	排名	房间数	酒店数	排名	房间数	酒店数	排名	房间数	酒店数
洲际酒店集团	1	675982	4602	1	658348	4480	1	654348	4480	1	647161	4437
希尔顿酒店集团	2	652378	3992	2	631131	3861	3	633238	3843	4	604782	3671
万豪国际酒店集团	3	638793	3672	3	622279	3595	2	643196	3718	2	618104	3545
温德姆酒店集团	4	627437	7342	4	613126	7205	4	613126	7205	3	612735	7107
精品国际酒店集团	5	497023	6198	6	502460	6203	6	497205	6178	6	495145	6142
雅高酒店集团	6	450199	3515	5	531714	4426	5	531714	4426	5	507306	4429
喜达屋酒店集团	7	328055	1121	7	315346	1076	7	321552	1090	7	308735	1041
最佳西方酒店集团	8	311611	4024	8	295254	4018	8	311894	4086	8	308692	4038
如家酒店集团	9	214070	1772	10	176562	1426	11	176824	1426	13	93898	818
卡尔森酒店集团	10	166245	1077	11	165802	1077	12	165663	1076	10	162143	1064
锦江国际集团	11	165293	1190	9	214796	1401	9	193334	1243	12	107019	707

旅游业现在已经成为所有行业中规模最大、发展最快的一个行业。初步预计到 2022 年，全球从事旅游业的就业人数就将达到 32800 万人，而这一数据还将不断增加。另一方面，全球游客数量也急剧增加，以美国、中国最为明显。分析预计至 2018 年，国际游客数量将会比现在增长 30% 左右。与旅游业息息相关的酒店业，其发展第一趋势便是要求酒店从注重量变到质变，细化酒店市场分割，提供本土化服务。

中国酒店业 30 年间已经从引进、模仿开始走向自主品牌的时代，正迅速和国际化接轨。当前中国酒店市场的格局呈现出国际品牌酒店和国内异军突起的本土品牌酒店、众多的单体酒店等展开博弈和竞争的态势。

1.2.4　业态发展趋势

对于酒店业发展的趋势，概括为如下十大方面。

市场成熟推动酒店服务品质升级。

尽管规模扩张仍然是诸多国家酒店，尤其是新型酒店市场的主要特征，但从全球来看，产业结构调整和升级是最主要的趋势。主要体现在对服务品质的重新解读和服务品质标杆的不断提升。

新型旅游业态催生差异化酒店产品。

随着产业融合发展，新型业态不断出现。在传统酒店商务、旅游、会议等基本产品基础上，针对健康旅游、医疗旅游、生态旅游、美食旅游、文化旅游、油轮旅游等新型旅游消费的酒店产品日新月异。各种类型的城市商务主题酒店、休闲养生酒店、绿色酒店等成为品牌延伸的新亮点。同时，城市商务酒店运营模式也不断创新，常住型酒店、产权酒店等形成差异化酒店业态。这一业态也改变了酒店重资产及长线投资的房地产投资模式。

社会文化及生活方式的转变促进酒店产品革命，体验式消费成为主流。

世界正在经历历史上最大和最快速的社会变革。人口结构、家庭结构、价值观念等正在全面改变我们今天的生产和生活方式。其中，两极市场值得特别关注。第一，人口的老龄化时代已经来临。酒店业必须适应这一趋势，发展老年公寓、酒店型养老机构、第二住宅等新型业态；第二，人口结构的变化导致全球消费转型正在发生。人们对休闲、文化、艺术等体验型消费的需求进一步提高，个性化、差异化和体验型酒店产品成为主流趋势。

产业集中度提升催生酒店集团品牌发展。

如同任何产业发展轨迹一样，酒店产业集中度也进一步加强。以美国为例，酒店产业 C8 指数达到了 60%。目前我国这一数据尚不足 10%。随着产业集中度提升，通过对核心品牌的向上和向下延伸，国际酒店集团纷纷走向多品牌发展之路。例如，万豪酒店集团品牌谱系达到 16 个，雅高集团品牌谱系达到 15 个，从奢华品牌到廉价经济等酒店，喜达屋集团品牌谱系 9 个，希尔顿集团品牌谱系 9 个。除此之外，一些国际集团在跨国经营的过程当中，为了新兴市场而量身订制的品牌也在不断涌现。

竞争加剧产业一体化进程。

作为进入壁垒低、竞争充分的酒店产业，一体化进程正在加速进行。酒店产业重组、并购越来越多。2010 年，全球酒店交易量上升 20% ~ 40%。与此同时，中国酒店企业随着实力提升，也将快速进入资本运营时代。据预测，未来5 年中，国际品牌与本土品牌的互相并购、非传统产业对酒店产业的兼并等都将成为潮流。在一体化进程中，企业将从微观运营管理过渡到企业战略管理，成本领先战略、差异化战略、重点集中战略等将得到充分运用。酒店业内集中战略领先企业四季酒店的豪华帐篷和万豪的延长居留酒店等。

经济危机迫使酒店产业更加关注运营成本及企业债务，服务共享与第三方服务成为趋势。

受全球经济危机影响，通过短期性战略获得盈利也十分普遍。主要包括减少部分服务、服务共享与外包经营、增加市场份额及顾客忠诚、开展草根营销与社交网络、提供团队与商务旅行灵活性等。此外，第三方市场营销服务、第三方安全审计及监管等被越来越多地采纳。由此催生出酒店产业服务衍生市场的发展。在区位选择上，将酒店集团数据处理中心转移至低成本地区的服务外包将出现。

组织文化和价值观成为酒店成功的关键。

单体酒店的成功多依赖于企业家精神和职业经理人个体性努力，而酒店企业集团的可持续发展则取决于酒店所创立的企业文化和价值观。国际酒店公司已经将如何打造健康企业提到格外重要地位。对于现在酒店产业所存在的劳动力素质及待遇问题需要亟待解决，否则，酒店产业的群体性信心缺失将使得行业吸引力进一步下降。如果这一趋势持续下去，酒店产业将呈现高资本和低知本特征，行业的内部创新能力将枯竭。对此需要引起全行业的高度关注。

技术变革导致酒店产业的革命改变。

技术正在改变着整个世界，也改变着我们习以为常的传统产业模式。如今，单体酒店的营销依赖于 PriceonLine，Expedia 等公共网络。我国的携程、到到网等也引领酒店的营销模式转型。目前酒店技术主要集中在网络预订、网络宣传和优化管理流程上。根据预测，到 2020 年随着旅游电子商务的发展，基于技术的酒店业将出现以下 6 个特征：第一，旅游者实时连接。客人通过新一代无线通信工具，将与酒店实现 B2C 的实时无缝连接；第二，旅游者体验。通过更加高效的网络服务来为旅游者提供更加个性化的信息和体验；第三，社交世界与 Web2.0 微博的普及，如国际上通用的脸谱、Twitter 等。网络论坛等将成为营销的主要工具；第四，基于地点和内容的信息获取。例如，通过谷歌地图来为顾客提供更充分的酒店信息；第五，延伸现实。通过数据挖掘和存储等技术来丰富和延伸旅游信息；第六，物联网环境下的酒店生活。随着物联网在酒店的普及，将使酒店的产品和服务更加丰富。

企业社会责任成为酒店核心价值观。

随着企业外部经营环境的变化，如企业面对日益增强的利益相关者诉求和压力、消费者生态环境的恶化及全球气候变化等因素，企业在社会道德、保持就业、维护社会稳定、环境保护、消费安全、国家品牌及竞争力建立等方面需要承担的社会责任也日益增强。同时由于新闻传播对企业的高度关注，国内外企业丑闻的不断出现，越来越多的企业开始从战略层面来研究和推行相应的社会责任计划以树立企业形象。国内外旅游企业也越来越多地重视其社会角色和社会责任。丽思卡尔顿志愿者组织，洲际的绿色能源计划等。

全球化时代中的全球本土化运营。

我们生活在一个全球化的时代，国际酒店集团跨国经营已经将全球的酒店产业紧密联系在一起。目前前 10 位的国际酒店集团国际化比例已达到 30 个国家和地区以上。如果说最初的国际集团跨国经营是为了更好地为国际客人提供服务，今天，国际集团则更重视本土市场，中国的五星级酒店国内客人比例将达到 80%；与此同时，旅游者对原真性体验的追求也促使国际酒店企业在强调标准化、统一性的同时，更加关注在酒店设计、建设、服务、管理等方面融合本土文化，更加尊重本土价值观念。全球本土化成为未来酒店业发展的方向。

1.3 酒店分类

1.3.1 按功能类型分类

国际相关组织、国内规范标准和行业内对酒店按照功能类型分类各有侧重，体现出不同的发展模式，但是各种分类方式相互交叉，相互补充，丰富了酒店市场。

1.3.1.1 国际的分类

国际上有影响力的十大酒店集团中，洲际酒店集团、希尔顿酒店集团、万豪国际酒店集团、温德姆酒店集团、精品国际酒店集团、雅高酒店集团、喜达屋酒店集团以及卡尔森酒店集团，通常将旗下的子品牌按定位划分为四类：酒店（Hotel）、度假酒店及度假村（Resort）、客栈或公寓（Inn）、全套房酒店（Suite）。

酒店（Hotel）： 一种提供短期投宿的建筑设施。

度假酒店及度假村（Resort）： 一种用来放松或娱乐，吸引游客度假或旅游的场所。度假酒店或度假村通常是某些特定的场所和由一些公司管理的商业实体。

客栈或公寓（Inn）： 旅行者可以投宿和得到基本的餐饮服务的设施或建筑物，通常位于乡村或公路旁。

全套房酒店（Suite）： 全套房酒店在设计上把宴会厅、会议厅、豪华餐厅等额外功能设施所占用的空间分配到客人真正需要的客房中，从而使每套房间都具有独立的客厅和卧室。在服务配套功能上，全套房酒店更加注重于现代商务和休闲度假客人对现代信息技术和休闲设施设备的需求。

1.3.1.2 中国的分类

根据国家《旅馆建筑设计规范》，旅馆按经营特点分为：商务型旅馆、度假型旅馆、公寓式旅馆等。

《旅游饭店星级的划分与评定》GB/T14308-2010对旅游饭店的定义中明确："以间（套）夜为单位出租客房，以住宿服务为主，并提供商务、会议、休闲、度假等相应服务的住宿设施"。即酒店分为商务、会议、休闲、度假等类型。

1.3.1.3 行业的其他分类

在酒店行业中，按照不同的服务对象和地理位置可以分为：分时度假酒店、设计酒店、主题酒店、选择性酒店、汽车酒店、机场酒店、赌场酒店、游乐城酒店、SPA温泉酒店等业态类型。

分时度假（Timeshare）：把酒店或度假村的一间客房或一套旅游公寓的使用权分成若干个周次，按10至40年甚至更长的期限，以会员制的方式一次性出售给客户，会员获得每年到酒店或度假村住宿7天的一种休闲度假方式。并且通过交换服务系统会员把自己的客房使用权与其他会员异地客房使用权进行交换，以实现低成本的到各地旅游度假的目的。

设计酒店：是指采用专业、系统、创新的设计手法和理念进行前卫设计的酒店。是酒店产品的特殊形态，是酒店业发展高级阶段的产物，是设计文化与酒店文化高度融合的社会人文现象，具有独一无二的原创性主题，且不局限于酒店项目的类型、规模和档次。

主题酒店：是以某一特定的主题，来体现酒店的建筑风格和装饰艺术，以及特定的文化氛围，让顾客获得富有个性的文化感受；同时将服务项目融入主题，以个性化的服务取代一般化的服务，让顾客获得欢乐、知识和刺激。历史、文化、城市、自然、神话童话故事等都可成为酒店借以发挥的主题。

选择性酒店：这种酒店有特别的意义，酒店对住店客人有特别的选择和规定，有的只接待男客，有的只接待女客，有的因宗教或种族不同而选择住客，如日本的儿童旅馆，美国马丁·诺尔顿开办的老人旅馆，德国柏林库夫斯特专为残疾人开设的"世界旅馆"等。

汽车酒店：多数坐落于主要公路旁或岔路口，向住店客人提供食宿和停车场，其设施与商业酒店大致一样，所接待的客人多数是利用汽车旅行的游客。这类酒店在公路发达的西方国家较为普遍。

机场酒店：设立在机场附近，便于接待乘机客人。多数住客是由于某种原因，如飞机故障、气候变化、飞机不能按时起飞，或客人只是转机，不想进城等造成必须在机场滞留而住店。机场酒店的设施与商业酒店大致一样。

赌场酒店：以赌场赌客为主要经营对象的酒店类型。通常设于赌场附近或赌场内部。

游乐城酒店：以游乐城观光客为主要经营对象的酒店类型。通常设于游乐城附近或游乐城内部，并在酒店设计和装修中充分汲取了游乐城内所展示的主题元素，是游乐城的有益延伸产品。

SPA温泉酒店：温泉酒店是以温泉养生及水疗为主题，并集餐饮、住宿、会议、康体、娱乐等多功能于一体的休闲度假酒店。酒店通常位于风景秀美的旅游度假胜地，因此建筑设施须融汇当地独特的建筑风格和人文风貌。

1.3.1.4 本导则按功能类型的分类

为了满足各类旅客的不同需要和盈利模式，酒店市场不断细分，出现了各种针对不同对象和盈利要求的酒店业态，促进了酒店业的繁荣发展。就整个酒店业市场而言，商务型、会议会展型、度假型酒店和度假村以及公寓式酒店构成了整个行业的主体，各自均具有鲜明的特性，因此作为本导则的分类标准。

商务型酒店

商务型酒店是指以商务活动和商务旅客接待为主要业务的酒店。随着经济全球化的不断深入和发展，跨国跨地区的经济交流与合作正以不可遏制的势头向前发展，商业活动日益频繁，商务酒店的市场定位日益明确，已快速形成了自己的市场，并成为酒店业的一种重要形态。

同其他类型酒店相比，商务型酒店有以下特点：

客源导向

客源导向是区分商务酒店与非商务酒店的基本标准，即商务客人在酒店客源结构中占有绝对主导的份额。

产品导向

1. 强化商务功能，完善商务设施

商务型酒店是因商务活动或公务活动而入住的酒店。酒店尽可能满足商务客人在酒店内开展商务活动的需要，提供完善的商务设施和全方位的便捷服务。如在酒店的任何地方包括餐厅均可以上网；配备传真、复印、语言信箱视听设备等；提供各种先进的会议设施方便客人召开会议。客房内设施设备符合办公需求，如配置打印机、网络接口等，设置以智能化服务为平台、集电视、上网、VOD、账单查询、快速结账、餐厅点菜以及网上购物等为一体的液晶数字电视和无线键盘使用功能等。

2. 强化产品服务舒适度

商务客人对入住酒店的睡眠、休息要求较高。考虑到客人需求的特殊性，商务型酒店应注重服务产品的舒适度，帮助客人缓解疲劳。如，按高标准配置床垫及床上用品、洗浴设备等；提供丰富的餐饮选择；提供一定的娱乐设施。

地理位置

商务酒店的地理位置所应具有的优越性为：交通便利，临近商务密集区（如 CBD），方便客人参加各种商务活动和会议，能接触到一些潜在的商务合作对象；酒店周围有特色餐厅和休闲场所，方便客人宴请宾客和办公结束后的休闲活动。

价格定位

商务客人对酒店的选择注重品牌和档次，以体现企业形象和自身身份。同时，也考虑出差费用的限制，会选择性价比高、有品味、有特色的酒店。由于商务型酒店不论在酒店设施设备的配备上还是提供服务的质量上都高于一般酒店，因此商务酒店的价格一般要高于同级别的其他酒店。

服务

商务客人尤其是国际商务客，大多受过高等教育，对服务的要求较高，有时要求酒店提供与其商务活动相关的各种服务，如秘书、管家服务等。因此，高端商务型酒店还应善于挑选、培训酒店职业经理人员和专业技术人员为商务客人提供尽善尽美的专业服务。

会议会展型酒店

中国旅游酒店业协会在《会议酒店建设与运营指南》中对会议型酒店的定义："会议型酒店即以会议作为主要市场定位，并具有相配套的住宿、餐饮、会议、展览及相关服务等功能的单体酒店建筑。"会议酒店是酒店功能与会议场所功能的叠加融合与提升，主要市场目标是各类会议，包括专业的会议场所、设备设施、管理和服务人员、会议服务及相关配套设施服务等。随着越来越多的会议带有小型展览会的特有属性，会议酒店开始逐步提供会展专业服务。此外，会展具有人流量大的特征，可为酒店提供丰富的客源基础，较高的会展水平也有利于酒店知名度的提高，为酒店发展创造有力的竞争环境，因此，很多会议酒店逐步发展为会议会展酒店。会议会展酒店同时具有会议酒店、会展酒店的特点：

1. 根据会议会展功能、地点、交通、设施等要素定位。

会议会展酒店应从自身出发，考虑地点、交通、设施配置等因素。如拉斯维加斯会展业成功地将自己定位于优越的综合交通和配套设施，形成核心竞争优势。切实有效的市场定位要求酒店对自身优越的资源加以充分利用，结合市场的需求和变化，寻找突破口。

一般来说，会议会展地点的选择是会议组织者要考虑的首要问题。随着快节奏的城市生活带给人们的压力越来越大，许多以本地客人为主的会议，其举办地点倾向于选择城郊的酒店，会议成员既能在空气清新、环境优雅的度假酒店举行会议，又可暂缓城市工作压力。

2. 在硬件功能上有统领酒店与会展两个领域的能力。拥有展厅，是成为会展酒店所需具备的首要条件；加强硬性及软性环境建设以满足会展需求，如配备专门为会议、展览和特别宴会而设计的专有设施、会场和展场。此外，客房数量、餐饮以及酒店员工的会展经验也是展览举办组织挑选酒店时考虑的重要因素。

3. 为会展营造较佳的外部环境。如使酒店坐落于城市会议中心的附近，方便与会者能够很方便地抵达会场。或者依托得天独厚的自然环境，充分利用自然景观和人文资源，积极开发娱乐休闲产品，形成休闲度假的功能，增强酒店的吸引力。

4. 有专门负责会议会展接待、策划的部门。这些部门可以向客人提供亲切、贴心的一站式服务，从会议、会展的组织与安排、会场布置、展览会策划、视听设备的维护与管理、相关方协调等到安排旅游日程、节目演出等，力求每一个细节的完美。

度假型酒店和度假村

度假酒店是以接待休闲度假游客为主，为休闲度假游客提供住宿、餐饮、娱乐与游乐等多种服务功能的酒店。度假酒店大多远离市区，建在滨海、山野、林地、峡谷、乡村、湖泊、温泉等自然风景区附近。度假酒店的经营有较强季节性，对酒店区域内的环境设计和娱乐设施的配套要求高，讲究人与自然的充分融合。

度假酒店一般可分为：目的地度假酒店、城市度假酒店、主题度假酒店。

1. 目的地度假酒店位于自然风光优美的地方，环境和酒店本身对旅游者而言就是主要休闲度假场所，顾客大部分是自助旅游者。

2. 城市度假酒店配备的娱乐设施和目的地度假酒店相似。其顾客一般在短暂的假期或双休日入住。这类酒店主要为游客提供参与文化活动、购物体验、娱乐和博物馆、名胜古迹的游历。

3. 主题度假酒店主要为顾客提供更多在其他已有度假酒店中无法体验的经历。这类酒店在提供各种娱乐服务的同时，通过创造扩展某种主题，以吸引某一特定类型的旅行者。

度假村是在度假型酒店基础上增加了度假别墅与会议中心等功能而形成的一个能够吸引游客在假期和闲暇时间前来放松、娱乐、休假的区域，一般由一定的自然资源和为游客提供休闲娱乐配套服务的建筑群以及配套设施组成。度假村内通常设有多项设施以满足客人的需要，如餐饮、住宿、体育活动、娱乐、购物以及会议等。度假村坐落位置的选择，必须首先满足度假需求；其次必须提供全套的娱乐服务设施。

按照度假村的资源不同，一般可分为：温泉度假村、海滨度假村、高尔夫度假村、滑雪度假村、乡村度假村、滨湖度假村和森林度假村等。国际知名的度假村品牌有万豪、悦榕庄、ELEMENT 等。

度假别墅。是度假村住宿功能的主要载体和重要提升，度假别墅的品质是一个度假村好坏的主要体现方式之一。相对于居家别墅，度假别墅在自然景观、空间隔离、私密性、装修布局等方面要求更加严格，在建筑风格上度假别墅更加艺术、更加原生态。

会议中心。为了应对公司团队客户的商务要求，度假村一般设有会议室，具备承接大小会议的功能。此部分可以单独设置，也可以设于度假酒店之内。

国际酒店品牌中主要的度假酒店及度假村有安缦集团和悦榕庄集团旗下的悦榕庄度假村、悦椿度假村。

公寓式酒店

公寓式酒店是设置在酒店内部，以公寓形式存在的酒店套房。其特点有：

公寓式布局。有居家的格局和良好的居住功能，有厅、卧室、厨房和卫生间；

配有全套家具与家电，能够为客人提供酒店的专业服务，如室内打扫、床单更换及一些商务服务等。

公寓式酒店本质上是非住宅的酒店类物业，整个物业由一个机构或公司进行投资再交由一家专业酒店公司进行运营。

本导则的研究重点是商务型酒店，兼顾会议会展型和度假型酒店，其他类型酒店可参考本导则 2.2.2 小节进行设置。

根据对国内酒店评级对象的分析和归纳，所有参与评级的酒店类型：商务型酒店、会议会展型酒店、度假酒店及度假村、公寓式酒店的类型特征如表 1.3-1 所示。

各种类型酒店的类型特征　　　　　　　　　　　　　　　　表 1.3-1

酒店类型	选址条件	目标客群	酒店规模	主要功能模块及功能设施特点
商务型酒店	位于城市中心地区、中央商务区等	商务客人	250 间客房以上	具备大堂区、会议区、餐饮区、康体娱乐区、客房区、行政区等
		旅游客人		商务活动所需的设备设施一应俱全
会议会展型酒店	位于大都市，政治、文化中心城市，游览胜地等	各种会议团体	500 间客房左右	在商务型酒店基础上强化会议展览功能
				接待国际会议团体的酒店，要求具备同声传译装置，同时还能够提供专业的会议服务

酒店类型	选址条件	目标客群	酒店规模	主要功能模块及功能设施特点
度假型酒店及度假村	位于旅游风景胜地	休闲度假客人	200间客房以上	在商务型酒店基础上增强娱乐功能
				通常开辟各种娱乐体育项目,如滑雪、骑马、狩猎、垂钓、划船、潜水、冲浪、高尔夫球、网球等
公寓式酒店	可选在交通发达的城市商务、金融等地区,也可选在交通发达、配套设施齐全的成熟社区周边	在某地需逗留较长时间和追求住家式环境的旅游和商务客人等	以一室一厅为主,配备少量二室一厅和三室一厅等	有居家的格局和良好的居住功能
				配有全套家具与家电,能够为客人提供酒店的专业服务
				除客房区外其他功能最小化设置

根据酒店业态不同,服务对象不同,延伸出的特殊酒店类型,其基本功能定位应属于上述一种或多种类型,如设计酒店可以是商务型、会议会展型,也可是度假型酒店,主题酒店、SPA温泉酒店多为度假型酒店,机场酒店属于商务型酒店。

1.3.2 按等级分类

现今世界各地对于酒店涌现出许多独立评级制度,但迄今为止世界上不存在任何一种统一的官方的标准。部分国家采用自己的官方评级制度,其中包括美国、英国、法国、日本、韩国、澳大利亚、奥地利、比利时、希腊、印尼、意大利、墨西哥、荷兰、新西兰、西班牙及瑞士。中国也有一套详细的评级标准。评级可确保一定水平的设施和服务,但却难以比较国与国之间的评级标准。

国际性酒店管理公司基于其常年的运作及国际化的分布,逐渐形成了相对统一的标准体系。

1.3.2.1 各国家的分类

根据全球范围酒店品牌运营状况,简要介绍其中几种具有影响力的评级标准。

美国标准

1. AAA 钻石评级

AAA 评级是美国及加拿大旅游业内对酒店物业最全面可靠的分类系统之一,可在 Apollo/Galileo 及 AAA 的会刊查阅。

★——符合所有条文的要求。产品或服务洁净、安全及维修良好。

★★——拥有达一颗钻石水平的同时在房间陈设及家具方面显示明显改善。

★★★——在实质性、服务及舒适度方面具有明显升级。提供充足的额外款待、服务及设备。

★★★★——反映出优异而细致的亲善服务,同时提供高档的设备和一系列的额外款待。

★★★★★——设备及运作反映无懈可击的标准及卓越水平,同时超越顾客对亲善态度和服务的期望。

自 AAA 五颗钻石分级制度于 1977 年推出以来,共有五家物业可以长期维持最高级别,包括位于阿亚桑那州 Scottsdale 的万豪 Comelback Inn 宾馆。至 1998 年,共有 57 家酒店,包括 12 家丽思卡尔顿酒店(Ritz Corlton)获授五钻评级。

2. 美孚(Mobil)旅游指南星级服务评定

按照这种针对美国国内的评级服务,隐名的评判员会造访各个物业,并将读者意见纳入考虑。一星表示可提供舒适的晚间住宿。三星表示具备专业管理并且设施齐备,其住宿服务绝对卓越而且设施完备。五星意味着是美国最佳的酒店之一,所有层面全部使人难忘。

美孚的星级评级制度简列如下:

★——良好,凌驾一般酒店

★★——非常好

★★★——优异

★★★★——出众,值得专程一试

★★★★★——全国最佳之一

英国标准

英国汽车协会（AAGB），住宿以"星星"为标志，从一颗星、两颗星、三颗星、四颗星到五颗星，餐饮则以"蔷薇"为标志。

法国标准

官方的评鉴采用"星"为符号，从一颗星、两颗星、三颗星、四颗星到豪华四星，没有五星这一级，是因为旅馆为了节税，而自动降级。非官方以"米其林轮胎公司观光部门"为依据，住宿以"洋房"为等级，餐饮则以"汤匙及叉子"为标志。

日本标准

日本的酒店没有权威机构鉴定的星级标准，一般说的几星级是旅游业界为了方便外国游客，参考国际标准而大致定下来的一个说法。与中国星级酒店的标准相似，但面积没有中国相同级别的酒店宽敞。

韩国标准

韩国酒店是以花朵来作为级别评定标准，花朵为无穷花，是韩国国花的象征，四星级为四花酒店，五星级为五花酒店。韩国的酒店设施基本上比国际酒店低一些，比如四花酒店，可以看成是国际三星级酒店即可，五星级又分为普通五花和特五花酒店，普通五花相当于国际四星级，特五花相当于国际五星级。

东南亚标准

东南亚酒店没有官方公布的星级标准，没有挂星制度；一般所标明的星级标准为泰国当地行业参考标准，普遍比国内同级酒店略差。

中国标准

1. 根据国家《旅馆建筑设计规范》，以及旅馆的使用功能，按建筑标准和设备、设施条件，将旅馆建筑由低至高划分为一、二、三、四、五级 5 个建筑等级。

2. 根据《旅游饭店星级的划分与评定》GB/T14308-2010，酒店按等级标准以星级划分，分为五个等级，即一星级、二星级、三星级、四星级、五星级（含白金五星级）5 个标准。

中国酒店星级的评选标准满分为 600 分，分为前厅、客房、餐饮、其他服务、安全设施及特殊人群设施、饭店总体印象、员工要求 7 个大项。各大项分若干小项，除特殊说明外，对一至五星级饭店均适用。

2003 年国家标准《旅游饭店星级划分与评定》提出白金五星级评定标准，2006-2008 年开展白金五星级饭店创建试点，2007 年推出首批全国共三家"白金五星级饭店"，这三家白金五星级酒店有北京中国大饭店、上海波特曼丽思卡尔顿酒店、广州花园酒店。而此后，2009 年开始修订标准，目前施行的 2010 年版本中，在前言中明确表示："白金五星级标准另行制定"。

香港：香港政府只要求酒店的业主为其所拥有的酒店物业领取营运牌照，并没订下酒店的评星标准；旅游发展局及酒店业协会只以酒店标准房间的价格，将本地酒店划分为高、中、低价酒店，亦没有制订一套评星标准供酒店业界使用。

澳门：澳门酒店星级由澳门特别行政区政府旅游局将辖区内的主要酒店划分为五星级豪华酒店、五星级酒店、四星级酒店、三星级酒店、二星级酒店。

台湾：国际观光旅馆分为五朵梅花级和四朵梅花级，一般观光旅馆为三朵梅花级和二朵梅花级。

1.3.2.2 行业的分类

在世界范围内，酒店按照其提供的服务和客房的档次可以分为五类：一是顶级豪华型酒店，提供全面的专业优质服务和豪华舒适的客房；二是高级酒店，包括所有完全服务酒店，该类酒店大部分拥有商务会议设施，通常拥有 300 到 500 间客房；三是中高级酒店（有餐饮），此类酒店大部分位于市内或高速公路旁，一般拥有的房间数量少于 300 间；四是中级酒店（无餐饮），该类酒店主要针对休闲度假旅客，位于市内或高速公路旁，房间数量通常小于 150 间；五是经济型酒店，此类酒店绝大部分为连锁经营，位于郊区，高速公路和旅游景点附近，客房数量较少。

华盛国际（HVS）在欧洲和美国出版的《酒店品牌等级分类表》，已经成为海外投资基金在资本市场上投资参考的重要依据，是投资酒店最直接的投资手册。以下为 H&P 所出版的《国际酒店品牌等级分类表》。该分级标准与上述通用的五种分类方法相似，唯一不同的是将豪华型酒店再细分为奢侈豪华和豪华两级，因此为六个等级。近年来，第一类 LUXURY 的品牌开始越来越多地进入中国。以下为 H&P 将一百多个国际酒店品牌按等级分为六个等级：

1. LUXURY——奢侈豪华，包含高于五星级档次的各种类型酒店。

2. UPPER UPSCALE——豪华，相当于五星级。

3. UPSCALE——高档，相当于四星级。

4. MIDSCALE W/ F&B——带餐饮的中档，相当于三星级。

5. MIDSCALE W/O F&B——无餐饮的中档，相当于二星级。

6. ECONOMY——经济型，相当于一星级。

1.3.2.3 本导则按等级的分类

按星级评定：

根据国内现有标准，本导则将大量涌现的高于五星级酒店标准的酒店按照国际惯例划分为豪华五星级，即豪华五星级、五星级、四星级、三星级、二星级、一星级六个级别。本导则以五星级为研究重点，兼顾豪华五星级、四星级，其他等级酒店则可作相应参考，设计时根据相应情况作相应调整。

一星级酒店

适用性酒店，强调客房和卫生、安全管理。

二星级酒店

经济型酒店，强调客房，兼顾前厅、餐饮服务和安全、卫生、方便性管理。

三星级酒店

中档酒店，强调规范、舒适及基本设施、服务项目的配置。

四星级酒店

高档酒店，强调设施与服务的专业化水平，重视硬、软件的整体效果。

五星级酒店

豪华型酒店，强调整体豪华与全面服务，重视文化建设与服务、管理的内在品质。

豪华五星级酒店

奢侈豪华型酒店，强调整体豪华与全面服务的享受性，重视运营理念建设、人性化服务以及管理的内在品质。

不参加星级评定：

对于不参加星级评定的酒店，划分为豪华精品酒店、精品酒店与经济型酒店。

经济型酒店

经济型酒店是相对于传统酒店而存在的一种酒店业态，以价格和设施差异为主要区分标准。服务对象以大众旅行者、中小商务者、工薪阶层等为主，以客房为唯一或核心产品，价格低廉，服务标准，舒适方便，硬件上乘，性价比高。由于产品功能简单，因此价格较低；讲究服务的有效性，即提供有限服务；一般采取连锁经营的方式以达到规模经济。

精品酒店

精品酒店（Boutique Hotel）通过提供独特、个性化的居住和服务水平与传统高星级酒店加以区分。强调"小而精致"：小是指客房数量少；精致则是指内部装修豪华或具有特色。个性化服务是精品酒店的本质特征，如将创造性的设计与历史场景结合，创造独一无二的人文环境等。精品酒店通常以某种特定的主题为核心，以个性化的具象存在为服务对象提供物质享受，并产生精神感染力。

豪华精品酒店

豪华精品酒店较精品酒店在主要功能模块设置上与精品酒店大致相同，各功能实施的档次及装修豪华程度较精品酒店更加豪华，在服务方面，更加体现人性化、个性化和情感化，对酒店的氛围营造和文化理念体现得非常突出。

星级酒店的类型特征

表 1.3-2

星级	选址条件	目标客群	酒店规模	主要功能模块及功能设施特点
一星级	中小城市及郊区交通便利区域	对消费价格有限度的商旅客人	应有至少 15 间(套)可供出租的客房	客房模块：适应所在地气候的采暖、制冷设备、各区域通风良好的客房
二星级	中小城市郊区交通便利区域	对消费价格有限度的商旅客人	应有至少 20 间(套)可供出租的客房	客房模块：适应所在地气候的采暖、制冷设备、各区域通风良好的客房；至少 50% 的客房配卫生间
				餐饮模块：提供简单的早餐服务的餐饮设施
三星级	中等城市交通便利区域	对消费价格接受度尚可的商旅客人	应有至少 30 间(套)可供出租的客房	客房模块：应有单人间、套房等不同规格的房间配置
				餐饮模块：应有与饭店规模相适应的独立餐厅等公共设施
				大堂模块：大堂区域应设宾客休息场所、男女分设间隔式公共卫生间
				会议模块：应提供与酒店接待能力相适应的宴会或会议服务
				娱乐模块：康乐设施等功能齐全
四星级	大中城市交通便利区域	对居住和餐饮有一定要求的商旅客人	应有至少 40 间(套)可供出租的客房	客房模块：70% 客房的面积(不含卫生间)应不小于 20m²；应有标准间(大床房、双床房)，有两种以上规格的套房(包括至少 3 个开间的豪华套房)，套房布局合理
				餐饮模块：应有布局合理、装饰设计格调一致的中餐厅；应有位置合理、格调优雅的咖啡厅(或简易西餐厅)。提供品质较高的自助早餐
				大堂模块：应有商务中心，主要大堂区域应有男女分设的间隔式公共卫生间，环境良好
				会议模块：应有至少两种规格的会议设施，配备相应设施并提供专业服务
				娱乐模块：应有康体设施，布局合理，提供相应的服务
五星级	大型城市中心地带	对居住、餐饮、娱乐和环境有一定要求的商旅客人	应有至少 50 间(套)可供出租的客房	客房模块：应有至少 50 间(套)可供出租的客房；70% 客房的面积(不含卫生间和门廊)应不小于 20m²；应有标准间(大床房、双床房)，残疾人客房，两种以上规格的套房(包括至少 4 个开间的豪华套房)，套房布局合理；装修豪华，具有良好的整体氛围
				餐饮模块：各餐厅布局合理、环境优雅、空气清新，不串味，温度适宜；应有装饰豪华、氛围浓郁的中餐厅；应有装饰豪华、格调高雅的西餐厅(或外国特色餐厅)或风格独特的风味餐厅，均配有专门厨房；应有位置合理、独具特色、格调高雅的咖啡厅，提供品质良好的自助早餐、西式正餐。咖啡厅(或有一餐厅)营业时间不少于 18h；应有 3 个以上宴会单间或小宴会厅。提供宴会服务，效果良好；应有专门的酒吧或茶室
				大堂模块：功能划分合理，空间效果良好；应专设行李寄存处；在非经营区应设宾客休息场所；门厅及主要大堂区域应有符合标准的残疾人出入坡道，配备轮椅，有残疾人专用卫生间或厕位，为残障人士提供必要的服务
				会议模块：应有两种以上规格的会议设施，有宴会厅，配备相应的设施并提供专业服务
				娱乐模块：应有康体设施，布局合理，提供相应的服务
豪华五星级	国际大都市核心区域	对酒店硬件设施及环境要求很高的客人	应有至少 50 间(套)可供出租的客房	豪华五星级的主要功能模块与功能设施同五星级标准，在服务与个性化运营理念方面较五星级有一定提升。部分豪华五星级酒店在功能设施的多样性与高效性、服务的细致性与亲和性、个性化运营理念的一致性与连贯性等方面有更进一步提高，而成为行业普遍认可的顶级豪华五星级酒店的主要特点

精品酒店、豪华精品酒店和经济型酒店的类型特征　　　　　　　　表1.3-3

酒店等级	选址条件	目标客群	酒店规模	主要功能模块及功能设施特点
经济型酒店	位于城市商业区、主要街道沿线	对消费价格有限度的商旅客人	100 ～ 200 间为宜	客房模块：适应所在地气候的采暖、制冷设备、各区域通风良好的客房
		学生群体		
		工薪阶层		餐饮模块：提供简单的早餐服务的餐饮设施
精品型酒店	位于城市中心地区、中央商务区、旅游风景胜地等	商务客人	依项目具体情况确定	客房模块、餐饮模块、大堂模块、会议模块、娱乐模块等方面及其功能设施标准与五星级酒店相当，并且在此基础上提供特色化的住宿、餐饮、康体、娱乐等服务
		特定消费客群		
豪华精品型酒店	位于全球区域中心城市核心区、中央商务区、著名旅游风景胜地	对住宿、餐饮、周边环境等有高要求的客人	依项目具体情况确定	客房模块、餐饮模块、大堂模块、会议模块、娱乐模块等方面及其功能设施标准与豪华五星级酒店相当，并且在此基础上提供特色化的住宿、餐饮、康体、娱乐等服务，且各个功能模块与功能设施同酒店所营造的文化理念和住宿氛围高度统一
		对消费价格要求宽松的客人		

1.4 酒店品牌介绍

以成立年份先后为序，对市场上现有的有影响力的酒店管理集团作简要介绍，并说明其主要特点和产品定位。

1.4.1 国际酒店品牌介绍

洲际酒店集团

洲际酒店集团（InterContinental Hotels Group PLC），历史追溯到1777年开在英国的巴斯啤酒店，1990年巴斯收购了holiday inn并开始扩展到北美。1998年购入洲际品牌，进军豪华酒店领域。

洲际酒店及度假村：豪华五星，由美国泛美航空公司于1946年成立。到1998年，英国巴斯集团购入洲际。洲际酒店的广告语为"We know what it takes。"意思即"明白所需，满足所想。"因此其服务特色在于：从细微之处满足挑剔的旅客对酒店的需求。

华邑酒店及度假村，是洲际洞悉中国高端消费者细腻需求，全新打造的国际豪华五星级酒店品牌。华邑致力于提供亲近自然又不失奢华的空间，以全球知名的卓越管理体系为依托，热忱发扬具有国际水准、以"礼、尊、和、达"为核心理念的中华待客之道。

皇冠假日酒店：五星，前身是由假日饭店于1983年衍生出来的品牌，1994年发展成为独立的饭店品牌，以突出其高品味高消费的市场形象及以商务旅客为主的特色。

英迪格酒店：个性化精品酒店，造价、规模均小于传统五星级酒店，但注重风格的个性化设计，部分酒店为旧建筑改造而来。国内有2010年开业的上海十六铺Hotel Indigo。

假日酒店：四星，第一家假日酒店开业于1952年，在美国田纳西州孟菲斯。1989年8月，巴斯集团和国际假日集团签署协议并于1990年完成收购。

智选假日酒店：经济型，1991年推出，这类饭店只提供有限的饭店服务而不包含餐饮设施。清新、简洁是快捷假日饭店的特色。

朗廷酒店集团

伦敦朗廷酒店于 1865 年开业，遂成为欧洲豪华酒店的典范。朗廷酒店集团（Langham Hotels International）是一家国际酒店管理公司，"朗廷酒店（The Langham Hotel）"原为伦敦朗廷酒店的名称，经多次转手后纳入香港鹰君集团有限公司，成为其全资附属公司，该集团将旗下多间酒店纳入新成立的酒店集团之中，并以位于伦敦的酒店原名作为该酒店集团之名称，朗廷酒店集团因而成立。现时的集团总部设于香港。

朗廷酒店集团旗下品牌涵盖了酒店、度假村、服务式公寓、餐厅和水疗等一系列独具特色的服务业产品，业务范围覆盖全球四大洲。

朗廷酒店集团取名自其矗立在英国伦敦市中心、被喻为欧洲首家"豪华酒店"的朗廷酒店。过去近 150 年，朗廷在伦敦的旗舰店伦敦朗廷酒店一直致力提供诚恳待客之道。时至今日，全球每家朗廷酒店均秉承其尊贵豪华之酒店传统，表现出典雅高贵的设计、创新的待客之道、体贴挚诚的服务及捕捉五官的感觉。

朗廷酒店及度假酒店：豪华五星级酒店，创立于 1865 年，伦敦朗廷酒店作为朗廷酒店集团的旗舰酒店，曾接待过不少欧洲皇室贵族、达官显贵和文艺才俊。今天，朗廷酒店集团的网络遍及全球，设计独特瑰丽，致力于创新的待客之道和体贴挚诚的服务。

朗豪酒店及度假酒店：五星级酒店，钟爱当代艺术，充满时尚别致的气息。巧妙运用空间，把四周的景色、声音、美食和传统引进酒店，使朗豪酒店具备独一无二的朝气和活力。

逸东酒店：坚持可持续发展，为照顾不同客人的需要，逸东品牌分别提供四种不同的住宿体验，从价格相宜的时尚酒店和别具特色的中级酒店，到瑰丽超卓的高级酒店和设施齐备的酒店式公寓。

费尔蒙酒店集团

费尔蒙（Farimont hotel & resorts）国际酒店集团成立于 1885 年，现由沙特王子阿瓦立德（Alwaleed binTalal）和私募基金菌落资本（Colony Capital）控股。旗下现有 95 座费尔蒙（Fairmont）、来福士（Raffles）和瑞士酒店（Swisso tel）三个品牌的酒店，集团业务还涉及 Fairmont 及 Raffles 品牌的酒店式服务住宅、房地产及私人豪宅会所物业等。

费尔蒙酒店及度假村：豪华酒店品牌。一想到地标性酒店，很容易就联想到费尔蒙。费尔蒙酒店集团是世界上拥有最多保护建筑的酒店集团，其中最著名的有班芙温泉酒店，伦敦的 Savoy，魁北克市的 Frontenac 城堡酒店，纽约的 The Plaza 以及上海的和平饭店。第一家 Fairmont 出现于 1907 年的 San Francisco。

来福士酒店及度假村：五星，豪华酒店品牌。由我国内地管理的有北京饭店来福士（原北京饭店 B、E 座）。

瑞士酒店：五星，1980 年由瑞士航空和雀巢创立，2001 年被莱佛士控股收购，和莱佛士酒店一起并入莱佛士国际。

凯宾斯基酒店集团

凯宾斯基是欧洲十大酒店之一，始建于 1897 年的德国柏林，公司全称为德国凯宾斯基酒店股份有限公司，简称凯宾斯基酒店集团。经营的酒店广泛分布在旧金山，东京，日内瓦，布拉格，雅加达等国际都市黄金地段，目前在全球管理着 61 家国际四星级酒店，自身拥有 30 多家豪华酒店，在全球管理超过 40 家豪华酒店和度假村。

在日内瓦注册的德国凯宾斯基酒店集团是欧洲最古老的豪华酒店管理集团。凯宾斯基酒店集团是个性化的统一。每个凯宾斯基酒店或度假村都与众不同，有着享誉全球的完美的私人服务和独具匠心的设施。

多彻斯特精选酒店集团

Dochester Collection 多彻斯特精选连锁酒店是世界酒店主导品牌之一，成立于 1912 年，总部位于伦敦，旗下有六个品牌，都是顶级豪华品牌：The Dorchester (London),The Beverly Hills Hotel(Beverly Hills),Le Meurice (Paris),Hotel Principe di Savoia (Milan),The New York Palace (New York),Hotel Plaza Athenee(Paris)。

Dochester Collection 多彻斯特精选连锁酒店各品牌酒店多位于首府或重要城市，临近商业中心或名胜古迹，地理位置优越；建筑设计风格及其餐饮娱乐都与当地特色相结合，设施设备一流，彰显奢华尊贵。

温德姆酒店集团

温德姆酒店集团（Wyndham San Jose Hotel group）是世界上最大的酒店集团，成立于 1925 年，旗下拥有华美达、豪生、戴斯、速 8 等品牌。

温德姆酒店及度假村：五星，1981 年创立于美国德州达拉斯。温德姆酒店及度假酒店是温德姆酒店集团旗下子公司之一，为宾客提供高品质酒店及度假酒店住宿体验，旗下酒店遍布美国、加拿大、墨西哥、美洲中部及南部地区、加勒比海地区、欧洲、中东及中国。所有温德姆酒店或为特许经营，或由温德姆酒店集团附属公司 Wyndham Hotel Management Inc. 管理运营，或通过合作投资伙伴管理运营。

豪生国际酒店：五星，1925 年于美国缅因州成立，1990 年豪生国际酒店集团与温德姆酒店集团合并。1999 年进入国内，在中国豪生创造了 5 个品牌层次，分别是豪廷大酒店、豪生大酒店、豪生酒店、豪生度假村与豪生服务式公寓。

华美达酒店：四星，1954 年起源于美国，1981 年，华美达"Renaissance"系列酒店开幕，1983 年，拥有美国以外 35 家酒店的"华美达国际酒店集团"成立。1985 年华美达国际接管了美国境内的"Renaissance"系列酒店。1989 年，香港新世界集团购入"华美达国际酒店集团"的营运并接管了华美达国际酒店集团的"Ramada"酒店和"Renaissance"系列酒店。华美达酒店对商务或休闲旅客均十分适合，为他们打造可以尽情放松的悠享天地，且价格适中。华美达品牌矢志每时每刻为每一位客人奉上悉心关怀。

戴斯酒店：1970 年创立；2004 年，戴斯品牌进入中国，在中国，旗下品牌包括三星、四星、五星以及酒店式公寓。品牌以提供舒适的商务食宿服务为主，主要选址于交通便利的区域。

速 8：经济型酒店，1974 年 10 月在美国南达科塔州开业，2004 年进入中国，天瑞是速 8 酒店在中国内地、香港和澳门的特许加盟总代理。

万豪国际酒店集团

万豪国际酒店集团（Marriott）成立于 1927 年，总部位于美国华盛顿。1997 年进入中国。

BVLGARI 宝格丽酒店及度假村：全球顶级奢华酒店系列。旗下拥有数家精选酒店，均位于国际大都市和豪华度假胜地。每家酒店均充分融汇当地文化，并保留鲜明的当代意式豪华风情。

丽思卡尔顿（丽嘉）酒店：顶级豪华酒店品牌。万豪于 1995 年收购丽思 49% 股权，1998 年收购 99% 股权。目前中国已开业的酒店有 6 家，上海浦东丽思卡尔顿位于陆家嘴国际金融中心，于 2010 年开业。

丽思卡尔顿作为全球首屈一指的奢华酒店品牌，从 19 世纪创建以来，一直遵从着经典的风格，成为名门、政要下榻的必选酒店。因极度高贵奢华，她一向被称为"全世界的屋顶"，尤其是她的座右铭"我们以绅士淑女的态度为绅士淑女们忠诚服务"更是在业界被传为经典。

JW 万豪酒店：豪华五星品牌，1984 年以其创始人约翰·威拉德·马里奥特的名字命名。是在万豪酒店标准的基础上升级后的豪华酒店品牌。JW 万豪豪华酒店及度假酒店温馨典雅，舒适奢华，提供无与伦比的私人服务，真正商务休闲两相宜。

万豪酒店：五星，万豪的主力品牌，首家万豪酒店于 1957 年在美国华盛顿市开业。

万丽酒店：四星，1982 年，由华美达旅馆连锁酒店将其高端酒店部分单独推出华美达万丽而来，最终演变为独立的万丽品牌。1997 年，万豪收购了荷兰万丽酒店集团，并逐步将其华美达业务剥离转给美国胜腾。2005 年完好收购了大多数余下的在北美和欧洲由新世界 /CTF 持有的万丽酒店。

万怡酒店：四星，1983 年，第一家万怡酒店在美国正式开业。万豪的中级酒店品牌，面向商务及休闲旅客。

万豪行政公寓：万豪旗下服务式公寓品牌。

旅居：1987 年万豪公司收购了"旅居"连锁酒店 (Residence Inn)，其特点是：酒店房间全部为套房设施，主要为长住客人提供方便实用的套房及相应服务。

希尔顿酒店集团

希尔顿酒店集团（Hilton Hotels Corporation）是位于美国加利福尼亚州比佛利山的希尔顿旅馆公司所使用的招牌，成立于 1928 年，是世界上最大的连锁酒店之一。目前所使用的名称，是来自两大分支，包括美国及英国的希尔顿饭店于 2006 年 2 月的重新组合。1988 年希尔顿进入中国市场。旗下主要品牌有：

华尔道夫酒店及度假村：顶级豪华五星品牌，2006 年 1 月推出，希尔顿称该品牌的豪华程度将超越 Conrad 康拉德。上海外滩 2 号改造后为华尔道夫酒店。位于纽约的华尔道夫酒店以提供总统级服务闻名。

康莱德酒店及度假村：豪华品牌。该品牌由康拉德·希尔顿的儿子 Barron Hilton 创立，位于上海新天地的两座酒店之一即是康拉德品牌。Conrad 通过建立并保持高级别的服务水平，本着著名的"Conrad 服务文化"理念，为商务和休闲游客创造价值。酒店客房舒适精美、餐厅高贵典雅、健身俱乐部设备完善、会议配套设施高档齐全。

希尔顿酒店及度假村：五星，为商务和休闲旅游者提供一流的饭店产品。目前全球超过 500 家希尔顿品牌酒店。酒店创造"宾至如归"的文化氛围，注重企业员工礼仪的培养，并通过服务人员的"微笑服务"体现出来。

逸林酒店及度假村：四星级休闲酒店，主要集中在美国。

半岛酒店集团

半岛酒店集团在全球主流酒店领域占有独特地位。由英籍犹太裔的嘉道理家族拥有及经营，由香港上市公司香港上海大酒店有限公司持有。嘉道理家族从 1928 年开始就全资拥有香港半岛酒店。

半岛酒店暂时没有其他旗下品牌，它一贯在每个大都市只建立一家顶级豪华酒店，并以其闻名于世，被国际酒店业尊称为"五星半岛"。

精品国际酒店集团

精品国际饭店公司是世界排名第二的饭店特许经营公司，该公司成立于 1939 年。精品最早起源于信誉良好的品质客栈（Quality Inn）连锁集团，这是一家以中等价格一贯的高质量服务的饭店业先驱。1981 年，随着舒适客栈（comfort Inns）的开设和发展，精品开始快速发展。在相继收购了 Clarion、Rodeway Inn 和 Econo Lodge 之后，精品又对 Sleep Inn 和 MainStay Suites 进行了革命性的改造，使自身的业务范围得到全面拓展，从经济型消费到高消费，从基本服务到高档次的娱乐享受，各种服务无所不包，能够满足社会各阶层人士的需求。

精品目前已在 36 个国家开设了 4000 多家饭店、小旅馆、全套间饭店和度假区，并有部分正处于是建设之中。这些饭店分属于七个品牌：Comfort ,Quality ,Clarion ,Sleep Inn ,Econo Loddge ,Rodeway Inn 和 MainStay Suites。

Clarion Hotels 号角酒店：是一个一流的提供全面服务的饭店品牌。所辖的 AAA 级饭店中有 80% 是三星级饭店。

Econo Lodge 以大众可以接受的中等价格提供整洁、经济的服务，带给顾客超值的享受，它的名声在世界相同档次的饭店中是最大的。所辖的 AAA 级饭店中有 75% 是二星级的。

Comfort Inn & Quality Suites 是精品所辖的七个品牌中规模最大、投资回报率最高的品牌。同时也是美国发展最快的饭店连锁。所辖的 AAA 级饭店中有 71% 是三星级饭店。

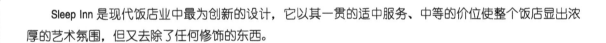
Sleep Inn 是现代饭店业中最为创新的设计，它以其一贯的适中服务、中等的价位使整个饭店显出浓厚的艺术氛围，但又去除了任何修饰的东西。

Rodeway Inn 主要面向城市或大小城镇的高级旅游市场，提供中等价格的房间。

Quality Inns, Hotel & Suites 已经以中等价格向旅游者提供了 50 年的全面服务及设施，并以其盛情待客面闻名于世界。其所辖的 AAA 级饭店中有 60% 是三星级。所有房间都设置了 Quality 执行官房间，其特色是超大的工作台、扬声电话和加强的灯光及其他多种设备。

MainStay Suites 是精品的最新住宿概念。它在住宿业中第一次引入了适合自由职业者长期居住的设施，尤其方便的是向顾客提供了一个 24 小时有效的自动登记入住、退房的系统，同时还拥有门房服务。

最佳西方国际酒店集团

美国最佳西方国际集团成立于 1946 年，在全球近一百个国家和地区拥有成员酒店 4200 多家，总客房数超过 30 万间，是全球单一品牌下最大的酒店连锁集团，在美国、加拿大及欧洲具有广泛的影响。

1946 年，拥有 23 年管理经验的旅游业主古尔汀（GUERTIN）建立了最佳西方汽车旅馆。经过 60 年的发展，最佳西方采取建立战略联盟的方式，在全球建立经营网点，通过其全球预定系统和灵活多样的服务项目，把各个成员饭店联合起来，迅速成为世界第一大的饭店品牌。

波顿饭店集团

成立于 1948 年的美国殖民地酒店致力于为顾客提供高质量、高档次的服务；分布在各地的酒店都各具特色；特别注重与周围的自然环境相协调，是全球绿色酒店联盟的成员之一。

美国殖民地酒店隶属于 Boughton Hotel Corporation（波顿酒店集团）。波顿酒店集团成立于 1948 年，由波顿家族经营。旗下有 Colony（克隆尼酒店）和 The Colony Hotel of Cabana Club（克隆尼卡巴那俱乐部）两个品牌。

凯悦酒店集团

成立于 1957 年的凯悦酒店集团（Hyatt Hotels and Resorts）在 45 个以上的国家和地区拥有 750 家凯悦酒店和度假村，凯悦（Hyatt Regency）是集团主要酒店品牌，1980 年引入君悦及柏悦两个豪华酒店品牌。

PARK HYATT

柏悦酒店：顶级豪华酒店，凯悦旗下顶级品牌，一般不轻易扩张，只在一线大城市布点，且同一城市通常不会开设多家。提供全面个人化服务和与众不同的私人氛围。针对追求高品位和奢华享受的散客，设计典雅，装修很有格调。柏悦为讲求私密性、个性化服务和亲切雅致环境的有鉴赏力的旅客而设，对待贵宾服务十分周到，包括接受私人贴身服务、私人的室内雅致环境。柏悦坐落在世界上许多超级城市和旅游胜地，每一家选择地都是结合凯悦特色为客户量身定制的，充分考虑客户的复杂性和独特的地域性。

GRAND HYATT

君悦酒店：豪华五星，定位低于柏悦，在中国比较有名的君悦有北京东方新天地的君悦，上海金茂君悦。追求豪华大气的装修风格，为宾客带来高端优雅的入住感受。

HYATT REGENCY

凯悦酒店：五星，凯悦旗下主要品牌。位于上海北外滩的茂悦原为此品牌，但业主认为其硬件超过凯悦，故新创了 "Hyatt on the bund"，外滩茂悦这一品牌。

HYATT® RESIDENCE CLUB

凯悦假日俱乐部：凯悦假日俱乐部是凯悦品牌旗下以地方风格设计的公寓式酒店，精心为会员打造无与伦比的分时度假机会，会员可灵活地使用、交换和出租。

ANDAZ.

安达仕：凯悦旗下新的特色设计酒店品牌，意思是 "个人风格"。除了注重个人风格和独立性之外，新品牌还将为客户们提供一个以设置完善、设计新颖、本地化特征显著、随意典雅、服务细致的多功能环境。

HYATT PLACE

嘉轩酒店：凯悦嘉轩酒店 (Hyatt Place) 是专门为繁忙的商务旅客、常旅客人及家庭提供的中高端酒店品牌，价位低于五星级酒店。

HYATT house

Hyatt house：面向有长租需求的客户，将长期居住模式进化为社交和现代化环境，给予住客紧密亲切的联系与宾至如归的感受。

四季酒店集团

四季酒店集团（Four Seasons Hotel）是世界性的豪华连锁酒店集团，1960 年由 Isadore Sharp 创办，总部设于加拿大多伦多。被评为世界最佳酒店集团之一。

目前全球 32 个国家拥有 78 家酒店。1992 年 8 月，四季酒店集团完全收购了香港的丽晶国际饭店集团（Regent International Hotel），直到 1997 年卡尔森收购丽晶品牌，此后，一些丽晶酒店改为四季品牌，现在仍有部分的丽晶酒店由四季管理。

文华东方酒店集团

文华东方酒店集团（Mandarin Oriental Hotel Group）致力于成为全球顶级的豪华酒店集团之一，1963 年创立，源于香港的文华酒店以及泰国曼谷的东方酒店。1985 年改组成为"文华东方酒店集团"。

位于三亚的首家中国本土文华东方于 2009 年 2 月开业，位于北京央视新办公大楼副楼的北京文华东方也于 2009 年开业。

雅高酒店集团

总部设在巴黎的雅高集团成立于 1967 年，其亚洲地区主要酒店品牌包括：索菲特、铂尔曼、美爵、美憬阁、诺富特、美居、宜必思等。

索菲特酒店：偏向于豪华五星酒店，集商务与休闲为一体。

铂尔曼酒店及度假村：五星，面向商务会议市场，多数选址在大型国际城市和地区城市中心地带，距离主要机场不远。

美爵酒店：五星。以当地特色著称的美爵品牌，风格非凡的酒店。

美憬阁：全新的高端酒店品牌，该品牌要求建筑本身具有相当历史背景、独特风格的设计、绝佳的地理位置、独特的服务理念。

诺富特酒店：四星，商务酒店，坐落于各城市商务中心及旅游胜地，为商务旅客以及度假旅客提供达国际标准的住宿及服务。

美居酒店：四星，多层中级市场品牌。1975 年第一家美居开业。

宜必思：建立于 1974 年，经济型连锁酒店，酒店坐落于商务中心及主要的地区及周边地区。以简朴、服务质量高、经济实惠而享誉世界。

卡尔森环球酒店集团

卡尔森环球酒店集团是美国乃至全球最大的私有集团之一，成立于 1970 年，总部设立在新加坡。卡尔森环球酒店公司麾下拥有 Radisson BLU（丽笙蓝标）、Radisson（丽笙）、Park Plaza（丽亭）、Country Inns & Suites（丽怡）和 Park Inn（丽柏）品牌。Regent（丽晶）是卡尔森环球酒店公司的顶级品牌。

Regent
HOTELS & RESORTS

丽晶国际酒店：豪华五星，为卡尔森酒店集团的顶级品牌。通常选址于全球核心城市中心区。于

1970 年在香港成立。1992 年 8 月，四季与丽晶缔结联盟，1997 年 11 月，卡尔森集团并购国际丽晶酒店集团。

 丽笙酒店及度假村：五星，其地理位置往往位于重要城市、城区中心或度假胜地，地理位置十分便捷。目标客户为经常性商务和度假旅行的顾客。丽笙世嘉酒店为丽笙品牌的精品延伸，提供更高享受的宾客体验。

 丽亭酒店及度假村：四星，卡尔森集团于 1988 年创立，原为 park inn 的高级品牌。酒店常设置于主要城市、地区和机场商业区及休闲胜地。适于商务、会议及休闲旅行者。

 丽怡酒店：三星，1987 年创立。为面向中档市场的全球性精选服务式酒店品牌。通常位于旅游景点或商务区附近。

 丽柏国际酒店：卡尔森集团旗下经济型酒店，1986 年创立。属于新兴的中档精选服务式酒店品牌。位于城市、郊区和休闲胜地。

香格里拉酒店集团

该酒店集团成立于 1971 年，隶属于马来西亚著名华商"糖王"郭鹤年的郭氏集团旗下。香格里拉以带资管理为特色。总部设在香港的香格里拉酒店集团为全球公认的最佳酒店管理公司之一，拥有和管理香格里拉、嘉里和盛贸饭店三个品牌，共计 72 家饭店，客房量已超过 30000 间。

 香格里拉酒店及度假村：豪华五星级酒店，多数酒店的客房量都超过 500 间。

嘉里大酒店：嘉里是香格里拉酒店集团的第二个高端酒店品牌，嘉里品牌的第一家酒店——上海浦东嘉里大酒店已于 2011 年 2 月在上海隆重开业。而北京嘉里大酒店位于 CBD 核心腹地，距首都机场仅 25 分钟车程，与观光和购物娱乐区近在咫尺，坐拥顶级地理位置。酒店前卫的设计和所营造的高雅活泼的氛围使之成为北京名副其实的时尚地标。客房布置充满时尚家居的舒适和精巧，486 间客房及豪华套间内均提供免费宽带和无线网络连接。

 盛贸饭店：四星级酒店，成立于 1989 年，专为商业行政人员而设的商务酒店。

喜达屋国际集团

世界最大的酒店集团之一，公司全称为喜达屋酒店及度假村国际集团，简称喜达屋国际集团。于 1980 年成立，1998 年更名为现有名称。集团总部设于美国纽约，旗下包括九个酒店品牌，在全球 95 个国家拥有超过 1000 家酒店及度假村。喜达屋旗下品牌有：圣·瑞吉斯（St.Regis）、至尊金选（The Luxury Collection）、威斯汀（Westin）、喜来登（Sheraton）、福朋（Four Points）、W 饭店（W Hotels）、源宿、艾美、豪华精选以及雅乐轩。

瑞吉酒店：顶级豪华五星。喜达屋旗下高端品牌。1904 年在纽约成立。2000 年 3 月加入的北京国际俱乐部饭店是亚洲第一家。

威斯汀酒店：五星，1930 年创立于美国华盛顿州，1991 年进入中国，管理上海威斯汀太平洋大酒店（后来的太平洋喜来登）。1998 年威斯汀进入喜达屋酒店集团。

源宿酒店（Element）：威斯汀的副品牌，于 2006 年创立，提供公寓式酒店。

W 酒店：W 酒店是喜达屋在购并了喜来登和威斯汀酒店后新创的一个豪华五星级饭店品牌，将专门为商务客人而设的设施和服务与独立精品酒店的特点相结合。

喜来登酒店及度假村：五星，1937 年马萨诸塞州成立了第一家喜来登酒店。1998 年喜达屋收购喜来登。喜来登酒店据点分布极广，遍布五大洲，从香港到斯里兰卡到埃及及津巴布韦等国都可见其旅馆。喜来登总部在美国纽约的 White Plains。该酒店以高性价比著称。

Le MERIDIEN

艾美酒店：五星，由法航于 1972 年创立，2005 年 11 月，艾美品牌和经营收费业务被喜达屋酒店及度假酒店集团收购。艾美酒店秉承欧洲优雅传统，融合当代文化，构建出富含精致人文气息、深邃内涵和激动人心的氛围，使每个身处其中的人都能尽享每一刻美好时光，于平淡无奇的日常生活之中发掘美妙事物。艾美为全球性酒店，分布于全球 50 多个国家。其中大部分酒店位于世界各主要城市和度假胜地，遍及欧洲、非洲、中东、亚太和美洲各地。

豪华精选酒店：1994 年并购意大利的 CIGA 连锁而来，旗下酒店多数由历史悠久的宫殿、古堡改建而来。2009 年建在海南石梅湾的 Alhambra 疗养度假村是其在中国的第一家，以创新设计、注重艺术和时尚为特色。

福朋酒店：国内四星，国外三星，创于 1995 年，针对中端商务客源提供全设施服务，喜来登的副品牌。

雅乐轩酒店：W 品牌的副牌，有些是有限服务酒店。

安缦酒店集团

安缦度假酒店是创建于 1988 年的新加坡酒店品牌。这是一个有着独特发展方向的酒店，位于世界最美丽，最具历史特色，最迷人的景点。旅客对新旅程的探索伴随着 2009 年新建成的一些安缦度假酒店继续前进。分别在印度新德里，老挝，黑山共和国，以及美国犹他州。

每一个安缦都是截然不同的，不仅仅是它的位置，更是因为它的设计、气氛和顾客的感受。第一家安缦普里——"宁静的地方"的形成完全是一个偶然。Adria Zecha 本想在普吉岛找一个住处，却意外地发现了一片美丽的椰子园。他有了一个在这里投资建造一个小的度假区的商业想法，于是安缦普里的构想出现了，于 1988 年 1 月开张，共有 40 个房间和 30 个别墅区。

悦榕集团

创建于 1994 年的新加坡酒店品牌。作为全球豪华精品度假村、公寓住宅及 SPA 的营运商，悦榕庄融合了亚洲传统及地域特色，提供一个能够让人完全放松身心的优雅浪漫空间，营造"心静轩"。旗下的产业在建筑及装潢摆设上融合当地的特殊风格，以反映当地的风土民情。

悦椿度假村成立于 2000 年，乃是悦榕庄的姊妹品牌，与其相互辉映，现代感十足、充满活力以及回归自然。悦椿酒店、度假村、公寓住宅、SPA 及精品零售店无论是地处繁华的文化中心或是置身于大自然美景之中，都能淋漓展现当地风土民情。

悦椿是为追求品味、注重质感的现代旅客打造的酒店品牌。现代感十足并强调回归自然，悦椿为到此工作或休闲的宾客创造充满活力的体验。每一间悦椿酒店、度假村、SPA 及精品店都将环保的意识表现得淋漓尽致，同时力求将多元的个性色彩与亚洲文化遗产完美地融合。悦椿的每一处设施与各项服务，只为宾客尽情感受生命中的每一刻。

卓美亚国际酒店集团

卓美亚集团的卓美亚酒店及度假酒店 (Jumeirah Hotels and Resorts) 堪称世界上最奢华、最具创新意识的酒店，已荣获无数国际旅游奖项。集团始建于 1997 年，志存高远，立志通过打造世界一流的奢华酒店及度假酒店，成为行业领袖。

卓美亚帆船酒店：卓美亚酒店集团旗下的迪拜帆船酒店建在海滨的一个人工岛上，是一个帆船形的塔状建筑，一共有 56 层，321 米高，由英国设计师 W.S.Atkins 设计，以 202 套复式客房、200 米高的可以俯瞰迪拜全城的餐厅以及世界上最高的中庭，成为世界唯一的七星级酒店。

阿玛尼酒店

阿玛尼的全新酒店位于迪拜市哈利法塔，创建于 2010 年。在这座世界最高建筑内的阿玛尼酒店，将成为阿玛尼酒店全球连锁的旗舰店，内部所有的装潢、家具设计全部遵循阿玛尼品牌的风格。

酒店位于哈利法塔广场楼层至 8 楼，38 楼至 39 楼，共有 160 间客房及套房、八间新派食肆、高级零售商店和水疗中心。酒店坐拥迪拜市四周美景。酒店每项设计和服务由乔治·阿玛尼亲自构思策划，度身订造的装潢以至餐厅菜牌和客房设施，同样符合阿玛尼一贯的美学品位。

1.4.2　国内酒店品牌介绍

锦江国际集团

上海锦江国际酒店（集团）股份有限公司，简称锦江国际集团，成立于 1993 年，主要从事星级酒店营运与管理、经济型酒店营运与特许经营、餐厅营运、客运物流和旅行社等业务。锦江酒店于 2006 年 12 月在香港主板上市，为中国内地首家登陆香港资本市场的纯中国酒店概念股。

截至 2012 年末，旗下营运及筹建中的酒店逾 1400 家，客房合共超过 21 万间。在中国境内，酒店网络遍及中国三十一个省、直辖市、自治区的近 200 个城市，酒店业务涵盖商务酒店、度假酒店和经济型旅馆，酒店品牌包括 J 酒店（J·Hotel）、锦江（Jin Jiang）、商悦（Marvel）、白玉兰（Magnotel）、百时快捷酒店（Bestay）、锦江之星（Jin Jiang Inn）、金广快捷酒店（Goldmet Inn）等系列。

J 酒店（J·Hotel）：豪华五星。锦江集团和上海中心共同投资的超豪华酒店。预计 2015 年初在上海中心第 84 至 110 层开业。

锦江酒店（Jin Jiang）：五星。大部分位于上海和北京，并处于市内的黄金地段，邻近市内旅游区及商业区，与火车站及公交车总站等交通枢纽毗邻。

商悦大酒店（Marvel）：三星。"商悦"是锦江国际酒店管理公司倾力打造的针对现代商务旅行者的一个全新酒店品牌。商悦酒店定位 3 星级和 4 星级酒店之间。

白玉兰酒店（Magnotel）：三星。白玉兰酒店是专为商务人士及白领阶层量身定制的全新概念的经济型商务酒店。白玉兰酒店品牌按照"简约、自然、健康、独到"的核心理念，致力于营造"时尚、高雅、安全、舒适"的核心价值，为目标市场提供富有创意的服务。

 百时快捷酒店（Bestay）：经济型。百时快捷酒店是锦江国际集团旗下的由锦江之星旅馆有限公司经营管理的连锁快捷酒店。百时快捷酒店充分体现了更为方便、更加快捷、更富个性的消费理念，她突出了"资源节约型"的特点，体现个性、张扬、自由自在的全新概念。百时快捷酒店充分满足了学生、中小企业商务人士、年轻白领、工薪族自助旅游人士的住宿需求，同时也为消费者寻求了另外一种生活方式的选择。

 锦江之星酒店（Jin Jiang Inn）：经济型。锦江国际集团旗下经营管理国内首创、中国最大的经济型连锁酒店"锦江之星"的公司，创立于1996年，围绕市场、关注客人需求，以全心全意为客人、让客人完全满意为企业服务理念。

金广快捷酒店（Goldmet Inn）：经济型。2010年9月，金广快捷酒店加入锦江之星旅馆有限公司，成为锦江之星的兄弟品牌。金广快捷酒店关注客人的睡眠、沐浴、早餐、上网等核心需求，温馨、包容、创新是金广快捷的品牌特色。

开元旅业集团

开元旅业集团成立于1999年，是一家以酒店业为主导产业，房地产业为支柱产业，建材业和其他相关产业为新兴产业，声誉卓著、实力雄厚的大型企业集团，总资产150多亿元。集团为中国民营企业500强、中国饭店集团5强、世界酒店集团100强、中国房地产企业100强之一。

 开元名都大酒店：五星。五星级商务酒店品牌，为阔绰的商务及休闲游客提供豪华住宿，并满足政企部门大型高档会议及宴会的需求。

 开元度假村：五星。五星级度假酒店品牌，选址海滨、环湖或山麓，占尽绝佳自然环境，为观光和家庭出行营造轻松丰盈的假期体验，为休闲放松、会议旅游的上佳之选。

 开元大酒店：四星。四星级高档商务酒店品牌，主要目标客户是商务客人，大中型的企业会议、政府交流会议、协议会议和公司奖励旅游、休闲度假团体和散客。

 主题文化酒店：精品酒店。主题文化类酒店品牌，主要目标客户是商界名流、文人雅士、都市精英等高端散客市场、高端政务接待市场、小规模高层次团队市场等。

 开元曼居酒店：经济型。中档商务酒店品牌，主要目标客户是关注性价比的商务差旅人士、旅游者和休闲散客。

君澜酒店集团

君澜酒店集团（NARADA HOTEL GROUP）成立于2001年，是中国酒店集团10强和全球酒店集团100强，始终致力于打造中国本土的高端民族酒店品牌。目前集团旗下主要拥有"君澜度假酒店"（奢华休闲度假酒店）、"君澜大饭店"（五星级城市会议商务酒店）和"君亭酒店"（城市精品设计酒店）。

君澜酒店集团是一家以高星级酒店、酒店式公寓、高档商务写字楼为主要管理对象的国内本土酒店集团。公司总部设于杭州。公司在嬗变的市场环境中不断寻找发展契机，在现有的管理模式上不断追求突破创新，在民族品牌饭店业的机遇与挑战中不断历练与成长。

君澜度假酒店：五星。具有中国文化内涵的休闲度假酒店，相对稀缺的自然或人文资源，独特的建筑风格，原创性的室内设计及鲜明的文化主题，提供相对私密的、满足个性服务的高端人群的特定需求。

君澜大饭店：五星。具有中国文化特征的五星级城市休闲商务酒店。具有浓郁的东方文化设计、陈设，提供相对独特的产品体系，注重商务休闲及餐饮宴会功能，形成具有东方文化特征的对客礼仪和服务的品质。

君亭酒店：精品酒店。具有东方魅力的城市特色商务酒店，位于城市中心或度假胜地，营造私密、休闲、宁静、轻松的商旅环境，注重设计元素的运用，突显休闲时尚的氛围，强化核心产品的品质与个性，提供亲切、方便的人性化服务，高性价比的入住体验，是中高端商务客人的"城市桃源"。

如家快捷酒店管理公司

如家酒店集团创立于 2002 年，2006 年 10 月在美国纳斯达克上市。作为中国酒店业海外上市第一股，向全世界展示着中华民族宾至如归的"家"文化服务理念和民族品牌形象。如家酒店集团旗下拥有和颐酒店、如家快捷酒店两大品牌。

和颐酒店（Yitel）：四星。中高端商务酒店品牌，旨在满足境内外中高级商务及休闲旅游人士的需要，以精致时尚的环境设计、舒适人性的客房设施、便捷高效的商务配套、恰到好处的热情款待，带领宾客体验前所未有的旅行新乐趣。

如家酒店：经济型连锁酒店品牌，提供标准化、干净、温馨、舒适、贴心的酒店住宿产品，为海内外八方来客提供安心、便捷的旅行住宿服务，传递着适度生活的简约生活理念。

莫泰酒店：经济型连锁酒店品牌，2011 年 5 月 27 日，如家酒店集团在上海宣布正式签署了收购莫泰 168 国际控股公司全部股份的协议。2002 年，上海美林阁酒店及餐饮管理有限公司成立了上海莫泰（Motel）连锁旅店管理有限公司，打造全新的经济型旅店。

华住酒店集团

华住酒店集团是中国国内第一家多品牌的连锁酒店管理集团，位列全球酒店 16 强。自 2005 年创立以来，华住在短短数年间已经完成全国主要城市的战略布局，并重点在长三角、环渤海湾、珠三角和中西部发达城市形成了密布的酒店网络。

集团旗下拥有 6 个酒店品牌：包括商旅品牌——禧玥酒店、全季酒店、星程酒店、汉庭酒店、海友酒店，以及度假品牌——漫心度假酒店，在全国为宾客提供从高端到平价、商务差旅到休闲度假的住宿体验。

禧玥酒店：五星。禧玥酒店是华住酒店集团推出的全新精致五星级酒店品牌。立足中国一、二线城市核心区域，坐落在著名商圈、大型城市综合体等繁华地段，以全新的设计理念、五星级客房与服务为特点，为宾客提供"全行政楼礼遇"。

漫心度假酒店：四星。在中国和亚洲最美丽的地方，利用高科技的现代化设施，创造一个自在的度假空间。

全季酒店：三星。全季酒店是华住旗下针对中档酒店市场的有限服务酒店，为商旅客人提供最优质地段的选择。全季酒店选址在中国一、二线城市的商业中心，让客人无需支付五星级酒店的价格，即可享受五星级酒店的地段优势。

星程酒店：三星。星程酒店是华住旗下的非标准中档连锁酒店。星程驻足中国重要商旅城市中心，选择 3～4 星级优质的单体酒店打造的中档连锁酒店名牌。

汉庭酒店：经济型。汉庭酒店是华住旗下标准经济酒店，致力于为商旅客人提供便捷的住宿体验。

海友酒店：经济型。海友酒店是华住酒店集团旗下的经济型酒店连锁品牌，致力于为有预算要求的客人提供"更经济超值"的住宿产品。

布洛斯酒店投资管理有限公司

布洛斯酒店投资管理（昆山）有限公司地址设在苏州花桥镇兆丰路，一般经营项目有酒店投资管理及信息咨询服务、餐饮企业管理、投资管理及信息咨询、企业形象策划、工艺礼品等，于 2012 年 5 月 9 日在苏州工商局登记注册挂牌成立。

花间堂：由布洛斯酒店投资管理公司管理运营。多选址于富有人文气息的山水胜境，酒店闹中取静、溪水环绕、依水而建，店内花香水榭，移步换景，客房装修精致，设施独特，且每个房间都有属于自己的芳名。

1.4.3 酒店按功能类型分类情况

根据本导则第 1 章 1.4.1 和 1.4.2 节中所列出的国际酒店品牌和国内酒店品牌，对酒店按照功能类型加以分类。

国际酒店品牌功能类型分类表 表 1.4-1

酒店管理公司	酒店类型			
	商务型酒店 + 会议会展型酒店 + 度假型酒店和度假村	商务型酒店 + 会议会展型酒店	度假型酒店和度假村	公寓式酒店
Intercontinental Hotels Group 洲际国际酒店集团	Intercontinental Hotels& Resorts 洲际酒店及度假村			Holiday Inn 假日酒店式公寓
	Crowne Plaza Hotels& Resorts 皇冠酒店及度假村			
	Holiday Hotels& Resorts 假日酒店及度假村			
Langham Hospitality Group 朗廷酒店集团	Langham Hotels& Resorts 朗廷酒店及度假酒店	Eaton Hotel 逸东酒店		
	Langham Place Hotels& Resorts 朗豪酒店及度假酒店			
Fairmont 费尔蒙酒店集团	Fairmont Hotels & Resorts 费尔蒙酒店及度假村			Fairmont 费尔蒙公寓
	Raffles Hotels & Resorts 来福士酒店及度假村			Raffles 来福士公寓
	Swissotel Hotels & Resorts 瑞士酒店及度假村			

酒店管理公司	酒店类型			
	商务型酒店 + 会议会展型酒店 + 度假型酒店和度假村	商务型酒店 + 会议会展型酒店	度假型酒店和度假村	公寓式酒店
Kempinski Hotel 凯宾斯基酒店集团	Kempinski Hotel 凯宾斯基酒店			
Dochester Collection 多彻斯特精选酒店集团		Dochester Collection 多彻斯特连锁酒店		
Wyndham San Jose Hotel group 温德姆酒店集团	Wyndham 温德姆酒店及度假村	Days Inn 戴斯酒店		
	Howard Johnson 豪生酒店	Ramada 华美达酒店		
Marriott 万豪酒店集团	BVLGARI 宝格丽酒店及度假酒店	Ritz-Carlton 丽思卡尔顿		Marriott 万豪
	JW Marriott Hotels& Resorts JW 万豪酒店	Courtyard 万怡		
	Marriott Hotels & Resorts 万豪酒店			
	Renaissance Hotels& Resorts 万丽酒店			
Hilton Hotels Corporation 希尔顿酒店集团	The Waldorf=Astoria collection 华尔道夫酒店及度假村	Conrad Hotels & Resorts 康莱德酒店及度假村酒店		
	Hilton Hotels& Resorts 希尔顿酒店及度假村	Double Tree 逸林酒店		
Peninsula Hotel 半岛酒店集团		Peninsula Hotel 半岛酒店		
Choice Hotels International 精品国际酒店集团		Clarion Hotels 号角酒店		
Best Western International 最佳西方国际酒店集团	Best Western International 最佳西方国际酒店及度假村			
Boughton Hotel Corporation 波顿饭店集团		The American Colony Hotel 美国殖民地酒店		
Hyatt hotels and Resorts 凯悦酒店集团	Hyatt Regency 凯悦酒店及度假村	Park Hyatt 柏悦		Hyatt House 嘉寓
	Hyatt Vacation Club 凯悦假日酒店及度假村	Grand Hyatt 君悦		
		Hyatt Place 嘉轩		
Four Season 四季酒店集团	Four Season Hotels& Resorts 四季酒店及度假村			
Mandarin Oriental 文华东方酒店集团	Mandarin Oriental 文华东方酒店及度假村			
The Accor Group 雅高酒店集团	Pullmon Hotels& Resorts 铂尔曼酒店及度假村	Sofitel 索菲特		
	Novotel Hotel & Resort 诺富特酒店及度假村	Grand Mercure 美爵		
		Mgallery 美憬阁		
		Mercure Accor Hotel 美居		
Carlson Hotels Worldwide 卡尔森环球酒店集团	Radisson Hotels & Resorts 丽笙酒店及度假村	Regent International Hotels 丽晶国际酒店		
	Park Plaza Hotels & Resorts 丽亭酒店及度假酒店	Country Inns & Suites 丽怡		

酒店管理公司	酒店类型			
	商务型酒店 + 会议会展型酒店 + 度假型酒店和度假村	商务型酒店 + 会议会展型酒店	度假型酒店和度假村	公寓式酒店
Shangri-La 香格里拉酒店集团	Shangri-La Hotels and Resorts 香格里拉酒店及度假酒店	Kerry Hotels 嘉里大酒店		
	Taders Hotels 盛贸饭店及度假村			
Starwood Hotels and Resorts 喜达屋国际集团	St.Regis Hotels & Resorts 圣·瑞吉斯酒店及度假村	W Hotels W 酒店		ELEMENT 源宿公寓式酒店
	Westin Hotels & Resorts 威斯汀酒店及度假村	Le Meridien 艾美		
	Sheraton Hotels & Resorts 喜来登酒店及度假村	Four Points 福朋		
	Luxury Collection Hotels & Resorts 豪华精选酒店及度假村	Aloft Hotels 雅乐轩		
		ELEMENT 源宿酒店		
Jumeirah Hotels and Resorts 卓美亚国际酒店集团	Jumeirah Hotels and Resorts 卓美亚酒店及度假村			

国内酒店品牌功能类型分类表 表 1.4-2

酒店管理公司	酒店类型		
	商务型酒店 + 会议会展型酒店	度假型酒店和度假村	公寓式酒店
锦江国际集团	J 酒店	锦江度假酒店	
	锦江酒店		
	商悦大酒店		
	白玉兰酒店		
开元旅业集团	开元名都大酒店	开元度假村	
	开元大酒店		
	主题文化酒店		
君澜酒店集团有限公司	君澜大饭店	君澜度假酒店	
如家快捷酒店管理公司	和颐酒店		
华住酒店集团	禧玥酒店	漫心度假酒店	
	全季酒店		
	星程酒店		
布洛斯酒店投资管理有限公司		花间堂	

1.4.4 酒店按等级分类情况

下面将同时按照星级评定与不参与星级评定的两个体系分别对国际酒店品牌和国内酒店品牌加以介绍。

在经济全球化的影响下，各大酒店集团纷纷加剧扩张速度和发展进程，本导则参照近几年国际酒店集团排名，选取二十二个酒店集团，将旗下子品牌按等级加以梳理。

1.4.4.1 国际酒店品牌

国际酒店品牌星级分类 表 1.4-3

成立年份	酒店管理公司	豪华五星品牌	五星品牌	四星品牌	三星及以下品牌
1777 年	Intercontinental Hotels Group 洲际国际酒店集团	Intercontin-ental 洲际酒店及度假村	Crowne Plaza 皇冠假日酒店 HUALUXE Hotels and Resorts 华邑酒店及度假村	Holiday Inn 假日酒店	
1865 年	Langham Hospitality Group 朗廷酒店集团	Langham Hotel 朗廷酒店及度假酒店 Langham Place 朗豪酒店及度假酒店 Eaton Hotel 逸东酒店			
1885 年	Fairmont 费尔蒙酒店集团	Fairmont 费尔蒙酒店及度假村	Raffles 来福士酒店及度假村 Swissotel 瑞士酒店		
1897 年	Kempinski Hotel 凯宾斯基酒店集团		Kempinski Hotel 凯宾斯基酒店		
1912 年	Dochester Collection 多彻斯特精选酒店集团	Dochester Collection 多彻斯特连锁酒店			
1925 年	Wyndham San Jose Hotel group 温德姆酒店集团		Wyndham 温德姆酒店及度假村 Howard Johnson 豪生酒店	Ramada 华美达酒店 Days Inn 戴斯酒店	
1927 年	Marriott 万豪国际酒店集团	Ritz-Carlton 丽思卡尔顿酒店 JW Marriott Hotels& Resorts JW 万豪酒店	Marriott Hotels & Resorts 万豪酒店	Renaissance Hotels& Resorts 万丽酒店 Courtyard 万怡酒店	
1928 年	Hilton Hotels Corporation 希尔顿酒店集团	The Waldorf =Astoria collection 华尔道夫酒店及度假村 Conrad 康莱德酒店及度假酒店	Hilton Hotels& Resorts 希尔顿酒店及度假村	Double Tree 逸林酒店	
1928 年	Peninsula Hotel 半岛酒店集团	Penisula Hotel 半岛酒店			
1939 年	Choice Hotels International 精品国际酒店集团				Clarion Hotels 号角酒店
1946 年	Best Western International 最佳西方国际酒店集团		Best Western International 最佳西方国际酒店集团		
1948 年	Boughton Hotel Corporation 波顿饭店集团	The American Colony Hotel 美国殖民地酒店			
1957 年	Hyatt hotels and Resorts 凯悦酒店集团	Park Hyatt 柏悦酒店 Grand Hyatt 君悦酒店	Hyatt Regency 凯悦酒店 Hyatt Vacation Club 凯悦假日俱乐部	Hyatt Place 嘉轩酒店 Hyatt House	
1961 年	Four Season 四季酒店集团	Four Season Hotel 四季酒店			
1963 年	Mandarin Oriental 文华东方酒店集团	Mandarin Oriental 文华东方酒店			

成立年份	酒店管理公司	豪华五星品牌	五星品牌	四星品牌	三星及以下品牌
1967 年	The Accor Group 雅高酒店集团	Sofitel 索菲特酒店	Pullmon 铂尔曼酒店及度假村	Novotel 诺富特酒店	
			Grand Mercure 美爵酒店	Mercure Accor otel 美居酒店	
			Mgallery 美憬阁		
1970 年	Carlson Hotels Worldwide 卡尔森环球酒店集团	Regent International Hotels 丽晶国际酒店	Radisson Hotels & Resorts 丽笙酒店及度假酒店	Park PlazaHotels & Resorts 丽亭酒店及度假酒店	Country Inns & Suites 丽怡酒店
1971 年	Shangri-La 香格里拉酒店集团	Shangri-La Hotels and Resorts 香格里拉酒店及度假酒店	KERRY HOTELS 嘉里大酒店	TRADERS HOTEL 盛贸饭店	
1980 年	Starwood Hotels and Resorts 喜达屋国际集团	St.Regis 瑞吉酒店	Sheraton 喜来登酒店及度假村	Four Points 福朋酒店	
		Westin 威斯汀酒店	Le Meridien 艾美酒店		
		W Hotels W 酒店	Luxury Collection 豪华精选酒店及度假村	Aloft Hotels 雅乐轩酒店	
			ELMENT 源宿酒店		
1997 年	Jumeirah Hotels and Resorts 卓美亚国际酒店集团	Burj Al-Arab Hotel 卓美亚帆船酒店			

注：豪华五星级品牌逐渐形成了部分行业普遍认可的顶级品牌，如万豪酒店集团旗下的丽思卡尔顿酒店，希尔顿酒店集团公司旗下的华尔道夫酒店及度假村，半岛酒店集团旗下的半岛酒店，凯悦酒店集团旗下的柏悦酒店，四季酒店集团旗下的四季酒店，以及在迪拜海滨人工岛上的七星级卓美亚帆船酒店等。

国际酒店精品品牌、经济型品牌分类　　　　　　　　　　　　表1.4-4

成立年份	酒店管理公司	豪华精品品牌	精品品牌	经济型品牌
1777 年	Intercontinental Hotels Group 洲际国际酒店集团		Indigo Hotels 英迪格酒店	Express by Holiday Inn 智选假日酒店
			Even Hotels	
1865 年	Langham Hospitality Group 朗廷酒店集团		88Xin Tiandi 88 新天地	
1925 年	Wyndham Corp. 温德姆酒店集团			Super 8 速 8
1927 年	Marriott 万豪国际酒店集团	BVLGARI 宝格丽酒店及度假村		Residence Inn 旅居
1939 年	Choice Hotels International 精品国际酒店集团			Econo Lodge
				Comfort Inn & Quality Suites
				Sleep Inn
				Rodeway Inn
				Quality Inns, Hotel & Suites
				MainStay Suites
1957 年	Hyatt hotels and Resorts 凯悦酒店集团		Andaz 安达仕	
1967 年	The Accor Group 雅高酒店集团			Ibis 宜必思

成立年份	酒店管理公司	豪华精品品牌	精品品牌	经济型品牌
1970 年	Carlson Hotels Worldwide 卡尔森环球酒店集团			Park Inn 丽柏国际酒店
1988 年	AMAN Resorts 安缦酒店集团	Amanfayun 安缦法云		
1994 年	Banyan Tree 悦榕集团	Banyan Tree 悦榕庄		
			Angsana 悦椿度假村	
2010 年	Armani hotel 阿玛尼酒店	Armani hotel 阿玛尼酒店		

1.4.4.2 国内酒店品牌

中国酒店业 30 年走完了西方发达国家一个多世纪的发展道路，已经从引进、模仿开始走向自主品牌的时代，正迅速和国际化接轨。当前中国酒店市场的格局呈现出国际品牌酒店和国内异军突起的本土品牌酒店、众多的单体酒店等展开博弈和竞争的态势。

国际酒店品牌星级分类 　　　　　　　　　　　　　　　　　　　表 1.4-5

成立年份	酒店管理公司	豪华五星品牌	五星品牌	四星品牌	三星及以下品牌
1993 年	锦江国际酒店集团	J 酒店	锦江酒店		商悦大酒店
					白玉兰酒店
1999 年	开元旅业集团		开元名都大酒店	开元大酒店	
			开元度假村		
2001 年	君澜酒店集团有限公司		君澜度假酒店		
			君澜大饭店		
2002 年	如家快捷酒店管理公司			和颐酒店	
2005 年	华住酒店集团		禧玥酒店	漫心度假酒店	全季酒店
					星程酒店
2012 年	布洛斯酒店投资管理有限公司		花间堂		

国内酒店精品品牌、经济型品牌分类 　　　　　　　　　　　　　表 1.4-6

酒店管理公司	豪华精品品牌	精品品牌	经济型品牌
上海锦江国际酒店发展股份有限公司			百时快捷酒店
			锦江之星酒店
			金广快捷酒店
开元旅业集团		主题文化酒店	开元·曼居酒店
君澜酒店集团有限公司		君亭酒店	
如家快捷酒店管理公司			如家酒店
			莫泰酒店
华住酒店集团			汉庭酒店
			海友酒店

1.5　酒店设计标准

目前针对酒店建筑我国有关标准规范为：

1. 《旅馆建筑设计规范》JGJ 62-2014
2. 《旅游饭店星级的划分与评定》GB/T14308-2010
3. 《绿色旅游饭店》LB/T007-2006
4. 《绿色饭店建筑评价标准》（报批稿）

1.5.1　《旅馆建筑设计规范》JGJ 62-2014

该规范是对《旅馆建筑设计规范》JGJ62-1990（以下简称原规范）的修订。在编制与修改该过程中，编制组曾对若干个城市进行实地调查研究，收集了大量的酒店建筑实例和图纸进行分析，同时参考了国内外有关酒店方面的标准、规范和汇集了近年来设计中最新积累的经验，对酒店建筑的基地和总平面设计、建筑设计、室内环境和建筑设备等在原规定的基础上进行修订、补充和调整或制定下限值，对专业术语给予确认，以保证酒店建筑符合适用、安全、卫生的基本要求。

该规范适用于至少设有 15 间（套）出租客房的新建、改建、扩建的酒店建筑设计。其他有接待及出租客房业务的相关建筑，其设计可参照执行。

根据酒店的使用功能，按建筑标准和设备、设施条件，将酒店建筑由低至高划分为一、二、三、四、五级 5 个建筑等级。为与国家《旅游饭店星级的划分与评定》GB/T14308 相关标准协调，故该规范将酒店建筑由低至高划分为一、二、三、四、五级 5 个建筑等级，酒店建筑等级的内容与旅游饭店星级的硬件及设施部分相关。

五～一级酒店的硬件及设施的区别主要体现在客房、卫生间、乘客电梯等方面。

双床（大床）间的客房净面积，五～一级酒店依次不小于 $20m^2$、$16m^2$、$14m^2$、$12m^2$、$12m^2$。

客房附设的卫生间净面积（开放式卫生间除外），五～一级酒店依次不小于 $5m^2$、$4m^2$、$3m^2$、$3m^2$、$2.5m^2$；其中三～五级酒店的卫生器具数不应少于 3 件，一、二级不应少于 2 件。

四、五级酒店建筑 2 层宜设乘客电梯，3 层及 3 层以上，应设乘客电梯。一～三级酒店建筑 3 层宜设乘客电梯，4 层及 4 层以上，应设乘客电梯。

三、四、五级酒店宜设相应的商务中心、商店或精品店；一、二级宜设零售柜台、自动售货机等设施。

四、五级酒店应设独立的后勤出入口，职工与货物出入口宜分设；三级以下酒店宜设后勤出入口；四、五级酒店还宜设置职工理发室、医务室、职工休息室、职工娱乐和培训用房等。

三～五级酒店的厨房基本功能应包括加工间、制作间、备餐间、洗碗间、冷荤间、二次更衣间、厨工服务用房、主副食库和食品化验室等；一、二级酒店的厨房内容可从简或仅设备餐间。

1.5.2　《旅游饭店星级的划分与评定》

《旅游饭店星级的划分与评定》GB/T14308-2010 规定了旅游饭店星级的划分条件、评定规则及服务质量和管理制度要求。该标准适用于正式营业的各种经济性质的旅游饭店。

重要术语定义：

旅游饭店是以间（套）夜为单位出租客房，以住宿服务为主，并提供商务、会议、休闲、度假等相应服务的住宿设施，按不同习惯可能也被称为宾馆、酒店、旅馆、旅社、宾舍、度假村、俱乐部、大厦、中心等。

星级划分及标志：

用星的数量和颜色表示旅游饭店的星级。旅游饭店星级分为五个级别，即一星级、二星级、三星级、四星级、五星级（含白金五星级）。最低为一星级，最高为五星级。星级越高，表示饭店的等级越高。

星级标志由长城与五角星图案构成，用一颗五角星表示一星级，两颗五角星表示二星级，三颗五角星表示三星级，四颗五角星表示四星级，五颗五角星表示五星级，五颗白金五角星表示白金五星级。

评定的总体要求：

1. 星级饭店的建筑、附属设施设备、服务项目和运行管理应符合国家现行的安全、消防、卫生、环境保护、劳动合同等有关法律、法规和标准的规定与要求。

2. 各星级划分的基本条件见该标准附录 A，各星级饭店应逐项达标。

3. 星级饭店设备设施的位置、结构、数量、面积、功能、材质、设计、装饰等评价标准见该标准附录 B。

4. 星级饭店的服务质量、清洁卫生、维护保养等评价标准见该标准附录 C。

5. 一星级、二星级、三星级饭店是有限服务饭店，评定星级时应对饭店住宿产品进行重点评价；四星级和五星级（含白金五星级）饭店是完全服务饭店，评定星级时应对饭店产品进行全面评价。

6. 倡导绿色设计、清洁生产、节能减排、绿色消费的理念。

7. 星级饭店应增强突发事件应急处置能力，突发事件处置的应急预案应作为各星级饭店的必备条件。评定星级后，如饭店营运中发生重大安全责任事故，所属星级将被立即取消，相应星级标识不能继续使用。

8. 评定星级时不应因为某一区域所有权或经营权的分离，或因为建筑物的分隔而区别对待，饭店内所有区域应达到同一星级的质量标准和管理要求。

9. 饭店开业一年后可申请评定星级，经相应星级评定机构评定后，星级标识使用有效期为三年。三年期满后应进行重新评定。

各星级划分条件：

饭店星级评定依该标准进行，具体要求如下：

1.《旅游饭店星级的划分及评定》附录 A "必备项目检查表"。该表规定了各星级必须具备的硬件设施和服务项目。要求相应星级的每个项目都必须达标，缺一不可。

2.《旅游饭店星级的划分及评定》附录 B "设施设备评分表"（硬件表，共 600 分）。该表主要是对饭店硬件设施的档次进行评价打分。三、四、五星级规定最低得分线：三星 220 分、四星 320 分、五星 420 分，一、二星级不作要求。

3.《旅游饭店星级的划分及评定》附录 C "饭店运营质量评价表"（软件表，共 600 分）。该表主要是评价饭店的 "软件"，包括对饭店各项服务的基本流程、设施维护保养和清洁卫生方面的评价。三、四、五星级规定最低得分率：三星 70%、四星 80%、五星 85%，一、二星级不作要求。

1.5.3 《绿色旅游饭店》

绿色酒店的定义：

以可持续发展为理念，坚持清洁生产、倡导绿色消费，保护生态环境和合理使用资源的饭店。绿色酒店可通过《绿色旅游饭店》LB/T007-2006 进行评定。

绿色酒店是一种新的理念，它要求饭店将环境管理融入饭店经营管理中，以保护为出发点，调整饭店的发展战略、经营理念、管理模式、服务方式，实施清洁生产，提供符合人体安全、健康要求的产品，并引导社会公众的节约和环境意识、改变传统的消费观念、倡导绿色消费。它的实质是为饭店宾客提供符合环保要求的、高质量的产品，同时，在经营过程中节约能源、资源，减少排放，预防环境污染，不断提高产品质量。绿色饭店是一种方向和目标，是一个不断发展的概念，为指导现阶段的实践，该标准的核心就是在生产经营过程中加强对环境的永续保护和资源的合理利用。

该标准专为创建绿色酒店、实施环境管理提供指导。并对创建绿色酒店、实施和加强环境管理提供切实可行的建议。其基本原则是：减量化原则、再使用原则、再循环原则、替代原则。绿色酒店分金叶级和银叶级两个等级。

绿色酒店等级与划分：

绿色酒店分金叶级和银叶级两个等级。

金叶级、银叶级酒店须共同具备以下内容：

饭店建立绿色管理机构，形成管理网络；

自觉遵守国家有关节能、环保、卫生、防疫、规划等法律法规；

不加工和出售以野生保护动物为原料的食品；

一年内未出现重大环境污染事故，无环境方面的投诉；

1. 金叶级应具备：

分区域、分部门安装水、电、汽计量表，并有完备的统计台账；

锅炉安装除尘处理设备；

厨房安装油烟净化装置，并运行正常；

污水处理设施完备或接入城市排污管网，不直接向河流等自然环境排放超标废水；

室内空气质量符合 GB/T18883-2002《室内空气质量标准》的要求；

达到该标准附录 B 评定细则 240 分以上。

2. 银叶级应具备：

主要区域安装有水、电计量表，并建立台账或记录；

锅炉有除尘处理措施；

厨房有烟净化处理措施；

不直接向河流等自然环境排放超标废水；

达到该标准附录 B 评定细则 180 分以上。

图 1.5-1 绿色旅游饭店等级证书

1.5.4 《绿色饭店建筑评价标准》(报批稿)

酒店建筑作为一种重要的建筑类型，由于其特殊的使用功能需求，一般需全年连续运行空调系统、连续供应大量生活热水，其能源和资源消耗一般比常规公共建筑要大。因此，建筑节能是绿色酒店节能减排工作中的一项重要内容。作为《绿色旅游饭店》国家标准之后的又一重要标准，《绿色饭店建筑评价标准》是以《绿色建筑评价标准》为基础，结合酒店建筑的特点和要求提出的适合我国国情的绿色酒店建筑评价标准。《绿色饭店建筑评价标准》的编制将有力地推动我国绿色酒店的发展。

评价绿色酒店建筑时，应统筹考虑酒店建筑全寿命周期内，节能、节地、节水、节材、保护环境、满足建筑功能之间的辩证关系。

评价绿色酒店建筑时，应依据因地制宜的原则，结合建筑所在地域的气候、资源、自然环境、经济、文化等特点进行评价。

绿色酒店建筑的评价除应符合该标准外，尚应符合国家的法律法规和相关的标准，体现经济效益、社会效益和环境效益的统一。

基本要求

绿色酒店建筑的评价应以建筑单体或建筑群为评价对象。评价单体多功能的综合性建筑时，应按不同的功能分区域分别进行评价，并统一定级。评价单栋建筑时，凡涉及系统性、整体性的指标，应以该栋建筑所属工程项目的总体为基准。

绿色酒店建筑的评价可分为设计评价和运行评价。设计评价应在建筑施工图审查通过后进行，运行评价应在建筑通过竣工验收并投入使用一年后进行。

申请评价方应进行建筑全寿命期技术和经济分析，合理确定建筑规模，选用适当的建筑技术、设备和材料，对规划、设计、施工、运行阶段进行全程控制，并提交相应分析、测试报告和相关文档。

评价机构应按该标准的有关要求，对申请评价方提交的报告、文档进行审查，出具评价报告，确定评价等级。对申请运行评价的建筑，还应进行现场考察。

评价与等级划分

绿色酒店建筑评价指标体系由节地与室外环境、节能与能源利用、节水与水资源利用、节材与材料资源利用、室内环境质量、施工管理、运行管理七类指标组成。每类指标均包括控制项和评分项。每类指标的评分项总分为 100 分。为鼓励绿色酒店建筑的技术创新和提高，评价指标体系还统一设置创新项。

控制项的评定结果应为满足或不满足。评分项与创新项的评定结果应为某分值或不得分。

绿色酒店建筑评价按总得分率确定评价等级。总得分率为七类指标评分项的加权得分率与创新项的附加得分率之和。

评价指标体系七类指标各自的评分项得分率 Q1、Q2、Q3、Q4、Q5、Q6、Q7 按参评建筑的评分项实际得分值除以理论上可获得的总分值计算。理论上可获得的总分值等于所有参评的评分项的最大分值之和。

评价指标体系七类指标评分项的加权得分率应按式 1.5-1 计算，其中权重 W1—W7 按表 1.5-1 取值。

$$\Sigma Q = w_1Q_1 + w_2Q_2 + w_3Q_3 + w_4Q_4 + w_5Q_5 + w_6Q_6 + w_7Q_7 \quad (1.5-1)$$

绿色酒店建筑分项指标权重　　　　　　　　表 1.5-1

阶段	节地与室外环境 w1	节能与能源利用 w2	节水与水资源利用 w3	节材与材料资源利用 w4	室内环境质量 w5	施工管理 w6	运行管理 w7
设计评价	0.15	0.35	0.1	0.2	0.2	0	0
运行评价	0.1	0.25	0.15	0.15	0.15	0.1	0.1

创新项的附加得分率应按该标准第 11 章的有关规定确定。

绿色酒店建筑评价等级分为一星级、二星级、三星级三个等级。三个等级的绿色酒店建筑都应满足该标准所有控制项的要求，且每类指标的评分项得分率不应小于 50%。三个等级的最低总得分率分别为 50%、65%、80%。

对单体多功能的综合性建筑，应先对其中功能独立的各部分区域分别评价，并取其中较低或最低的评价等级作为建筑整体的评价等级。

对大体量多功能的综合性建筑，应遵循整栋建筑评价的原则。先按功能分区单独计算出各分区的总得分率，然后按建筑面积加权的方法计算整栋建筑的总得分率，最后依建筑整体的总得分率确定建筑整体的评价等级。对功能独立的各部分区域分别评价时，涉及用地、绿化等指标时，也按面积加权的原则处理。

图 1.5-2　三星级绿色建筑设计及运营标识证书

主要内容

节地与室外环境：项目选址、场地安全、日照标准、土地利用、室外环境、交通设施与公共服务、场地设计与场地生态等方面设计合理、利用充分。

节能与能源利用：建筑与围护结构、采暖通风与空调、照明与电气、能量综合利用等方面设计合理、利用充分、运行可靠。

节水与水资源利用：制定水资源利用方案，统筹、综合利用各种水资源，节水系统、节水器具与设备、非传统水源利用等方面设置合理、完善、安全。

节材与材料资源利用：建筑材料及制品选用合理，建筑造型要素简约，已有建筑物、构筑物利用充分，结构体系、建筑构配件、施工工艺等方面进行设计优化。

室内环境质量：室内声环境、室内光环境与视野、室内热湿环境、室内空气质量四方面满足现行国家相关标准中的要求标准。

施工管理：制定并实施施工全过程的环境保护计划、施工人员健康保障管理计划，厉行资源节约、严格过程管理。

运行管理：制定并实施节能、节水、节材等资源节约与绿化管理制度，制定垃圾管理制度。

节能、节水设施及设备自动监控系统工作正常，符合设计功能要求，且运行记录完整，建筑运行过程中无不达标废气、废水排放。

各项管理制度、技术管理、环境管理等方面完善、有效。

创新项评价：应用 BIM 技术，建筑规划阶段应用 BIM 技术、建筑设计阶段应用 BIM 技术、建筑施工阶段应用 BIM 技术、建筑运行阶段应用 BIM 技术获得相应分值。

选用废弃场地进行建设。

建筑方案充分考虑当地资源、气候条件、场地特征和使用功能，合理控制和分配投资预算，具有明显的提高资源利用效率、提高建筑性能质量和环境友好性等方面的特征。

建筑围护结构、采暖空调系统、照明系统、生活热水系统等采用创新的系统形式或设备产品，并具有明显的节能优点和示范推广意义。

根据当地资源、气候条件和项目自身的特点，采用降低水资源消耗和营造良好水环境的技术和措施。

根据当地资源及气候条件，采用资源消耗和环境影响小的建筑结构体系。

对主要建筑材料提交碳排放计算书。

合理使用经国家和地方建设主管部门推荐使用的新型建筑材料。

使用具有改善室内空气质量、明显隔声降噪效果，改善室内热舒适、控制眩光和提升采光、照明均匀性、电磁屏蔽等功能性建筑材料或技术手段，明显改善室内环境质量。

在装饰装修设计中，采用合理的预评估方法，对室内空气质量进行源头控制或采取其他保障措施。

混凝土结构采用高强钢筋作为受力钢筋的比例不小于 85%。

采用其他能源资源节约和环境保护的技术、产品和管理方式。

第 2 章　酒店策划及设计流程

2.1　酒店策划

本章节主要研究酒店前期策划、功能配置、设计内容、经济分析及设计流程等。

2.1.1　策划的目的

本导则中酒店策划是指酒店前期的策划，通过基础环境分析、市场研究，明确酒店的定位、投资及效益需求，提供合理的酒店解决方案和建议。

策划的目的主要有：

1. 为酒店设计明确任务书，提供设计指引，为设计师后续设计提供依据；

2. 为酒店后续运营管理奠定基础。

2.1.2　策划的原则

酒店策划的原则主要有适用性、经济性、前瞻性、以人为本、品牌形象、环境和谐、科学管理、可持续发展等。

适用性：要充分考虑适应最大多数人的不同需求和感受，方便经营和管理。

经济性：任何经济活动都有其最终的经济目的，酒店作为大型的综合性服务实体同样追求其最终的经济效益，因此在酒店策划中要充分了解经济因素。经济因素影响着酒店的规模和档次，在满足其基本功能和使用要求以及技术指标和质量的前提下要始终考虑节约经济成本的因素。

前瞻性：在酒店策划过程中应意识到社会进度对酒店的影响，要及时了解社会政治经济发展的新动向、新理念、新意识以及新技术等，要保持酒店具有一定的超前意识。

以人为本：酒店的直接服务对象是宾客，因此酒店的策划应保证宾客在酒店中的一切活动要科学合理、舒适、方便、安全等。凡是涉及宾客活动的地方都要分析宾客活动规律，遵照这个原则，使宾客在生理和心理上产生"宾至如归"的感受。

品牌形象：使宾客能从视觉上、心理上产生赏心悦目的感觉，空间创意设计能新颖独特，富有内在的文化内涵，形成酒店的标志性风格，增强酒店在宾客心目中的印象，塑造酒店品牌形象。

环境和谐：酒店的策划必须考虑酒店本身的社会环境与地理环境，酒店在具有自身个性和特色的同时应具有与自然环境、人文精神相协调的环境因素。环境因素包括民族风情、地理位置、历史传统等因素。

科学管理：要应用科学的经营管理手段来保证酒店的正常经营活动，酒店的空间划分与布局、信息的传递与流线、空间的联系与转换、经营管理与抗干扰等要素要符合科学管理的要求，设施设备的选用与设置要科学、合理、节能环保。

可持续发展：在酒店的策划过程中应从经济和社会可持续发展，资源的合理使用和节能环保等方面进行综合考虑。

1. 经济可持续发展：即酒店所在地经济的发展水平、酒店总数量、床位总数量、酒店的结构构成、经济效益等情况；酒店总量与结构的合理性，即酒店所在地酒店总量和结构与需求之比；酒店的科技水平，即设施、设备的先进程度和技术水平以及信息技术水平。

2. 社会可持续发展：即在酒店策划时要考虑酒店对宾客身心健康与生活品质的提升。

3. 资源可持续发展：是指要考虑节能、节水、废物利用、设施设备的更新周期、不可再生资源和稀缺资源的替代使用以及土地占用的合理性和经济实用等问题。

4. 环境保护的可持续发展：对自然环境和人文环境的长期保护，如废物处理、噪声控制、优化环境等。

2.1.3　策划的基础

市场需求分析

是酒店策划的基础，分析市场需求并为确定功能提供依据。

酒店策划必须以市场研究为前提，并进行精准的定位。经验表明，市场错位是酒店亏损之根，正确定位则是成功经营的关键。我们把酒店目标客户群分为三类：

1.休闲旅游者：要求功能化、品味特色化

以观光、休闲度假为目的的游客是酒店重要的顾客群体。该顾客群体的基本需求为：住宿、休憩、基本餐饮、电视、网络、订票等商务服务、停车。观光游客其他需求为：夜间娱乐、旅游产品（纪念品）购物等；休闲度假游客其他需求为：白天休闲、夜间娱乐、特色餐饮等。

随着休闲度假旅游的深入发展，游客对酒店的需求已经不仅仅局限于晚上的住宿场所，而是要求功能上休闲化、综合化，设计上特色化、本地化，使游客的旅游生活丰富多彩，得到精神和物质上的双重享受。

2.商务人群

以商务出差、商务会议、商务接待等为主的企业人员，是酒店另一重要顾客群体，其中包括公商务旅行者、本地公商务接待、跨区域会议活动及本地会议活动。不同的商务人群对酒店有着不同的需求：

公商务旅行者：以私人居留空间为主

出差游客的首要要求是基本的私人居留空间，因此，交通方便性、经济性是主要决定因素。但是，公商务旅行者往往需要交往和接待，因而形成了一定程度上的对身份档次、客房接待功能、公共接待空间、商务休闲等的需求。

本地公商务接待：以对公共空间的使用为主

在中高星级酒店进行公务商务接待，已成为很多本地企业的选择。本地接待一般不用客房或为贵宾配套用的钟点房，以对公共空间的使用为主，主要需求包括会见厅、中小会议室、工作型商务套间、包间餐饮、夜间休闲娱乐等。

跨区域会议活动：要求综合配套能力强，接待容量大

会议对酒店的要求发展很快，形成了会议型、会展型、交易型三大类别。跨区会议对酒店的需求，因有过夜，所以要求综合配套能力强，接待容量大，主要需求为：大型会议厅、展览厅、交易方便性、多种会议室配套、宴会餐饮、夜间娱乐、休闲游乐丰富性等。

本地会议活动：要求具备良好的传播服务功能

本地会议及本地公务商务活动，包括新闻发布会、时尚表演与传播活动、研讨会、评审会、论证会、本地休闲结构组织的联谊会、员工休闲娱乐活动、企业年会等。这些活动一般要求酒店具备良好的传播服务基础，而且提供对表演性活动的基础支撑，酒店品味时尚化强。

3.私人群体活动：对服务要求比较高

私人群体活动是指由私人民间发起组织的活动，包括婚庆婚宴、寿庆寿宴、满月酒、生日PARTY、同学聚会、白喜事等。这些活动以私人消费为前提，以宴会模式为主，要求比较苛刻，消费水平参差不齐，但都对服务要求比较高，要求餐饮娱乐结合、多种消费方式结合。

酒店功能确定

根据市场需求，以市场分析为基础，对酒店的市场进行精准定位，并对其类别进行分析，在同类别的经验教训中，找到现有酒店策划提升改造的方向，设置合理的功能。

中高档酒店包含豪华五星级、五星级、四星级酒店，其功能配置相对齐全，水平相对高级，其他档次酒店建筑设计可在此基础上做相应调整。

市场上商务型酒店数量占大多数，其建筑设计标准化程度也相对较高，其他型酒店类型可在商务型酒店基础上进行部分功能的加强和减少，以适应特殊化需要。

2.1.4 策划的内容

酒店策划的主要内容包括：基础环境分析、市场研究、定位分析、功能结构特色化与布局、主题与风格创意策划、建筑与景观概念策划、商业模式设计和运营实施计划设计等。

1.基础环境分析：考察项目地块、周边环境、文化风俗及相关资源，进行系统的资源环境与地块条件分析；对区域经济社会发展现状及前景，与周边相关项目进行比较分析，形成基础环境分析报告，论断项目开发的合理性。

2.市场研究：收集相关市场资料，进行系统的市场调查，了解区域内酒店业的构成与布局、旅游发展状况，深度分析市场需求，比较竞争项目及可能的竞争环境，挖掘细分市场，提出项目精确的市场定位与市场目标。

3.定位分析：通过SWOT分析，对项目资源、市场、文化进行系统整合，形成对项目的系统定位，包括：酒店的类型（商务酒店、旅游度假酒店、会议酒店、经济型酒店、主题型酒店等）档次（星级标准）、规模（占地面积、客房数量、餐厅座位数等）、文化（文化形象及经营理念）、功能项目的设定（根据酒店实际情况选择如：娱乐、健身、特色餐饮、商品店等经营项目）、运营战略等。

4.功能结构：按照酒店功能要求基本要素及其延伸特色化模式，对项目进行特色化产品的创意策划，明确酒店功

能，并进行空间布局，落实私人空间和公共空间的具体特色，进行详细描述，并与市场需求进行对应消费比较分析。

5. 主题风格创意：创意策划酒店的文化主题，以文化为脉，整合风格与风情，形成酒店的主题与风格格调。其中包括整体建筑、客房风格、休闲娱乐内容、内部个性化装饰、特色功能、体验模式、特色餐饮等；落实"吃住行游购娱"六要素在酒店内部的具体互补镶嵌系统机构。

6. 建筑与景观概念：策划建筑体量、平面布局、板块结构、标志性特征、风格规范要求、功能建筑特色、植物造景与景观等等；形成特色建筑及景观规范要求，营造酒店氛围。

7. 商业模式设计：包括卖点策划与分析，收入点设置、收入结构设计、营销模式设计、品牌策划、营销渠道策划、促销思路策划、管理模式设计、人力资源开发策划、投资估算、财务预测、投资分期策划、融资策划、开发流程策划、商业模式整合等。

8. 运营实施计划：对项目投资运作进行目标任务分项的计划，以资金投入为基础，按照业务顺序和结构板块，组建相应的管理实施部门，形成具体的工作计划。

2.1.5　策划的流程

酒店的策划流程大致分为以下几个阶段：

酒店策划流程表　　　　　　　　　　　　　　　　　　　　表 2.1-1

序号	阶段	内容	序号	阶段	内容
1	目标市场调查与可行性分析	区域市场的社会环境调查 客源市场环境的调查 综合技术指标的评价与分析	4	建筑规划与设计	建筑设计 功能规划与设计 设施设备规划与设计 环境规划与设计
2	酒店的定位	酒店类型 酒店规模 酒店档次 酒店文化 功能设置等	5	酒店管理方案	初步确定酒店的管理方案、自营或委托专业酒店管理公司运营
			6	运营实施计划	项目初步运营实施计划
3	酒店的选址	交通位置 地理位置等	7	市场信息的反馈与分析	在酒店建成后跟踪市场的反馈信息并得出综合评价，再根据综合评价对酒店的一些指标进行完善和调整，直到趋于科学合理

2.1.6　策划的成果

策划的成果主要是策划方案，包括：市场分析及定位策划方案、功能策划书、营销策划书、经营管理策划报告、广告策划书等等。

酒店策划处于概念性设计阶段前，明确项目基础环境、场地条件、气候条件、市场环境，初步确定酒店的整体定位、档次、建设规模、功能、主题风格创意、投资估算和财务效益，为设计人员提高设计效率，后续深化设计方案等提供方向，避免因前期策划、论证不足导致设计不断返工和重复修改。

2.2　酒店功能配置

酒店是一个为宾客提供以住宿和餐饮服务为主的综合性服务实体，经营配套项目很多，在功能项目设置上要根据酒店自身的实际情况、酒店的类型和市场定位等进行综合分析，优化功能项目的设置和配比关系，实现最优经济效益和社会效益。酒店项目设置原则是兼顾近期和长期的利益、保证建设和经营的连续性等。酒店功能设置表如表 2.2-1 所示：

酒店功能设置表　　　　　　　　　　　　　　　　　　　　表 2.2-1

一级分项	大堂区						餐饮区					会议区			康体娱乐区				
二级分项	前台礼宾处	大堂吧	商务中心	行李房	礼品放	公共卫生间	中餐厅	酒吧	咖啡厅	自助餐厅	特色餐厅	宴会厅	展览	会议	健身中心	SPA中心	室外游泳池	室内游泳池	更衣室

一级分项	客房区							行政层区		后场部分								
二级分项	标准客房（双床）	标准客房（大床）	商务套房	普通套房	豪华套房	总统套房	无障碍客房	行政客房	行政酒廊	中心库房	中心厨房	洗衣房	机动车库	非机动车库	员工餐厅	员工更衣室	休息室	员工培训及	管理办公室

2.2.1　功能组成

大堂区

酒店的大堂区域是酒店设计的重点，是酒店的门户，是最先与旅客、社会公众接触、为他们提供服务的公共厅堂和各类活动用房，其形象、环境气氛及设施直接影响对旅客与公众的吸引力。

不同规模、等级、性质的酒店设置的大堂区内容不一，但所需要提供的服务有相似之处，使用频率较高的空间（如门厅、电梯厅等），对酒店的形象至关重要，有的厅室是作为赢利空间可以单独对外使用，如何设置应按经营之需而定。近年，城市酒店的大型、综合化倾向，使公共部分内容更复杂多样。

餐饮区

餐饮是酒店除客房外的第二大主营项目，也是酒店第二大营业收入部门，其设置情况要依据酒店的类型、规模、档次、客源的构成和需求、市场定位和经营特色来进行。如设置中餐厅和西餐厅来满足不同宾客的需求，设置特色餐厅、咖啡厅、酒吧、自助餐厅、俱乐部酒廊等来体现酒店的经营特色，满足宾客的不同习惯需求以及大型活动的使用需求等。

会议区

随着社会的发展，当代各种国际、国内会议增加，接待会议代表住宿已成为现代酒店经常的收益之一。此外，宴会、展览、讲座等也是在酒店举行。根据酒店的市场定位、需求和酒店的类型、规模等来确定是否设置会议室和宴会厅以及其大小、类型、数量等。会议室和宴会厅在会议型酒店中的设置比例较大。

康体娱乐区

随着酒店建筑的不断完善和人们对康体要求的不断提高，康体娱乐设施已是衡量酒店建筑标准的主要依据之一。对于星级酒店来说，康体娱乐设施与星级的关系有着明确的规定。酒店建筑为康体娱乐设施提供了一个理想的场所，并为康体娱乐设施提供了项目，一般情况下，四星级及四星级以上的酒店几乎应具有全套的康体娱乐设施。

康体娱乐区主要包括健身中心、SPA 中心、游泳池、体育设施和游戏设施等。以上项目是酒店的配套服务可选项目，是根据酒店的实际需要、市场状况、规模档次、综合指标来确定其设置情况的，其直接营业收入在酒店中所占比例较低，其价值主要体现在能为酒店带来的综合经济效益和提升酒店品牌的档次方面。

客房区

客房是酒店的主要经营项目，其他功能项目都是围绕客房进行配套设置的。客房的营业收入占酒店的比例最大。客房的数量和档次影响着酒店的规模和等级，对宾客产生影响最大，因此客房是酒店最为重要的部分。在客房策划中要综合各种市场指标，科学合理确定客房的数量、面积、档次和设施设备的配置。

行政层区

行政层区是一些高星级酒店，利用客房某些楼层，设置面向高消费客人的豪华客房群、酒廊及其他配套设施的区域。其中行政客房的家具、日用品和室内装饰等较普通客房高档，住宿的客人一般是行政官员、公务旅行者、企业管理者或其他社会上层人士。

行政酒廊是一个提供有家居风格并提供自助餐与饮料服务的轻松环境场所。行政酒廊可以为客人提供放松、商务、宾客服务、餐饮、社交等设施和服务。行政酒廊应设在中心位置使行政楼层客人易于使用，有主要的视野与方便的服务流线。

后场部分

除以上功能项目外，酒店还应设置必要的后场设施，如营运和行政管理办公室、收货平台、厨房和配餐间、洗衣房、机电设备间、员工设施（员工入口、员工辅助用房、员工餐厅、人力资源办公室、培训室等）等功能项目，以便为宾客提供优质方便的服务。不同等级的酒店各功能设施设置标准详见各类型酒店设置一览表。

2.2.2　按功能类型的分类

各类型酒店各功能设置的必要性和相关功能是否需要强化如表 2.2-2 所示：

各类型酒店功能设置总表　　表 2.2-2

一级分项	二级分项	商务型酒店	会议会展型酒店	度假型酒店	精品酒店	经济型酒店	度假村酒店	公寓式酒店
大堂区	前台礼宾处	●	●	●	●	●	●	●
	大堂吧	●	●	◉	●	○	○	○
	商务中心	●	●	●	●	○	○	○
	行李房	●	●	●	●	●	○	○
	礼品房	●	●	●	○	○	○	○
	公共卫生间	●	●	●	●	●	●	●
餐饮区	中餐厅	◉	◉	●	●	○	○	○
	酒吧及酒廊	◉	◉	●	○	/	/	/
	咖啡厅	◉	◉	●	○	/	/	/
	自助餐厅	◉	◉	●	●	●	●	●
	特色餐厅	◉	◉	◉	○	/	○	○
会议区	宴会厅	●	◉	●	○	/	/	/
	展览	○	◉	○	○	/	/	/
	会议	●	◉	●	○	○	○	○
康体娱乐区	健身中心	●	●	◉	●	/	○	○
	SPA 中心	●	●	◉	○	/	○	○
	室外游泳池	○	○	◉	○	/	○	/
	室内游泳池	●	●	◉	○	/	○	/
	更衣室	●	●	●	○	/	○	○
客房区	标准客房（双床）	●	●	●	●	●	●	●
	标准客房（大床）	●	●	●	●	●	●	●
	商务套房	●	●	●	●	○	○	○
	普通套房	●	●	●	●	○	○	○
	豪华套房	●	●	●	●	/	○	○
	总统套房	●	●	●	○	/	/	/
	无障碍客房	●	●	●	●	●	●	●
行政层区		●	●	●	○	/	/	/
后场部分	中心库房	●	●	●	●	○	●	●
	中心厨房	●	●	●	●	○	●	●
	洗衣房	●	●	●	○	○	○	○
	机动车库	●	●	●	●	○	●	●
	非机动车库	●	●	●	●	●	●	●
	员工餐厅	●	●	●	●	●	●	●
	员工更衣室	●	●	●	●	●	●	●
	员工培训及休息室	●	●	●	●	●	●	●
	管理办公室	●	●	●	●	●	●	●

图例：
● 必选功能
◉ 增强功能
○ 选择功能
/ 不设项

2.2.3　按等级的分类

品牌酒店中普遍采用的设计标准与《旅馆建筑设计规范》JGJ 62-2014《旅游饭店星级的划分与评定》中对完全服务酒店的设计要求对照参见下表 2.2-3。

完全服务酒店的

功能配置			四星级	五星级
大堂区	大堂	基本配置	独立式接待前台、门房服务台、快速服务柜台、客人座位区、无陈设的开阔空间、行李房、客人盥洗室	设门斗、独立式接待前台、门房服务台、快速服务柜台、客人座位区，无陈设的开阔空间、行李房、客人盥洗室
		面积	139m²，或者每间客房0.56m²，取两个数值中的较高者	大堂以拥有的客房数为基础，每间客房增加0.56m²的面积，且不小于170m²
		高度	3050～8500mm	3700～9000mm（两个标准层）
	前台礼宾处	位置	在前台区必须能够清楚地看到主入口\客用电梯及转换电梯	靠近入口大门，在前台区必须能够清楚地看到主入口\客用电梯及转换电梯
		数量	200个及200个以下房间的酒店应设有至少三个登记台每增加100个房间，则需增加一个登记台	200个及200个以下房间的酒店应设有至少三个登记台每增加100个房间，则需增加一个登记台
		其他要求	前台的前面应有至少3.7m的畅通区，前台的完成高度不得超过楼地板完成面以上1.07m	前台的前面应有至少3.7m的畅通区，前台的完成高度不得超过楼地板完成面以上1.07m，在前台后背的墙上需要放置一件标志性的艺术品/雕塑
	大堂吧	位置	是主大堂空间的一部分，同时可延伸至餐厅	在大堂的视线范围内，可延伸至餐厅
		功能要求	展示吧台、灵活的座位	展示吧台、存酒柜、灵活的座位
	商务中心	位置	商务中心的位置须靠近客梯、前台或礼宾接待台、宴会/会议区域或者行政办公室	商务中心的位置须靠近客梯、前台或礼宾接待台、宴会/会议区域或者行政办公室
		功能配置	接待台、两把客人用椅、休息室座位，四人会议室、员工工作室、茶水间	接待台、两把客人用椅、休息室座位，四人会议室、会议室区域内应提供一个或两个协调员办公室
		面积	总面积至少为70m²	总面积至少为70m²（亚洲地区需要更大面积）
	行李房	位置功能	靠近大堂主入口处，紧邻接待台行李房入口可畅通绕过接待台	靠近大堂主入口处，紧邻接待台，行李房入口可畅通绕过接待台，设有走廊直接通往服务电梯
		面积	需容纳每一百间客房配置四辆行李车的总量	每个房间配备0.07m²，或者至少18 m²的行李存放空间
	礼品店	位置	靠近大厅与主要电梯厅，靠近入住登记处	靠近大厅与主要电梯厅和入住登记处，可方便看到零售商店
		面积	10～32m²并依据当地市场行情而定	10～32m²并依据当地市场行情而定
		设备	大型商用冰箱装置和一个商用冰柜	大型商用冰箱装置和一个商用冰柜，自动取款机/银行、精品店、艺术品、旅行用品和鲜花店等
	公共卫生间	高度	2800mm	2800mm
		其他	在残疾人公用厕所内应提供折叠式护理桌	在残疾人公用厕所内应提供折叠式护理桌
餐饮区	全日制餐厅	功能	必须配备提供三餐和全方位服务的餐厅	提供中式午餐及晚餐，并在高峰时期提供早餐的中式餐厅
		位置	建议与街道标高相同，以便公众从外部直接进入	从酒店大厅和街道可以直接进入，带有窗子吸引行人
		面积	座位区面积最少占室内面积的40%	座位区面积最少占室内面积的40%
	酒吧	功能	早晨提供咖啡，晚上提供饮料大堂酒吧包括吧台和相关座位	早晨提供咖啡，晚上提供饮料；大堂酒吧包括吧台和相关座位
		位置	大堂酒吧应设计为在大厅区域内的开放式酒吧区域；特色酒吧应与大堂等公共空间相隔开	大堂酒吧应设计为在大厅区域内的开放式酒吧区域；特色酒吧与公共空间相隔开，可设在酒店地下室或设在有沿街入口和酒店内部入口的一层
		面积	提供的座位数为房间数的25%，会议中心为30%	提供的座位数为房间数的25%，会议中心为30%
	自助餐厅	功能	必须包含冷冻、保温和常温分区	必须包含冷冻、保温和常温分区
		位置	提供一处在大堂容易看见的显眼位置	提供一处在大堂容易看见的显眼位置，并方便进入后场的厨房或备餐间
		面积	加强用餐气氛：1.2～1.4m²/座；升级休闲餐厅：2.2～2.4m²/座	升级休闲餐厅：2.2～2.4m²/座；高级餐厅：2.6～2.8m²/座
	特色餐厅	功能	含开敞就餐区与私人包房，确保就餐者隐私，厨房和配膳间应安排在旁边	含开敞就餐区与私人包房，确保就餐者隐私，厨房和配膳间应安排在旁边
		位置	除了酒店内部的入口以外，应当同时设有临街的餐厅入口	除了酒店内部的入口以外，应当同时设有临街的餐厅入口
		面积	餐厅座椅的总数不得少于60座位面积可以调整为1.1～1.3m²特色餐厅：2.0～2.2m²/座升级特色餐厅：2.2～2.4m²/座高级餐厅：2.6～2.8m²/座座位尺寸可以在2.0～2.8m²的范围内变化	餐厅座椅的总数不得少于60座位面积可以调整为1.1～1.3m²特色餐厅：2.0～2.2m²/座升级特色餐厅：2.2～2.4m²/座高级餐厅：2.6～2.8m²/座座位尺寸可以在2.0～2.8m²的范围内变化
	厨房与备餐间	功能	货物接收和存储、准备、生产加工与服务发放	货物接收和存储、准备、生产加工与服务发放
		位置	厨房的位置必须有利于提高酒店员工的工作效率，及各种设备的方便使用，要求设置从餐厅厨房通向主厨的合适通道	厨房的位置必须有利于提高酒店员工的工作效率，及各种设备的方便使用，要求设置从餐厅厨房通向主厨的合适通道。食品或饮料的运送，不得从大堂区域穿越至餐厅厨房
		尺寸	1100mm（厨房工作区的过道）；900mm（主厨区/厨师长区的过道）	1100mm（厨房工作区的过道）；900mm（主厨区/厨师长区的过道）；1500mm（手推车双向通过）

设计要求对照表

表 2.2-3

豪华五星级	旅馆建筑设计规范		旅游饭店星级的划分与评定	
	四级	五级	四星级	五星级
设门斗、独立式接待前台、门房服务台、快速服务柜台、客人座位区，无陈设的开阔空间、行李房、客人盥洗室	设总服务台、宾客休息区、公共卫生间、行李寄存等空间或区域总服务台位置应明显且其长度应与旅馆的等级、规模相适应，台前应考虑等候空间，前台办公室宜设在总台附近，旅馆按照等级、需求设配备商务、商业设施。三、四、五级旅馆宜设相应的商务中心，公共卫生间、盥洗室进入，前室和盥洗室的门不宜与客房门相对。与盥洗室分设的厕所应至少设一个洗手盆，四、五级旅馆卫生隔间的门宜向内开启，卫生隔间大小不宜小于900mm×1550mm	同四级	总服务台，位置合理，接待人员应24h提供接待、问询和结账服务。应专设行李寄存处，配有饭店与宾客同时开启的贵重物品保险箱，保险箱位置应安全、隐蔽，能够保护宾客的隐私；在非经营区应设宾客休息场所；门厅及主要大堂区域应有符合标准的残疾人出入坡道，配备轮椅，有残疾人专用卫生间或厕位，为残障人士提供必要的服务。公共卫生间位置合理（大堂应设置公共卫生间，且与大堂在同一楼层）；有残疾人专用卫生间；公共卫生间内每个抽水恭桶都有单独的隔间	区位功能划分合理；整体装修精致，有整体风格、色调协调、光线充足；总服务台，位置合理，应专设行李寄存处，配有饭店与宾客同时开启的贵重物品保险箱，保险箱位置安全、隐蔽，能够保护宾客的隐私；在非经营区应设宾客休息场所；门厅及主要大堂区域应有符合标准的残疾人出入坡道，配备轮椅，有残疾人专用卫生间或厕位，为残障人士提供必要的服务。大堂应设置公共卫生间，且与大堂在同一楼层；有残疾人专用卫生间；公共卫生间内每个抽水恭桶都有单独的隔间，隔间的门有插销，所有隔间都配置衣帽钩；每两个男用小便器中间有隔板，使用自动冲水装置
大堂以拥有的客房数为基础，每间客房增加0.56m²的面积，且不小于170m²				
4300～9000mm（两个标准层）				
靠近入口大门，在前台区必须能够清楚地看到主入口\客用电梯及转换电梯				
200个及200个以下房间的酒店应设有至少三个登记台，至少1.8m净长，至少1.5m净宽工作空间，每75客房提供1个信息台				
信息台或柜台前应设置至少3.7m宽的客人排队等候区，在前台后背的墙上需要放置一件标志性的艺术品/雕塑				
在大堂的视线范围内，是主大堂空间的一部分，并可延伸至餐厅				
展示吧台、存酒柜、服务站、灵活的座位				
商务中心的位置须靠近客梯、前台或礼宾接待台、宴会/会议区域或者行政办公室				
接待台、两把客人用椅、休息室座位，四人会议室、两台半私人互联网工作站、员工工作室、茶水间，会议室区域内应提供一个或两个协调员办公室				
总面积至少为70m²（亚洲地区需要更大面积）				
可外部或大堂内部进入行李房，行李房位置隐蔽，靠近大堂主入口处，紧邻接待台，行李房入口可畅通经过接待台，设有走廊直接通往服务电梯				
每个房间配备0.07m²，或者至少18m²的行李存放空间				
靠近大厅与主要电梯厅，靠近入住登记处，可方便看到零售商店				
14～46.5m²，不超过74m²并依据当地市场行情而定				
大型商用冰箱装置和一个商用冰柜，自动取款机/银行、精品店、艺术品、泳衣及时尚衣物、旅行用品和鲜花店等				
2800mm（可依据当地情况适当提高）				
在残疾人公用厕所内应提供折叠式护理桌，至少 0.91m宽的门				
提供中式午餐及晚餐，并在高峰时期提供早餐的中式餐厅	/	/		
从酒店大厅和街道可以直接进入，带有窗子吸引行人	/	/		
座位区面积最少占室内面积的40%，同时参考当地市场	1.5～2m²/人	/		
早晨提供咖啡、晚上提供饮料；大堂酒吧包括吧台和相关座位	/	/		
大堂酒吧应设计为在大厅区域内的开放式酒吧区域；特色酒吧应与大堂等公共空间相隔开，可设在酒店地下室或设在有沿街入口和酒店内入口的一层	/	/		
座位数为房间数的25%，会议中心为30%，且不小于40个	/	/		
必须包含冷冻、保温和常温分区	/	/		
提供一处在大堂容易看见的显眼位置，并方便进入后场的厨房或备餐间	/	/	应有布局合理、装饰设计格调一致的中餐厅应有位置合理、格调优雅的咖啡厅（或简易西餐厅）。提供品质较高的自助早餐；应有宴会单间或小宴会厅。提供宴会服务，应有专门的酒吧或茶室，餐具应按中外习惯成套配置，无破损，光洁、卫生	应有布局合理、装饰设计格调一致的中餐厅；应有位置合理、格调优雅的咖啡厅（或简易西餐厅）。提供品质较高的自助早餐；应有宴会单间或小宴会厅。提供宴会服务，应有专门的酒吧或茶室，餐具应按中外习惯成套配置，无破损，光洁、卫生，菜单及饮品单应装帧精致，完整清洁，出菜率不低于90%
为加强用餐气氛可降低为1.2～1.4m²/座；升级休闲餐厅：2.2～2.4m²/座，高级餐厅：2.6～2.8m²/座	1～1.2m²/人计	/		
含开敞就餐区与私人包房，确保就餐者隐私，厨房和配膳间应安排在旁边	/	/		
除了酒店内部的入口以外，应当同时有临街的餐厅入口	/	/		
餐厅座椅的总数不少于60 座位面积可以调整为1.1～1.3m² 特色餐厅：2.0～2.2m²/座 升级特色餐厅：2.2～2.4m²/座 高级餐厅：2.6～2.8m²/座 座位尺寸可以在2.0～2.8m²/座范围内变化	包房2.0～2.5m²/人计	/		
货物接收和存储、准备、生产加工与服务发放	/	/		
厨房的位置必须有利于提高酒店员工的工作效率，及各种设备的方便使用，要求设置从餐厅厨房通向主厨的合适通道	/	/		
1100mm（厨房工作区的过道）， 900mm（主厨区/厨师长区的过道）， 1500mm（手推车双向通过）	/	/		

功能配置			四星级	五星级
会议区	宴会厅	功能	宴会厅至少三个分区，长度不超过最窄处的两倍，宴会厅区域保证是无柱空间	宴会厅至少三个分区，长度不超过最窄处的两倍，宴会厅区域保证无柱，小宴会厅应划分出85至100m²的空间作为小宴会厅沙龙
		位置	宴会厅和大部分会议室必须同层，最好也与主厨房同层。如果宴会厅不在底层，则须设置大型楼梯或自动扶梯或独立电梯/升降机与室外联通	宴会厅和大部分会议室必须同层，最好也与主厨房同层。如果宴会厅不在底层，则须设置大型楼梯或自动扶梯或独立电梯/升降机与室外联通。应与客房、大堂区域隔离，减少对酒店客人影响。一般位于远离客房塔楼
		面积	300m²以下（高3000mm）、300～600m²（高4000mm）、600m²以上（高5000mm）	465m²以下（高4900mm）465m²以上（高5500～7900mm）
	会议室	功能	会议室至少可分为两分区，会议室长度不超过其最窄尺寸的两倍	会议室至少可分为两分区，会议室长度不超过其最窄尺寸的两倍，所有的会议室必须配有外套存放空间或更衣室
		位置	可以部分经过宴会前厅或与宴会相关的客流区域	必须提供从厨房备餐间到所有会议室的通道，该通道可以经过宴会前厅
		面积	规格有45m²、45～90m²、90～270m²、270～450m²等，高度2800mm（80m²以下）3000mm（80m²以上）	规格有45m²、45～90m²、90～270m²、270～450m²等，房间宽度不得小于5.5 m，高度2.8m（40㎡或以下的会议室），高度3.2m（40m²及以上的会议室）
	董事会议室	功能	接待室带小吃柜、两侧内置橱柜，会议室后方准备橱柜，提供电话和桌面多用户免提电话	接待室带小吃柜、两侧内置橱柜，会议室后方准备橱柜，提供电话和桌面多用户免提电话、固定会议桌、10到20座、摆设工艺品
		面积	董事会议室必须能够容纳至少12人（逸林）	董事会议室的大小由当地市场需要来决定，但是至少要能够容纳10人。最小净面积为60m²
		高度	不小于2800mm	不小于2800mm
	前功能厅	功能	客人须经过宴会前厅区域进入宴会厅。须能够从酒店主大堂或宴会前厅方便到达所有功能空间	客人须经过宴会前厅进入宴会厅。须能够从酒店大堂或宴会前厅方便到达所有功能空间，前厅区应有小型座位区，前厅饮料站
		面积与数量	大于300m²的会议室都要有一个专用的宴会前厅准备区域。小于300m²的会议室可以共用一个宴会前厅。宴会厅或会议室的接待区必须约为宴会厅面积的35%	大于300m²的会议室都要有一个专用的宴会前厅准备区域。小于300m²的会议室可以共用一个宴会前厅。占宴会厅净面积的40%
		尺寸要求	宴会前厅的宽度必须至少是相邻的最大功能空间深度的25%～30%	宴会前厅的宽度必须至少是相邻的最大功能空间深度的25%～30%，且高度不低于5000mm
	配套用房	活动隔断	活动隔断必须做隔声处理。必须顶部支撑并且带有下垂地板封条。不使用时，须堆放在隐蔽门后面。结构柱和折叠式活动隔断在任何一点上伸入宴会厅的长度不得大于450mm	活动隔断须做隔声处理。必须顶部支撑并且带有下垂地板封条。不使用时，须堆放在隐蔽门后面。结构柱和折叠式活动隔断在任何一点上伸入宴会厅的长度不得大于450mm。至少容纳6张10人座圆桌及座位，并可供服务员自由走动
康体娱乐区	健身中心	位置	毗邻泳池、水疗中心，有方便的通道去往泳池区和洗手间设施	毗邻泳池、水疗中心，有方便的通道去往泳池区和洗手间设施
		功能	提供单独的入口、拉伸运动区、有氧运动区和力量训练区	提供单独的入口、拉伸运动区、有氧运动区和力量训练区，练习房/健身房须面对室外
		净高	2.70m	2.70m
	游泳池	基本配置	配备游泳池、旋流池、儿童戏水池	配备游泳池、旋流池、儿童戏水池
		功能配置（室内）	室内泳池应设尽量大的窗户和天窗，每平方水面要设置2m²的岸边区域	池岸区提供躺椅和立式椅子和桌子，泳池周围岸边四周区域最小为1.8m宽，每平方水面要设置3m²的岸边区域
		面积（室内）	155m²	200m²
		长度（室内）	9～20m	23m
		宽度（室内）	泳道至少2.5m宽，需要4条泳道	泳道至少2.5m宽，需要4条泳道
		深度（室内）	最小1.0m，最大1.5m	最小1.0m，最大1.5m
		面积（室外）	74m²	93m²
		长度（室外）	23m	23m
		深度（室外）	900～1200mm	最浅处900～1000mm，最深处1200～1520mm
		面积（旋流池）	4.65m²，应能宽裕地容纳8～10人	4.65m²，应能宽裕地容纳8～10人
		深度（旋流池）	漩涡池和冷水浴的最大深度应为1070 mm	漩涡池和冷水浴的最大深度应为1070 mm
	水疗中心	位置	与健身中心毗邻	与健身中心毗邻
		功能布局	双人房间、理疗室、桑拿、蒸汽浴、水疗区、卫生间更衣柜	双人房间、理疗室、桑拿、蒸汽浴、水疗区、卫生间更衣柜、放松区
		面积	465m²	465m²，929m²（度假村）
	更衣盥洗区	功能配置	私人更衣柜、通用更衣柜，室外游泳池必须具有进入卫生间的方便通道	私人更衣柜、通用更衣柜，室外游泳池必须具有进入卫生间的方便通道
		面积	7.5～15m²	7.5～15m²

续表

豪华五星级	旅馆建筑设计规范		旅游饭店星级的划分与评定	
	四级	五级	四星级	五星级
宴会厅至少三个分区，长度不超过最窄处的两倍，宴会厅区域保证无柱，小宴会厅应划分出85至100m²的空间作为小宴会厅沙龙	多功能厅应配置相应前厅、专用的服务通道，宜设专用的厨房或备餐间	同四级	有净高度不小于5m，至少容纳500人的多功能厅	有净高度不小于5m，至少容纳500人的多功能厅
宴会厅和大部分会议室必须同层，最好也与主厨房同层。如果宴会厅不在底层，则须设置大型楼梯或自动扶梯或独立电梯/升降机与室外联通。应与客房、大堂区域隔离，减少对酒店客人影响。一般位于远离客房塔楼				
465m²以下（高4900mm）465m²以上（高5500~7900mm）	多功能厅：1.5~2.0m²/人计	同四级		
会议室至少可分为两分区，会议室长度不超过其最窄尺寸的两倍，所有的会议室必须配有外套存放空间或更衣室，要有内嵌餐具橱			应有两种以上规格的会议设施，配备相应的设施并提供专业服务	应有两种以上规格的会议设施，有多功能厅，配备相应的设施并提供专业服务
必须提供从厨房备餐间到所有会议室的通道。该通道可以经过宴会前厅				
规格为45m²、45~90m²、90~270m²、270~450m²等，房间宽度不得小于5.5m，高度2.8m（40m²或以下的会议室），高度3.2m（40m²及以上的会议室），推荐高度3.6m	会议室、多功能厅的人数宜按1.2~1.8 m²/人计			
接待室带小吃柜、两侧内置橱柜，会议室后方准备橱柜，提供电话和桌面多用户免提电话、固定会议桌、10到20座、摆设工艺品				
最小净面积为60m²，固定会议桌座位数为10到20座				
不小于2800mm				
客人须经过宴会前厅进入宴会厅。须能够从酒店大堂或宴会前厅方便到达所有功能空间，前厅区应有小型座位区，前厅饮料站				
大于300m²的会议室要有一个专用的宴会前厅准备区域。小于300m²的会议室可以共用一个宴会前厅。占宴会厅净面积的40%			暂无具体要求	暂无具体要求
宴会前厅的宽度必须至少是相邻的最大功能空间深度的25%~30%，且高度不低于5000mm				
活动隔断须做隔声处理。必须顶部支撑并且带有下垂地板封条。不使用时，须堆放在隐蔽门后面。结构柱和折叠式活动隔断在任何一点上伸入宴会厅的长度不得大于450mm。至少容纳6张10人座圆桌及座位，并可供服务员自由走动				
毗邻泳池、水疗中心，有方便的通道去往泳池区和洗手间设施，客房与其的联通不穿越大堂区域	客人进入泳池路径应按卫生防疫的要求布置非比赛泳池的水深深度不宜大于1.5m	暂无具体描述	应有康体设施，休闲娱乐设施；高尔夫球场；18洞以上的自用高尔夫球场；邻近18洞以上的高尔夫球场（5km以内）；室内游泳池面积符合四星级标准要求；室外游泳池面积符合四星级标准要求；有戏水池；有扶手杆，在明显位置悬挂救生设备，有安全说明，有应急照明设施；桑拿浴；蒸汽浴；水疗；配有专业水疗技师；专业水疗用品商店；有室外水疗设施，壁球室；室内网球场；室外高尔夫练习场；室内电子模拟高尔夫；有儿童活动场所和设施，并有专人看护	应有康体设施，休闲娱乐设施；高尔夫球场；18洞以上的自用高尔夫球场；邻近18洞以上的高尔夫球场（5km以内）；室内游泳池面积符合五星级标准要求；室外游泳池面积符合五星级标准要求；有消毒池；有戏水池；有扶手杆，在明显位置悬挂救生设备，有安全说明，有应急照明设施；桑拿浴；蒸汽浴；水疗；配有专业水疗技师；有室外水疗设施，壁球室；室内网球场；室外网球场；室内高尔夫练习场；室内电子模拟高尔夫；有儿童活动场所和设施，并有专人看护
提供单独的入口、拉伸运动区、有氧运动区和力量训练区，健身区的位置应保证采光最大化，并提供良好的景观。有清晰的男/女宾更衣室				
2.75m，在较大型区域内高度应相应增高				
配备游泳池、旋流池、儿童戏水池				
池岸区提供躺椅和立式椅子和桌子，泳池周围岸边四周区域最小为1.8m宽，每平方水面要设置3m²的岸边区域				
200m²				
23m				
泳道至少2.5m宽，需要4条泳道				
最小1.0m，最大1.5m				
93m²				
23m				
最浅处900~1000mm，最深处1200~1520mm				
4.65m²，应能宽裕地容纳8~10人，若为圆形直径最小3m				
漩涡池和冷水浴的最大深度应为1070 mm				
与健身中心毗邻				
双人房间、理疗室、桑拿、蒸汽浴、水疗区、卫生间更衣柜、放松区				
465m²，929m²（度假村）				
私人更衣柜、通用更衣柜，室外游泳池必须具有进入卫生间的方便通道				
7.5~15m²				

功能配置			四星级	五星级
客房区	标准间	面积	30～38m²	38～50m²
		开间	3600～4000mm	4000～4500mm
		进深	7500～9600mm	7800～9600mm
		净高	2400～2750mm	2600～2750mm
		普通套房	2开间，含主卧室，步入式衣帽间，主浴室空间，休息娱乐区域（可以与一个标准间客房连通）	2开间，主卧室，步入式衣帽间，主浴室空间，休息娱乐区域（可以与一个标准间客房连通）
		豪华套房	3、4开间，含就寝、休闲、就餐及娱乐，连接一间双床客房	3、4开间，含就寝、休闲、就餐及娱乐，连接一间双床客房
		总统套房	5开间及以上，含主卧室，主卧盥洗室、走入式衣柜。三开间起居室，休闲/就餐/娱乐区域，邻近两区域作为书房/工作间以及次卧，次卧盥洗，并以连通门连接至双床客房。为了满足提供餐饮全面服务的需求，应配备厨房/备餐室	6开间，主卧室，主卧盥洗室、走入式衣柜。三开间起居室，休闲/就餐/娱乐区域，邻近两区域作为书房/工作间以及次卧，次卧盥洗，并以连通门连接至双床客房。为了满足提供餐饮全面服务的需求，应配备厨房/备餐室
	无障碍客房	房间数	房间总数的1%	房间总数的1%，至少一个大床房、一个双床房和一个套房
		功能要求	房间的规划必须确保为轮椅提供1500mm的转圈余地。在床的一侧提供1200mm的富余宽度	房间的规划必须确保为轮椅提供1500 mm的转圈余地。在床的一侧提供1200mm的富余宽度
	客房连通间		至少总客房数的15%必须是连通的（例如：一个有100个房间的酒店将有8个房间连接到8个其他房间，总共有16间相连的房间）	至少总客房数的15%必须是连通的（例如：一个有100个房间的酒店将有8个房间连接到8个其他房间，总共有16间相连的房间）
	客房卫生间	面积	4.2～52m²	5～8m²
		净高	2200mm	2300mm
		装置	必须配置洗面台、浴缸（或浴缸/淋浴组合）、冲水马桶 门洞的净宽至少800mm 石材台面长度至少1200mm 淋浴房长宽至少为900mmx900mm	必须配置洗面台、浴缸、超大尺寸的淋浴设施、抽水坐便器。 门洞的净宽至少800mm 石材台面长度至少1200mm 抽水马桶的净空尺寸至少为915 mmx 1500mm 淋浴隔间的尺寸至少为 915 mmx 915 mm 浴缸至少达到1700 mm长和 430 mm深 休闲浴缸应为 550 mm深。套房标准要比普通客房高
	家具	衣橱	大于900mm×600mm	大于1300mm×600mm
		床 高度	480mm	480mm
		床 双床	1150mm×2030mm（单人床）、1500mmx2030mm（中号单人床）	1150mm×2030mm（单人床）、1500mm×2030mm（中号单人床）
		床 床间距	两床之间必须保留至少350mm的间隙	两床之间必须保留至少350mm的间隙
		床 大床	（1800～1930mm）×2030mm	（1800～1930mm）×2030mm
行政层区	基本要求		在客房楼内行政楼层靠近电梯/升降机处提供行政酒廊	在客房楼内行政楼层靠近电梯/升降机处提供行政酒廊
	行政客房		行政客房应从服务和舒适度上超越标准客房，与客房层有所区别	行政客房应从服务和舒适度上超越标准客房，与客房层有所区别
	行政酒廊	面积	在亚洲，不少于3开间，宜提供6到12个开间	300间客房物业，提供最小3客房开间，每增加100间客房，则行政酒廊增加 1 客房开间
		功能	接待台、座椅区、食物展示区、配餐室、卫生间	接待台、座椅区、休闲区、餐饮及餐具柜区域、社交区域、会议
垂直交通	通用要求		• 直达电梯：在大堂区域（停车场、临街入口等）设置直达电梯运送客人直接到大堂 • 在建筑的翼端设置电梯供客人到达远端的娱乐设施 • 多用途建筑：不应同非物业区域共用电梯 • 在不超过20层的酒店使用无机房电梯	• 直达电梯：在大堂区域（停车场、临街入口等）设置直达电梯运送客人直接到大堂 • 设置专用泳池电梯 • 在建筑的翼端设置电梯供客人到达远端的娱乐设施 • 多用途建筑：不应同非物业区域共用电梯 • 在不超过20层的酒店使用无机房电梯
	客用电梯		• 所有酒店必须设有至少两部电梯，每部最低承重能力为1250kg • 乘客电梯要求使用中分门，电梯门开口的最小宽度必须为1100mm，电梯门洞口的最低高度为2100mm，电梯门的最低净高为2000mm。轿厢内最低净高为2300mm	• 所有酒店必须至少每100个客房有一部电梯，或者设有至少两部电梯，每部最低承重能力为1350kg • 客用电梯必须从前台/大堂区域可见 • 乘客电梯要求使用中分门。乘客电梯门最小宽度为1100mm，电梯门最低高度为2100mm；门洞口的最低高度必须为2000mm，轿厢最低净高为2300mm
	直达电梯	位置	• 由临街入口或停车场到大堂； • 大堂到其他公共区（宴会厅、会议区等）； • 为残疾人使用	• 由临街入口或停车场到大堂； • 大堂到其他公共区（宴会厅、会议区等）； • 为残疾人使用
		设置要求	• 临街入口到大堂：基本计算方式与主客梯相同，另外再加上20%的访客量 • 停车场到大堂：能满足处理10%的停车场总人数，按每停车位1.3人估计，在繁忙的双向交通中，5分钟内的运行平均间隔不超过60秒（如果楼梯不通，最少2部电梯）	• 临街入口到大堂：基本计算方式与主客梯相同，另外再加上20%的访客量 • 停车场到大堂：能满足处理10%的停车场总人数，按每停车位1.3人估计，在繁忙的双向交通中，5分钟内的运行平均间隔不超过60秒（如果楼梯不通，最少2部电梯）

续表

豪华五星级	旅馆建筑设计规范		旅游饭店星级的划分与评定	
	四级	五级	四星级	五星级
大于50m²	标准间客房面积不小于16m²，净高2.40m（设空调）；2.60m（不设空调）客房层公共走道及客房内走道净高度均不应低于2.10m，卫生间净高度不应低于2200mm	标准间客房面积不小于20m²，净高2.40m（设空调）；2.60m（不设空调）客房层公共走道及客房内走道净高度均不应低于2.10m，卫生间净高度不应低于2200mm	应有标准间（大床房、双床房），有两种以上规格的套房（包括至少3个开间的豪华套房），套房布局合理；装修高档。应有舒适的软垫床，配有写字台、衣橱及衣架、茶几、座椅或沙发、床头柜、全身镜、行李架等家具，布置合理。客房内应有装修良好的卫生间。有抽水恭桶、梳妆台（配备面盆、梳妆镜和必要的盥洗用品）、有浴缸或淋浴间，配有浴帘或其他防溅设施。采取有效的防滑措施。采用高档建筑材料装修地面、墙面和天花，色调高雅柔和	应有标准间（大床房、双床房），有两种以上规格的套房（包括至少3个开间的豪华套房），套房布局合理；装修高档。应有舒适的软垫床，配有写字台、衣橱及衣架、茶几、座椅或沙发、床头柜、全身镜、行李架等家具，布置合理。客房内应有装修良好的卫生间。有抽水恭桶、梳妆台(配备面盆、梳妆镜和必要的盥洗用品)、有浴缸或淋浴间，配有浴帘或其他防溅设施。采取有效的防滑措施。采用高档建筑材料装修地面、墙面和天花，色调高雅柔和。配有吹风机。24h供应冷、热水，水龙头冷热标识清晰。所有设施设备均方便宾客使用
4500~6300mm（亚洲和中东地区的宽度需要加大）				
9600~12000mm				
2750~2850mm				
2开间，工作间、共享沙发起居、卧室（或者带有独立卫生间的卧室）				
3开间，就寝、休闲、就餐及娱乐，连接一间双床客房，可灵活举行小型会议				
总统套房（5开间）、副总统套房（4开间），主卧室，主卧盥洗室、走入式衣柜。三开间起居室，休闲/就餐娱乐区域，邻近两区域作为书房/工作间以及次卧，次卧盥洗，并以连通门连接至双床客房。为了满足提供餐饮全面服务的需求，应配备厨房/备餐室				
房间总数的1%，至少一个大床房、一个双床房和一个套房				
房间的规划必须确保为轮椅提供1500mm的转圈余地。在床的一侧提供1200mm的富余宽度				
至少总客房数的15%必须是连通的（例如：一个有100个房间的酒店将有8个房间连接到8个其他房间，总共16间相连的房间）				
5~8m²				
2400mm				
必须配置洗面台、浴缸、超大尺寸的淋浴设施、抽水坐便器。门洞的净宽至少800mm。石材台面长至少1200mm。抽水马桶的净空尺寸至少为915 mmx1500mm。淋浴隔间的尺寸至少为915mm x 915mm。浴缸至少应达到1700mm长和430mm深。休闲浴缸应为550mm深。商务酒店的套房的梳洗台长度至少为1400mm，带双洗脸盆。度假酒店的梳洗台长度至少为1600mm，带双洗脸盆。套房标准要比普通客房高				
大于（1500~1220m）640mm				
480mm				
1150mmx2030mm（单人床）、1500mmx2030mm（中号单人床）				
两床之间必须保留至少350mm的间隙				
(1800~1930mm) x2030mm				
在客房楼内行政楼层靠近电梯/升降机处提供行政酒廊				
行政客房应从服务和舒适度上超越标准客房，与客房层应有所区别				
300间客房物业，提供最小3客房开间，每增加100间客房，则行政酒廊增加1客房开间				
接待台、座椅区、休闲区、餐饮及餐具柜区域、社交区域、会议/安静				
• 直达电梯：在大堂区域（停车场、临街入口等）设置直达电梯运送客人直接到大堂； • 设置专用泳池电梯 • 在建筑的翼端设置电梯供乘客到达远端的娱乐设施 • 规划公共交通，避免客人使用乘客电梯进出公共区域时造成超载； • 多用途建筑：不应同非物业区域共用电梯 • 在不超过20层的酒店使用无机房电梯				
• 所有酒店至少每100个客房有一部电梯，或者设有至少两部电梯，每部最低承重能力为1350kg； • 客用电梯必须从前台/大堂区域可见； • 电梯门开口的最小宽度为1100mm； • 电梯门开口的最低高度为2100mm； • 门洞口的最低高度为2000 mm； • 电梯轿厢内最低净高为2300 mm				
• 由临街入口或停车场到大堂； • 大堂到其他公共区（宴会厅、会议区等）； • 为残疾人使用				
• 临街入口到大堂：基本计算方式与主客梯相同，另外再加上20%的访客量 • 停车场到大堂：能满足处理10%的停车场总人数，按每停车位1.3人估计，在繁忙的双向交通中，5分钟内的运行平均间隔不超过60秒。（如果楼梯不通，最少2部电梯）				

	功能配置			四星级	五星级
垂直交通	直达电梯	设置要求		• 大堂到其他公共区：宴会厅全部的人能够在30min内疏散到入口处。 　a) 宴会厅按每人1.4m²计，其他会议室按每人3.25m²计。 　b) 如有开放式的公共或大堂楼梯连接宴会厅和大堂，那么50%的人流疏散分配到该楼梯	• 大堂到其他公共区：宴会厅全部的人能够在30min内疏散到入口处。 　a) 宴会厅按每人1.4m²计，其他会议室按每人3.25m²计。 　b) 如有开放式的公共或大堂楼梯连接宴会厅和大堂，那么50%的人流疏散分配到该楼梯
	货用电梯	要求		• 当需要从地面运送展览物资到大宴会厅或者展览空间（不在一层）时，设置货梯	• 当需要从地面运送展览物资到大宴会厅或者展览空间（不在一层）时，设置货梯
		位置		• 在服务通道处或者在同功能空间不在同一层的卸货平台处	• 在服务通道处或者在同功能空间不在同一层的卸货平台处
		尺寸		• 尺寸：载重及平台不能小于服务电梯； • 轿厢净空高度：最小3000mm； • 如果提供了一部货运电梯，则其最小承重能力为2500kg且轿厢净空高度：最小3000mm	• 尺寸：载重及平台不能小于服务电梯； • 轿厢净空高度：最小3000mm； • 如果仅提供了一部货运电梯，则其最小承重能力为2500Kg，且轿厢净空高度：最小3000mm
	服务电梯	载重		• 至少两部承重能力为1600kg的成组式服务电梯	• 至少两部承重能力为1600kg的成组式服务电梯
		面积尺寸		轿厢内部最低净高为2.9m；电梯门开口的最小高度为2.3m；单扇侧开门的服务电梯门开口的最小宽度必须为1300mm；双扇门的服务电梯的电梯门开口的最小宽度必须为1100mm	轿厢内部最低净高为2.9m；电梯门开口的最小高度为2.3m；单扇侧开门的服务电梯门开口的最小宽度必须为1300mm；双扇门的服务电梯的电梯门开口的最小宽度必须为1100mm
		其他		拥有有1400m²以上宴会厅、展览大厅的酒店，还必须提供一个超大型的车辆电梯，其承重能力为4500kg，内部净高为2.9m	拥有1400m²以上宴会厅、展览大厅的酒店，还必须提供一个超大型的车辆电梯，其承重能力为4500kg，内部净高为2.9m
	地库电梯			车库必须至少有一个与客房电梯分开的电梯。如果只安装了一部电梯，则要求配有楼梯，从车库通向酒店大堂。如果车库与酒店合用电梯，则终端必须在大堂的楼层，并在前台的视野范围内。不允许电梯从车库楼层直接通往客房楼层	车库必须至少有一个与客房电梯分开的电梯。如果只安装了一部电梯，则要求配有楼梯，从车库通向酒店大堂。如果车库与酒店合用电梯，则终端必须在大堂的楼层，并在前台的视野范围内。不允许电梯从车库楼层直接通往客房楼层
	大堂	电梯门厅	数量	• 电梯门厅的一排的电梯数不能超过四部（彼此相邻）	• 电梯门厅的一排的电梯数不能超过四部（彼此相邻）
			面积尺寸	• 如果电梯只位于电梯厅的一侧，则电梯厅至少应为2600mm宽； • 如果电梯位于电梯厅的两侧，则电梯厅至少应为3000mm宽	• 如果电梯只位于电梯厅的一侧，则电梯厅至少应为2600mm宽； • 如果电梯位于电梯厅的两侧，则电梯厅至少应为3000mm宽
		客房层	面积尺寸	• 电梯厅的宽度不得少于3000mm； • 天花板高度至少为2600mm	• 电梯厅的宽度不得少于3000mm； • 天花板高度至少为2600mm
			设备	• 距离地面1000 mm提供呼叫按钮； • 电梯门上的数字面板用以指示向上和向下信息及楼层数； • 电梯到达时采用可视灯光指示，不使用声音提醒	• 距离地面1000 mm提供呼叫按钮； • 电梯门上的数字面板以指示向上和向下信息及楼层数； • 电梯到达时采用可视灯光指示，不使用声音提醒
后场部分	洗衣房	位置		洗衣房、衣物间以及收发室应相邻布置，并靠近服务走廊。与客房部连接，上述设施的位置应靠近客房服务空间及服务电梯	洗衣房、衣物间以及收发室应相邻布置，并靠近服务走廊。与客房部连接，上述设施的位置应靠近客房服务空间及服务电梯
		功能布局		接收和分拣弄脏的织物的分拣区面积占洗衣房面积的20%，分拣区紧邻洗涤区，折叠区位于烘干机和客房部之间，提供750mmx1800mmx900mm高的折叠桌，其数量取决于酒店规模	布草滑槽，洗衣处，干衣处，熨烫处，折叠处，干净衣物储存，洗衣房经理室，储藏室/压缩房，化学剂储存室，制服间，接收和分拣弄脏的织物的分拣区面积占洗衣房面积的20%，分拣区紧邻洗涤区，折叠区位于烘干机和客房部之间，提供750mmx1800mmx900mm高的折叠桌，其数量取决于酒店规模
		面积		根据客房规模推导衣物磅数，需要不同功能的设备与设备数量计算	根据客房规模推导衣物磅数，需要不同功能的设备与设备数量计算
		高度		洗衣区天花板的高度至少2.4m	洗衣区天花板的高度至少2.7m
	员工设施	员工入口		提供控制站点确认员工身份和欢迎员工，交通流线由保安监控	提供控制站点确认员工身份和欢迎员工。交通流线由保安监控，避免与卸货平台流线交叉
		辅助用房	功能	存放衣物，更换制服和工作服，并可在旁边的盥洗室淋浴、梳妆	存放衣物，更换制服和工作服，并可在旁边的盥洗室淋浴、梳妆
			面积	根据员工及酒店规模确定	根据员工及酒店规模确定
		员工餐厅	位置	员工区中心位置	员工区中心位置
			功能	不设卡座，桌子最少容纳6人，取餐路线4m；自助区配一名服务员，有餐碟回收和洗手处	不设卡座，桌子最少容纳6人，取餐路线4m；自助区配一名服务员，有餐碟回收和洗手处
			面积	面积至少34.8m²，或0.13m²/间，或每位员工1.0m²，以较高者为准	客房数量+3 = 餐厅需要的平方米毛面积最低100m²
		人力资源	功能配置	员工入口附近，总监办公室、面试间和其他保密会议区，储藏空间，申请人等候区	员工入口附近，总监办公室、面试间和其他保密会议区，储藏空间，申请人等候区
			面积	58.5m²	58.5m²
		培训室	功能配置	小型会议和教室一般容纳25～30人，矩形平面，有音频/视频设备的安全储藏区	小型会议和教室一般容纳25～30人，矩形平面，有音频/视频设备的安全储藏区
			面积	20m²	20m²
	机电设备间			暂无具体描述	暂无具体描述

豪华五星级	旅馆建筑设计规范		旅游饭店星级的划分与评定	
	四级	五级	四星级	五星级
· 大堂到其他公共区：宴会厅全部的人能够在30min内疏散到入口处。 　a) 宴会厅按照每人1.4m²（15平方英尺）计算，其他会议室按照每人3.25m²（35平方英尺）计算。 　b) 如有开放式的公共或大堂楼梯连接宴会厅和大堂，那么50%的人流疏散分配到该楼梯 · 当需要从地面运送展览物资到大宴会厅或者展览空间（不在一层）时，设置货梯 · 在服务通道处或者在同功能空间不在同一层的卸货平台处 · 尺寸：载重及平台不能小于服务电梯； · 轿顶净空：提供最小3000mm的轿厢净空； · 如果提供了一部货运电梯，则其最小承重能力为2500kg，内部最低净高为2.9m · 至少两部承重能力为1600kg的成组式服务电梯 轿厢内部最低净高为2.9m；电梯门开口的最小高度为2.3m；单扇侧开门的服务电梯门开口的最小宽度必须为1300mm；双扇门的服务电梯的电梯门开口的最小宽度必须为1100mm 拥有1400m²以上宴会厅、展览大厅的酒店，还必须提供一个超大型的车辆电梯，其承重能力为4500kg，内部净高为2.9m 车库必须至少有一个与客梯电梯分开的电梯。如果只安装了一部电梯，则要求配有楼梯，从车库通向酒店大堂。如果车库与酒店合用电梯，则终端必须在大堂的楼层，并在前台的视野范围内。不允许电梯从车库楼层直接通往客房楼层 · 电梯门厅的一排的电梯数不能超过四部（彼此相邻） · 如果电梯只位于电梯厅的一侧，则电梯厅至少应为2600mm宽； · 如果电梯位于电梯厅的两侧，则电梯厅至少应为3000mm宽 · 电梯厅的宽度不得少于3000mm； · 天花板高度至少为2600mm · 距离地面1000 mm提供呼叫按钮； · 电梯门上的数字面板，以指示向上和向下信息与楼层数； · 电梯到达时采用可视灯光指示，不使用声音提醒	一、二、三级旅馆建筑服务电梯可与乘客电梯合用，四级、五级高等级的旅馆服务电梯应单独设置	一、二、三级旅馆建筑服务电梯可与乘客电梯合用，四级、五级高等级的旅馆服务电梯应单独设置	应配备电梯：平稳、有效、无障碍、无划痕、无脱落、无灰尘、无污迹、扶梯：应完整、无破损、无灰尘、无污迹客用电梯应性能优良、运行平稳、平均每70～100间客房配一部客用电梯，照明充足，有楼层指示、通风系统、扶手栏杆、轿厢两侧应均有按键、应有残疾人专用按键	应配备电梯：平稳、有效、无障碍、无划痕、无脱落、无灰尘、无污迹，客用电梯应性能优良、运行平稳、平均每70～100间客房配一部客用电梯，装饰豪华，照明充足，有楼层指示、通风系统、扶手栏杆、轿厢两侧应均有按键、应有残疾人专用按键，条件充分时豪华楼层可配专用电梯，可配置观光电梯
洗衣房、衣物间以及收发室空间应相邻布置，并靠近服务走廊。与客房部连接，上述设施的位置应靠近客房服务空间及服务电梯	四、五级旅馆应设独立的后勤入口，职工与货物出入口宜分设，与内部的联系应靠近库房、厨房、后勤服务用房及职工办公、休息用房；靠近服务电梯。与外部交通应联系方便，易于停车、回车、装卸货物 设备用房：旅馆应根据需要设置有关给排水、空调、冷冻、锅炉、热力、煤气、备用发电、变配电、网络、电话等机房、消防控制室及安全防范中心等。小型旅馆可优先考虑利用旅馆附近已建成的相关设施	同四级	配有服务电梯； 应有应急照明设施和有应急供电系统； 主要大堂区域有闭路电视监控系统； 走廊及电梯厅有符合规范的逃生通道、安全避难所； 应有必要的员工生活和活动设施	提供传真、复印、国际长途电话、打字等服务，有可供宾客使用的电脑，并可提供代发信件、手机充电等服务； 应有应急照明设施和有应急供电系统； 主要大堂区域有闭路电视监控系统； 走廊及电梯厅地面应满铺地毯或其他高档材料，墙面整洁，有装修装饰，温度适宜、通风良好、光线适宜。紧急出口标识清楚醒目，位置合理，无障碍物。有符合规范的逃生通道、安全避难场所； 应有必要的员工生活和活动设施
布草滑槽，洗衣处，干衣处，熨烫处，折叠处，干净衣物储存，洗衣房经理室，储藏室/压缩房，化学剂储存室，制服间，接收和分拣弄脏的织物的分拣区面积占洗衣房面积的20%，分拣区紧邻洗涤区，折叠区位于烘干机和客房部之间，提供750mmx 1800mmx 900mm高的折叠桌，其数量取决于酒店规模				
根据客房规模推导衣物磅数，需要不同功能的设备与设备数量计算，并不小于120m²				
洗衣区天花板的高度至少2.7m				
提供控制站点确认员工身份和欢迎员工。交通流线由保安监控，避免与卸货平台流线交叉				
存放衣物，更换制服和工作服，并可在旁边的盥洗室淋浴、梳妆				
根据员工及酒店规模确定				
员工区中心位置				
不设卡座，桌子最少容纳6人，取最路线4m；自助区配一名服务员，有餐碟回收和洗手处				
客房数量+3 = 餐厅需要的平方米毛面积最低100m²				
员工入口附近，总监办公室、面试间和其他保密会议区，储藏空间，申请人等候区				
58.5m²				
小型会议和教室一般容纳25～30人，矩形平面，有音频/视频设备的安全储藏区				
20m²				
暂无具体描述				

2.3　酒店设计内容

随着社会分工精细化和大型酒店开发项目的设计过程不断地完善和深化，传统的酒店开发项目设计中建筑、结构、给排水、暖通、电气、经济六专业的分类已经无法满足大型酒店项目的特殊性和复杂性。

2.3.1　建筑设计

酒店建筑工程设计的内容在总体设计阶段包含：规划布局中的一书两证，各类基地控制线，日照、防火间距，面宽、光污控制，防火防噪防视线干扰；总体交通中的人行道车道、停车场、出入口设计；屋面工程中的屋面平台及绿化、屋面室外泳池、绿化景观中的地形地貌利用、地域文化融合、相关管线综合、水景设置、环境小品设置、绿化种植设置。另外，还要注意各专业的协调。

单体设计内容有：平面设计中的形式、分区、流线、尺度；立面及细部设计中的形式、功能、比例、材质；剖面空间中的组合模式、功能分区、交通流线、尺度比例；卫生间设计中的定位选择、数量大小、视线遮挡、通风换气、设施配置；管线综合设计中的纵向协调、横向协调、尺度空间；内部交通中的流线、分区、楼电梯、出入口。

建筑专项设计包含：防水设计中的屋面防水、墙身防水、地下室防火、水池防水；消防设计中的防火间距、消防通道、消防登高面、防火防烟分区、安全疏散流线、安全疏散宽度、消防楼电梯；无障碍设计中的入口、地面、走道、坡道、楼电梯升降台、台阶扶手及门、厕所及浴室、车位轮椅位、无障碍住房；室内污染控制中的总平面布置、形体和朝向、对流门窗、天井中庭。此外专项设计的内容还包括自然通风设计、自然采光设计、隔声设计。

2.3.2　专项设计

除建筑工程设计外，酒店建筑设计已演变为包含室内设计、景观设计、标识设计、艺术品设计、厨房与洗衣房设计、SPA水疗中心设计、健身和娱乐设计、高尔夫球场设计、消防生命安全设计、声学设计等内容的二十几个种类。下面分别加以介绍。

室内设计内容

室内设计内容　　　　　　表2.3-1

室内设计					室内设计			
空间设计	空间感调节	用造型调节			艺术品	价值	艺术品历史年代	
		用色彩调节					艺术家名望	
		用材质调节					艺术品种类	
		用照明调节					提升企业形象及文化品质	
	空间分隔	用建筑结构分隔				艺术品风格	艺术品所属民族地区风格	
		用隔断分隔					艺术品所处历史年代风格	
		用色彩、材质、照明分隔					艺术流派	
		用水平面高差分隔				空间位置	空间尺度	
	空间形态	开敞空间	流动空间				空间类型及氛围	
			共享空间				艺术品尺度	
			下沉空间				灯光及自然照明	
		半开敞空间					字画、书法、摄影作品	
		封闭空间					陶瓷器皿、漆器、青铜器	
室内绿化设计	绿化形式	花坛、花池					盆景	
		喷泉、瀑布与水池					雕刻	
		叠石、盆景					装饰性家具	
		插花					装饰灯	
	植物配置	树木类					钟表	
		观叶类					玉石、工艺品	
		观花类						

续表

室内设计				室内设计			
装饰材料	木材			活动家具设计及软装饰	家具		
	竹材				软装饰	家具蒙面织物	
	藤材					陈设蒙面织物	
	金属	钢材				地毯	
		铝材				窗帘、垂帘	
		铜材				壁挂	
		特殊金属材料				靠垫	
	砖、瓦					其他织布	
	石材				五金配件		
	水泥及砂浆				装饰工艺	涂料油漆面层	
	玻璃					木纹印刷	
	涂料					装饰面板	
	陶瓷、瓷砖、马赛克				设备末端综合（吊顶综合）	照明系统	灯具
	塑料					空调系统	送风口、回风口
	人工板材	石膏板				消防系统	喷淋头
		矿棉板					感烟报警器
		轻质墙板（泰柏板）					挡烟垂帘
		木质复合板（千思板）					
		防火板					
	软装饰材料						

标识设计内容

标识设计内容　　表 2.3-2

标识设计	日常交通标识系统	水平交通		无障碍标识	盲道
		竖直交通	电梯		电梯
			楼梯		坡道
			自动扶梯		电话
			坡道		卫生间
	各空间及功能用房标识系统	出入口疏散指示标志			停车车位
		主要功能用房标识			指引方向标志
		卫生间标识		应急逃生	通道疏散指示标志
		内部空间标识			标识系统
		机房标识			

景观设计内容

景观设计内容　　表 2.3-3

景观设计	景观细部	绿化种植设计	物种配置	配置应适合本地气候特征	照明设计	设计范围	道路照明
				合理配置，保证四季观赏效果			绿化照明
				避免毒性毒植物			水体照明
			古树名木保护				小品照明
			灌溉系统		绿色照明	节能灯具
			维护管理			合理布置
		地面铺装	广场		光污染控制	眩光避免
			道路			光照方向
			硬地		无障碍设计	道路	绿石坡道
		水景	水质要求				盲道
			循环用水，人工景观水体禁用自来水补充				盲人过街音响装置
			安全防护措施			绿地	入口与通路
			喷水设备及水体灯光				轮椅席位
		环境小品	雕塑				公用厕所
			灯具			无障碍停车位	
			休息椅		安全设计	水景安全	围护设施
			遮阳挡雨构件				水深设计
			售货亭及饮水点				安全疏离
			垃圾筒			场地安全	场地防滑
		屋顶绿化及墙面绿化	防水层设计				台阶与高差设计
			种植基层				悬空安全设计
			排水系统			泳池安全	
			灌溉系统			小品安全	
			植物配置			绿化安全	物种选择
							斜坡草地安全
						游戏设施安全	

景观设计	空间及布局	应用结构	交通空间	竖向设计	竖向坡度设计	机动车道路坡度
			等候空间			非机动车道路坡度
			休闲空间			步行道路坡度
		空间层次	动静构成	动压		竖向标高设计	场地坡度
				静压			防洪防涝设计
				过渡压			城市坐标和高程系统
			开放程度	开敞空间			城市道路、基地场地及建筑物首层地面标高关系
				半开敞空间	土方工程	土方平衡
				封闭空间		防护工程设计
		总体布局	与地形融合		地面排水设计	地面排水方式的选择	明沟
			与建筑匹配				暗沟
			基地原有树森、水面、绿化的保护保留				汇水口
		交通组织	人行流线		雨水口的选择	雨水口形式
			车行流线			雨水口数量
			紧急疏散流线		雨水回收设计	
			停车区域设计			

厨房与洗衣房设计

厨房与洗衣房设计内容　　表 2.3-4

厨房	食品饮料储存、加工	收货区域		厨房	员工厨房	食品陈列台
		垃圾处理区域	湿垃圾冷冻区			饮料台
			手推车清洗区			洗碗区
			废油储存		餐厅厨房—全日制餐厅	冷餐区域
			压缩机			热餐区域
			玻璃粉碎机			洗锅区
			带水池的工作台			洗碗区
			可循环回收区			饮料配送移动吧
			分类整理容器			制冰台
		可进入式冷冻房和冰箱			客房服务	订单收集区
		干货储藏				配餐间
		饮料储藏				手推车放置区域
		果蔬储藏			开放式厨房	葡萄酒陈列
		肉类、禽类、鱼类海鲜的准备加工				冷藏的陈列品
		面包、糕点制作	面包房			照明
			配餐间			排烟罩
			冰激凌房		宴会厨房	冷餐区域
			巧克力房			热餐区域
		分发办公室				洗碗机
		厨师办公室			酒吧	游泳池小吃吧、配餐间
		检验室				大堂吧
		制冰、手推车储存				休闲中心酒吧
		花房				健身中心、果汁吧

SPA 水疗中心设计

SPA 水疗中心设计内容 表 2.3-5

SPA 水疗中心	入口和接待	理疗室	休闲桌椅
	更衣室		衣柜和橱柜
	洗手间		护肤品储藏
	淋浴间		零售商品展示
	湿的化妆区		商品和设备推车
	干的梳妆台、化妆区	放松区域	休闲样式的座椅
			食品饮料台
	桑拿房		配餐间和储藏室
	蒸汽房	沙龙区域	接待和零售
	浴室		单人美发台
	冷水池		单人修脚位
	涡流池		洗手间
	管理办公室		储藏间

健身和娱乐设计

健身和娱乐设计内容 表 2.3-6

健身和娱乐	健身中心	门厅	游泳池区域	门厅
		有氧锻炼区		更衣室（橱柜）
		循环锻炼及力量锻炼区		更衣室（防水长椅）
		核心锻炼及拉伸锻炼区		更衣室（梳妆区）
		形体课堂		淋浴间
	运动场	网球场		卫生间
		壁球室		消毒池
		乒乓球室		游泳池
		桌球室		儿童嬉戏池

高尔夫球场设计

高尔夫球场设计内容 表 2.3-7

高尔夫球场	会馆主楼	接待室	会馆主楼	办公室
		器材专卖店		管理室
		器材租赁室	训练场地	高尔夫学校
		球童室		挥杆练习场
		会员室（休息室、更衣室、会客室）		练习果岭
		会议室	运动设施	网球场
		公共娱乐室		游泳池
		健身房	球道区	草坪、树木
		餐厅		水体
		酒吧		沙坑
		浴室	休息亭	
		医疗室	停车场	

消防生命安全设计

消防生命安全设计内容 表 2.3-8

消防生命安全	性能化接受标准	疏散标准		消防生命安全	烟气控制策略	挡烟垂壁形式防烟分区
		生命安全标准	烟气层高度			排烟系统（自然排烟系统：电动排烟窗、气动排烟窗）
			上烟气层温度			
			下空气层温度			排烟系统（机械排烟系统）
			能见度			排烟气流组织
			CO 浓度			烟气场景模拟核算
	疏散策略	人员荷载数量			疏散策略	疏散距离控制（疏散时间）（感知时间）
		疏散出口宽度				疏散距离控制（疏散时间）（人员反应时间）
		疏散模拟核算				疏散距离控制（疏散时间）（移动时间计算）
	材料策略	结构材料	温度对钢结构的影响分析		火灾危险分析	火灾部位
						火灾规模
		装饰材料	顶棚			环境条件
			墙面		火灾规模	热辐射角系数
			地面			火源热释放率密度
			隔断			最小引燃热辐射通量
			固定家具			火场散热条件
			装饰织物		防火分区策略	防火隔离带
			其他装饰材料			防火分区面积
						人员疏散时间

声学设计

声学设计内容 表 2.3-9

声学设计	围护结构隔声设计	允许噪声标准	观演厅堂的音质设计	混响控制设计
		隔声等级确定		厅堂音质计算机模拟
		隔声构造方案		厅堂音质缩尺模型试验
		隔声材料或构造审核		
		隔声效果测试		声学材料选择与配置
	噪声与震动控制	设备机房吸声降噪	吸声降噪方案	材料声学性能审核
			吸声材料后构造审核	
			降噪效果测试	
		设备机组隔振处理	设备隔振方案	现场音质测试
			隔振材料或设备审核	
			隔振效果测试	主观音质评价
		空调系统消声	暖通施工图审核	管道风速控制
				管道截面噪声计算
				消声设备选型
			消声设备审核	
			消声效果测试	

其他专项设计

建设过程中的二次专业设计，在建筑设计师的综合与协调下，由分包工程专业厂商来完成，除了以上专项内容外，还有人防工程、电梯工程、门窗、幕墙、污水处理、燃气、智能化、基坑围护、交通和交通标志等。

2.4　酒店经济分析

2.4.1　投资估算

任何一个酒店在前期必须进行专业策划，包括设计策划和经营策划，以求得酒店的最佳规模和经营模式，最终落实到资金的投入和运作，起先要有一个投资估算。

2.4.1.1　工作内容

1. 估算依据

投资估算的依据主要有：

（1）现行建设工程概预算定额及造价资料；

（2）参照类似工程造价指标；

（3）工程价格参考酒店所在地现行人工、机械、材料价格水平和定额。

2. 估算说明

酒店总投资估算包括建筑安装工程费、设备工器具购置费、工程建设其他费、土地费、预备费、建设期贷款利息、铺底流动资金等。

（1）建筑安装工程费

由于经济形势及市场的变化，具体视酒店建设时间、性质、定位、规模、位置和地形来确定。而对于一般酒店和经济型酒店，都可以参照当地公建和公寓成本来估算，但是酒店的室内装修装饰以及洗衣房等设备费用要另计。

不同的项目有不同的情况，需按照投资者的要求进行反复比较分析研究，再作合理调整，最终总会得到正确的投资估算，来指导酒店的实践。

（2）设备及工器具购置费

包括客房家具设备及餐厅家具、厨房设备、酒吧设备、健身设备、娱乐设备、办公设备等其他家具设备购置费。

（3）工程建设其他费

工程建设其他费根据国家及地方收费标准计算，一般包括建设单位管理费、前期咨询费、环境影响评价费、水土保持方案编制费、地质灾害危险性评估费、勘察设计费、施工图审图费、招标代理费、招标交易服务费、工程造价咨询费、建设准备及临时设施费、工程监理费、新型墙体材料专项基金、专项检测费、房产测绘费、城市基础设施配套费、人防易地建设费、高可靠性供电费、市政外线接驳费、其他行政费用及咨询评审费用、开业准备费等。

（4）土地费

根据原始取得生地价格及土地开发市政配套费用计取土地费用。

（5）预备费

预备费按建筑安装工程费、设备及工器具购置费、工程建设其他费三项费用总和的 5% ～ 10% 预留。

（6）建设期贷款利息

建设期贷款利率按资金使用计划及中国人民银行最新公布的相应期限的贷款利率计算。

（7）铺底流动资金

铺底流动资金是项目投产初期所需，为保证项目建成后进行试运转所必需的流动资金，一般按项目建成后所需全部流动资金的 30% 计算。

各类酒店建筑安装工程单方造价如下表所示：

各类酒店造价参考指标表（单位：元）

表 2.4-1

序号	工程和费用名称	商务型酒店、会议会展型酒店		度假型酒店	精品型酒店	经济型酒店	公寓式酒店	备注
		五星级酒店（超高层、地下二层）	四星级酒店（高层、地下二层）	多层 / 无地下室			高层 / 地下一层	
一	土建及装饰工程	6570 ～ 8030	5560 ～ 6800	5270 ～ 6440	4460 ～ 5450	2840 ～ 3470	4800 ～ 5860	地下室面积按25%，地上面积按75%考虑
二	机电安装工程	2900 ～ 3550	2540 ～ 3110	2400 ～ 2940	2030 ～ 2470	1340 ～ 1640	1930 ～ 2360	
三	预备费	480 ～ 580	410 ～ 500	390 ～ 470	330 ～ 400	210 ～ 260	340 ～ 420	（一＋二）×5%
四	建筑安装工程合计（全面积）	9950 ～ 12160	8510 ～ 10410	8060 ～ 9850	6820 ～ 8320	4390 ～ 5370	7070 ～ 8640	一＋二＋三
五	建筑安装工程合计（地上面积）	13270 ～ 16220	11350 ～ 13880	8060 ～ 9850	6820 ～ 8320	4390 ～ 5370	9430 ～ 11520	按地上面积测算的单方造价（已分摊地下室费用）

注：1. 本估算指标根据上海市建设工程概预算定额、费用取费标准及造价资料编制；

2. 本估算指标根据上海市 2013 年人材机市场价格及近期类似的建设工程造价和目前物价水平，参考已建类似项目的技术经济指标等进行分析，采用"投资估算指标法"进行编制；

3. 本估算指标包括在正常的设计、施工周期内为完成该项目所需投入的建筑安装工程费；

4. 本估算指标不包括以下费用：

（1）活动家具、家电、布艺、窗帘、艺术装饰等费用；

（2）桑拿、健身、水疗及其他康体娱乐设施费用；

（3）厨房设备、餐具等费用；

（4）办公家具及工器具费用；

（5）其他与酒店运营有关的费用；

（6）工程建设其他费；

（7）土地费；

（8）建设期贷款利息。

5. 本估算指标根据上海地区情况编制，实际应用中需根据具体设计方案、设计说明及技术经济指标，结合项目建设地的市场价格和抗震要求，作相应调整。

2.4.1.2　投资估算示例

按照通常的建筑工程规律，方案设计阶段先做估算，初步设计阶段提供概算，施工图时编制预算。在酒店设计方案阶段，可以就酒店项目进行工程造价估算。下面提供 1 个五星级酒店及 1 个四星级酒店的建安工程估算实例以供参考。

示例一：五星级酒店

1. 工程概况

（1）项目名称：XX 酒店。

（2）工程类型：五星级酒店。

（3）技术经济指标：10467 元 /m²。

（4）建设地点：上海市。

（5）建筑面积：74200m²，其中地上 63200m²，地下 11000m²，标准层面积 1650m²。

（6）建筑高度：141m（檐口高度），标准层层高 3.6m。

（7）建筑总层数：地下 3 层，地上 37 层（其中：裙房 3 层）。

（8）结构形式：钻孔灌注桩，桩长 56m，地下连续墙围护，钢筋混凝土框筒结构。

（9）基础埋深：16m（地下室外墙长度约 280m）。

（10）室内外高差：0.8m。

2. 建筑标准

(1) 外装饰标准：高档石材幕墙，单元式 LOW-E 中空夹胶玻璃幕墙，局部高档铝板幕墙，外墙保温。

(2) 屋面：防水砂浆，高分子防水卷材，憎水珍珠岩砂浆找坡兼保温，挤塑聚苯板保温层，局部地砖。

(3) 内装饰标准：

1) 公共部位（大堂区、电梯厅、公共卫生间）进口花岗石地面，进口大理石墙面，石膏板或金属板造型吊顶，豪华装饰灯具，配高档活动和固定家具；

2) 其他公共部位（公共走道、餐厅、酒吧、会议室、健身房等）进口花岗石或高档地毯或木地板地面，进口大理石或高档墙纸或豪华装饰墙面，石膏板或金属板造型吊顶，豪华装饰灯具，配高档活动或固定家具；

3) 标准客房高档地毯地面，高档墙纸和局部豪华木饰面墙面，石膏板吊顶，高档装饰灯具，配高档活动和固定家具，高档房门配进口五金件；

4) 卫生间进口花岗石地坪，进口大理石墙面，石膏板吊顶；

5) 客房层走道地毯地面，墙纸和局部木饰墙面，石膏板吊顶，装饰灯具；

6) 后勤用房和消防楼梯间环氧树脂涂料/无机装饰涂料/地砖地坪，墙面乳胶漆，石膏板/涂料天花。

3. 设备管线

(1) 给排水管道：给排水管道采用塑覆铜管，橡塑保温，饮用水管道采用不锈钢管道，排水管道用 UPVC 管道，UPVC 雨水管。

(2) 消防工程：大于 80mm 直径管道采用无缝钢管，小管径采用镀锌钢管，卡箍式链接。

(3) 煤气：镀锌钢管。

(4) 变配电：热镀锌钢管，低烟无卤阻燃电线，插接式铜母线，热镀锌桥架。

(5) 电气管线：热镀锌桥架，低烟无卤阻燃电线，塑料管，热镀锌钢管，插接式母线。

(6) 空调通风：热镀锌钢管，镀锌钢板，橡塑保温，装饰风口。

(7) 综合布线：六类线，RJ45 信息口，光缆。

(8) BA 系统：控制线，信号线。

(9) 消防报警：低烟无卤阻燃电线，阻燃控制线。

(10) 安防系统：控制线，视频线，电源线。

(11) 卫星天线及有线电视：视频线、信号线、同轴电缆。

4. 设备配置

(1) 给排水工程：拼装式不锈钢水箱，中继水箱，进口变频水泵，进口卫生洁具及配套五金件，进口饮用水用水净化设备。

(2) 消防工程：消防栓箱，湿式报警，消防泵，中继水箱，机房采用 FM200 气体灭火。

(3) 煤气：煤气表房。

(4) 变配电：变压器，进口高压柜，进口低压柜，两路供电。

(5) 应急发电机：进口应急柴油发电机组，切换柜。

(6) 电气工程：配电箱（主开关进口），配电柜。

(7) 泛光照明：进口投光灯，控制箱。

(8) 空调通风：进口冷水机组，进口冷冻泵，冷冻冷却水循环泵，冷却塔，进口品牌热交换器，进口变风量空调箱，高档四管制风机盘管，四管制供回水系统，送排风机组，新风机组，IT 机房独立 24h 空调系统。

(9) 锅炉：进口燃气锅炉，水泵，集/分水器。

(10) 综合布线：光端转换器，配线架。

(11) BA 系统：直接数字控制器，服务器，控制器，控制阀。

(12) 消防报警：感烟探测器，楼层显示器，联动控制器，控制模块。

(13) 安防系统：监控主机，监视器，采集点。

(14) 广播系统：音源设备，功率放大器，扬声器，广播接线箱。

（15）卫星天线及有线电视：接收器，放大器，分配器，分支器，楼层接线箱。

（16）电梯：速度 2.5～4.0m/s，荷载≤1350kg，进口产品。

（17）车库管理系统：感应线圈，收费闸机，电脑管理系统。

（18）擦窗系统：进口擦窗设备及轨道，控制设备。

（19）厨房设备：基本采用进口产品。

五星级酒店（超高层）造价估算示例一　　　　　表 2.4-2

序号	工程和费用名称	数量（m²）	单位造价（元/m²）	合价（万元）	序号	工程和费用名称	数量（m²）	单位造价（元/m²）	合价（万元）
一	土建及装饰工程	74200	6087	45169	10	弱电配管	74200	45	334
1	打桩	63200	240	1517	11	弱电桥架	74200	34	252
2	基坑围护	11000	1090	1199	12	智能化调光系统	74200	55	408
3	土方工程	11000	240	264	13	BA 系统	74200	75	557
4	地下建筑	11000	430	473	14	卫星天线及有线电视	74200	20	148
5	地下结构	11000	2500	2750	15	安防系统	74200	43	319
6	地上建筑	63200	480	3034	16	广播系统	74200	12	89
7	地上结构	63200	1000	6320	17	程控电话	74200	43	319
8	装饰	63200	3520	22246	18	空调进排风	74200	780	5788
9	外立面	63200	1100	6952	19	锅炉	74200	60	445
10	屋面	63200	35	221	20	电梯	74200	310	2300
11	标识系统	74200	26	193	21	擦窗机	63200	50	316
二	机电安装工程	74200	3604	26743	22	车库管理	11000	60	66
1	给排水工程	74200	420	3116	23	厨房设备	63200	350	2212
2	消防喷淋	74200	140	1039	24	宾馆管理系统	63200	45	284
3	煤气	74200	26	193	25	VOD 点播系统	63200	29	183
4	变配电	74200	310	2300	26	游泳池设备	63200	35	221
5	应急柴油发电机组	74200	160	1187	27	康体设施	63200	65	411
6	电气	74200	420	3116	三	预备费	74200	775	5753
7	泛光照明	63200	45	284	四	建筑安装工程合计（全面积）	74200	10467	77664
8	消防报警	74200	50	371	五	建筑安装工程合计（地上面积）	63200	12289	77664
9	综合布线	74200	65	482					

实例二：四星级酒店

1. 工程概况

（1）项目名称：XX 大酒店（2006 竣工）。

（2）工程类型：四星级酒店。

（3）技术经济指标：8411 元/m²。

（4）建设地点：温州市。

（5）建筑面积：58500m²，其中地上 46000m²，地下 12500m²，标准层面积 1500m²。

（6）建筑高度：120m（檐口高度），标准层层高 3.8m。

（7）建筑总层数：地下 2 层，地上 29 层（其中：裙房 4 层）。

（8）结构形式：钻孔灌注桩，桩长 58m，局部 29m，地下围护桩（混凝土灌注桩、喷粉桩、局部钢板桩和土钉维护）维护，钢筋混凝土框筒结构。

（9）基础埋深：10m（地下室外墙长度约 356m）。

（10）室内外高差：0.6m。

2. 建筑标准

（1）外装饰标准：石材或铝板幕墙，单元式 LOW-E 中空夹胶玻璃幕墙，外墙保温。

（2）屋面：防水砂浆，高分子防水卷材，憎水珍珠岩砂浆找坡兼保温，挤塑聚苯板保温层，局部地砖。

（3）内装饰标准：

1）公共部位（大堂区、电梯厅、公共卫生间）花岗石地面，大理石墙面，石膏板或金属板造型吊顶，高档装饰灯具，配高档活动和固定家具，重要部位采用进口产品；

2）其他公共部位（餐厅、酒吧、公共走道、会议室、健身房等）花岗石或地毯或木地板地面，大理石或墙纸或局部高档木饰墙面，石膏板或金属板造型吊顶，进口装饰灯具，配高档活动或固定家具，重要部位采用进口产品；

3）标准客房地毯地面，墙纸和局部木饰面墙面，石膏板吊顶，装饰灯具，配高档活动和固定家具；

4）卫生间花岗石地坪，大理石墙面，石膏板吊顶，部分采用高档产品；

5）客房层走道，地毯地面，墙纸和局部木饰墙面，石膏板吊顶，装饰灯具；

6）后勤用房和消防楼梯间环氧树脂涂料／地砖地坪，墙面乳胶漆，石膏板／涂料天花。

3. 设备管线

（1）给排水管道：钢塑复合管，塑覆铜管热水管道外包橡塑保温，饮用水管道采用不锈钢管道，排水管道用 UPVC 管道，UPVC 雨水管。

（2）消防工程：大于 80mm 直径管道采用无缝钢管，小管径采用镀锌钢管，卡箍式链接。

（3）煤气：镀锌钢管。

（4）变配电：热镀锌钢管，低烟无卤阻燃电线，插接式铜母线，热镀锌桥架。

（5）电气管线：热镀锌桥架，低烟无卤阻燃电线，塑料管，热镀锌钢管，插接式母线。

（6）空调通风：热镀锌钢管，镀锌钢板，玻璃棉保温，铝合金风口。

（7）综合布线：六类线，RJ45 信息口，光缆。

（8）BA 系统：控制线，信号线。

（9）消防报警：低烟无卤阻燃电线，阻燃控制线。

（10）安防系统：控制线，视频线，电源线。

（11）卫星天线及有线电视：视频线、信号线、同轴电缆。

4. 设备配置

（1）给排水工程：拼装式不锈钢水箱，中继水箱，变频水泵，进口卫生洁具及配套五金件，电加热热水器，进口饮用水用水净化设备。

（2）消防工程：消防栓箱，湿式报警，消防泵，中继水箱，机房采用 FM200 气体灭火。

（3）煤气：煤气表房。

（4）变配电：变压器，进口高压柜，进口低压柜，两路供电。

（5）应急发电机：应急柴油发电机组，切换柜。

（6）电气工程：配电箱（主开关进口），配电柜。

（7）泛光照明：投光灯（光源为进口），控制箱。

（8）空调通风：进口冷水机组，冷冻泵，冷冻冷却水循环泵，冷却塔，热交换器，变风量空调箱，四管制风机盘管，四管制供回水系统，送排风机组，新风机组，IT 机房独立 24h 空调系统。

（9）锅炉：燃气锅炉，水泵，集／分水器。

（10）综合布线：光端转换器，配线架。

（11）BA 系统：直接数字控制器，服务器，控制器，控制阀。

（12）消防报警：感烟探测器，楼层显示器，联动控制器，控制模块。

（13）安防系统：监控主机，监视器，采集点。

（14）广播系统：音源设备，功率放大器，扬声器，广播接线箱。

（15）卫星天线及有线电视：接收器，放大器，分配器，分支器，楼层接线箱。

（16）电梯：速度 2.5 ～ 3.0m/s，荷载 ≤ 1350kg，电梯主体进口。

（17）车库管理系统：感应线圈，收费闸机，电脑管理系统。

（18）擦窗系统：擦窗设备及轨道，控制设备。

（19）厨房设备：重要部件采用进口产品。

四星级酒店（高层）造价估算示例　　　　　　表 2.4-3

序号	工程和费用名称	数量（m²）	单位造价（元/m²）	合价（万元）	序号	工程和费用名称	数量（m²）	单位造价（元/m²）	合价（万元）
一	土建及装饰工程	58500	4883	28566	10	弱电配管	58500	43	252
1	打桩	46000	220	1012	11	弱电桥架	58500	30	176
2	基坑围护	12500	560	700	12	智能化调光系统	58500	55	322
3	土方工程	12500	180	225	13	BA 系统	58500	60	351
4	地下建筑	12500	460	575	14	卫星天线及有线电视	58500	18	105
5	地下结构	12500	2050	2563	15	安防系统	58500	38	222
6	地上建筑	46000	380	1748	16	广播系统	58500	9	53
7	地上结构	46000	760	3496	17	程控电话	58500	38	222
8	装饰	46000	2850	13110	18	空调进排风	58500	670	3920
9	外立面	46000	1050	4830	19	锅炉	58500	40	234
10	屋面	46000	35	161	20	电梯	58500	250	1463
11	标识系统	58500	25	146	21	擦窗机	46000	48	221
二	机电安装工程	58500	2905	16996	22	车库管理	12500	45	56
1	给排水工程	58500	340	1989	23	厨房设备	46000	260	1196
2	消防喷淋	58500	110	644	24	宾馆管理系统	46000	40	184
3	煤气	58500	15	88	25	VOD 点播系统	46000	30	138
4	变配电	58500	210	1229	26	游泳池设备	46000	30	138
5	应急柴油发电机组	58500	120	702	27	康体设施	46000	45	207
6	电气	58500	370	2165	三	预备费	58500	623	3645
7	泛光照明	46000	35	161	四	建筑安装工程合计（全面积）	58500	8411	49207
8	消防报警	58500	40	234	五	建筑安装工程合计（地上面积）	46000	10697	49207
9	综合布线	58500	56	328					

2.4.2 经济效益预测

在投资估算的同时，还要对酒店进行财务分析。财务分析是在现行会计规定、税收法规和价格体系下，通过财务效益与费用（收入与支出）的预测，编制财务报表，计算评价指标，考察和分析项目的财务盈利能力、偿债能力和财务生存能力，据以判断项目的财务可行性，明确项目对财务主体及投资者的价值贡献。

2.4.2.1 收入预测

酒店的收入主要包括两部分：客房收入和其他配套收入。

根据同类酒店运行经验，其他配套设施收入包括宴会厅餐饮收入、商业收入、租金及其他收益、服务费等。

1. 餐饮收入包括宴会收入、食品收入、饮品收入及其他餐饮收入；

2. 商业收入、租金及其他收益按客房收入的一定比例计算；

3. 服务费按以上收入之和的一定比例计算。

2.4.2.2 成本预测

项目总成本包括各部门经营成本（客房、餐饮、商业、租金及其他、其他运营成本等），行政及一般开支，市场营销费用，物业管理及维修费用，能源成本，酒店管理公司基本管理费用，中央订房系统费，酒店管理公司激励管理费用，固定资产折旧及摊销费及长期借款财务费用。

2.4.2.3 利润预测

酒店营业税金及附加，包括营业税、城市维护建设税、教育费附加，按营业收入的 5.55% 计算。所得税按营业利润的 25% 计算。

计算项目在计算期中，预计共可取得利润总额、上缴营业税金及附加、所得税总额、项目税后利润等指标。

2.4.2.4 盈利能力分析

财务盈利能力分析是项目财务分析的重要组成部分，从是否考虑资金时间价值的角度，财务盈利能力分析分为动态分析与静态分析；从是否融资方案的基础上进行分析的角度，财务盈利能力分析游客分为融资前分析和融资后分析。

1. 动态分析

动态分析采用现金流量分析方法，在项目计算期内，以相关效益费用数据为现金流量，编制现金流量表，考虑资金时间价值，采用折现方法计算净现值、内部收益率等指标，用以分析考察项目投资盈利能力。现金流量分析有可分为项目投资现金流量分析、项目资本金现金流量分析和投资各方现金流量分析三个层次。项目投资现金流量分析是融资前分析，项目资本金现金流量分析和投资各方现金流量分析是融资后分析。

(1) 项目投资现金流量分析

依据项目投资现金流量表可以计算项目投资财务内部收益率（FIRR）、项目投资财务净现值（FNPV），这两项指标通常被认为是主要指标。

1）项目投资财务净现值（FNPV）是考察项目盈利能力的绝对量指标，它反映项目在满足按设定折现率要求的盈利之外所能获得的超额盈利的现值。项目投资财务净现值等于或大于零，表明项目的盈利能力达到或者超过了设定折现率所要求的盈利水平，该项目财务效益可以被接收。

2）项目投资财务内部收益率（FIRR）一般通过计算机软件中配置的财务函数计算，若需要手算时，可根据现金流量表中的净现金流量采用人工试算法计算。将求得的项目投资财务内部收益率与设定的基准收益率（Ic）进行比较，当 FIRR ≥ Ic 时，即认为项目的盈利性能满足要求，改项目财务效益可以被接受。

(2) 项目资本金现金流量分析

按照我国财务分析方法的要求，一般可以只计算项目资本金财务内部收益率一个指标，其表达式和计算方法同项目投资财务内部收益率，只是所依据的表格和净现金流量的内涵不同，判断的基准参数（财务基准收益率）也不同。

当项目资本金财务内部收益率大于或等于项目资本金财务基准收益率（最低可接受收益率）时，说明在融资方案下，项目资本金水平超过或达到了要求，该融资方案是可以接受的。

(3) 投资各方现金流量分析

对于某些酒店项目，为了考察投资各方的具体效益，还需要进行投资各方现金流量分析。投资各方现金流量分析是从投资各方实际收入和支出的角度，确定现金流入和现金流出，分别编制投资各方现金流量表，计算投资各方的内部收益率指标，考察投资各方可能获得的收益水平。

2. 静态分析

除了进行现金流量分析以外，在盈利能力分析中，还可以根据具体情况进行静态分析。静态分析是指不考虑资金时间价值，直接用未经折现的数据进行计算分析的方法，包括计算总投资收益率、项目资本金净利润率和静态投资回收期等指标的方法。静态分析的内容都是融资后分析。

静态分析指标有：项目投资回收期、总投资收益率、项目资本金近净利润率等。

(1) 项目投资回收期（Pt）是指以项目净收益回收项目投资所需要的时间。投资回收期短，表明投资回收快、抗风险能力强。当投资回收期小于或者等于设定的基准投资回收期时，表明投资回收速度符合要求。基准投资回收期的取值可以根据行业水平或者投资者的要求确定。

（2）总投资收益率表示总投资的盈利水平，是指项目达到设计能力后正常年份的年息税前利润或运营期内年平均息税前利润与项目总投资的比率。

总投资收益率高于同行业收益率参考值，表明用总投资收益率表示的盈利能力满足要求。

（3）项目资本金净利润率表示项目资本金的盈利水平，是指项目达到设计能力后正常年份的年净利润或运营期内年平均净利润与项目资本金的比率。

项目资本金净利润率高于同行业的净利润率参考值，表明用项目资本金净利润率表示的盈利能力满足要求。

2.4.2.5 偿清能力分析

偿债能力分析主要是通过编制相关报表，计算利息备付率、偿债备付率等比率指标，分析企业（项目）是否能够按计划偿还为项目所筹措的债务资金，判断其偿债能力。

1. 利息备付率

利息备付率是指在借款偿还期内的息税前利润与当年应付利息的比值，它从付息资金来源的充裕性角度反映支付债务利息的能力。息税前利润等于利润总额和当年应付利息之和，当年应付利息市值计入总成本费用的全部利息。利息备付率的计算公式如下：

利息备付率 = 息税前利润 / 应付利息额

利息备付率应分年计算，分别计算在债务偿还期内各年的利息备付率。若偿还前期的利息备付率数值偏低，为分析所用，也可以补充计算债务偿还期内的年平均利息备付率。

利息备付率表示利息支付的保证倍率，对于正常经营的企业，利息备付率至少应当大于1，一般不宜低于2，并结合债权人的要求确定。利息备付率高，说明利息支付的保证度大，偿债风险小；利息备付率低于1，表示没有足够的资金支付利息，偿债风险很大。

2. 偿债备付率

偿债备付率是从偿债资金来源的充裕性角度反映偿付债务本息的能力，是指在债务偿还期内，可用于计算还本付息的资金与当年应还本付息额的比值，可用于计算还本付息的资金是指息税折旧摊销前利润（息税前利润加上折旧和摊销）减去所得税后的余额；当年应还本付息金额包括还本金额及计入总成本费用的全部利息。

偿债备付率 = （息税折旧摊销前利润 – 所得税）/ 应还本付息额

偿债备付率应分年计算，分别计算在债务偿还期内各年的偿债备付率。

偿债备付率表示偿付债务本息的保证倍率，至少应大于1，一般不宜低于1.3，并结合债权人的要求确定。偿债备付率低，说明偿付债务本息的资金不充足，偿债风险大。当这一指标小于1时，表示可用于计算还本付息的资金不足以偿付当年债务。

2.4.2.6 财务生存能力分析

财务生存能力分析只在财务分析辅助报表和利润与利润分配表的基础上编制财务计划现金流量表，通过考察项目计算期内各年的投资、融资和经营活动所产生的各项现金流入和流出，计算净现金流量和累计盈余资金，分析项目是否能为企业创造足够的净现金流量维持正常运营，进而考察实现财务可持续性的能力。

财务生存能力分析旨在分析考察"有项目"时（企业）在整个计算期内的资金充裕程度，分析财务可持续性，判断在财务上的生存能力，主要根据财务计划现金流量表进行。

由财务计划现金流量表，看经营活动现金流入是否始终大于现金流出，项目通过经营活动、投资活动及筹资活动的各年累计盈余资金是否均大于零，从而判断项目是否具有较强的财务生存能力。

2.4.2.7 敏感性分析

敏感性分析是建设投资项目评价中应用十分广泛的一种技术，用以考察项目设计的各种不确定因素对项目基本方案经济评价指标的影响，找出敏感因素，估计项目效益对它们的敏感程度，粗略预测项目可能承担的风险，为进一步的风险分析打下基础。

敏感性分析包括单因素敏感性分析和多因素敏感性分析。单因素敏感性分析是指每次只改变一个因素的数值来进行分析，估算单个因素的变化对项目的效益产生的影响；多因素分析则是同时改变两个或两个以上因素进行分析，估算多因素同时发生变化的影响。为了找出关键的敏感性因素，通常多进行单因素敏感性分析。

1. 敏感性分析方法

（1）根据项目特点，结合经验判断选择对项目效益影响较大且重要的不确定因素进行分析。经验表明，主要对酒店经营收入、建设投资、经营成本等不确定因素进行敏感性分析。

（2）敏感性分析一般是选择不确定因素变换的百分率为 ±5%、±10%、±15%、±20% 等。

（3）建设项目经济评价有一整套指标体系，敏感性分析可选定其中一个或几个主要指标进行分析，最基本的分析指标是内部收益率，根据项目的实际情况也可选择净现值或投资回收期评价指标，必要时可同时对两个或两个以上的指标进行敏感性分析。

（4）敏感度系数系指项目评价指标变化的百分率与不确定因素变化的百分率之比。敏感度系数高，表示项目效益对不确定因素敏感程度高，计算公式为：

$SAF=（\Delta A/A）/\Delta F/F$

式中：SAF——评价指标 A 对不确定因素 F 的敏感系数

　　　　$\Delta F/F$——不确定因素 F 的变化率；

　　　　$\Delta A/A$——不确定因素 F 发生 ΔF 变化率时，评价指标 A 的相应变化率。

$SAF > 0$，表示评价指标与不确定因素同方向变化；$SAF < 0$，表示评价指标与不确定因素反方向变化。$|SAF|$较大者敏感度系数高。

（5）临界点（转换值）是指不确定因素的变化使项目由可行变为不可行的临界数值，可采用不确定因素相对基本方案的变化率或其对应的具体数值表示。当该不确定因素为费用科目时，即为增加的百分率；当其为效益的科目时为降低的百分率。临界点也可用该百分率的具体数值表示。当不确定因素的变化超过了临界点的不确定因素的极限变化时，项目将由可行变为不可行。

在一定的基准收益率下，临界点越低，说明该因素对项目评价指标影响越大，项目对该因素就越敏感。

（6）敏感性分析结果在项目决策分析中的应用。将敏感性分析的结果进行汇总，编制敏感性分析表，如下表。

结合分析结果进行文字说明，将不确定因素变化后计算的经济评价指标与基本方案评价指标进行对比分析，结合敏感度系数及临界点的计算结果，按不确定因素的敏感程度进行排序，找出最敏感的因素，分析敏感因素可能造成的风险，并提出应对措施。当不确定因素的敏感程度很高时，应进一步通过风险分析，判断其发生的可能性及对项目的影响程度。

敏感性分析表　　　　　　　　　　　　　　　　　　　　　　　　表 2.4-4

变化因素	变化率	内部收益率（FIRR）（%）	投资回收期 （Pt）（年）	财务净现值 （FNPV）（万元）
建设投资估算	10%			
	5%			
	0			
	−5%			
	−10%			
经营收入	10%			
	5%			
	0			
	−5%			
	−10%			
经营成本	10%			
	5%			
	0			
	−5%			
	−10%			

2. 敏感性分析示例

影响项目经济效益的主要因素为建设投资、经营收入、经营成本。通过对这三个主要指标进行单因素变化下的敏感性分析，以考察主要因素变化时，项目的抗风险能力。

项目的敏感性分析情况见表 2.4-5 以及图 2.4-1 所示。

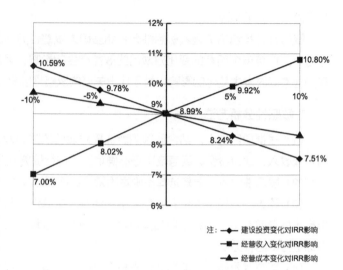

注：—◆— 建设投资变化对IRR影响
　　—■— 经营收入变化对IRR影响
　　—▲— 经营成本变化对IRR影响

图 2.4-1　项目敏感性分析图

项目敏感性分析表　　　表 2.4-5

变化因素	变化率	内部收益率（%）	投资回收期（年）	财务净现值（万元）
建设投资估算	−10%	10.59%	12.94	8949
	−5%	9.78%	13.52	7048
	0	8.99%	14.09	5147
	5%	8.24%	14.67	3246
	10%	7.51%	15.26	1362
经营收入	10%	10.80%	12.71	10327
	5%	9.92%	13.36	7741
	0	8.99%	14.09	5147
	−5%	8.02%	14.92	2554
	−10%	7.00%	15.89	−9
经营成本	10%	8.31%	14.54	3385
	5%	8.65%	14.32	4266
	0	8.99%	14.09	5147
	−5%	9.34%	13.88	6027
	−10%	9.68%	13.68	6908

各因素敏感度分析表如下所示：

各因素敏感度分析表　　　表 2.4-6

序号	主要因素	IRR 变化幅度	因素变化幅度	敏感度
1	建设投资	−3.08%	20%	−15.40%
2	经营收入	3.80%	20%	19.00%
3	经营成本	−1.37%	20%	−6.85%

由以上分析可知，三个影响因素中内部收益率对项目的建设投资和经营收入的变化最敏感，经营成本的敏感度较小。

1. 建设投资增加 10% 时，项目内部收益率为 7.51% > I_c=7%，项目具有一定的抗风险能力。

2. 经营收入减少 10% 时，项目内部收益率为 6.996% < I_c=7%，经营期需要做好经营收入管理和控制。

3. 经营成本增加 10% 时，项目内部收益率为 8.31% > I_c=7%，项目具有一定的抗风险能力。

因此，项目具有一定的抗风险能力，但在项目建设和运营过程中，要控制建设投资的增长，加强运营管理；特别要确保项目的经营收入及时到位；控制好项目的运营成本；努力减少这些风险对项目效益的影响。

2.5　酒店设计流程

酒店设计流线贯穿酒店项目开发的全过程，设计是项目的先导，设计阶段是项目最关键环节，是酒店项目理念实现的重要桥梁。在建设工程项目中，充分发挥各设计阶段在建设工程服务中的作用，有利于更好的控制工程项目质量、投资、进度。

2.5.1　设计外部资料管理

建设项目设计提供的外部协作条件，随建设项目情况而有所不同，针对大型酒店开发项目的资料一般包括建筑设计基础资料、上报政府审批资料、申请施工许可资料三个方面的内容。

2.5.1.1　建筑设计基础资料

1. 建设项目选址意见书

2. 建设用地规划许可证

3. 土地规划局定界图

4. 国有土地使用证

5. 规划设计条件通知书

6. 防空地下室建设设计要求核定书

7. 地下空间利用及建设有关问题研讨会会议纪要

8. 整体规划示意图

9. 区规划示意图

10. 外环路道路工程图

11. 外环路园林绿化图

12. 外环路照明工程图

13. 外环路通信管道图

14. 外环路给水工程图

15. 外环路污水工程图

16. 外环路供热工程图

17. 外环路燃气工程图

2.5.1.2 上报政府审批资料

适用于项目开发过程中的与设计管理相关的报批报建工作。

报批报建：到政府有关部门办理相关审批手续。

在项目开发过程中，设计管理部门需向前期配套部提交的报批报建资料及提交时机见下表（以下所需资料根据实际情况调整）：

报批报建资料及提交时机表   表 2.5-1

报批报建事项	所需资料	提交时机
设计方案报审	设计方案文件	审核后
初步设计报审	初步设计图	审核后
施工图报审	施工图	审核后
建设工程规划许可证	审图公司审核后的施工图	审核后
工程施工许可证（包括办理劳保统筹、质量委托、安全许可、工程保险等）	施工图审查批复设计合同	办理施工许可前 20 个工作日
酒店面积预测	施工图及电子文件	施工图完后 30d
	分摊面积说明书	施工图完后 30d
预售许可证（所需资料根据实际情况补充）	建筑施工图图纸	开盘前 15d
竣工面积实测	建筑施工图图纸	竣工验收前 50d
竣工备案	各专业竣工施工图图纸	审核后

2.5.1.3 申请施工许可资料

（地下工程、人防工程、地上工程、装修工程、景观工程）

1. 申请建筑工程施工许可资料

（1）《施工许可申请表》及项目 IC 卡

（2）建设工程规划许可证

（3）《申办施工许可工程现场情况说明表》

（4）建设工程安全质量报监办结单

（5）建设工程资金入账凭证

（6）建设工程施工承发包合同副本

（7）廉洁协议

（8）施工中标通知书

2. 人防工程申领建设工程规划许可资料

（1）《民防工程建设（建设工程规划许可证阶段）申请表》

（2）建设交通部门的初步设计批复文件

（3）民防办公室关于该项目通过审图的意见

（4）建筑施工总平面图

（5）民防工程建筑平面施工图

（6）建筑分层面积表

（7）因项目特殊性需要增加的其他报审资料

3. 申请装修工程施工许可资料

（1）《施工许可申请表》及项目 IC 卡

（2）《申办施工许可工程现场情况说明表》

（3）建设工程安全质量报监办结单

（4）建设用地规划许可证

（5）施工总包企业设立的外来从业者工资发放账户银行回执复印件

（6）通过工程项目专用账户支付给施工总包企业的工程预付款银行入账凭证

（7）廉洁协议

4. 申请景观工程施工许可资料

（1）《施工许可申请表》及项目 IC 卡

（2）《申办施工许可工程现场情况说明表》

（3）用地许可文件

（4）规划部门意见

（5）含绿化布局的总平面图及其他相关图纸

设计的外部资料管理应是"收集＋整理＋分发／保存"的过程，制定统一模板的资料管理手册及相关管理标准也是资料管理标准化及高效化的重要内容。

2.5.2　设计组织模式

目前设计组织架构通常有自行管理模式、设计总包模式、中方设计机构总协调模式、专业设计管理机构总协调模式、专家顾问小组管理模式，在国内，传统多选择自行管理模式。国际上通常采取建筑师全程设计管理模式。自行管理模式较为普遍，以下是对设计总包模式、中方设计机构总协调模式、专业设计管理机构总协调模式和专家顾问小组管理模式予以介绍。

2.5.2.1　设计总包模式

由开发商委托一家设计机构全程负责项目所有相关设计所采取的设计组织架构，所有专业设计方均由设计总包方选择，报业主备案。

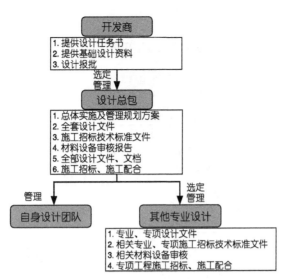

图 2.5-1 设计总包模式图

2.5.2.2 中方设计机构总协调模式

由开发商委托国外设计事务所进行设计创意，由中方设计机构全程负责项目所有相关设计协调所采取的设计组织架构，所有专业设计方由业主选择。

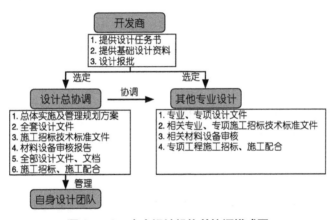

图 2.5-2 中方设计机构总协调模式图

2.5.2.3 专业设计管理机构总协调模式

由开发商委托专业设计机构作为设计管理机构全程负责项目设计管理协调的组织架构，所有专业设计方由业主选择。

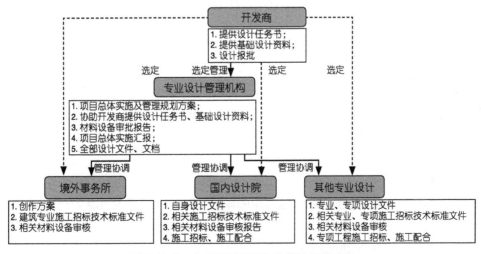

图 2.5-3 专业设计管理机构总协调模式图

2.5.2.4　专家顾问小组管理

由开发商组建专家顾问小组全程负责项目设计管理的组织架构，所有专业设计方由专家顾问小组代表业主选择。

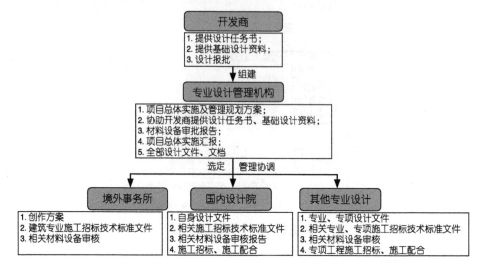

图 2.5-4　专家顾问小组管理模式图

2.5.3　设计阶段

酒店建筑的设计主要分为策划立项、方案设计、初步设计、施工图设计、招标、施工配合及竣工验收几个阶段。这一过程涵盖了设计师从面临市场、开发商到使用客户的全程服务。各阶段主要工作内容如下。

2.5.3.1　策划立项阶段

本阶段主要包括基础环境分析、市场研究、定位分析、功能结构特色化与布局、主题与风格创意策划、建筑与景观概念策划、商业模式设计和运营实施计划设计等等内容，详见本章 2.1 节。

2.5.3.2　概念设计阶段

设计依据：政府部门提供的地块规划设计条件及业主对设计的定位、风格偏向等。

设计任务：在与业主良好沟通的前提下，对项目的整体定位，物业类型，功能布局，交通组织，产品特色进行全方位的设计，结合结构与设备专业的进入，以使土地价值最大化，资源利用最大化，形成独具特色的概念方案。

设计内容：

针对开发商已取得的土地，对该地块进行多种可能性研究，以取得最合理的设计方案。

场地分析，包括了解已确认的场地边界、地形地势、道路使用，以及各相关法律法规。

熟悉相应酒店集团的设计建议和最低标准。

准备可供选择的项目功能区划方案，包括面积要求、体积、空间方案、概念研究、室内室外功能流线、运营功能流线。

准备图纸、方案、效果图、数字化可视的媒体来记录和展示经过批准的初步设计。

准备项目移交计划时间表。

如需要，根据业主 / 开发商的预算编制经济合理的成本计划，并提交审阅批准。

2.5.3.3　方案设计阶段

设计依据：被业主及政府认可的概念方案或业主提供的详细方案设计任务书及当地有关政策管理条例，国家相关标准。

设计任务：为进一步深化设计提供技术支持。

设计内容：

针对开发商已取得的土地，进行方案研究，通过对各方面因素进行全方位的深入研究，形成具有实际操作性的方案。

参加营运概念会议，熟悉该酒店集团的营运概念、餐饮概念和初步人员配置方案。

综合考虑该酒店集团的初步功能面积分配表、室内空间规划和营运流线关系，明确项目的设计要求。

初步计划出建筑物的设施配置、系统选择、材料、设备、施工工艺和项目交接过程。

准备最终场地方案、建筑平面、剖面、初步立面以及概述的材料选择。

根据项目交接计划准备设计深化工作时间表。

协调业主／开发商聘请的所有顾问的设计文件。

咨询项目所在地管辖机构，以保证项目满足和符合规范要求，可以拿到项目许可证。

如需要，准备所有方案阶段的设计材料向业主／开发商以及该酒店集团报告，以得到批准或做相应修改。

2.5.3.4　初步设计阶段

设计依据：酒店集团提供的设计建议和最低标准，当地有关政策管理条例，国家相关标准，建筑工程设计文件编制深度规定。

设计任务：为进一步施工图设计提供技术支持，满足编制施工图文件的需要。

设计内容：深化已经批准的方案阶段的设计，通过平面、剖面、立面来建立比较确定的规模、关系、形式和项目的外观。

按照设计深化工作时间表和初步建造成本预期，协调各方顾问和该酒店集团的设计。

告知各方可能的设施、规模、设计的变动会导致任何的项目交接时间计划的变动，以及相应的成本变化。

如需要，应与项目管辖机构协调沟通以保证项目符合法律法规要求。

2.5.3.5　施工图设计阶段

设计依据：酒店集团提供的设计建议和最低标准，各承包或分包单位设计需要，当地有关政策管理条例，国家相关标准，建筑工程设计文件编制深度规定。

设计任务：满足设备材料采购、非标准设备制作和施工需要。

设计内容：主要针对已完成的初步设计图纸，进行总体，单体及环境的细化，同时考虑到结构与设备的具体实施，形成可施工的图纸，为后期土建施工做准备。

深化已经批准的初步设计阶段的设计，通过平面、剖面、立面和节点详图来建立最终的规模、关系、形式和项目的外观。

详细列出系统、材料和设备的设计说明。

集中所有深化设计阶段的设计材料向业主／开发商以及该酒店集团报告，以得到批准或做相应修改。

归纳详细说明项目所有施工要求的施工文件，包括图纸和设计说明。

2.5.3.6　招标阶段

招标依据：

政策法规　《中华人民共和国招标投标法》

《中华人民共和国建筑法》

《工程建设项目施工招标投标办法》

《工程建设项目招标范围和规模标准规定》

（国家计委令第 3 号）

土建施工图

招标任务：保护国家利益

保护社会公共利益

保护招标投活动当事人的合法权益

提高经济效益

提高项目质量

招标内容：

土建设计招标阶段：

各专业根据业主及政府各主管部门意见修改完善初步设计。

各专业完成土建施工图设计，便于基础施工先行开展。

投资监理从设计、施工、材料和设备等多方面做必要的市场调查，配合业主及时对影响造价的主要设备和材料提出选用标准，如电梯、空调、配电柜、水泵、装饰材料等。如发现设计可能突破投资目标，及时出具造价动态报告，供业主参考确定。

招标代理根据审图通过的土建施工图编制工程量清单和施工招标文件。

专业设计招标阶段：

各专业设计（包括室内、景观、灯光、钢结构、幕墙、舞台机械、标识等专业）根据业主及政府各主管部门意见修改完善初步设计。

各专业设计完成招标图设计。

投资监理提出相关主要设备和材料的选用标准，并出具动态造价报告。

业主安排相关部门及专家审查招标图及造价报告。

招标代理根据招标图编制工程量清单和施工招标文件，专业设计单位提供技术要求。

2.5.3.7 施工配合阶段

在工程监理的安排下，设计单位向施工单位进行技术交底，形成施工交底报告。

在工程监理主持下，设计单位、施工单位、投资监理、业主定期召开工程例会，解决施工过程中发生的问题。

重大问题或重要材料的选择时可召开专题会议。

设计变更应得到业主、投资监理的认可。

业主、施工单位、监理单位、设计单位参加主要分部分项工程的验收，并对发现的问题及时进行整改。

2.5.3.8 竣工验收阶段

投资监理、施工单位编制工程决算。

施工单位编制竣工图。

业主、施工单位、监理单位、设计单位参加主要设备的调试，并对发现的问题及时进行整改。

业主、施工单位、监理单位、设计单位参加消防工程验收，并对发现的问题及时进行整改。

业主、施工单位、监理单位、设计单位参加工程总验收，并对发现的问题及时进行整改。

第三方审计。

2.5.4 设计流程

大型酒店项目应该建立起一个兼容、合作而且更严谨的设计程序。从酒店设计一开始，就应建立起由业主组织的一个完整的设计团队，包括规划师、建筑师、景观设计师、室内设计师和酒店管理专家的密切协同设计，并聘请厨房与洗衣房、灯光、SPA、照明等专业顾问参与，这种多学科多专业的沟通和互补，避免反复与修改，加快了设计进度，并确保一个更理性的酒店设计的实现。

图 2.5-5 为酒店的设计流程图，说明设计程序和各专业的协同关系。

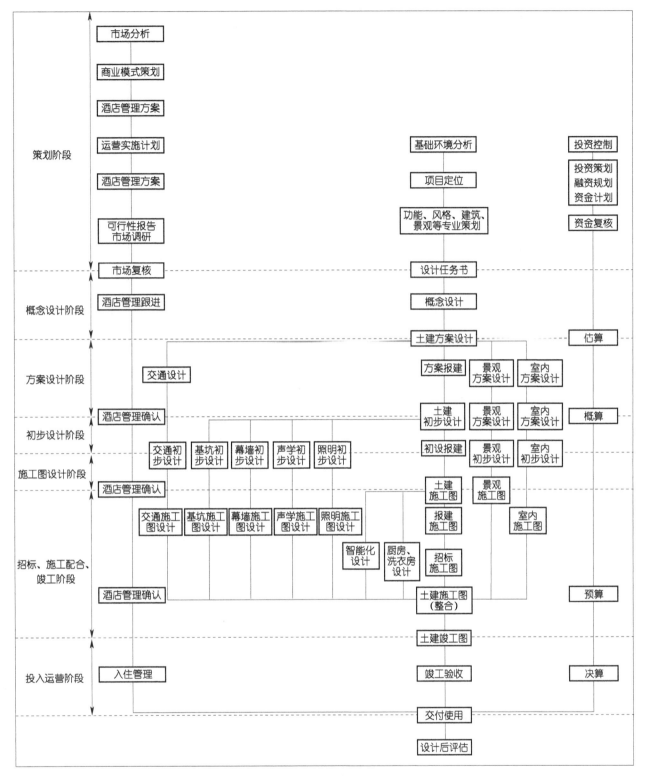

图 2.5-5 酒店建筑设计流程图

第 3 章　酒店功能设施

3.1　总体布局

3.1.1　总体设计原则

酒店总体设计是按照酒店管理模式的运作要求以及客人在酒店内的活动规律，对酒店内外建筑设施进行科学、合理的功能组织以及空间布局设计，以满足客人活动的方便性和舒适度，同时使建筑更加适应酒店运作和管理的需要，为酒店经营目标的实现奠定良好的基础。酒店的总体规划布局通常考虑的因素有：塔楼客房层的朝向、建筑物与周边城市环境的关系、建筑物与周边城市交通的关系、主体建筑与室外园林的关系。这些酒店布局规划要素都会对酒店流线的形成、设计等产生决定性、深刻的影响。

在总体设计过程中，功能布局、面积配比和交通流线是核心因素，三者之间应相互协调，合理布局，从而形成酒店基本的格局，并在此基础上，考虑其他因素与之有机结合的问题。设计时应从经营者的角度去把握原则与方法，注重酒店美观坚固、良好采光和视野、顾客的私密性、安全性、便捷性等因素。在进行总体设计时应遵循以下原则：

1. 酒店总体规划应与周边环境的协调一致，注重合理、科学、艺术地将周边环境景观与酒店主体建筑有机融合。因而设计时，应尊重酒店所在位置的地理条件、地形地貌特征及视线内的感官体验，力图塑造一种错落有致、纵深搭配、虚实结合的环境氛围。

2. 功能分区明确——酒店的功能布局应分区明确，各功能区之间既有机联系又互不干扰，同时注重建筑自然采光、通风和良好的视野景观等因素，争取将室外景观直接或间接引入建筑内部。

3. 流线组织合理——酒店流线的组织需尊重以人为本的原则，让客人准确、便捷、快速地到达目的地，并在行走的过程中感觉身心愉悦，同时物品与服务流线应做到简洁高效。

4. 体现酒店的类型特色。不同类型的酒店针对的目标客源有所不同，因此其功能和设施要求会有所不同，对于不同类型的酒店，必须根据相应类型的标准进行有针对性的设计。

3.1.2　功能规划

酒店功能规划是按照现代酒店管理模式的运作要求以及客人在酒店的活动规律，对酒店内外建筑设施进行科学、合理的功能组织以及空间布局设计。酒店总体功能设施分为三大部分，即公共部分、客房部分和后场部分 (图 3.1-1)，三大功能设施之间既要划分明确，又要有机联系。

酒店建筑的公共部分是整个酒店建筑内部流线最复杂、人流量最大的区域，是酒店展示自身品牌定位的最重要部分，通常包括大堂区、餐饮区、会议区、康体娱乐区。客房部分是住宿客人停留时间最长的场所，客房部分可分为客房区、行政层区，客房按性质又可分为标准间、普通套房、豪华套房和无障碍客房。后场部分以管理与人事机构、饮食制作、机械设备与工程维修、洗衣房与管家部为主。

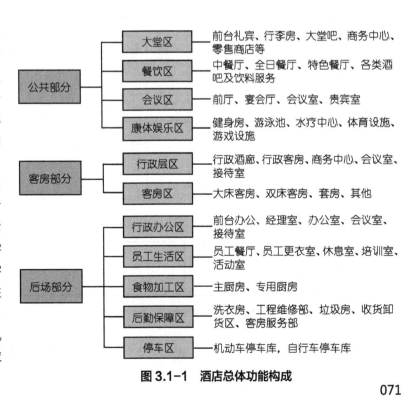

图 3.1-1　酒店总体功能构成

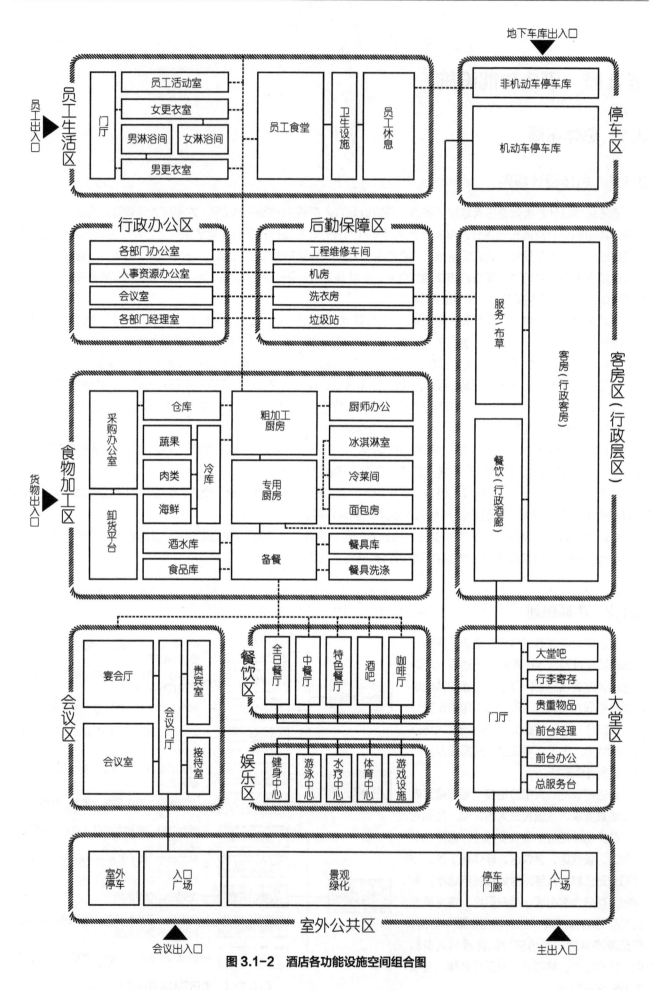

图 3.1-2　酒店各功能设施空间组合图

3.1.3　面积配比

酒店总建筑面积用"每间客房综合面积指标"来衡量，"每间客房综合面积指标"为酒店总建筑面积与客房间数的比值，该指标可以反映酒店的等级、规模（见表 3.1-1）。

不同等级、不同类型的酒店其公共部分、客房部分与后场部分的比例也不相同，表 3.1-2 为酒店各功能设施面积占总面积的百分比。

酒店各个功能设施的建筑面积通过"每间分项面积指标（m²/间）"来估算（详见各章节）；"每间分项面积指标（m²/间）"为酒店各个功能设施总建筑面积与客房间数之比。

酒店每间客房综合面积指标 表 3.1-1

酒店等级	面积（m²/间）
豪华五星级	≥ 175
五星级	140 ～ 175
四星级	100 ～ 140
三星级	65 ～ 100

酒店主要功能空间面积指标　　　　　　　　　　　　　　　　　　　　　　表 3.1-2

主要功能空间		占该部分面积比	占总面积百分比	小计
公共部分	大堂区	10% ～ 15%	2.5% ～ 4.0%	25% ～ 30%
	餐饮区	15% ～ 20%	4.0% ～ 5.0%	
	会议区	15% ～ 20%	3.5% ～ 5.0%	
	康体娱乐区	15% ～ 20%	4.0% ～ 5.0%	
	交通面积	35% ～ 45%	8.0% ～ 11%	
客房部分	大床房	25% ～ 35%	14.0% ～ 16.0%	50% ～ 60%
	双床房	15% ～ 20%	8.0% ～ 11.0%	
	套房	10% ～ 15%	6.0% ～ 12.0%	
	其他	10%	4.0% ～ 6.0%	
	交通面积	30% ～ 35%	15.0% ～ 20.0%	
后勤部分	行政办公区	6% ～ 10%	2.0% ～ 3.0%	15% ～ 20%
	员工生活区	8% ～ 10%	2.0% ～ 3.0%	
	食物加工区	15% ～ 22%	5.0% ～ 10.0%	
	后勤保障区	10% ～ 15%	3.0% ～ 4.0%	
	设备用房	20% ～ 25%	4.0% ～ 6.0%	
	交通面积	20% ～ 25%	4.0% ～ 6.0%	
合计			100%	

3.1.4　交通流线

3.1.4.1　酒店流线分类

根据酒店的整体功能结构，酒店流线分为外部流线和内部流线。外部流线是指酒店客人、车辆、物品等在建筑主体外的流线，及其进入建筑主体的各种出入口的组织，包括它与建筑周边城市环境的交通连接。内部流线主要考虑酒店内部的各种功能布局，以便提高客人使用酒店，和提高酒店服务效率。

3.1.4.2　酒店外部流线

各种出入口组织

酒店有各种客人流线和车辆流线，所有这些人流和车流的起点都在酒店的出入口或者建筑基地的出入口。酒店对各种出入口的合理设置，能够在源头上把不相关的人流、车流进行分离，把相干的人流、车流进行汇总，从而达到提高效率，减少重叠、干扰的作用。酒店各出入口的设置要求见表 3.1-3。

酒店各出入口设置要点　　　　　　　　　　　　　　表 3.1-3

分类	特征	组织原则
建筑基地主入口	酒店连接城市交通的主要出入口,主要客人、接送客人的车辆,均通过建筑基地主入口进入酒店主场地	一般设置在场地周边交通主干道上,以便于车辆的进出;与酒店主体建筑的主入口有便捷、直达、短距离的连接,最好是正对酒店主体建筑的主入口,方便载客的车辆可以直达酒店主入口;且有方便的路径连接停车场出入口以及地下停车库入口
建筑基地次入口	酒店连接城市交通的次要出入口,为团体、会议客人、员工出入、运货车辆提供进出场地的连接口	主要负责组织后勤人员和车辆为主的出入口(有时也负责宴会厅客人等有大量客人出现的出入口),为把不同流线之间区分拉大,减少相互干扰,可把基地次入口分设在基地不同的方向上,或在同一方向时拉大两者的距离,并通过双向车道相连,方便两处功能上的相连
酒店主体建筑的主入口	通常有明显的形象或者标识。大部分的步行客人都是通过主入口进出酒店,载客的车辆也是根据主入口来组织车流	一般是正对主干道或者垂直主干道。当酒店因受场地限制没有室外场地时,酒店主体建筑的主入口便直接与城市交通相连接。在这种情况下,酒店主体建筑的主入口需要作适当的退让;酒店主体建筑的主入口是酒店人流最集中的点,一般位于大堂的中轴线上。与大堂相连的几个人流量大的节点:电梯厅、连接宴会厅的通道口、通往餐厅的通道口,都要与酒店主体建筑的主入口保持一定的距离,相互间也保持一定相隔距离,以避免大量人流的交汇
酒店主体建筑的次入口	酒店主体建筑的次入口作为主入口的辅助出入口,通常用于接待、疏散大流量的客流	酒店主体建筑的次入口在建筑主体的位置,主要是跟随内部的布局而设置。设置次入口的目的就是把大流量的人流及时地疏散开来,不与主入口的客人产生过多的交叉、拥挤,所以酒店主体建筑的主次入口在位置上需要拉开一定的距离,或者不在建筑的同一侧;同时两者之间应设置明显的联系路径,方便客人的活动。次入口通常与团队客人接待处、宴会厅等人流集中的区域相联系

各种车流路径

进出酒店的车流包括有:客人的车辆、出租小汽车、旅游团的中巴车、旅游团的大巴车、货车、垃圾车等,它们在室外围绕着建筑主体组成一个各行其道,又相互连通的车流系统(见表 3.1-4)。

参考示例

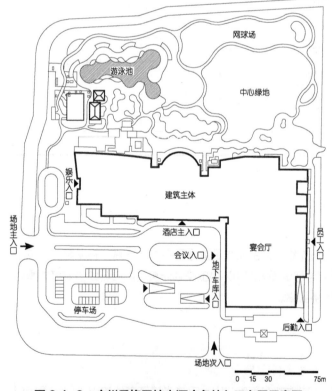

图 3.1-3　广州香格里拉大酒店各处入口布置示意图

酒店各种车流的行驶路径　　表 3.1-4

分类	行驶路径
客人车辆	客人车辆一般从建筑基地主入口进入,一般有三种路径:(1)直接驶至酒店主体建筑的主入口,放下客人,绕回到场地出口离开;(2)驶入分支路,进室外停车场,离开时从停车场驶出,通过出车路径到建筑基地主入口离开;(3)驶入分支路,从地下停车场入口驶入地下停车场,出车时从停车场出口驶上地面,然后从建筑基地次入口驶离酒店场地
出租汽车	出租车进入酒店场地一般有两种方式:(1)从建筑基地主入口进入,驶到酒店主体建筑的入口,放下/接载客人,然后绕回到建筑基地出口离开;(2)从建筑基地主入口或者次入口进入场地,然后驶入靠近酒店主体建筑的主入口的出租车停车场排队轮候,受到召唤后驶到酒店主体建筑的主入口,然后绕回到基地出口离开
旅游团的中巴车、大巴车	(1)从建筑基地主入口,径直驶到酒店主体建筑的主入口或者团队出入口,放下团队客人后,然后绕回到建筑基地出口离开;(2)放下团队客人后,驶入到室外停车场停车,离开时从停车场出来,绕回酒店主体建筑的主入口或者团队出入口,载客后再绕回到建筑基地出口离开
货车	(1)当中央厨房设置在地下室时,酒店的货车一般从建筑基地的次入口进入,驶到地下层收货区域,离开时从地下层收货区域,通过地下层车道驶上室外场地,从建筑基地的次入口离开酒店。(2)当中央厨房设置在裙楼首层的背后时,货车就从建筑基地的次入口进入,直接从专用的后勤入口进入收货区域,并沿原路返回从建筑基地的次入口离开酒店
垃圾车	垃圾装运车的运行路径与外来货车的路径大致相同。垃圾车对环境视觉影响较大,所以尽量缩短垃圾车道与建筑基地次入口之间的距离

车流组织原则

从建筑基地主入口到酒店主入口是各种载客车辆出入酒店的主要路径，大部分的客人都是通过这条路径进入酒店，车流量最大，所以建筑基地主入口与酒店主入口的位置设定需要接近，以达到便捷的交通连接。

其他的车道连接口，如地下车库入口，应靠近上述主车流线设置，或者以短距离的车道连通。

设置连接车道把建筑基地主入口及建筑基地次入口连接，作为消防车环行车道的一部分，同时把客人用车的客用车道与内部用车为主的内部车道连通起来，使两种车道系统做到既分离又连通。

3.1.4.3　酒店内部流线

按对应的使用主体不同，酒店内部的流线可以分为客人流线、服务流线、物品流线。

酒店内部流线的分类及特点　　　　　　　　　　　　　　表 3.1-5

分类	特征	组织原则
客人流线	客人酒店内的活动通常多样化，于是客人在酒店内的流线呈现复杂性、往复性的特征	实现客人流线的直接性，方便客人快速直接到达目的地；各种客人流线有各自的通道，不会相互干扰；体现流线的主次关系，使酒店更有效率；有清晰的流线导向有各种适合的过渡空间，使客流集中但不拥挤；使建筑空间疏密有致，富有情趣；满足建筑消防疏散要求
员工服务流线	服务流线就是酒店为客人提供服务的酒店员工的流线。它围绕着客人使用区域，以服务于客人为终端	内部人员流线的功能性主要体现在生产及管理的合理安排和操作的就近需要。与其他建筑的内外流线相比，服务流线的隐蔽性需要特别强调，通过专用通道来解决大部分内外流线的干扰
物品流线	物品流线就是酒店需要的物品，从酒店外进入酒店，在酒店内部如何运作流动，以及酒店的消耗品，如垃圾等，运离酒店	相关功能空间集中布置，减少物品的运输路径；空间布局的前后关系遵循流线的顺序，使物品流线的顺序实际体现在建筑空间上

客人流线

进入酒店的客人，有单一的目的，也有复合的目的，按照单一目的将酒店客人分为：住宿客人、宴会或会议客人、社会外来进行餐饮娱乐等的客人，不同客人流线见表 3.1-6。

酒店流线设计的基本要求是尽量引导人流到达他们要去的功能区域，同时酒店需要客人在其间行走、休息、活动，流线设计就是要把这些活动组织起来，体现丰富的酒店生活图景。

实现客人流线的直接性，方便客人快速直接到达目的地；各种客人流线有各自的通道，不会相互干扰；体现流线的主次关系，使酒店更有效率；有清晰的流线导向；有各种适合的过渡空间，使客流集中但不拥挤；使建筑空间疏密有致，富有情趣；满足建筑消防疏散要求。

酒店客人流线分类及特点　　　　　　　　　　　　　　表 3.1-6

客人流线分类		特点
住宿客人流线	零客	零散客人出现的人流量具有不定时的特点，所以柜台要长，以备大量人流的出现。以适应不同的情况
	团体客人	团体客人出现的特点是有集聚性，相对大量人流集中出现，由专人代替办理登记手续，入口的要求是提供休息、积聚的区域要大，柜台不用太长。常在主入口边上设置专供团体客人的客车停靠的团体出入口，并设置团体客人休息厅
宴会客人流线		客人以大量人流同时集散，需要单独设置出入口和宴会门厅。宴会出入口应有过渡空间与大堂及公共活动、餐饮设施相连，避免各部分单独直接对外
外来客人流线		酒店通常对市民开放，除住宿之外，也可让外来客人直接进入餐饮及公共活动功能场所，从而对酒店的收益有很大作用。为不与其他客人产生直接干扰，可以设置专用出入口

物品流线

根据酒店日常的使用，把物品流线分为：食品流线、布件流线、垃圾流线等三大类。尽管这些流线里面，部分的线段会与员工服务流线重叠，但这些物品流线各自自成一个完整的流线系统（见表3.1-7）。

酒店物品流线的分类清晰，功能性高，隐蔽性好，同时快速便捷也是物品流线管理的目标。为实现流线的便捷，首先是流线上的相关功能空间靠近，即相关的功能空间集中布置，减少物品的运输路径。空间布局的前后关系遵循流线的顺序，使物品流线的顺序实际体现在建筑空间上。

酒店物品流线分类及特点　　　　　　　　　　　　　　　　　　　　　　　　　　　　表3.1-7

分类	特点
食品流线	食品流线是指各种各样的食材，从酒店外部，通过酒店的运输入口，经过卸货收货程序，进入仓库，再经过厨房处理，最终成为食物并被送到客人的餐桌上，这样的一个过程和流线
布件流线	酒店内的布件主要包括餐厅的餐台布和客房的布草。布件流线是指布件，从洗衣房运送到客房层的布草间，根据需要送至客房内；使用过的布件收集到布草间，集中后通过后勤电梯搬运到洗衣房，或者通过污衣槽直接送到底层的污衣收集间，再集中收集到洗衣房。餐厅的餐台布流线与此相似
垃圾流线	从各个产生垃圾的区域收集运输到垃圾房，并在运出酒店之前暂时储存，并通过车辆把这些垃圾通过一条较隐秘的通道运送到酒店之外

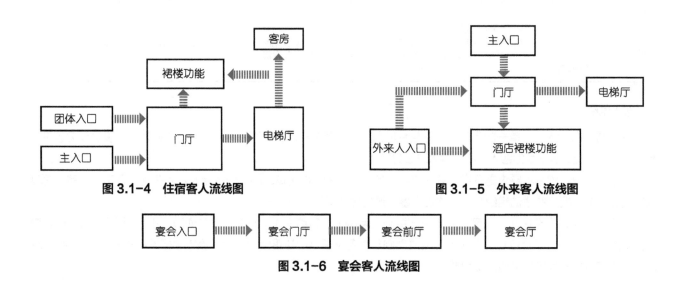

图 3.1-4　住宿客人流线图　　　　　　　　　　　　图 3.1-5　外来客人流线图

图 3.1-6　宴会客人流线图

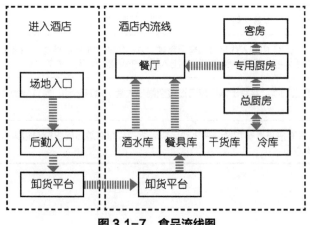

图 3.1-7　食品流线图

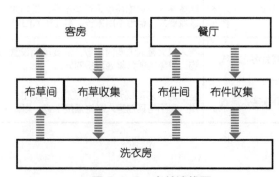

图 3.1-8　布件流线图

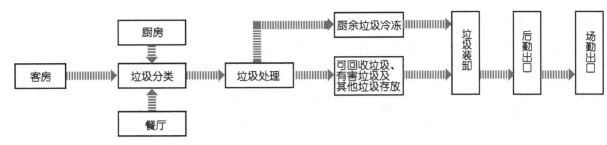

图 3.1-9 垃圾流线图

服务流线

后场部分一般要求宾客不能直接到达，大部分区域每天 24 小时运作，它执行着服务场所的基本操作功能。服务准备空间应与服务消费空间联系紧密，并且满足一定的比例关系。顾客应尽量少的接触服务生产过程，以避免影响到顾客的体验。这需要后场的布局巧妙，藏与露相得益彰。员工服务流线设计的目的是为了使酒店的服务做到及时、高效、使客人感觉舒适，而且又是隐秘、不为客人所察觉。

根据酒店的功能目的，把酒店的员工服务流线分为员工内部流线，大堂服务流线，客房服务流线，餐饮服务流线，见表 3.1-8。

酒店服务流线的分类及特点　　　　　　　　　　　　　　　　　表 3.1-8

服务流线分类	特点
员工内部流线	内部员工工作区域通常需要相对集中地布置在一个区域或者一个楼层内，方便各部门之间进行工作上的相互沟通，成为一个整体。内部流线畅通，使得内部工作人员能够方便联系，各部门之间的工作流程畅顺。通常以环形的通道为主，并辅以枝状路径，来组织各个部门的位置关系。此服务的核心区域，通过各种通道出口，如员工电梯、服务电梯、专用通道、夹层通道等，把各种服务、用品输送到客人区域
大堂服务流线	大堂的服务主要有三种：为客人提供咨询和导引；前台的接待和登记；大堂吧的酒水服务 咨询和导引的服务人员：大堂经理处理日常事务，如处理客人投诉，巡视酒店内外，每日例行查访，迎送酒店贵宾，为客人做额外服务及处理其他突发事件等。为此，大堂经理的工作台位置应位于主要交通路线之旁，能看到旅馆大门及总服务台，一般与总服务台相对或倚角而立。另外一种是为客人提供指引的服务，一般站立在门口或者路径转折的地方，相关服务人员没有固定的后勤空间。为减少登记客人与其他人流的相互交叉，前台的接待和登记服务区与主要交通空间要有至少 2m 以上的缓冲距离。设置在服务柜台后面的大堂办公室有后勤通道或楼梯与总后勤区域相连，服务人员的流动就会隐秘起来。大堂吧的酒水服务，就是大堂吧加上一个酒水服务柜台，服务柜台连接着一个厨房或者备餐间，此厨房或者备餐间需要有后勤通道或楼梯与总后勤区域、总厨房相连，把大堂吧厨房需要的食材、食物、酒水运达
客房服务流线	酒店为住宿客人提供的服务主要包括酒店客房的布草、客房清洁、客人特别需要的餐饮服务等。酒店员工把物品，包括客房内的各种布草用品，如床上用品、清洁用品、梳洗用品等，通过服务电梯运送到客房层的布草服务间，再由工作人员根据客房客人的个别需要搬运到客房。客房服务流线的起点是各种用品的仓库、厨房的备餐间，服务电梯的电梯厅应该靠近这些区域，方便搬运、提高服务效率
餐饮服务流线	餐饮服务流线是指服务人员从厨房通过专用通道或者节点空间，把餐饮送达点餐客人的就餐位置，及在客人餐后把餐具清理到厨房的洗碗碟间的线路。餐厅集中分布在裙楼的部分楼层或者客房层的行政楼层，厨房位置的设置对流线的影响甚大。为减少服务流线的长度，及提高从点餐到出餐的速度，在酒店各主要餐厅的背后设置专用厨房。由于是一个完整的厨房系统，厨房内部的流程比较完整，设备比较齐全，所以需要的空间比较大，无形中就是减少了餐厅的营业面积。而且，这些厨房设置的位置需要避开客人活动区域，偏于一边或一角，并与后勤服务区相连，以便通过服务电梯与集中的后勤主区域相连，把食材从中央厨房搬运上来。有些楼层的餐厅只是休憩场所，如户外咖啡座、大堂吧、泳池边上的饮料部，就不是完整的餐厅系统，通常配置的是备餐间，供应的一些饮料和简单的食物，但也是需要设置与主厨房或者中央厨房连同的通道，以避免与客人活动路线交叉

3.1.5 总体布局模式

酒店的总体布局随用地条件的不同而变化，其总体布局模式基本可以概括为表3.1-9中的四种方式。

酒店总体布局模式   表3.1-9

	集中型	庭院型	别墅型	复合型
示意图				
空间特征	集中开发，节约用地，建筑布置多为塔楼加裙房的形式。各功能设施在竖向分区设置，一般公共部分设置于裙房、客房部分设置于塔楼，后场部分则位于地下。室外设置少量绿化景观	用地相对宽敞，建筑多为低层、多层建筑，各部分按使用性质进行合理分区，建筑与外部环境的组合方式灵活，由一系列庭院组织空间，客房部分与公共活动部分均可争取良好的景观朝向	该类型的酒店多位于风景优美的自然景区，对于自然环境的利用成为建筑布局的重点。公共部分基本自成一区，客房部分结合室外景观成组团分布。有利于适应不规则地形，增加建筑层次感	该类型一般包含多种功能设施，除酒店之外往往包含商业、办公等功能。功能关系极为紧凑，各功能设施之间全部为内部联系，流线极为短捷，省时增效，节约用地
交通组织	功能空间竖向叠合通过垂直交通作为主要的联系方式	交通组织以水平向的联系为主，应高效、不宜过长	交通流线一般较长，需借助电瓶车组织交通	各种流线复杂，流线呈竖向延伸的特点。酒店建筑交通与其他系统互相穿插、交织
适用类型	适用于城市用地较为紧张的情况	适用城市或郊区，用地条件相对宽松的情况	适用于自然风景区	适用于经济发达城市

示例一：集中型酒店

上海半岛酒店用地及规划布局限制较大，建筑采用集中式布局，酒店的公共部分位于裙房，客房部分位于塔楼内，后场部分位于地下室。车行交通通过环岛组织，部分车辆直接引入地下，流线简短捷。

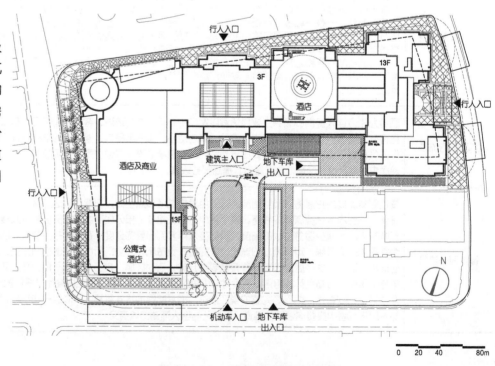

图 3.1-10 上海半岛酒店总平面图

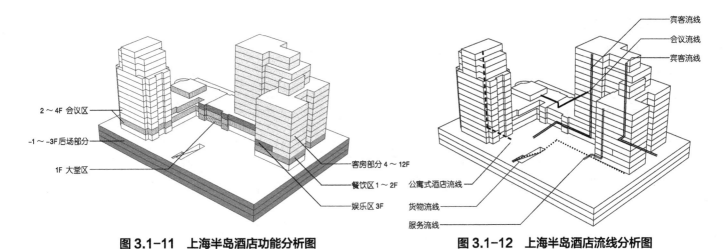

图 3.1-11　上海半岛酒店功能分析图　　　　　　图 3.1-12　上海半岛酒店流线分析图

示例二：庭院型酒店

黄山元一希尔顿酒店

利用天然地势，争取最佳景观朝向为原则，实施菱形和组团相结合的布置方式。基地被分为两个地带，由主入口的公共空间和客房区至最北面是酒店别墅区，中轴融合泳池、中央绿化广场等公共空间。在基地中心和南区布置度假酒店，并且成组团布置，建筑为三至五层，以"U"形的平面围合成大小不同的庭院。沿江两层高的为酒店别墅，坐拥较优景观。

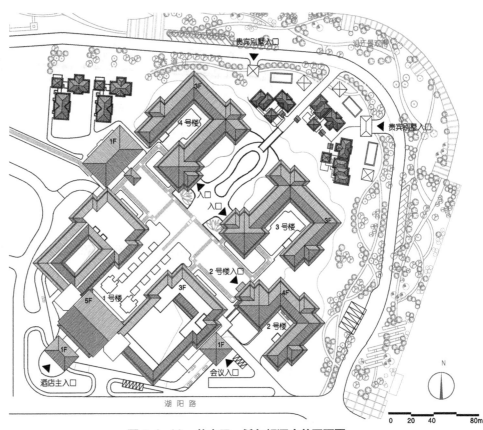

图 3.1-13　黄山元一希尔顿酒店总平面图

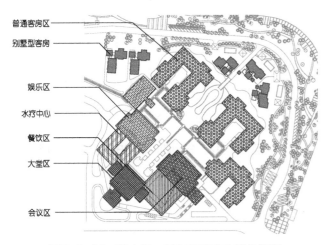

图 3.1-14　黄山元一希尔顿酒店功能分析图

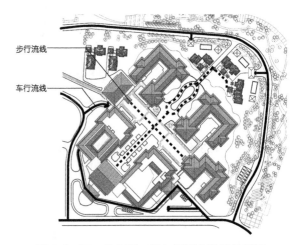

图 3.1-15　黄山元一希尔顿酒店流线分析图

示例三：别墅型酒店

区内尽量少使用机动车辆，而以环保电瓶车代步，故所有外部车辆进入主入口后，根据不同使用要求，在入口处转换为内部电瓶车系统。整个区内只设置一条环形主干道，用于满足消防和应急通车要求。

图 3.1-16　杭州西溪悦榕庄酒店总平面图

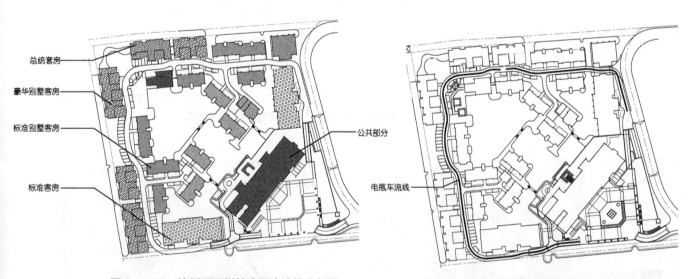

图 3.1-17　杭州西溪悦榕庄酒店流线分析图

图 3.1-18　杭州西溪悦榕庄酒店功能分析图

示例四：复合型酒店

根据不同的使用状况，本工程共在基地周边设置了六个机动车出入口，酒店车辆从裕民南路南侧的机动车入口进入，通过酒店主入口前广场中心绿岛的指引和分流有效地将不同的车流加以组织，既可以就近从北侧的地下车库出入口进入地下车库，也可以由裕民南路北侧的机动车出入口离开，同时在绿岛西侧设置了出租车等候区，在酒店门口等候区设置了三车道的下客区，进而满足不同需求车辆的使用。

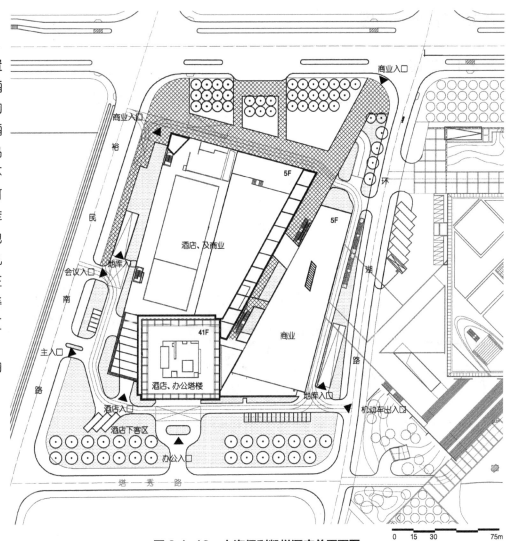

图 3.1-19　上海保利凯悦酒店总平面图

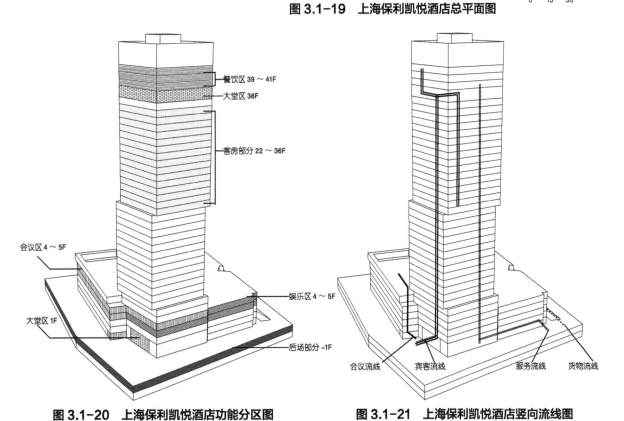

图 3.1-20　上海保利凯悦酒店功能分区图　　　图 3.1-21　上海保利凯悦酒店竖向流线图

3.2 室外活动区

3.2.1 综述

酒店建筑室外公共区包括酒店入口广场、停车门廊、道路及停车场、景观绿化。

3.2.2 入口广场

入口广场作为宾客的主要进出通道，是整个公共空间序列的开始，影响人们对酒店的整体感觉。

酒店入口广场一般包含以下设施，酒店名牌、门卫室、车辆回转场地、入口景观。大型酒店还应提供专用的会议入口或团体入口，外部需一定面积的疏散空间和大巴车泊车位。

参考示例

图 3.2-1 上海外滩茂悦酒店入口广场实景

图 3.2-3 丽江铂尔曼酒店入口广场实景

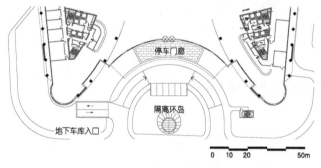
图 3.2-2 上海外滩茂悦酒店入口广场平面图

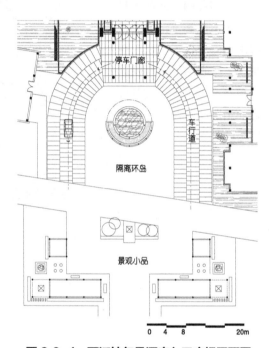
图 3.2-4 丽江铂尔曼酒店入口广场平面图

酒店名牌应突出显示酒店标识图案，照明系统应衬托入口墙面图像；入口处如需设置门卫室，则门卫室的位置应尽量避免穿过入口大门，在门卫室远处设置车辆回转场地；入口车道路面必须与人行道同高，以方便行李车的移动以及便于进入酒店；采用环岛隔离出入口通道，尽可能使车辆出入便捷，互不交叉。

3.2.3 停车门廊

酒店主入口处必须设置门廊或悬挑雨篷，保证不被雨淋湿的范围内同时停靠两部以上的车位。酒店入口位置通常设置代客泊车服务柜台。

酒店入口雨篷净高不得低于 4.0m，门斗净高不得低于 3.0m。代客泊车服务柜台的尺寸约为 600mm×1000mm。

参考示例

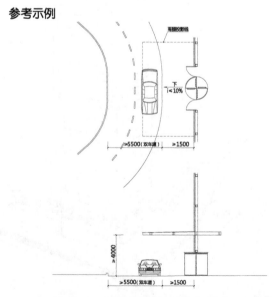
图 3.2-5 酒店主入口停车门廊尺寸示意图

入口处提供外部服务柜台，提供代客泊车服务以及迎宾轿车接待服务；入口车行道最少配备双向车道：一条满足乘客上下车，另一条用于车辆通过，大型酒店宜配置三条以上车道；雨篷下要求铺设带装饰的防滑路面，在雨篷和任何次要入口檐篷处提供装饰照明；宜设置门斗隔离室外寒冷空气，客人主要入口处应安装自动感应移门或自动感应旋转门。

3.2.4 道路及停车

主要包括道路（车行道、人行道、台阶、坡道）和室外停车的设计要求。

室外车场场内应采用双车道，采用 90 度停车时，宽度符合以下要求：双向车道宽度至少 7m，主入口处双车道建议为 9m，单向车道宽度至少 3.6m。主要交通道路上的人行道至少 1.5m 宽，其他人行道至少 1.2m 宽。停车场内的绿化隔离岛的宽度最小为 3.0m。

室外停车位的尺寸一般为 2.5m×5.5m，大巴车停车位为 12.0m×4m。

- 宜在各个入口处布置少量停车位，停车位的分配必须根据每个入口所预计的使用情况来进行分配。
- 会议专用入口处要求配备一个长途客车接送区域。
- 地面停车场的设计必须提供排水设施以防止积水。
- 带路缘的景观岛应将所有停车区与主要入口车道分离，不允许沿入口处车道停车。
- 当高差较大须设置台阶时，应保证台阶踏步数不少于 3 级，踏步应采取防滑措施，且应在临空侧面设置防护栏杆。
- 应根据路面或走道高差设置斜坡，并应尽可能采用浅坡（坡度不大于 1:20）。

3.2.5 景观绿化

主要包括室外竖向设计、绿化种植、水景和小品的设计以及照明设计。本导则仅提供基本设计原则作为参考，具体设计工作由专业设计部门进行深化。

- 酒店中的主要景观区域相对集中，位置宜靠近入口车道、酒店主要入口、其他客人入口、餐厅、泳池露台和室外花园等公共区域附近。
- 应对酒店客房窗外进行景观设计，并利用景观中的装饰元素遮掩有损景观美观效果的不利因素，如：停车场，工作区和任何地面设备。
- 景观设计必须同时考虑车辆和人行的流量、人行道沿线和建筑入口处的安全因素，并且景观物不得遮挡行车路线和建筑入口。
- 景观设计必须考虑季节的变化因素，以产生景随时迁的景观效果。
- 地面设施如：排水入口、电力负荷中心及变压器、回流设备、清扫口、水表等位置的设置应考虑场地美学要求。

竖向设计

- 土坡斜面的高宽比不得超过 2:1，所有比例超过 3:1 的土斜坡应有所加固。全坡高宽比不得超过 3:1，除非经过紧压处理。
- 应对场地和建筑物的排水进行设计，排水路径不得穿过人行道路和建筑外廊。
- 根据预计降雨量条件提供雨水管理设施，防止雨水在路面、花卉景观及草坪淤积。

种植绿化

- 种植的植物必须符合当地气候和地理环境情况，并且尽量减少维护保养工作。
- 在所有树木周围铺设护根覆盖物。
- 提供景观灌溉。提供适应盛行风及静压条件的灌溉系统，防止灌溉水喷洒到走道、平台以及网球场上。在灌溉区设置能够提供所需速度的快速耦合阀门，用于连接 30m 长水管。将灌溉系统与生活用水系统隔离。确定是否应单独为灌溉系统用水安装水表。在可能条件下考虑使用水处理设施或雨水截留系统提供的"中水"。

水景设计

- 水景设计，项目中引入并集合现场喷泉、露台以及亭阁等外部环境设计，创建具有独特空间性、功能性和吸引力的区域。

景观小品

- 为外部餐饮区域布置座椅，为泳池区域摆设家具及盆栽景观。
- 景观小品的设置应与酒店整体风格的设计相协调。

照明

- 为停车场灯光照不到的所有人行道提供短柱灯或蘑菇灯照明。
- 景观和人行道照明设备必须与防水接线盒严密连接，并稳固地安装在混凝土底座上。
- 景观照明必须是间接照明并具有装饰性。
- 将所有地面景观照明设备置于种植池或植被覆盖区域。不要将固定装置置于草坪中或人行道附近。所有照明固定装置必须距离任何邻近的路缘石表面至少 900mm。
- 每个主要景观区域提供一个 20 安培的防水插座。
- 在车库或停车场，每隔 20.0m 的距离提供一个 13 安培的带有开关的电插座。
- 为所有照明和电源电路提供 GFCI/ELCB 接地故障保护。

3.3 大堂区

3.3.1 综述

大堂区是酒店连接不同公共功能区的枢纽，同时也是酒店的安全控制中心，酒店员工可以由此观察、监督通往酒店各个通道的人流、物流。

功能构成

大堂区是客人进入酒店的第一体验。它承载着酒店的社交、休息、服务、交通等重要功能需求，同时它也是酒店重要的盈利空间。本导则将大堂的各种功能设施分为宾客服务区、商务支持区、休闲活动区和附属设施四部分（见图 3.3-1）。在综合体酒店中主要功能大堂被提升至空中，地面层设置交通过渡大堂，表中所示的功能将被分别设置到空中大堂和地面过渡大堂。地面过渡大堂结合大堂面积规模，根据需要设置迎宾服务员、行李台、礼宾台及休息区等功能。

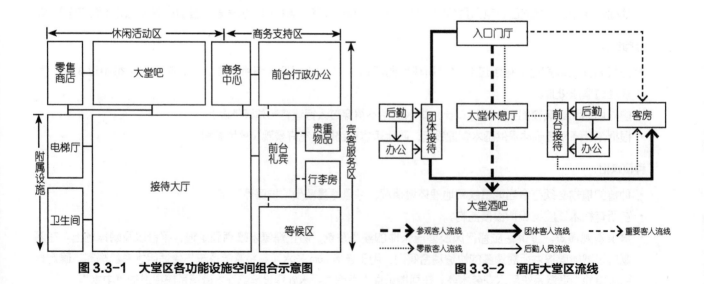

图 3.3-1　大堂区各功能设施空间组合示意图　　图 3.3-2　酒店大堂区流线

技术参数

城市商务型酒店大堂区的面积指标为 2.5 ～ 3.0m²/ 间客房；会议会展型酒店通常大于 3.0m²/ 间客房；度假型酒店约为 4.0m²/ 间客房。酒店大堂各功能设施的设计技术参数见表 3.3-1。

设计要点

酒店大堂的位置因酒店类型与空间布局的不同而存在差异，表 3.3-2 为酒店大堂位置的布局示意。

休闲活动区应置于大堂较为显眼的位置，但为了创造较为安静的空间环境，多采用又隔又透、围而不闭的设计方法，在保证大堂空间整体性的同时，有创造了良好的休息环境。像公共卫生间等辅助空间则需设置在较为隐蔽的区域，应与其他公共区域相屏蔽，以免影响大堂整体品质。

酒店大堂区各功能设施设计技术参数　　　　　　　　　　　　　　　　　　　　　表 3.3-1

功能设施		面积（m²）	天花最低净高（m）	备注
宾客服务区	中厅	300 ～ 500	一般通高 2 ～ 3 层，不低于 4.5	-
	总服务总台	60 ～ 120	3.5	-
	礼宾台	11	3.5	-
	等候休息	150 ～ 250	3.5	常结合中庭设置
	行李房	> 40	2.4	-
	贵重物品存放	> 20	2.4	-
休闲活动区	大堂吧	450 ～ 650	3.5	单独设置时为 150 ～ 250
	大堂酒廊及各类咖啡茶饮		3.5	-
商务支持区	商务中心	70 ～ 100	3.5	-
附属设施	公共卫生间	50 ～ 100	2.7	-
	公共电梯厅	-	3.0	-

酒店大堂位置示意图　　　　　　　　　　　　　　　　　　　　　　　　　　　　表 3.3-2

	常规大堂	空中大堂	地台式大堂
示意图			
特点	酒店客人直接从地面层进入酒店大堂，上行至酒店其他公共楼层和客房楼层。大堂设置不同人流的入口与门厅，呈平面分流的组织特点	酒店客人经地面过渡大堂的电梯提升至空中大堂后，经水平转换，上行或下行至酒店其他楼层。平面的布局具有集约、紧凑、高效的特点。各种流线呈分楼层、立体化分流特点	大堂入口提升到二层，通过景观处理弱化高差。大堂区空间连贯性，整个空间序列中都能很好地引入周围的自然景观，建筑和环境充分结合一起。大堂空间在水平及垂直两个方向上舒展变化

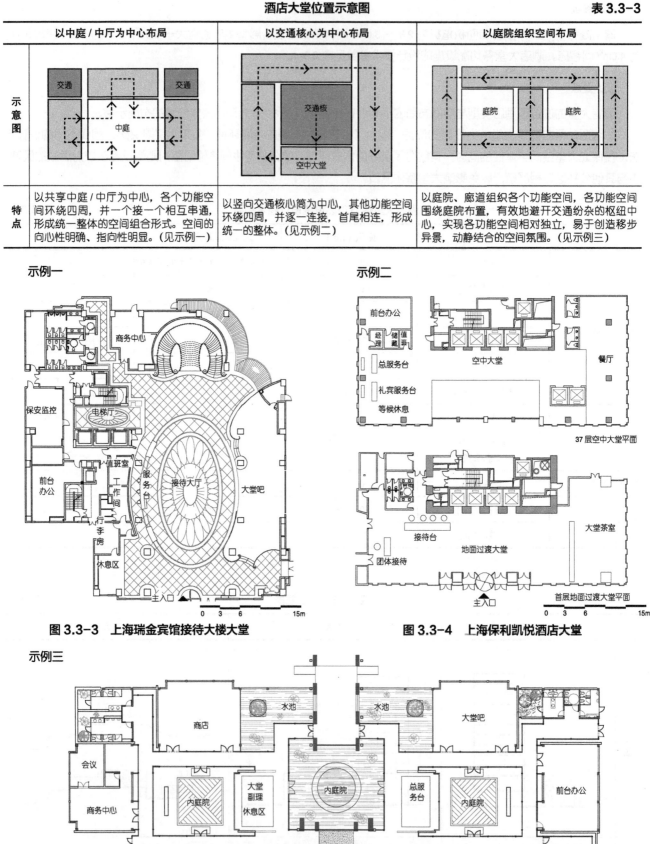

酒店大堂位置示意图　　　　　　　　　　　　　　　　　　　表 3.3-3

	以中庭 / 中厅为中心布局	以交通核心为中心布局	以庭院组织空间布局
示意图	交通　　中庭　　交通	交通核　空中大堂	庭院　　庭院
特点	以共享中庭 / 中厅为中心，各个功能空间环绕四周，并一个接一个相互串通，形成统一整体的空间组合形式。空间的向心性明确、指向性明显。（见示例一）	以竖向交通核心筒为中心，其他功能空间环绕四周，并逐一连接，首尾相连，形成统一的整体。（见示例二）	以庭院、廊道组织各个功能空间，各功能空间围绕庭院布置，有效地避开交通纷杂的枢纽中心，实现各功能空间相对独立，易于创造移步异景，动静结合的空间氛围。（见示例三）

示例一

图 3.3-3　上海瑞金宾馆接待大楼大堂

示例二

37 层空中大堂平面

首层地面过渡大堂平面

图 3.3-4　上海保利凯悦酒店大堂

示例三

图 3.3-5　丽江铂尔曼酒店大堂

3.3.2 宾客服务区

功能构成

宾客服务区所提供的服务从传统的入住登记等功能逐渐扩展到可以预订娱乐活动、社会活动、提供旅游信息、临时儿童看管、收集信息等。其基本功能构成见表 3.3-4。

宾客服务区基本功能构成 表 3.3-4

功能设施	服务项目
行李服务台	靠近酒店入口，设置在入口至行李房的路径中，可结合礼宾台布置，配置服务员工，为酒店客人提供行李搬运服务
迎宾服务台	第一时间为进入酒店的客人提供优质体贴的服务
代客服务台	提供代客预定和安排出租车等服务
总服务台	大堂最为重要的服务区，应独立设置在酒店入口和客梯厅明显看到的地方，提供咨询、入住登记、离店结算、兑换外币、转达信息等服务，总服务台前留足空间，布置沙发，为旅客提供休憩空间，也可结合大堂休息区设置
礼宾台	配合总服务台的服务提供酒店基本情况、客房价目等信息，提供所在地旅游资源、当地旅游交通及全国旅游交通信息，但不包括兑换和结账，礼宾台往往和行李台的功能结合
贵重物品存放	暂存酒店客人贵重物品，应便于员工及客人出入
行李房	酒店客人暂存行李的房间，应独立设置封闭房间，行李间可直接从外部（停车门廊）和大堂内部进入，位置应隐蔽且靠近服务站，宜提供从行李房至服务电梯的服务走廊，避免穿过接待大堂。度假酒店中应增加行李储存量
前台办公	通常独立设置于服务总台的背面，为总台服务提供支持。包含复印、传真、设备、前台经理室、员工办公室、经理办公室、计账室、出纳室、储藏室
等候休息	酒店客人等待、休息，非盈利性质

设计要点

宾客服务区在大堂中的位置通常有两种形式：一种是将服务总台和顾客休息等待区分别布置在入口两边，大堂吧置于入口正对面，容易形成较为连贯的景观视廊；另一种是在入口正对面布置服务台，两侧分别大堂吧和交通设施等。

接待大厅位于大堂入口，靠近公共电梯和服务专用电梯，通常在空间处理上采用增加层高的手法来营造特别的空间感受，如采取挑空设计。总台服务的平面位置应能监控到地面层大堂入口门厅、非地面层大堂的电梯厅，一般结合中厅/中庭设置，总台服务空间的设计应生动、富有趣味。例如通过设置顶棚灯光，设置富有趣味的背景墙来渲染气氛等。

宾客服务区各功能设施技术参数 表 3.3-5

功能设施	基本参数
信息台	每 75 间客房提供 1 个信息台，信息台长度不宜小于 1.2m
柜台	每 75 间客房需要两个柜台，柜台长度不宜小于 1.8m
等候区	信息台或柜台前应设置不小于 3.7m 宽的客人排队等候区
行李台	毗邻行李房，暂时存放客人行李
行李房	至少设置 2 个行李间，一间适用个人，一间适用团体。行李间面积为 0.07m²/件，且不少于 20m²
衣帽间	靠近入口客人来往区域
行李车存放	行李车总数量满足每 100 间客房配备 3 辆行李车。一般在停车门廊放置 1/3 数量的行李车，另外 2/3 储藏
贵重物品存放	靠近前台，房间密封，入口应隐蔽，每 25 间客房至少配一个保险箱

参考示例

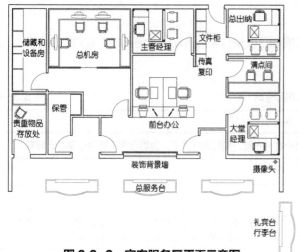

图 3.3-6　宾客服务区平面示意图

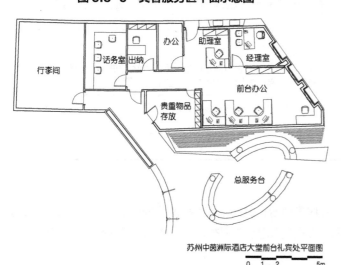

苏州中茵洲际酒店大堂前台礼宾处平面图

0 1 2　　5m

图 3.3-7　苏州中茵洲际酒店大堂前台礼宾处平面图

0 1 2　　5m

图 3.3-8　上海浦西洲际酒店大堂平面图

3.3.3　休闲活动区

功能构成

酒店大堂的休闲活动区包括大堂吧、咖啡厅、大堂酒廊等，同时酒店根据自身的条件，设置符合大堂氛围的特色精品商店。

面积指标

大堂吧的营业面积为 150 ~ 250m²，结合酒廊设置的面积为 450 ~ 650m²。大堂酒廊一般至少提供 50 ~ 60 个座位供客人休息，大规模的可以提供 200 个座位。

零售商店的面积以 15 ~ 50m² 为宜，并提供零售店面积 15% 的空间作为工作区及支持区，即用于办公和商品储藏，大型酒店及度假酒店零售设施需增加。

设计要点

酒店大堂吧是大堂重要的社交场所和经营区，大堂吧包括座位区、吧台、备餐间，应安排不同的座位以适应不同空间氛围的需要。

大堂酒廊一般为大堂空间延伸部分，在室内选材、细部元素到陈设装饰应和大堂整体风格统一，大堂酒廊通常提供有偿服务，为了区别于休息厅，在空间设计上更加强调私密空间的营造，增加近人尺度的细部处理和精品装饰。在空间划分上常用软分隔的方式暗示空间范围。大堂酒廊也承担了部分的大堂接待，特别是团体来访，客流达到高峰时需提供足够的休息位置。

　　零售店、精品店的位置应位于酒店入住登记以及客梯之间的走道上。不得位于紧邻酒店入住登记台的位置上。零售店应融入入口设计，可以在大厅中清晰地看到，但不得作为重点以转移客人对公共区域的关注。

参考示例

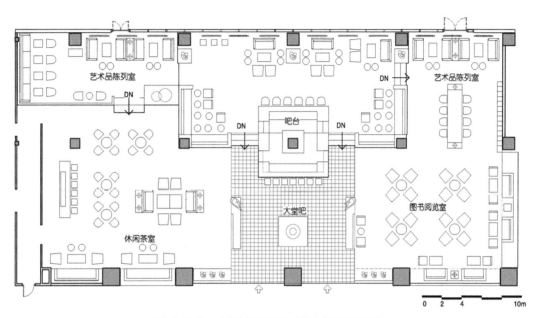

图 3.3-9　上海浦西洲际酒店大堂吧平面图

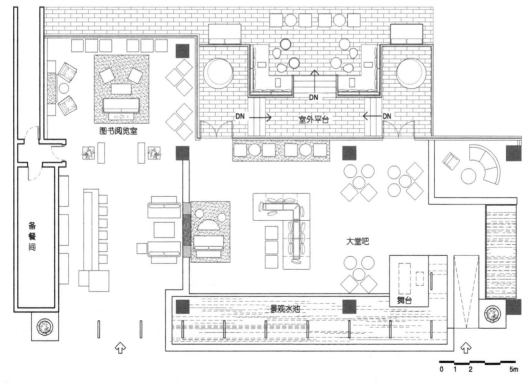

图 3.3-10　杭州千岛湖洲际酒店大堂吧平面图

3.3.4 商务支持区

星级酒店针对商务旅客这一顾客群体，通常设置能满足商务往来、洽谈、休息的特色经营区——商务中心。

商务中心为客人提供打字、复印、文件装订、办理传真、国际长途电话、国内行李托运服务，代售机票、代发信件、代购交通票务，代购影剧参观票务等。

商务中心需设置坐式服务台、封闭电话间、洽谈间以及会议室，会议室的位置应尽量隐蔽。同时，宜结合通道、人流走向设置广告装置或宣传印刷品，及艺术展示。

商务中心的位置可在大堂区内也可设置在会议区内，在大型会议酒店中商务中心的位置应靠近酒店会议区。在适当条件下（尤其是多功能办公或商业项目中），商务中心宜设置临街入口。

参考示例

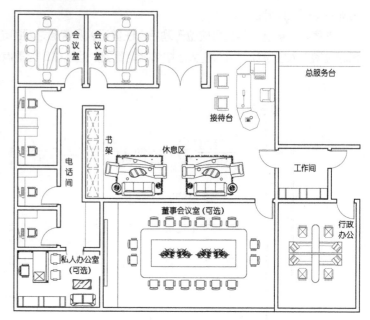

图 3.3-11 商务支持区平面示意图

3.3.5 附属设施

功能构成

附属设施主要指公共卫生间，每一独立的功能区域都应配置独立的卫生间，某些楼层上可能需要为间距较远或位于不同水平区域的功能设施提供相应的独立卫生间。

技术参数

公共卫生间的步行距离不得超过40m。入口处应隔离视线，男女厕所入口相互分离，且标识明确；卫生间门宽不得小于0.9m，天花板高度不低于2800mm。所有的卫生间区域都应该设置无障碍设施，至少配置一个残疾人专用水池和厕所隔间，男女各一，或单独设置一个无障碍卫生间。公共区域卫生间设施的建议数量，见表3.3-6，3.3-7。

参考示例

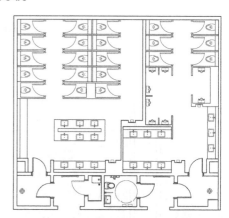

图 3.3-12 酒店公共区域卫生间平面布置示意图

公共卫生间设施数量配置表　　　　表 3.3-6

区域	餐厅座位数			宴会与会者人数			公共区域面积		
	男和女			男和女					
范围	≤ 50 位	50 ～ 150 位	≥ 150 位	≤ 100 位	100 ～ 300 位	≥ 300 位	≤ 500m²	500 ～ 2000m²	≥ 2000m²
男厕所	1	2	每增加 35 加 1	2	4	每增加 65 加 1	2	4	每增加 250 加 1
男小便池	0	3	每增加 25 加 1	2	5	每增加 65 加 1	2	6	每增加 165 加 1
男洗手池	2	3	每增加 35 加 1	3	6	每增加 33 加 1	3	6	每增加 140 加 1
女厕所隔间	2	3	每增加 25 加 1	3	6	每增加 20 加 1	3	6	每增加 165 加 1
女洗手池	2	3	每增加 25 加 1	3	6	每增加 20 加 1	3	6	每增加 140 加 1
女梳妆台	0	1	每增加 25 加 1	1	2	每增加 60 加 1	1	2	每增加 280 加 1

注：《凯悦国际技术服务公司设计建议和最低标准》（版本 5.0，2010 年）。

《旅馆建筑设计规范》JGJ 62-2014　　　　　　　　　　　　　　　　　　　　　表 3.3-7

区域	男		女
	大便器	小便器	大便器
门厅（大堂）	每 150 人配 1 个； 超过 300 人，每增加 300 人增设 1 个	每 100 人配 1 个	每 75 人配 1 个， 超过 300 人，每增加 150 人增设 1 个
各种餐厅包括咖啡厅、酒吧等	每 100 人配 1 个； 超过 400 人，每增加 250 人增设 1 个	每 50 人 1 个	每 50 人配 1 个； 超过 400 人，每增加 250 人增设 1 个
宴会厅、会议室	每 100 人配 1 个， 超过 400 人，每增加 200 人增设 1 个	每 40 人 1 个	每 40 人配 1 个， 超过 400 人，每增加 100 人各增设 1 个

注：1. 本表假定男、女宾客各为 50%，当性别比例不同时应进行调整。
　　2. 门厅（大堂）和餐厅兼顾使用时，洁具数量可按餐厅，不必叠加。
　　3. 本表规定为最低标准，高等级旅馆可按实际情况酌情增加。
　　4. 洗手盆、清洁池可按《城市公共厕所设计标准》配设。
　　5. 商业、娱乐健身的卫生设施可按《城市公共厕所设计标准》配置。

3.4　餐饮区域

3.4.1　综述

　　餐饮区域是酒店公共区域的重要组成部分，是酒店经营收益的重要来源之一。餐饮空间主要服务于酒店住宿客人，同时也对社会人群开放。

功能构成

　　酒店餐饮区主要由交通空间、就餐空间、后勤服务等相关功能空间组成（见图 3.4-1）。就餐空间分为餐厅部分和酒水部分，餐厅部分包括：中餐厅、全日餐厅（自助餐厅）、特色餐厅；酒水部分包括：各式酒吧（大堂酒吧、鸡尾酒吧、风味酒吧、快餐酒吧等）、咖啡厅和茶吧。

　　高星级酒店餐饮区规模呈现多样化的发展趋势，大型酒店中餐饮空间的面积规模相对较大；中等规模的酒店会把部分的餐饮空间进行合并，国内部分酒店通常将咖啡厅、自助餐厅和西餐厅的空间合并为一，运营时实行分时段经营，另外再单独设置具有酒店特色的风味餐厅及酒吧等餐饮空间。

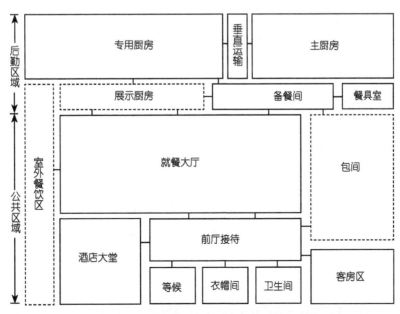

图 3.4-1　餐饮区各功能设施空间组合示意图

技术指标

餐饮区在酒店建筑中占有很大的比重。在具体的设计中，由于酒店类型、地区消费习惯和消费水平的巨大的差异，使得餐饮空间的规模各不相同。通常越高级的酒店所应配置的项目越完备，设施质量也相应越高。（见表 3.4-1）

酒店各类餐厅面积指标   表 3.4-1

餐饮类型	座位数与客房数关系（座/间）	每座面积指标（m²/座）	餐饮区域面积指标（m²/间）
中餐厅	0.4～0.6	9.0～12.0	3.5～4.5
自助餐厅	0.4～0.6	5.0～7.0	2.5～3.5
特色餐厅	0.2～0.4	5.0～7.0	1.5～2.5
酒水部分	0.3～0.4	4.5～5.5	1.5～2.0
总计		9.0～12.5	

设计要点

位置——餐厅应布置在酒店公共区域中客人容易到达的区域，对外经营的餐饮部门还应有对外出入口。在高层酒店中餐饮空间一般位于高层酒店建筑的裙房部分。

流线——明确地区分客人流线与后勤服务流线，既要做到客人流线的方便快捷舒适，又要使得两条流线互不交叉，无噪声和气味污染，避免后勤作业暴露在客人的视线之内。餐厅应尽量靠近其专用厨房，并且有直接的通道联系；专用厨房与相关的后勤设施也应密切相互联系。

后勤服务区中的食物加工区与餐饮空间的联系最为密切。在设计过程中既要提高后勤服务区的服务质量与效率，又应注意尽量减少后勤服务区占用酒店较好的使用空间。酒店餐饮活动的大量配套服务工作，如食品库房、食品粗加工、垃圾处理等工作都是在后勤服务区完成。食物加工区内的中央厨房，通过服务电梯、食梯、专用通道与酒店餐饮宴会空间相互联系（详见 9.3）。

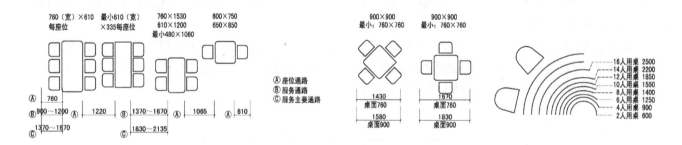

图 3.4-2　餐饮区桌椅尺寸示意图

3.4.2　全日餐厅（自助餐厅）

全日餐厅是国内高星级酒店餐饮部门中的重要组成部分之一，提供一日三餐和自助餐服务，自助餐可能只提供早餐也可供应每天三餐。全日餐厅优先服务于酒店顾客，同时也对外经营。

功能构成

全日餐厅（自助餐厅）一般包含有等候区、接待台、收银台、就餐大厅、自助餐台、展示厨房、私人用餐间等，并依据气候条件酌情设置衣帽间与室外用餐区，以及配套的服务性用房、专用厨房和配套卫生间，餐饮配套卫生间也可与其他公共设施共用。

技术参数

全日餐厅的就餐大厅应避免像大众食堂式的座位安排，需提供不同形式的座位选择，并依所在区域与餐饮定位调整比例。如设置双人桌及四人桌，使用单椅与长条形沙发座安排座位等。全日餐厅设计技术参数见表 3.4-2。

全日餐厅设计技术参数　表 3.4-2

每客房座位数（座/间）	0.5
每座面积指标（m²/座）	6
私人用餐间	宜 1～2 个，20～30m²/间
备餐间（m²）	≥ 10
配套厨房（m²/座）	1.0

设计要点

位置——全日餐厅应设置于酒店公共区域中比较明显的位置，通常位于酒店的首层或二层，从酒店大堂能够明显见到，门面朝向公共通道。

流线——外来客人通过酒店大堂直接进入餐厅或者利用裙房垂直交通到达餐厅所在楼层；住宿客人可以通过客房电梯直接到达全日餐厅所在楼层。餐厅专用厨房则通过专门的服务电梯和楼梯与地下后场部分的主厨房相联系（图 3.4-3）。

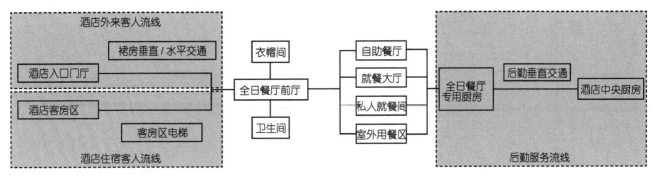

图 3.4-3　酒店全日餐厅流线分析图

依据餐厅的形式，全日餐厅应提供高档用餐区与高级别的休闲座位，并应提供豪华自助餐与展示厨房。全日餐厅的就餐大厅应能分隔成 2 个或更多的区域，淡季可局部封闭或变为私人用餐区。以展示层架、柜子或不同的立面处理或地坪标高变化安排就餐空间以提供私密与半私密性的就餐组合。

自助餐区是全日餐厅内重要的餐饮区域。其座位的布局应保证顾客可见到自助餐台，并提供易达自助餐台的流线。餐桌设置应避免太靠近自助餐台以免干扰取餐交通。在自助餐台后提供后勤通道。通常自助餐台是整个餐厅的主要视觉焦点，其布置方式有三种，见表 3.4-3。展示厨房可以与自助餐区结合并同时支持自助服务与点菜服务。

自助餐台布置方式　表 3.4-3

	线性布置	流畅型布置	混合型布置
示意图			
特点	食物分列于餐台之上，背后是厨房，取食进口处可布置食品陈列柜，并备客用餐具与托盘，每小时可供给约 200 份食物	在客人较多时，为避免视线被阻挡，可在食物柜上放置食品名牌，一小时可供 200 份以上食物	在流畅型布置的中央增加食品柜，供客人直接挑选，适用于大型自助餐厅，每小时可供约 600 份食物

参考示例

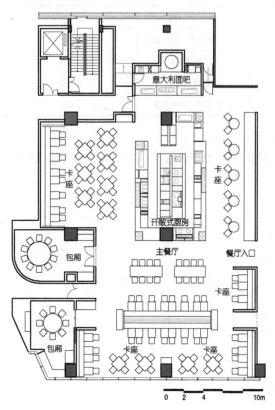

图 3.4-4 上海浦西洲际酒店自助餐厅平面图

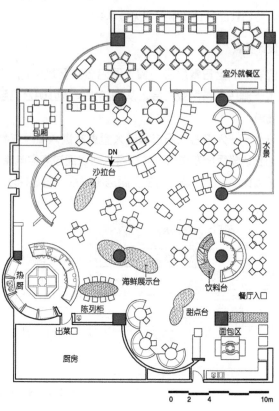

图 3.4-5 杭州千岛湖洲际酒店全日餐厅平面图

3.4.3 中餐厅

在我国无论商务宴请还是私人聚会，大多都以中餐为主，所以酒店中餐厅的消费客人规模最大，所需的座位数也最多，酒店对中餐厅的设计要求也较高。

功能构成

中餐厅一般包含有中餐前厅、中餐大厅、中餐包间，以及配套的厨房、卫生间等（部分酒店与其他空间共用）。现代高星级酒店中餐厅的餐饮空间不断由大众化的开敞空间向私密性的小型就餐空间转变，特别是在有商务宴请的场合，将中餐厅进行空间划分更有利于客人进行商务洽谈或私人宴会。中餐厅根据内部功能排列方式的不同，一般有分层设置和同层设置两种布局形式（见表 3.4-4）。

中餐厅内部功能排列示意图 表 3.4-4

大厅与包间同层设置	大厅与包间分层设置

技术参数

中餐厅各部分功能设施的面积比重为：中餐前厅占 3% ~ 8%，中餐大厅占 12% ~ 17%，包间占 30% ~ 40%，专用厨房占 20% ~ 32%，其他交通、附属空间占 10% ~ 25%。中餐厅设计技术参数见表 3.4-4。一般中餐包间每间面积为 50 ~ 180m² 不等。中餐走廊的净宽一般为 2.1 ~ 2.4m。

设计要点

位置——中餐厅应布置在酒店中住宿客人与外来客人都容易到达的区域，一般位于高层酒店建筑的裙房，同时要避免外来用餐的客人流线对酒店内的其他客人流线的干扰。同时必须保证餐厅与其专用厨房及相应的后勤设施联系紧密，尽可能地区分客人流线与后勤服务流线。

在中餐厅内部注意区分中餐大厅与中餐包间客人的流线，进入包间的客人应在前厅经单独通道进入包间从而避免穿越中餐大厅。同时，在包间区域要尽可能避免服务流线与客人流线的交叉。

中餐包间设计时应注意客人走道两侧包间的主入口不要相对设置，应尽可能相互错开；包间内的餐桌不要正对着包间的主入口，保证包间空间的私密性；包间备餐间的入口应与包间的主入口分开设置，备餐间的出口不宜正对餐桌。考虑到包间使用的灵活性，相邻的包间可以采用活动隔断（隔音效果应良好），必要时将其连为一体，为部分团体客人提供一个相对独立的区域进行就餐。

中餐厅设计技术参数

表 3.4-5

	中餐大厅	中餐包间	备注
每客房座位数（座 / 间）	0.25	0.25 ～ 0.3	包间座位数占总座位数 50% 以上
每座面积指标（m²/ 座）	4.0	5.0 ～ 10.0	大厅与包间的面积比约 1：(1-2)
中餐前厅（m²）	约 30 ～ 60	-	前厅宜设 4 ～ 8 个休息座位
备餐面积（m²）	≥ 12	4 ～ 8m²/ 间	
休息会客区（m²）	结合前厅	6 ～ 3m²/ 间	中餐包间休息区宜设衣帽柜
卫生间（m²）	≥ 30	4 ～ 8m²/ 间	可与酒店其他功能公用

中餐大厅与包间同层设置

客人从中餐厅前厅进入中餐包间的流线较清晰，避免了中餐包间的客人流线对中餐大厅客人就餐区域的影响，同时，也为中餐包间客人提供私密的就餐环境。

参考示例

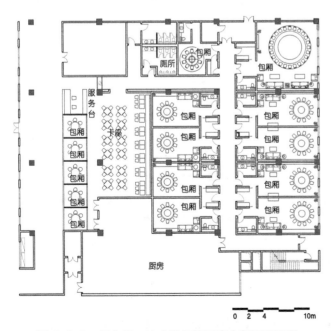

图 3.4-6　黄山元一柏庄希尔顿酒店中餐厅平面图

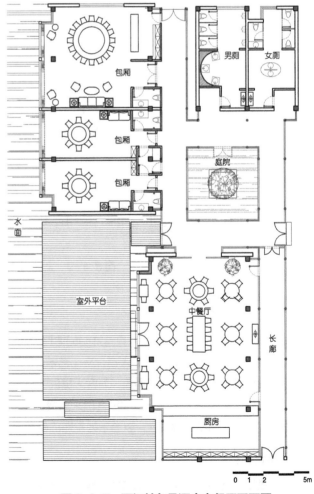

图 3.4-7　丽江铂尔曼酒店中餐厅平面图

中餐大厅与中餐包间分层设置

当中餐包间与中餐大厅分层设置时，通常会将中餐包间设置在酒店建筑的顶层区域。上海外滩茂悦大酒店把中餐包间设在酒店顶层，同时利用两个包间之间的空间设置观景平台，让客人在用餐过程中更能享受到绝佳的城市景观视野。

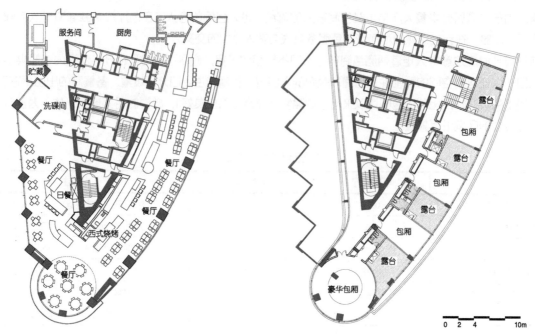

图 3.4-8 上海外滩茂悦酒店中餐厅平面图

中餐包间示例

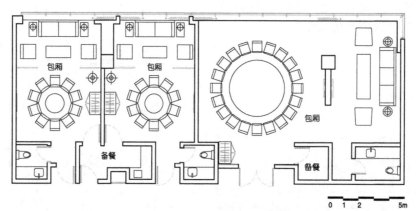

图 3.4-9 上海衡山路十二号酒店中餐厅平面图

3.4.4 特色餐厅

特色餐厅又称"风味餐厅"，具有鲜明的地理、历史、文化、宗教等人文特色，其主题鲜明、广泛，可涉及不同时期、不同国家、不同地区的历史人物、文化艺术、风土人情、宗教信仰、生活方式等，是酒店根据其餐饮概念，同时结合酒店设施发展计划、市场调查，为客人提供的一个安静正式或非正式的亲密场所以体验午餐或晚餐。

特色餐厅的环境和气氛是吸引顾客前来消费的重要因素之一。例如，充满巴伐利亚风格的啤酒坊餐厅，给人清雅舒适宁静之感的日本料理餐厅，以音乐为主题的餐厅，巴西烤肉餐厅等。

功能构成

在高星级商务酒店中，特色餐厅一般包含有接待台、酒吧/等候区、衣帽间（依当地气候而定）、就餐大厅、私人用餐间、酒类展示（根据餐饮概念要求）、展示烹调、收银台，以及配套的厨房、贮藏间、卫生间（可与其他空间共用）。

设计要点

在集中式布局的酒店中常把特色餐厅设置在酒店顶层。住宿客人和外来客人通过专用电梯到达顶层餐厅；餐厅厨房则通过专门的服务电梯与后勤服务区相联系。

特色餐厅通常在接待区设置一个小酒吧或休息等待区。

就餐大厅应根据提供菜式的特点及客人的需求设置不同形式的座位。

特色餐厅内一般设置有极具装饰性的储酒间或储酒柜，通常位于就餐大厅内较中心的位置，并且往往成为餐厅内的视觉焦点。或设置展示厨房，使客人可以观赏到食物的烹饪过程，激发客人的就餐体验。展示厨房通常靠近餐厅厨房，方便后勤服务。

特色餐厅可以在位置较为安静，景观环境良好的区域设置少量的私人用餐间，满足高端客人商务宴请与私人聚会的需求。

西餐厅的功能组成相比较其他的特色餐厅又有所不同。西餐注重营养均衡搭配，讲究礼仪，具有独特的饮食文化。设计时需要根据西餐厅提供菜式的特点设置相应的功能空间，如意式西餐厅主要提供烤制类食物，需要展示性烧烤厨房。

技术参数

特色餐厅设计技术参数	表 3.4-6
每客房座位数（座/间）	0.3
每座面积指标（m²/座）	7
私人用餐间	宜 1~2 个，25~40m²/间
备餐间（m²）	≥ 15
配套厨房（m²/座）	1.8

参考示例

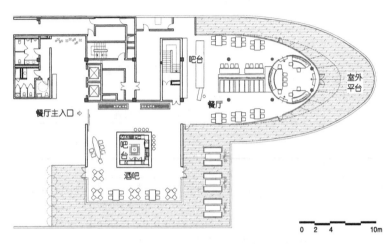

图 3.4-10 苏州中茵洲际酒店特色餐厅平面图

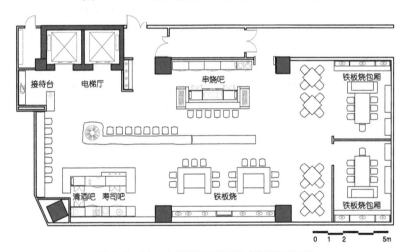

图 3.4-11 上海洲际酒店日式餐厅平面图

	特色餐厅的种类	表 3.4-7
类型	特点	备注
风味餐厅	一种专门制作一些富有地方特色菜品餐厅，提供以口味风格差异化为基础的正餐或夜宵餐厅，餐厅在名字上也颇有地方特色，装修彰显其地方特色	意大利风味餐厅 基辅罗斯餐厅 韩国料理餐厅
主题餐厅	通过一个或多个主题为吸引标志的饮食餐饮场所，希望人们身临其中的时候，经过观察和联想，进入期望的主题情境，譬如重温某段历史、了解一种陌生的文化等	老上海怀旧主题 名人专列主题 地中海风情主题
露天休闲餐厅	露天餐厅，烧烤区、生态餐厅等，是典型的休闲餐厅，对于度假酒店和城市休闲酒店特别重要，抛却正统餐饮中烦琐的交际，营造了一种个性化的休闲空间	海边休闲餐厅
旋转餐厅	这是一种建在高层酒店顶楼一层的观景餐厅。一般提供自助餐，但也有点菜的或只喝饮料吃点心的。旋转餐厅一般 1 个小时至一小时 20 分钟左右旋转一周，客人用餐时惬意欣赏窗外的景色，此类餐厅一般应选择风景较好的地段	

3.4.5 酒水部分

3.4.5.1 酒吧

酒吧是专供客人饮酒休息的地方,高星级酒店的酒吧根据其经营特色的不同有以下三种类型,见表3.4-8。

吧台是酒吧的视觉中心,小型酒吧通常只设置吧台,规模较大时设置散座,有的酒吧在一侧设置乐队或舞池,同时需配备立体电声系统。

吧台形式可采用直线型、波浪形、半圆、椭圆形等,无论其形状如何就其样式来说有三种形式,见表3.4-9。吧台由前吧、操作台及后吧组成,其各部分设置要求见表3.4-10,服务人员的工作走道一般为1m宽左右,吧台下方的操作台酒柜的进深一般为200 ~ 300mm,酒瓶可立放、斜放,酒格的分隔高度应适应酒瓶高度,酒柜陈列架需要加锁以便保管。

酒吧类型 表3.4-8

酒吧类型	特点
主题酒吧	标志着酒店的经营水平,装修高级,有特殊气氛,时常有小乐队伴奏,酒吧柜台后为名酒陈列架,可整瓶出售或零售
空中酒吧	位于酒店大楼顶层,设置户外品酒平台,方便宾客边饮酒边欣赏城市美景
泳池酒吧	位于泳池平台处或直接建在游泳池内,供宾客在游泳间歇时饮酒休息,甚至在水中边戏水边饮酒

吧台形式 表3.4-9

吧台形式	特点
直线型吧台	其长度没有固定尺寸,通常每个服务员能有效控制的吧台长度为3m
U型吧台	吧台伸入室内空间,一般安排3个或者更多的操作点,两端抵住墙壁,在"U"型吧台中间设置岛型储藏室
环形吧台	吧台中部设置"中岛"供陈列酒类和储存物品使用,此类吧台的优势为可以充分展示酒类,同时为客人提供较大的空间,但服务人员需照看四个区域,其服务难度较大

吧台组成及设置要求 表3.4-10

区域	设置要求
前吧	吧台高度为1 ~ 1.2m
操作台	一般为76cm高,操作台通常包括以下设备:三星洗涤槽(初洗、刷洗、消毒功能)或自动洗杯机、水池、酒瓶架、酒杯架以及饮料或啤酒配出器等。酒吧柜台内应有冰箱、洗涤盆、配置鸡尾酒所需的各类饮料、矿泉水或苏打水装置、啤酒桶和气压机等设施
后吧	高度通常高于1750m,其顶部高度要满足调酒师伸手可触及的要求,其下层高度通常为1.1m左右,或与前吧等高。后吧起着陈列、储藏的作用,后吧上层的橱柜通常陈列酒具,酒杯以及各类酒瓶,中间多为配置混合饮料的各种烈酒,下柜存放红酒及其他酒吧用具。安装在下层的冷藏柜则作为冷藏白葡萄酒、啤酒和各类水果原料之用

参考示例

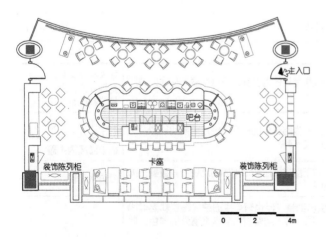

图3.4-12 北京万豪酒店酒吧平面图

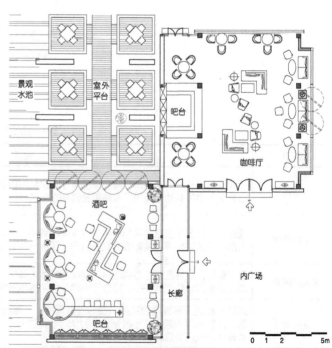

图3.4-13 丽江铂尔曼酒店酒吧、咖啡厅平面图

3.4.5.2　咖啡厅

咖啡厅供应以西餐为主，在我国也可加进一点中式小吃。通常是客人即来即食，供应快捷。咖啡厅一般设热饮料准备间和洗涤间，当同时兼做快餐厅时，需设食品陈列柜、微波炉柜、冷饮间、和备餐间。

咖啡厅的规模一般不大，其座位布置较为灵活，一般使用直径为 550 ～ 600mm 的圆桌和 600 ～ 700mm 方桌，并留有足够的服务通道。

3.4.5.3　茶室

又称茶座，这是一种比较高雅的餐厅，一般设在正门大堂附近，也是反映酒店格调水准的餐厅。是供客人约会、休息和社交的场所。供应食品和咖啡厅略同，但不提供中式餐饮。营业时间比咖啡厅收市稍早一些。早市可供应较高级的西式自助餐。早、晚安排钢琴或小乐队伴奏，制造一种高雅的气氛。

3.5　会议区

3.5.1　综述

酒店会议区承担着重要的社会化功能，是社会各团体以及高端阶层的职业活动和社交活动的场所，为酒店带来知名度和大量收入。

功能构成

会议区包含以下功能：宴会厅（多功能厅）、宴会前厅、各类会议室以及会议辅助设施和服务设施，会议区各类设施的配置情况见表 3.5-1。

会议区基本功能配置　　　　　　　　　　　　　　　　　　　表 3.5-1

功能	数量（个）	占会议区比重（%）	每间客房分项面积指标 /m²	每座面积指标 /m²	容纳人数	备注
前厅	1 ～ 2	10% ～ 15%	0.5 ～ 1.0	0.3 ～ 0.5	–	40% ～ 45% 宴会厅面积
贵宾室	2 ～ 5	5% ～ 10%	0.2 ～ 0.5	0.2	–	–
宴会厅	1 ～ 2	30% ～ 35%	1.5 ～ 2.5	1.5 ～ 2.0	> 500 人	客房数超过 600 间时，宜设置两间
会议室	4 ～ 8	15% ～ 20%	1.0 ～ 2.5	1.0 ～ 1.5	15 ～ 25 人 / 间	普通会议室 50 ～ 80m²/ 间；高层会议室 10 ～ 40m²/ 间
附属设施	–	30%	–	1.0 ～ 2.0	–	包括专用厨房服务走廊和其他配套设施

空间组合

会议区包含公共部分与后勤部分，前者通过"前厅"组织与会人员的流线，后者通过"服务走廊"组织餐饮、技术及管理服务和货物运输流线，在空间设计上要保证两大区域动线的顺畅和互不干扰（包括行动、视线、声音和气味）（图 3.5-1）。各动线空间和出入口要保持足够的宽度，使前后台服务快速、高效、安全。此外，合理的各空间关系也使前台的会议活动以一种更专业的、优雅的和被充分尊重的方式进行。会议室有两种空间组合模式，即"单走廊模式"与"双走廊模式"，见图 3.5-2，其中模式二用多于会议功能与餐饮功能的转换。

面积指标

会议区各类设置的面积因酒店类型的不同而不同（见表 3.5-2）。

酒店类型与会议公共区域面积关系（m²/ 间）　　　　　　　　　表 3.5-2

酒店类型	大宴会厅	小宴会厅	会议室	贵宾室	合计
商务型酒店	2.4 ～ 3.6	1.5 ～ 2.5	1.0 ～ 2.2	0.1 ～ 0.2	5.0 ～ 8.5
会议会展酒店	3.0 ～ 5.5	2.0 ～ 3.5	1.5 ～ 3.0	0.1 ～ 0.2	6.6 ～ 12.2
度假型酒店	2.0 ～ 1.5	1.0 ～ 2.0	1.0 ～ 2.0	0.1 ～ 0.2	4.1 ～ 5.7
酒店式公寓	–	0.8 ～ 1.5	0.8 ～ 1.5	–	1.6 ～ 3.0

设计要点

酒店会议区的布局因酒店的设施水平和用地面积等条件的不同而存在差异。通常位于城市中心区的酒店，由于用地与规模限制通常只选择设一个宴会厅（多功能厅）和一定数量的会议室，会议区单独一层或与其他公共区结合设置。而会议会展型酒店或用地条件相对宽松的酒店，通常配置大型会议中心或单独设置会议中心楼。

大、中型酒店及高星级酒店的会议区应设置独立的会议门厅，并宜设置独立的电梯与自动扶梯；会议区门厅应与客房区入口大厅相隔离，以减少对客人出入登记的影响。

宴会厅（多功能厅）对自然采光没有需求；对于宴会前厅，若视野内景观良好，则可开窗但需配备遮光设施；其他的会议功能空间，最好有自然采光，并配有遮光帘。

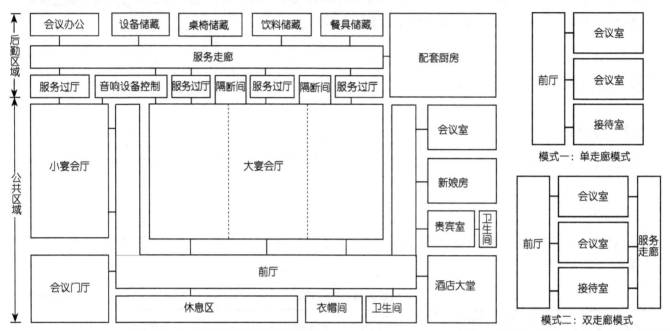

图 3.5-1　会议区域空间组合示意图

图 3.5-2　会议室空间组合模式

会议区分层设置

黄山元一希尔顿酒店会议区域设置对外的独立会议门厅，同时也可经酒店大堂进入，会议室与宴会厅分层设置，通过自动扶梯联系一、二两层。流线不与酒店其他功能交叉，简捷明确。

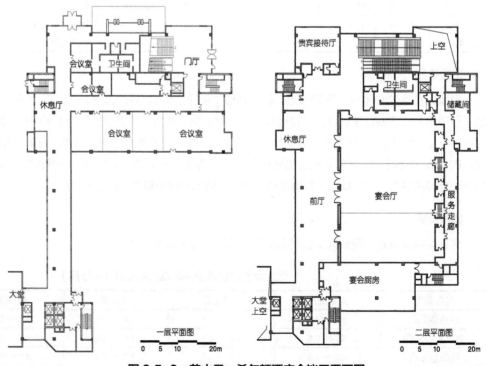

图 3.5-3　黄山元一希尔顿酒店会议区平面图

会议区同层设置

深圳丽思卡尔顿酒店会议区各个功能设施围绕中庭空间设置。

会议区独立设置

西郊宾馆会议区设置于一栋独立建筑中。

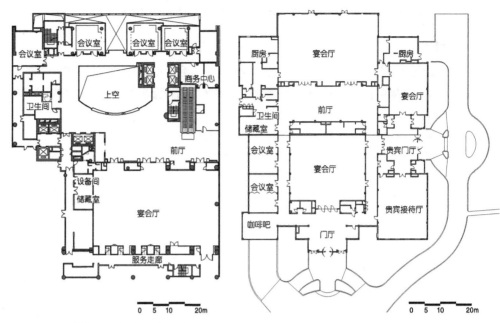

图 3.5-4　深圳丽思卡尔顿酒店会议区平面图　　图 3.5-5　上海西郊宾馆会议区平面图

会议区庭院式布局

三亚喜来登酒店会议区设置于一栋独立建筑中，设置独立会议门厅，流线清晰。前厅空间围绕庭院设置，有良好的景观。

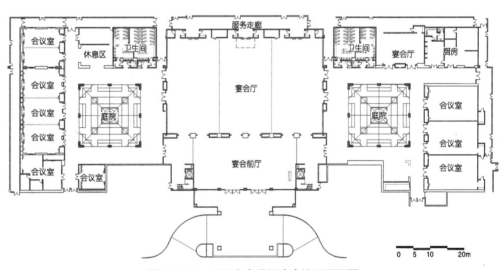

图 3.5-6　三亚喜来登酒店会议区平面图

3.5.2　宴会厅

宴会厅是高档社交场所，也是专业的会议设施；可满足重要的社会活动，如婚宴、庆典等，也能举行各类会议、展览等多种功能。

功能构成

宴会厅一般包括宴会大厅及前厅，宴会前厅用于客人的积聚、接待、交流、会间茶歇等，也可用于会议附带的小型展览。宴会前厅是服务于宴会厅的专门空间，需可达宴会厅的所有分厅入口，且不可被当作去小会议室的普通走廊。

技术参数

宴会厅分为大、中、小型不同的规模，其面积也有几百平方米到上千平方米不等，净面积一般不宜小于 400m²，其净高度要求也因宴会厅规模的不同而异（表 3.5-3）。为适应不同的使用需求，宴会厅的房间布局多为规则的长方形，较为理想的

宴会厅净高要求　　　　　　　　　表 3.5-3

使用面积	吊顶完成高度（mm）	吊灯净空高度（mm）
≤ 400	5000	4500
400 ～ 1000	6000	5500
1000 ～ 2500	7000	6500
≥ 2500	8000	7500

长宽比例为 1:1.8 ～ 1:1.2。宴会前厅的面积一般为宴会厅面积的 1/6 ～ 1/3。

设计要点

位置要求——宴会厅的位置以近地面层为佳，如宴会厅不在首层，应设置一个直接通往宴会前厅所在楼层的自动扶梯或电梯。在集中式与混合式布局的酒店中，宴会厅常布置在避开客房塔楼的下方的裙房内，以确保房间为无柱的大跨度空间。

流线要求——需为住宿客人与宴会客人分别设置出入口，将不同的顾客流线相对分离；需要连通时经交通节点过渡，不宜直通。

与厨房的关系——宴会厅尽量与宴会专用厨房同层设置，宴会专用厨房通过货梯与主厨房相联系。

布置方式——宴会厅一般应能划分出 2 ～ 3 个独立的区域，宴会厅承办不同的活动时通常采取不同的平面布置方式（见图 3.5-7）。

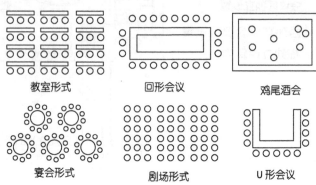

图 3.5-7 宴会厅平面布置方式

参考示例

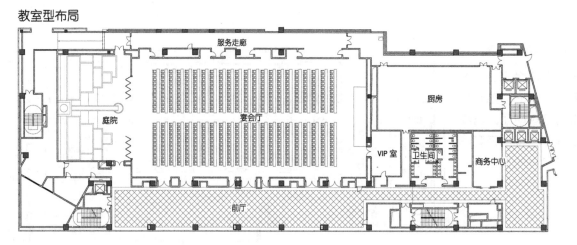

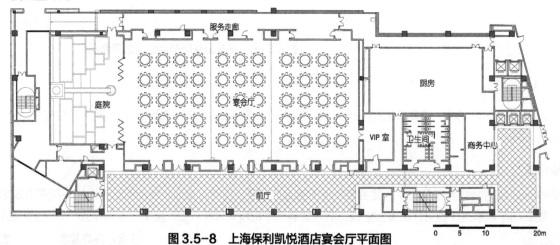

图 3.5-8 上海保利凯悦酒店宴会厅平面图

3.5.3 会议室

酒店的会议室用于专业的会议及多功能的功能空间。为了适应市场多方面的要求，目前的会议室已不局限于单纯的会议用途，合并后的会议室也可适用于做报告、观演、小型的冷餐会等活动，个别会议室甚至可兼作小宴会厅使用。

功能构成

会议室包括普通会议室和董事会议室，高级酒店除了满足规定的办公设施以外，会议室还宜配置小型衣帽间与储藏空间，营造更为人性化的工作环境。一般来说，会议室也需设置前厅，常由多间会议室共享一个前厅。

大型的商务会议酒店还配有专业会议室，此类会议室一般配备专业的功能设施。如设置小礼堂，内设阶梯地面，配有舞台、休息室、衣帽间和灯光控制室等。

技术参数

国内大部分酒店的会议室数量在 4 ～ 8 个之间，每间大约 50 ～ 80m²，董事会议室，数量一般为 1 ～ 2 间，会议型酒店的面积会有所增大。会议室的座位标准一般为 0.6 座／间，除大型的商务会议酒店外，一般单间面积控制在 80m² 以内，会议人数在 15 ～ 25 人之间，并可以此分隔会议室的间数。单间会议室净面积不宜小于 40m²。

会议室设备配置要求　　　　　　　　表 3.5-5

会议类型	空间和设备要求
普通会议室	提供休息室、设置观察口，从前厅和服务走廊可观察会议厅；提供电话、至少两个计算机数据接口和电源插座；配置投影屏、A/V 设备
董事会议室	纯平电视屏幕；DVD/VCR；提供内置 A/V 单元；在天花板提供内置可折叠投影屏，至少提供两条数据接口和计算机电源插座

3.5.4　贵宾室

贵宾室（VIP ROOM）和新娘室（BRIDAL ROOM）——用于会议及婚宴贵宾的接待、准备、休息等，内设卫生间、化装台、衣柜等；贵宾室和新娘室常被合并共用一室。有的酒店还设有贵宾接见厅，用于顶级贵宾的正式接见、会谈等，需内设独立的前厅和卫生间等。

3.5.5　会议附属设施

会议室净高要求　　　　　　　　表 3.5-4

使用面积（m²）	≤ 40	40－100	100－250	≥ 250
净高（mm）	2800	3500	4000	4500

参考示例

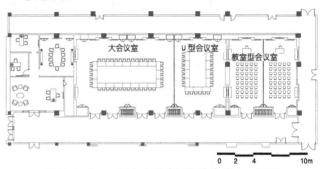

图 3.5-9　三亚喜来登度假酒店会议室平面图

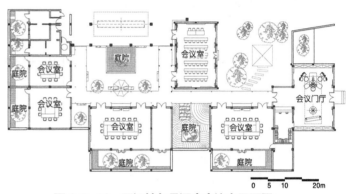

图 3.5-10　丽江铂尔曼酒店会议室平面图

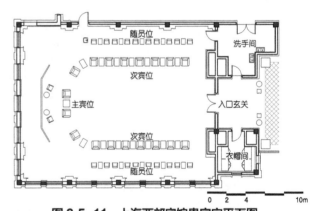

图 3.5-11　上海西郊宾馆贵宾室平面图

- 会议区域的配套设施包括：服务走廊、服务门厅以及卫生间、衣帽间、储藏间等。
- 服务门厅连接宴会厅与服务走廊，防止声音噪音传至宴会厅，并对进出服务区域的客人进行管理，包括活动隔断储藏间、备餐间、设备空间。

会议配套设施设置要求　　　　　　　　表 3.5-6

设施	位置	一般要求
卫生间	靠近前功能区	为会议区设置独立卫生间；步行距离不得超过 40m
衣帽间	靠近前功能区及流通入口	气候温暖区域可无需外套间；外套间入口处提供柜台空间
宴会储藏区	便于通往各个功能区域	门应直接朝向服务走廊；在宴会储藏区域内提供一个独立带锁的安全房间，用于储藏宴会、食品服务设备及银器
音响设备间	位于小宴会厅及会议区的中央	门应直接朝向服务走廊；如功能区域距离较远则应提供多个音响设备间；宜对宴会厅开设观察窗口
会议门厅	位于次要入口位置	会议团体及旅游团入口

103

3.6 康体娱乐区

3.6.1 综述

酒店因所处的地理位置、市场定位和规模的不同而配备不同的康体娱乐设施。

功能构成

酒店康体设施种类较多如健身中心、桑拿浴、按摩室、游泳池、壁球室、保龄球室、网球场、高尔夫练习场、射击场或射箭场、歌舞厅、KTV 房、棋牌室、桌球室、乒乓球室、游戏机室、美容美发中心等。按各种设施的特点可将上述服务项目分为游泳池、健身中心、水疗中心、游戏设施和体育设施五个部分（见表 3.6-1）。各康体娱乐设施的空间组合方式见图 3.6-1。

分类	内容
游泳池	游泳池、浅水池、按摩池、日光浴等
健身中心	健美器械、划船器、自行车器、跑步器等
水疗中心	桑拿浴、蒸气浴、按摩室、理发室、美容室和体检医疗室
游戏设施	电子游戏室、桌球、棋牌室、舞厅等
体育设施	保龄球、网球、壁球、乒乓球、台球等

娱乐区域项目分类　　　　表 3.6-1

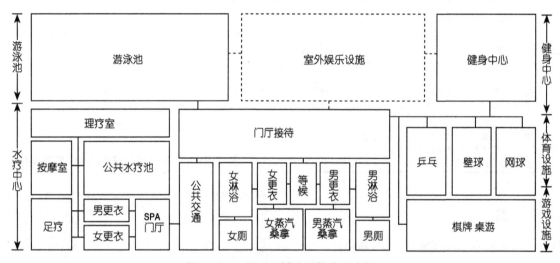

图 3.6-1　娱乐区域空间组合示意图

位置要求

康体娱乐设施宜集中布置，位置应便于管理和使用，同时避免噪声对客房和其他公共部分的干扰，室内娱乐设施与室外娱乐设施应方便联系，干区（休闲、健身）与湿区（泳池等）应明显分隔。康体娱乐区多位于酒店裙房（示例一），有些酒店则利用地形高差或结合下沉庭院将康体娱乐区布置于地下空间（示例三），部分酒店则将康体娱乐区布置于塔楼内，同时对塔楼部分的净高有一定的要求（示例二）。室内外康体娱乐设施应相互关联（示例四）。

交通流线

各类康体娱乐设施应从客房方便搭电梯直达，不可经由其他公共区，如大堂、宴会、会议前厅或餐饮区的前厅。若酒店开放会员制，则需提供从室外的直接入口。

健身中心，室内游泳池与水疗中心是康体娱乐区最基本的配备，三者常集中于一个区域，通常酒店的健身中心与水疗设施同层设置，两者共用一个娱乐休闲大堂，并分设于大堂的两侧；健身中心与游泳池常设置于同一区域，两者共享一套更衣储物设施。

参考示例

集中设置于裙房内

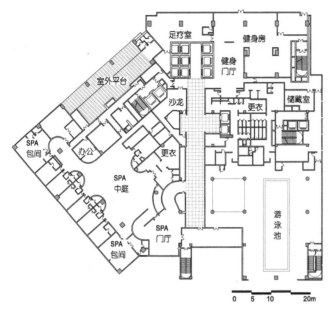

图 3.6-2　上海浦东洲际酒店康体娱乐区平面图

集中设置于塔楼内

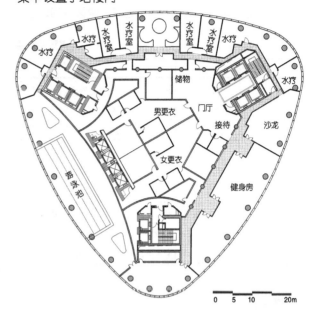

图 3.6-3　广州四季酒店康体娱乐区平面图

结合下沉庭院设置于地下空间

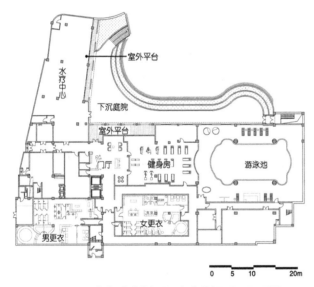

图 3.6-4　上海瑞金洲际酒店康体娱乐区平面图

室内外娱乐设施相联系

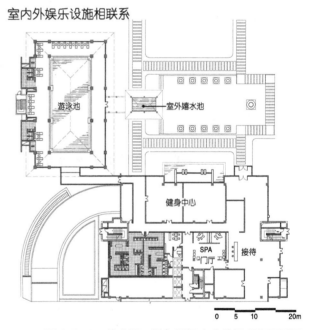

图 3.6-5　黄山元一希尔顿酒店康体娱乐区平面图

3.6.2　健身中心

功能构成

　　完整的健身中心应包括接待区、服务区、健身区、更衣盥洗区（包含桑拿、蒸气室、蒸汽发生室）、食物和饮料服务，见表 3.6-2，但在酒店设计中健身中心通常与游泳池合并设置，共用一套接待、服务和更衣盥洗设施。健身区包括有氧锻炼区、循环训练及力量训练区、核心训练和拉伸训练区、形体教室区。

设计要点

　　健身中心多与游泳池设置于同一区域，其位置应便于客人享受室外景观；充分利用自然光线，争取采光最大化，考虑外围客人的参观需求，空间隔断应有一定的通透性。

采用玻璃幕来强化室内外的渗透性，引入自然景观或盆栽植物的运用等，为避免湿气、水珠、氯以及潮湿的游泳衣会腐蚀设备，健身区的健身设备不宜放置于临近或者在室内水池环境当中的地方；将潮湿的活动（桑拿、蒸汽、淋浴）合并在相同的区域，减少水分向干燥区域的过渡。

健身中心各功能设施设置要求   表 3.6-2

分类		内容
接待区	接待台	能舒适地容纳两个服务员，能够被动监控健身区
	等候区	配备供 2～3 人休息的座椅
服务区	办公区	管理办公室，用于后勤活动、存放设备；设于接待台旁边
	诊疗室	简单医疗设备，用于处理紧急事件
盥洗区	整妆区	淋浴区和储物区之间的过渡区
	洗手间	与湿水区分离，可与其他娱乐活动共享洗手间
	淋浴区	每一百间客房男女宾淋浴蓬头各一个；淋浴室 1m×1m，更衣干区 1m×1.6m；净高 2.4m
储物区（mm）		采用半尺寸衣帽柜，尺寸为 915×380×510，柜子高度 1830，对立台架间距离为 2100
健身区		包括心血管健身活动区、有氧运动区、伸展运动区、器械健身区

参考示例

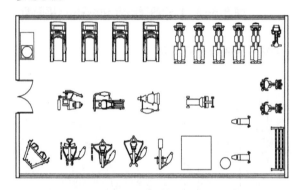

图 3.6-6 小型健身房器械布置图

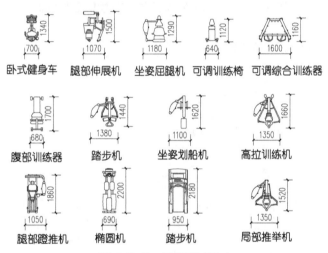

图 3.6-7 健身器械尺寸

3.6.3 游泳池

游泳池是酒店康乐设施的重要组成部分，是酒店客人进行体验的主要对象，酒店设计时需考虑所在地区的气候条件、酒店市场定位以及规模等因素以决定设置泳池的种类与数量。

功能构成

游泳池按平面功能分为四个区域：泳池区、配套区、服务区和设备区（见表 3.6-3）。

游泳池平面功能表   表 3.6-3

泳池区	主泳池，附属池（冲浪、按摩、儿童戏水池等），池岸区
配套区	配套区包含前台、售卖、更衣淋浴、洗手间等
服务区	员工设施、衣帽、休息、咨询、办公
设备区	池水消毒循环系统及加热设备。至泳池需设专门的出入通道

技术参数

泳池岸区需设置躺椅和休闲桌，其数量由设施大小，市场需求和餐饮方案决定，一般每 10 间客房应提供一把躺椅，气候温暖或度假酒店应增加，从每 4 间到每 1 间客房 1 把不等；泳池周围岸边四周区域最小为 1.8m 宽，池岸休息区域面积为游泳池面积的 2～3 倍。泳池深度：泳池最浅为 900mm；在游泳池最深 1500mm 处设置主排水地漏。泳池的斜坡度不超过 6%。池岸地漏必须从泳池边向外以最低 1% 坡度排水。

游泳池主要参考指标　　　表 3.6-4

类型	规模	备注
健身泳池	至少需要 3 条泳道，21m 长，最深为 1.5m	
休闲泳池	形状自由，通常面积不得小于 80m²	设置于室外时需设置适当面积雨棚及宽度大于 4.5m 的日光浴平台
漩涡池	20m²/间，L > 3m	与深水池连通，或设置在泳池平台上面，提供供暖设备，温度在 40℃
儿童池	深度 ≤ 1m	提供充分的平台空间，用于观察儿童，提供平台家具；与成人池分开设防护栏

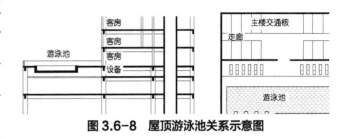

图 3.6-8　屋顶游泳池关系示意图

设计要点

酒店中的游泳池可位于室内空间、气候温暖地区同时设施室外泳池，室内游泳池由于布置在室内，不会受天气的影响，泳池形状通常也较为规则，因此泳池的位置较为灵活，一般结合良好的景观环境进行设计，以形成不同的空间体验（见图 3.6-9）。

当酒店游泳池兼顾社会服务时，应有独立的交通系统并与酒店内部交通分开，通过门禁或人员管理避免无关人员进入。

气候温暖地区需设置室外泳池，室外泳池宜结合景观水池设计，为限制未经批准的个人进入或者控制在未经批准的时间进入，室外游泳池应设置自动关闭的装饰围栏或自锁门，高度为 1.5m 到 1.8m，并提供电子操作锁读卡机机制。

对于用地条件允许的度假酒店，通常会设置室内外游泳池，室外游泳池通常结合酒店景观结构布置，有些将其作为中心景观布置在客房区的中央。当有多个泳池时，主泳池的位置应当安排在显著的焦点位置，尽可能将休闲游泳池安排在健身中心附近。条件允许的情况可以设室外跳板、躺椅、餐桌、景观植被以及太阳伞等。同时需设置部分日光浴露台和适当大小的雨篷区。

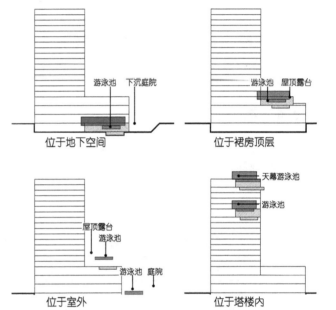

图 3.6-9　游泳池位置示意图

参考示例

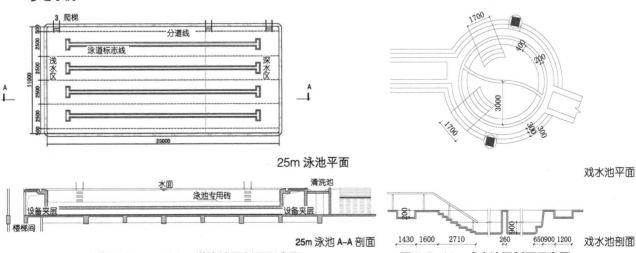

图 3.6-10　25m 游泳池平剖面示意图

图 3.6-11　戏水池平剖面示意图

参考示例

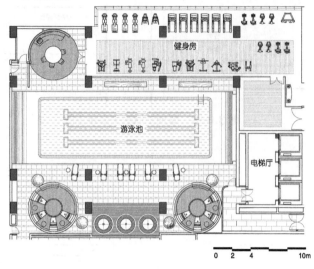

图 3.6-12　北京万豪酒店游泳池平面图

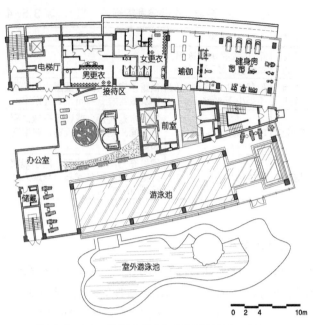

图 3.6-13　苏州中茵洲际酒店游泳池平面图

3.6.4　更衣盥洗

酒店的康体娱乐设施应分别为男女宾客提供独立、完善的更衣、吹理、洗浴和卫生间设施。该设施通常同时服务于游泳池、健身中心和其他娱乐设施。

更衣盥洗的基本功能配置包括储物更衣区、吹理区、淋浴区、卫生间、蒸汽桑拿区，更衣盥洗区各配套设施的设置要求见表 3.6-5。

<table>
<tr><th colspan="3">更衣盥洗区配套设施设置要求　　　　表 3.6-5</th></tr>
<tr><th>设施</th><th>设置要求（单位：mm）</th><th>备注</th></tr>
<tr><td>储物
更衣区</td><td>更衣室入口处设置门廊，确保宾客隐私，避免视线直达更衣室；
通常采用半尺寸衣帽柜，915×380×510，每个框架的高度为1830，对立台架间距离为2100；衣帽柜之间提供长凳；长凳与柜面之间距离不小于920</td><td>靠近吹理区，最大程度减少视线干扰</td></tr>
<tr><td>吹理区</td><td>不限</td><td>更衣室与淋浴间的转换空间</td></tr>
<tr><td>淋浴区</td><td>每100把房门钥匙提供男、女宾浴头各一个；淋浴室：1000×1000；更衣干区：1000×1600；私人更衣与淋浴室合并：1000×1600；净高：2400</td><td>位于"储物更衣区"与"蒸汽桑拿"之间</td></tr>
<tr><td>卫生间</td><td>隔间最小尺寸1100×1400；净高大于2400</td><td>与更衣间和湿区既要相隔开又应相互联系</td></tr>
<tr><td>蒸汽
桑拿</td><td>最低限度能容纳四人
最小 7.5m²，大者可为 15m²；
净高：最大2200～2400；
座位为2至3层高，每层为610～760深，每人提供760的长凳空间（8人容量），首层应离地380</td><td>桑拿浴与蒸汽房邻近布置，安排在湿区区域，并靠近更衣间布置，避免穿越干区</td></tr>
</table>

注：对于 90m² 以上的健身中心或450 间客房以上的酒店，必须设有专门的客用更衣室。

参考示例

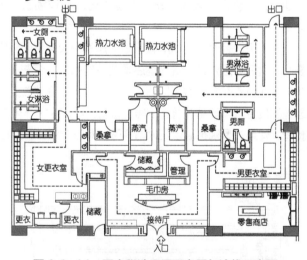

图 3.6-14　更衣盥洗区平面布置与流线示意图

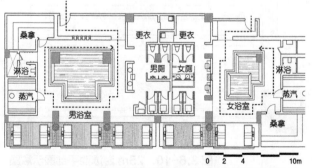

图 3.6-15　杭州千岛湖洲际酒店更衣盥洗区平面图

3.6.5　水疗中心

酒店水疗中心（SPA）最初由一些经营度假型的酒店开设，随着酒店康乐设施的不断发展，在商务酒店也引入了 SPA，并得到商务客人的好评，并逐渐成了酒店康乐设施的首选项目。SPA 是集美容、美体、美发、美甲、休闲、养生等一系列项目为一体的综合服务，并成为一种贵族式生活方式，代表着休闲，放松的文化。

星级酒店水疗中心因其所处的地理位置和市场需求的不同，一般可以分为城市水疗中心与度假村水疗中心，其基本设施配置情况见表 3.6-6。

水疗中心设计主要包括水疗房与公共水疗池的设计。水疗房是客人进行香薰、水疗和按摩的专属空间，规模各异，度假型水疗中心的水疗房通常包括门厅、前院、按摩床、后院、室内池和室外池等几个部分。围绕水疗的功能，运用各种软硬隔断，在保证私密性的前提下，要让室内外的空间最大限度地融合到一起。

公共水疗泳池是共享空间，与一般泳池不同。除游泳池外，还需要水力按摩池、水吧、水上娱乐设施和其他独特的休闲设施，结合喷泉、雕塑和绿化，营造出一种欢乐的气氛。

水疗室房间配置
表 3.6-6

位置	房间配置
城市水疗中心	6 间理疗室（含 1 个双人房间）提供 1 个单独的美甲区、1 个热疗体验区（桑拿蒸汽浴）和 1 个水疗体验区（水疗院、水力按摩池）
度假村水疗中心	10 间理疗室（包括 2 个双人房间）2 个热疗体验区（桑拿蒸汽浴）和 1 个水疗体验区（水疗院、水力按摩池）

水疗中心主要参考指标
表 3.6-7

设施	设计参考面积指标	设计参考温度指标
桑拿浴	大于 0.72m²/ 人，一般 1.9m²/ 人	温度 < 90℃，湿度 < 12%
蒸气浴	大于 0.76m²/ 人，一般 1.9m²/ 人	温度 < 45 ～ 55℃
按摩浴	个人按摩池 4.7m²/ 人，多人摩池 1.9m²/ 人，座位尺寸 400×600×450	温度 < 45℃
太阳浴	6m²/ 人	-
按摩室	2.2×2.8m²/ 间，9.3m²/ 人	-

注：桑拿浴室：水池：休息 =1:1:3 ～ 4

水疗中心各功能设施设置要求
表 3.6-8

设施	设置要求
接待大厅	设置大方得体、视野开阔的座位区，至少两个接待站，提供平板电视、电脑、电话、现金抽屉和打印机等设施
储藏	通用储藏区可从接待处直接进入，用来存放水疗用凉鞋、长袍、租借给宾客的训练服和鞋子
零售	零售可以是接待处的一部分，也可以独立设置，零售区有服装销售，需设置小型更衣室，在零售区旁边，应提供一个带锁的产品储藏室
衣帽间	设置入口门廊，以避免视线直达，通常应采用半尺寸的衣帽柜，至少能容纳 510mm 宽的标准衣架。衣帽柜尺寸为 915mm×380mm×510mm。衣帽柜的对立台架应至少隔开 2100mm，长凳和柜面之间，应提供 900mm 的空间
卫生间	每 5 间护理室应至少配置一间卫生间
梳妆台	美容梳妆台应提供座椅区（每 6 ～ 8 个护理室设 1 个座椅区）
淋浴室	淋浴区应设在衣帽间和潮湿区（例如蒸汽房和桑拿室）之间。通常每 3 间护理室应设置 1 个淋浴室。淋浴间尺寸为 1200mm×1000mm
私人更衣室	每个衣帽间应提供两个私人更衣室，尺寸为 1200mm×1000mm。私人更衣室与淋浴间的组合尺寸为：2400mm×1000mm。每个更衣室应提供 2 个挂衣双钩、1 张长凳、1 面等身镜和其他便利设施
等候室	等候室设在衣帽间和护理室之间，为宾客更衣后进入护理室之前的等候空间，等候室直接连通护理区
休息室	休息室应靠近护理室和连接衣帽间。休息室的设计应结合环境设计。宜提供自然采光，如条件允许可设置室外活动区。提供书籍报刊架、小食亭、零售产品或宣传 SPA 服务

参考示例

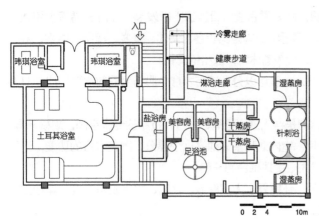

图 3.6-16 杭州悦榕庄酒店水疗中心平面图

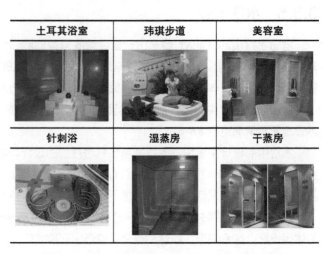

图 3.6-17 酒店水疗中心部分功能空间实景图

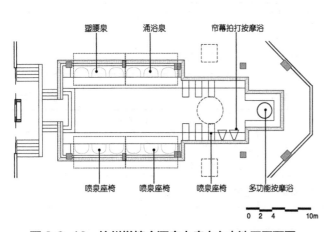

图 3.6-18 杭州悦榕庄酒店水疗中心水池区平面图

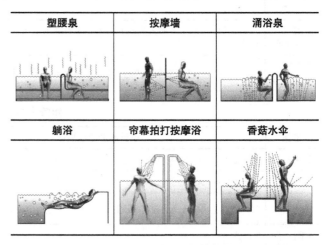

图 3.6-19 酒店水疗中心水池空间剖面示意图

参考示例

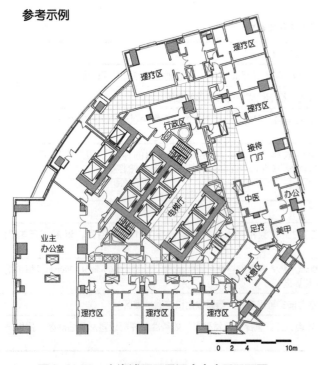

图 3.6-20 上海浦西四季酒店水疗区平面图

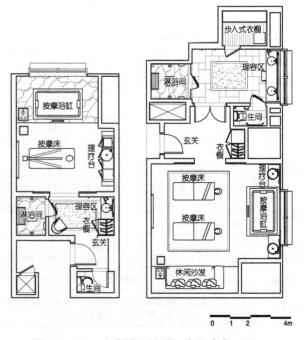

图 3.6-21 上海浦西四季酒店理疗室平面图

3.6.6　游戏设施

酒店游戏设施主要包括桌球室和棋牌室、儿童娱乐室。

条件允许情况下可设置几间 VIP 房，在房间规模及装修方面可以提高档次，配备独立卫生间。游戏室要考虑隔音，所以房间隔墙应采用隔音材料。

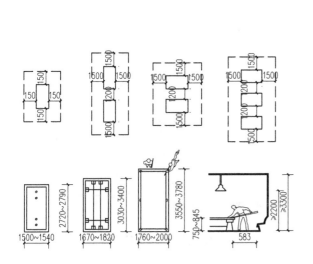

图 3.6-22　桌球活动场地要求

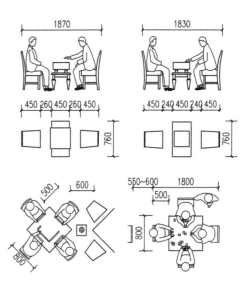

图 3.6-23　棋牌活动场地要求

参考示例

图 3.6-24　三亚喜来登酒店水疗区平面图

3.6.7　体育设施

功能构成

酒店一般设置一定数量的体育设施，如网球场、羽毛球场、乒乓球台、壁球室等。小型球场可设置在室内，大型球场可利用屋顶露台空间；若酒店用地相对宽裕，则可设置室外球场。

设计要点

网球场室内为硬地球场，室外分硬地及草地两种，室外应建在防风区，远离客房以避免泛光灯照进客人房间；网球场若建在屋顶需用 6m 高铁丝网围栏保护，网球场需配置一个工具房或移动工具站，以放置设备和干净毛巾。球场必须为南北朝向，网球场围栏周围必须提供景观种植缓冲区。

壁球场地由四壁围成，要求前墙高，后墙低，侧墙以红线标示斜线，后墙面一般做钢化玻璃墙面，可供观赏。

技术参数

体育设施主要参考指标　　　　　　　　　　　　　　　表 3.6-9

分类		规模	备注
网球	双打	10.9m×23.7m	端线外空 6.4m，边线外空 3.7m，室外场地长轴以南北向为主，偏差不宜超过 20°
	单打	8.2m×23.7m	
羽毛球	双打	13.4m×6.1m	边线外空 3.0m
	单打	13.4m×5.2m	
乒乓球		2.7m×1.5m×0.76m	球场一般不小于 12m×6m
保龄球		宽度 6.85～17.01m	常设 4～10 道
壁球		9.7m×6.4m×（5.6～6.0）	对击球墙面强度要求很高

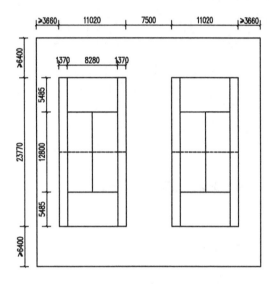

图 3.6-25　网球场地尺寸要求

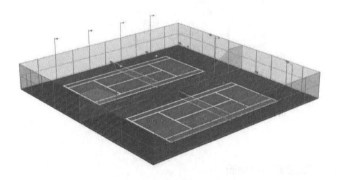

图 3.6-26　网球场地三维示意图

图 3.6-27　室内网球场地实景图

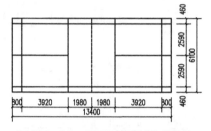

图 3.6-28　羽毛球场地尺寸要求

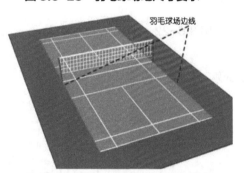

图 3.6-29　羽毛球场地三维示意图

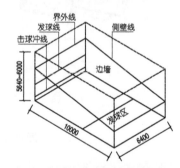

图 3.6-30　壁球场地尺寸要求

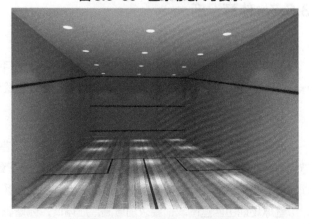

图 3.6-31　壁球场地效果图

3.7　客房区

3.7.1　综述

　　酒店客房区是住宿酒店客人停留时间最长的主要活动区域，也是创造酒店经营利润的最重要来源。酒店客房区一般位于高层酒店建筑的塔楼部分或平面上相对独立安静且景观视线较好的区域。为减少对客房区的干扰，其一般与酒店的其他部分的功能相对独立，通过电梯或其他水平交通方式相联系。客房区内一般只允许入住客人及服务人员出现，其他来访客人较少，客房区域与公共区域相临部分常采用刷卡电梯与前台登记相结合的客人身份验证准入制度，减少非酒店住客带来的外来干扰。

功能构成

　　酒店客房区常设有多种类型的客房，以满足不同客人的使用需求。房型比例一般在酒店策划前期确定。客房区一般设有客房标准间、客房套房、客房连通房、无障碍客房、客房公共区和客房服务区等空间。不同类型的酒店在确定客房房型比例时会有不同的侧重。度假酒店考虑家庭集体出游需要，套房和连通房比例会相应增加；商务酒店根据商务客人的出行特点以标准间为主，根据所处城市经济状况还可适当增加行政楼层客房比例。

空间组成

　　客房区具体包括客房、交通体系、客房后勤服务用房及公共空间（图 3.7-1）。客房应根据气候特点、环境位置、景观条件，争取较好的朝向和景观。服务用房通常与交通核临近布置，其位置与大小关系详见 3.7.2 节示例。

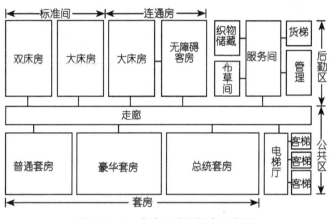

图 3.7-1　客房区空间组合示意图

3.7.2　客房标准层

　　酒店客房标准层的设计是酒店建筑的重要影响因素，它决定了酒店建筑的造型特色、酒店的面积利用率、酒店客房的排列方式、客房区内的空间形态特点等重要方面。客房标准层的设计主要考虑确定客房单元的数量、组合形式及不同的客房类型的配置。表 3.7-1 为酒店建筑几种典型的标准层布局。

设计要点

　　客房标准层的交通路线应明确、简捷，尽可能缩短旅客与服务的交通路程，为了方便宾客的使用，楼、电梯厅还应标志明显、易辨别方向，使人一目了然。

客房标准层平面类型　　　　　　　　　　　　　　　　　　　　　　表 3.7-1

平面类型	示意图	特点	适用情况
塔式布局		用地有限，布局紧凑而集中，交通服务核心居中，外墙边为客房，其平面形状常见的有方形、三角形、圆形、菱形等	城市商务酒店 会议会展型酒店
板式布局		平面布局经济、简洁，适用于大中型规模的酒店，客房层平面效率较高，但往往走廊两边的客房景色不一，作为高层酒店时，迎风面较大	城市商务酒店 会议会展型酒店
院落式布局		客房层平面设计自由、丰富、灵活多变，或顺乎地形，或为保留山石古树曲折，或取法民居，层层回廊天井	度假酒店
混合式布局		客房层由互成角度的若干翼组成，成折线状。房间视野开阔，易争取良好的景观，但宾客与服务流线较长，交通枢纽与服务核心通常位于转角处	度假酒店

塔式布局示例

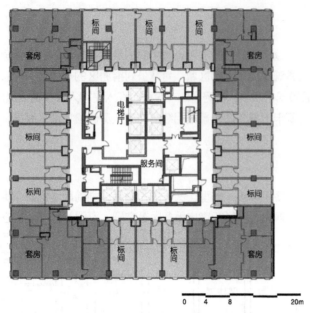

图 3.7-2　上海保利凯悦酒店客房层平面布局

塔式布局示例

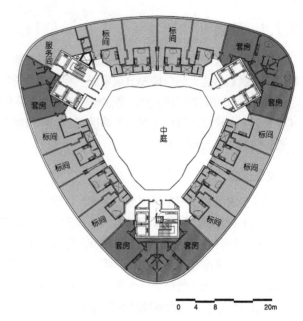

图 3.7-3　广州四季酒店客房层平面布局

板式布局示例

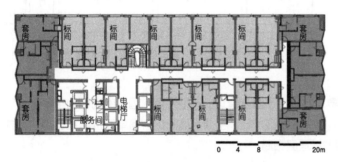

图 3.7-4　上海漕河泾万豪酒店客房层平面布局

院落式布局示例

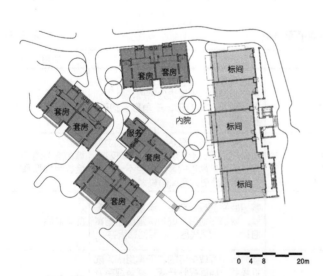

图 3.7-5　三亚喜来登度假酒店客房层平面布局

院落式布局示例

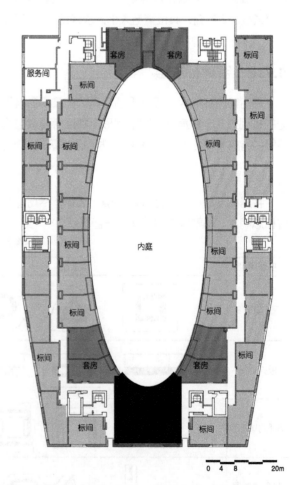

图 3.7-6　上海衡山路 12 号酒店客房层平面布局

混合式布局示例

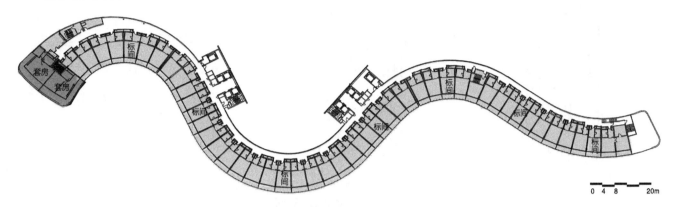

图 3.7-7　深圳大梅沙喜来登酒店客房层平面布局

3.7.3　客房标准间

功能构成

酒店客房标准间提供的住宿服务是酒店服务的最集中体现，虽因档次、标准和文化差异而有所区别，但其包含的睡眠、工作、休闲、洗浴等功能是始终不变的。酒店标准间布局分为双床房和大床房（见标准示例），由于酒店本身造型、结构开间、进深等的不同，标准间的设计也可以有许多变化（见拓展示例）。

技术参数

客房标准间作为酒店建筑最基本的设计单元，其总面积可达到酒店总面积的 50% ～ 70% 之间。客房标准间内部的空间尺度设计是酒店设计的重点工作，其设计的合理性对酒店客房整体空间氛围的营造有重要影响，见表 3.7-2。

设计要点

不同的酒店建筑会根据自己目标人群细分市场的定位而在客房内的各部分功能上加以区分，以展示自己的经营特色。

高星级酒店客房为了使入住客人获得更大的舒适性与方便性具有许多的功能细节要求，由此带来了客房内部布局的多样性。酒店客房应对客房的各个分区、家具大小尺寸、客房内部所需物品、可利用景观因素等方面有着较充分的了解并进行合理的安排布置，充分有效的利用好有限的客房内部空间。

客房标准间设置技术参数　　　　　　表 3.7-2

客房类型	指标类型	四星级	五星级	豪华五星级
双床客房	面积（m²）	30 ～ 40	38 ～ 45	≥ 45
	开间（mm）	3600 ～ 4000	4000 ～ 5000	4500 ～ 6300
	进深（mm）	7500 ～ 9600	7800 ～ 9600	9600 ～ 12000
	卧室净高（mm）	2400 ～ 2750	2600 ～ 2750	2750 ～ 2850
	入口净高（mm）	2300 ～ 2400	2300 ～ 2400	2300 ～ 2500
大床客房	面积（m²）	30 ～ 40	38 ～ 45	≥ 45
	开间（mm）	3600 ～ 4000	4000 ～ 4500	4500 ～ 6300
	进深（mm）	7500 ～ 9600	7800 ～ 9600	9600 ～ 12000
	卧室净高（mm）	2400 ～ 2750	2600 ～ 2750	2750 ～ 2850
	入口净高（mm）	2300 ～ 2400	2300 ～ 2400	2300 ～ 2500

标准示例

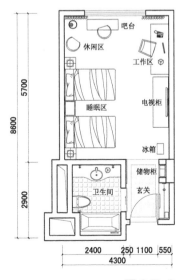
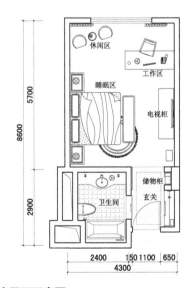

图 3.7-8　标准客房平面示意图

拓展示例

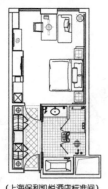

（上海保利凯悦酒店标准间）

图 3.7-9 卫生间采用四件套布置方式的客房平面

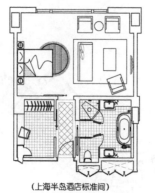

（上海半岛酒店标准间）

图 3.7-10 采用 1.5 开间布局的客房平面

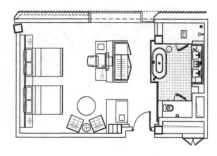

（上海衡山路 12 号酒店标准间）

图 3.7-11 卫生间设置于靠外墙一侧的客房平面

（广州四季酒店标准间）

图 3.7-12 大床垂直于外墙方向布置的客房平面

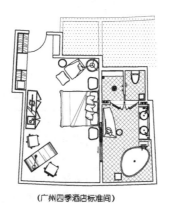

（广州四季酒店标准间）

图 3.7-13 卫生间与客房并列布置的客房平面

（上海 12 号衡山路精品酒店标准间）

图 3.7-14 院落式布局、配置景观阳台的客房平面

```
0    1    2                    5m
```

3.7.4 客房套房

功能构成

酒店套房是指占据两个开间及以上大小的酒店客房，不同的酒店管理公司所设置的套房类型不尽相同，（表 3.7-3）本导则将其概括为普通套房、豪华套房和总统套房。不同类型的套房其功能配置也不相同，见表 3.7-5。

各酒店品牌的套房设置情况 表 3.7-3

	丽笙	铂尔曼	万豪	希尔顿	外滩茂悦	四季酒店	本书
2 开间	普通套房	套房	标准套房	普通套房 景观套房 风格套房 雅致套房	大使套房	中央套房	普通套房
3 开间	—	—	豪华套房	豪华套房	皇家套房	豪华套房	豪华套房
4 开间	皇家套房	—	—	特使套房	总统套房	尊贵套房	
5 开间及以上	总统套房		总统套房	总统套房	主席套房	总统套房	总统套房

技术参数

客房套房设计的技术参数见表 3.7-4。

设计要点

普通套房多占两个开间，常设于酒店标准层平面的转角处。通常设有两个卫生间，客用卫生间较为简易，一般只包含坐便器和洗手化

客房套房主要技术参数 表 3.7-4

指标类型	普通套房	豪华套房	总统套房
面积（m²）	55～75	75～115	115～190
卧室净高（mm）	2400～2750	2600～2750	2750～2850
入口净高（mm）	2300～2400	2300～2400	2400～2500

妆功能，卧室内的卫生间可配置豪华浴缸。普通套房设计主要包含起居室、卧室、卫生间等几个功能性场所，满足套房客人的生活会客休息需求。

　　总统套房主要用于接待一些重要贵宾，因其消费对象的特殊性，总统套房对于客房档次、安全私密等级、服务质量有着非常高的要求。入住客人的路线与服务的流线应尽量做到互不干扰：有的总统套房甚至会配备专用电梯与小电梯厅，兼作专门送餐服务。别墅式总统套房则专门设计了为来访客人规定路线及入口的专用会客厅，增加套房内部空间的私密性。空间布局上，往往会在总统套房住宿房间的外侧以连通房的形式配备几个房间供警卫、秘书及随从等使用，方便客人的工作。总统套房位于酒店景观视线最好、外部干扰最小的区域。用地限制较大的酒店中一般设于建筑的顶层视野最好的端部区域或直接将顶层空间全部划归总统套房使用；用地较为宽松的酒店中则往往根据周边景观环境特色独立成区设计，更好的接近自然景观的同时增加套房本身的私密性。

不同类型套房功能配置情况　　　　表 3.7-5

	卧室	卫生间	衣帽间	化妆间	起居室	会议室	餐厅	备餐室
普通套房	●	●	●	—	○	—	—	—
豪华套房	●	●	●	○	●	○	●	○
总统套房	●	●	●	●	●	●	●	●

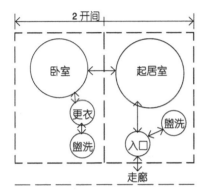

图 3.7-15　两开间套房空间组合示意图

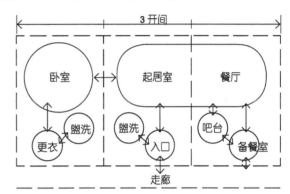

图 3.7-16　三开间套房空间组合示意图

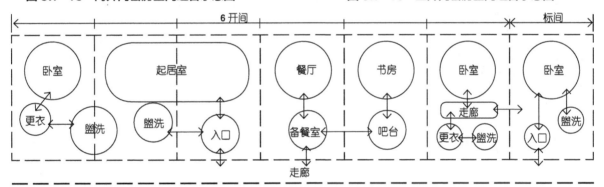

图 3.7-17　六开间套房连通套房组合示意图

标准示例

图 3.7-18　两开间套房平面示意图　　　　　　**图 3.7-19　三开间套房平面示意图**

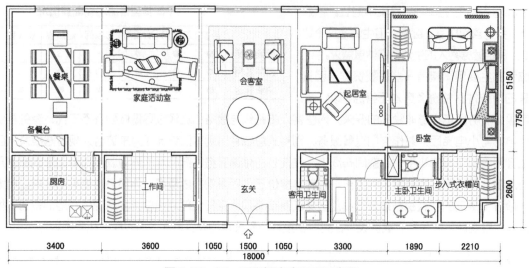

图 3.70-20　五开间套房平面示意图

标准示例

两开间套房示例

图 3.7-21　黄山市元一柏希尔顿庄
酒店套房平面图

三开间套房示例

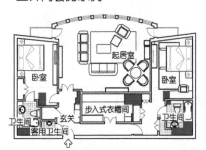

图 3.7-22　悦榕庄 ST.John's 酒店
套房平面图

总统套房示例

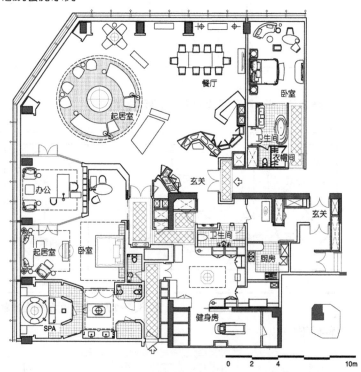

图 3.7-23　上海浦尔丽思卡尔顿酒店总统套房平面图

总统套房示例

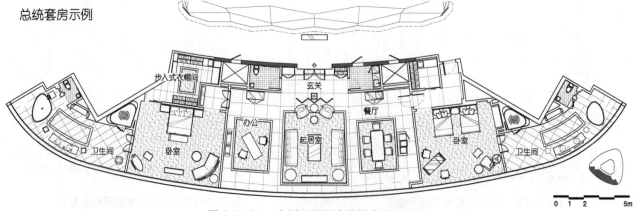

图 3.7-24　广州四季酒店总统套房平面图

别墅套房示例

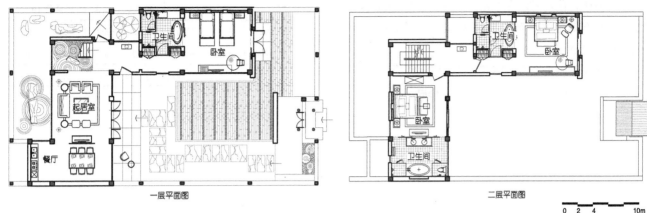

一层平面图

二层平面图

0 2 4   10m

图 3.7-25 丽江铂尔曼度假酒店别墅型套房平面图

3.7.5 客房基本功能单元

酒店客房基本使用功能是以住客的生活行为特征为主要依据。一般酒店入住客人在酒店客房内的行为包括休息、观景、工作、会客、休闲娱乐、如厕沐浴更衣等。不同的酒店建筑会根据自己目标人群细分市场的定位而在客房内的各部分功能上加以区分，以展示自己的经营特色。本导则将客房基本功能单元分为以下几类，见表 3.7-6。客房除了具备上述几种功能单元外，通常还包括酒吧备餐间、起居室、工作间。

客房基本功能单元的设施配置情况 表 3.7-6

功能模块	设施配置
入口玄关	壁橱、全身镜、保险箱、行李架、小型吧台
卫生间化妆间	盥洗台、梳妆台、马桶、淋浴间
卧室区	床、床头柜、电视机、休闲桌椅、办公桌椅
备餐间、餐厅	餐桌、餐椅、橱柜、冰箱及各种厨房用具
办公区	办公桌、办公椅、电脑、台灯、电话

入口玄关

客房入口玄关的设计主要包括客房门及过道的设计，为提高客房空间的利用率，客房过道空间往往还集合了衣柜、小吧台、贵重物品存储保险箱等功能。客房门是分隔客人私人空间和公共空间的屏障，应提供安全可靠的门锁系统，提高客人入住的安全感。

客房内过道宽度应做到 1.2～1.4m，顶棚高度不低于 2.4m。过道靠近床的墙上应考虑足够的位置安装全身镜，全身镜可与衣柜的门扇结合。客房内部衣柜的进深不低于 550mm，宽度不低于 1200mm，净高应大于 1800mm，并保证至少 1000mm 的悬挂空间。

参考示例

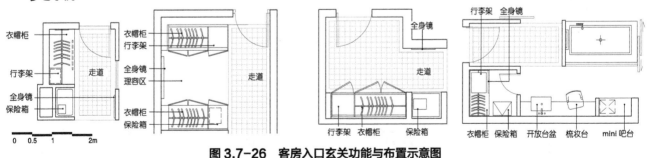

图 3.7-26 客房入口玄关功能与布置示意图

卧室区

卧室区是酒店客房最主要的功能空间之一，主要是指客房内设置床位的区域。床的尺寸大小是影响该区域尺度的关键因素（见表 3.7-7）。

睡眠区有双床和大床两种布局，典型的双床布局为两张床平行于外窗方向，两床之间设置床头柜、床头灯，床对面配置电视机和工作台，工作台附近应设有可用插座、网络接口，电话设备、工作台灯及一些常用办公用品。靠窗位置设置休闲桌椅，其家具主要包括安乐椅、小茶桌、小沙发等，一些带有阳台的酒店可将其阳台区域作为休闲空间的延续。大床布局与双床类似，且相应的扩大了室内起居休息空间。（见标准示例）

由于酒店本身造型、结构开间、进深和管理的不同，睡眠空间的设计也可以有许多变化。（见拓展示例）

客房卧室区技术参数 表 3.7-7

功能模块	双人床 (mm)	单人床 (mm)	床头柜 (mm)
长 (mm)	2000～2200	2000～2200	500～800
宽 (mm)	1800～2000	1200～1400	450～600
床距墙边不得小于550mm			

标准示例

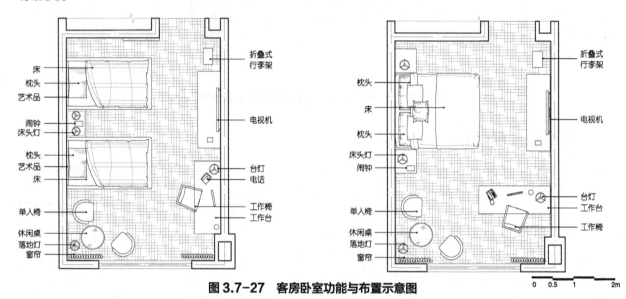

图 3.7-27　客房卧室功能与布置示意图

卫生间、化妆间

目前，在高星级酒店中卫生间布置改变过去封闭式的传统，趋向于开敞空间的选择，注重洗浴过程的景观和视线组织，强调不同功能单元的独立性。酒店客房卫生间可分为坐便区、淋浴区、浴缸区、洗手化妆区等几个独立单元，往往要求做到干湿分开。

套房内的公共卫生间其主要功能是满足客人的正常如厕需求，仅包含坐便器和洗手池，不设浴缸等洗浴设施。套房卧室内的卫生间则较标准间要求更高，整体效果要求更为豪华、舒适。套房内主卫生间除设有浴缸、坐便等常规功能外还应设置步入式更衣室，内含大壁橱及全身镜等梳妆设备，并配备特殊照明，某些高级酒店还会配置妇洗器等洁具，提升客房形象。

客房卫生间技术参数 表 3.7-8

		四星级	五星级	豪华五星级
面积 (m²)		4.2～5	5～8	5～8
净高 (mm)		2200	2300	2300
装置	洗面台 (mm)	1200×600	1200×600	1200×600
	厕所间 (mm)	1100×900	1200×900	1200×900
	淋浴间 (mm)	1100×1000	1500×1000	1500×1000
	浴缸 (mm)	1400×450	1600×450	1600×450

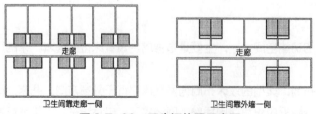

图 3.7-28　卫生间位置示意图

标准示例

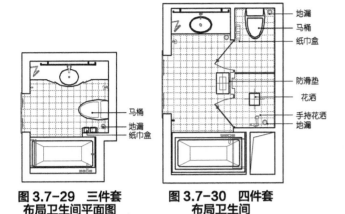

图 3.7-29　三件套
布局卫生间平面图

图 3.7-30　四件套
布局卫生间

拓展示例

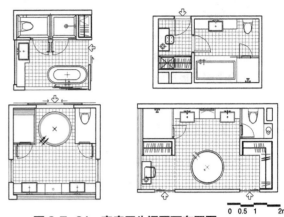

图 3.7-31　客房卫生间平面布置图

备餐间、餐厅

酒吧备餐间是为套房入住客人提供酒水服务及简易用餐需求的区域，是高星级酒店套房特有的重要配置之一，对于方便酒店客人商务洽谈的进行有着重要的促进作用。套房内的吧台常设于入口附近，与会客区紧密联系。吧台一般与放置冰箱的柜子结合，台面长 1 ～ 1.5m，宽为 0.9m 左右。柜台内的冰箱设有各种付费饮料，方便客人的使用。现代高级酒店常将客房内的冰箱放在柜子内，减少噪声和磁污染。套房内的备餐间是为了满足一部分长住商务客人简单煮食需要而设置，一般简易无烟，配置备餐间的套房数量可根据酒店本身客源特点而确定，一般城市中心区的商务酒店套房较少配置。

参考示例

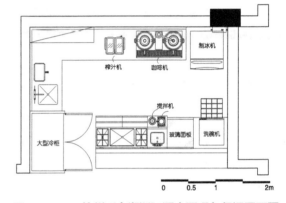

图 3.7-32　杭州千岛湖洲际酒店酒吧备餐间平面图

客厅

套房除去休息功能的卧室空间外最重要的空间就是其会客空间，套房客厅属于套房内对外的公共区域，一般设于套房入口附近便于对外联系。套房内的客厅兼有会客、洽谈、会议和交往的功能，可与吧台、餐厅、健身休闲区结合设置，满足总统套房入住客人私人宴会及领导人会谈接见的需求。

工作间

办公区是酒店套房与标准间区别较大的空间，在套房内独立设置并与卧室区域有着明显的物理界限。套房办公区域是为满足行政客人的接待办公需求而设置，同时还会兼有一定的娱乐和休闲功能，一般占据一个标准间的大小。套房办公区一般分为会客和办公两个区域，办公区域配置办公桌椅等相应的办公设施，会客区域则采用类似于住宅客厅的陈设方式设置组合沙发等，整体要求形成较为高档的氛围。行政办公区域面积以大于 20m² 为宜，并应考虑景观方面的需求。

3.7.6　客房连通房

客房中要求有 15% ～ 30% 的房间进行连通；连通房主要对两套房间之间的连接门有隔声要求，其隔声量为 50dB。当客房连通时，必须用两个门隔开；客房 / 套房门的最小宽度为

参考示例

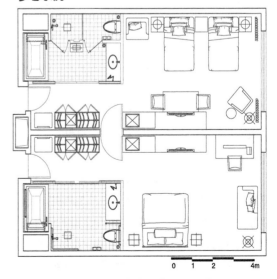

图 3.7-33　客房连通房平面示意图

121

900mm，最小高度为2100mm。

在下列情况下设置连通房：

1. 大床房与双床连通，接待家庭客源；

2. 套房与标准间连通，适用于商务、行政客源；

3. 无障碍房与标准间连通。

3.7.7 无障碍客房

无障碍客房常设于地面楼层或经由指定路线通过电梯很容易到达的位置，一般设于酒店建筑标准客房楼层的首层空间，采用分散式布局的酒店建筑则可将无障碍客房设于大堂附近客房的首层空间，安排有专门的到达路径即可。

残疾人客房数量为客房总数的1%；客房须提供直径1500mm的轮椅回转空间，床的一侧提供1200mm的富余宽度；所有残障人客房都需要设置一扇连通门，连接至一间标准客房；所有进户门、盥洗室门和连通门的净宽最小为910mm。

参考示例

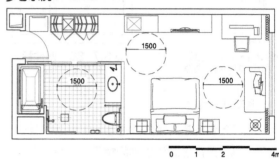

图3.7-34 无障碍客房平面示意图

3.7.8 客房服务区

为配合酒店客房区服务的顺利完成，在客房楼层常设置一定数量后勤服务房间，客房楼层服务区主要包括管理间、布草间等（见表3.7-9）。为提高酒店的服务效率和降低经营成本，酒店客房区的许多服务都是在相应的后勤服务中心完成，并通过后勤服务电梯配送到所需楼层。

服务用房一般结合电梯和疏散楼梯构成服务核心，每层或隔层设置。服务用房多设置在楼层景观朝向较差或靠近疏散楼梯及后勤电梯的区域，并与客人电梯相独立，实现服务过程的隐蔽性。如设于中部核心筒之间。

后勤服务中心功能模块设施配置情况　　　　　　　　　　　　　　　　　　　　　表3.7-9

管理间	每层设置一个，内设地漏，存放清洁用品和材料
布草间	用于放置干净布草和其他干净的客房物品；每层设置，若本层客房数多于40间，则需另设。房间面积根据服务员人数而定，每个服务员服务15～16间客房。每个服务员手推车空间为1.4m长×0.6m宽
污衣间	用于临时放置使用过的布草和餐杯具等物品，污衣井直径为0.75m
消毒间	用于水消毒餐杯具等物品，有些酒店将其与服务间合并
服务员卫生间	设置一个蹲位，男女共享，可每四层设置一个，不设此卫生间的楼层，空出空间可作为管理服务储藏室

技术参数

酒店客房区应每40间（套）客房设一服务间，其中服务间内应设污衣井、可容纳推车进出的转弯空间、每一楼层提供一个织物储藏区，可与服务间合用。每个楼层靠近客房走廊的部位提供制冰空间，最小面积为2.3m²，每个楼层至少配一个餐具室，面积约6m²。

客房服务区最少需设置一部专用服务电梯，（希尔顿酒店规定：超过250间客房时需提供多于一部的服务电梯。）以满足送餐、布草配送等服务需求。服务电梯应设置独立服务门厅，不宜直接面向客房走廊开门。为了减少电梯噪音给客房带来的影响，电梯应避免紧邻客房，电梯厅应避免门正对客房门。

参考示例

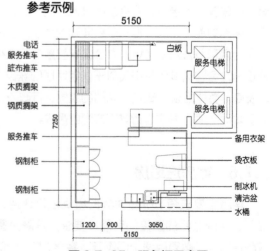

图3.7-35 服务间示意图

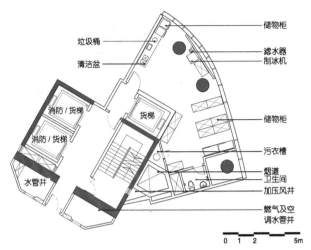

图 3.7-36　广州四季酒店服务间平面图

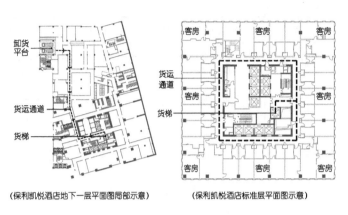

（保利凯悦酒店地下一层平面图局部示意）　　（保利凯悦酒店标准层平面图示意）

图 3.7-37　货运通道示意图

3.7.9　客房公共区

酒店客房区的水平交通主要通过客房走廊来完成，客房走廊集合了客人流通、服务流通及紧急疏散等三个方面的功能。对于很长的走廊，应使用内部装饰来减少长距离行走的乏味感，可采用凹入门、灯光效果、建立扩大区域或带桌椅的"放松区域"等手段来达到这一目的。（见图3.7-38）走廊灯光要柔和，不带眩光并保证监控画面清晰。客房门的上方最好设计开门灯，并在设计过程中注意两侧客房门不要正对。

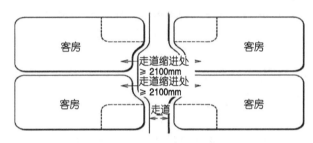

图 3.7-38　客房走廊示意图

技术参数

客房走廊宽度单面设有客房时要求 1.5m 以上，若双面均有客房则应在 1.8m 以上，一般为 1800 ～ 2100m（除了保证住宿客人的正常通行，还要满足布草车的停放），走廊吊顶后净高应达到 2.5m 以上。为了增加客房入口空间的私密性，减少客房层一通到底的单调感，并使布草车有回旋的空间，客房门一般会按门扇宽度成对的凹进 300 ～ 450mm。

3.8　行政层区

3.8.1　综述

行政层区一般是为商务人士准备，除了具备普通客房的各项基本功能外还必须有适用于办公、会议的服务设施，需要提供无喧闹的环境与会议室。

可根据项目定位需要设置行政层，行政客房宜集中布置，以便相关配套设施的充分利用。一般将客房标准层中的一层或几层作为行政层，各层行政层间通过内楼梯相联系。

行政客房的硬件设施一般与普通客房相同，但服务与软件要优于普通客房。

行政层区主要包括行政酒廊、行政客房及相关配套服务设施（见表3.8-1）。

标准示例

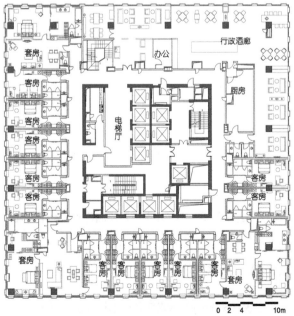

图 3.8-1　上海保利凯悦酒店行政层区平面图

123

行政层区域功能配置表

表 3.8-1

功能配置	四星级	五星级	豪华五星级
行政客房	行政客房应从服务和舒适度上超越标准客房，与客房层应有所区别		
行政酒廊	提供不小于 3 开间的行政酒廊，接待台、座椅区、食物展示区、配餐室、卫生间	300 间客房，提供最小 3 客房开间，每增加 100 间客房，则行政酒廊增加 1 客房开间，接待台、座椅区、休闲区、餐饮及餐具柜区域、社交区域、卫生间	
会议室	应与行政酒廊邻近设置至少 1 间可以容纳 8 人的会议室	应与行政酒廊邻近设置 1-2 间可以容纳 8 人的会议室	应与行政酒廊邻近设置至少 2 间可以容纳 8 人的会议室
董事会会议室	可以根据条件需要设置董事会会议室	须设置 10 人座位的董事会会议室	10 人座位的董事会会议室须采用最高档次的配套设施和装修，且与一间客房相连
商务支持区	可结合行政酒廊入口设置 10m² 的商务支持区	在行政酒廊接待处设置 10-30m² 的功能相对完善的商务支持区	
备餐间	邻近服务梯应设置备餐间		

3.8.2 行政酒廊

行政酒廊为客人们提供了一处可供休息放松的空间。客人们在此可远离客房及公共交通的喧嚣，享受放松的环境。

行政酒廊包括入口门厅、接待区域、商务支持区域、客人酒廊与自助餐区、备餐服务间、会议室、卫生间。

行政酒廊要求最少提供 3 ～ 12 个标准开间。能够服务 40 ～ 80 间客房。行政酒廊建筑面积应根据行政层客房中的人数计算，面积不宜低于 1.4m²/ 人。

行政酒廊位于中心区域，宜靠近乘客电梯门厅，避免经过很长的走道才能进入行政酒廊而使客人混淆。应有良好的景观，对于多个楼层的行政酒廊，宜提供楼层之间的连接楼梯。根据气候及地理位置，最好在室外阳台或露台上提供露天座位。

参考示例

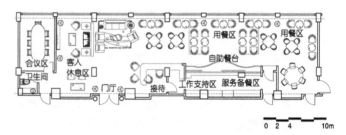

图 3.8-2 行政酒廊平面示意图

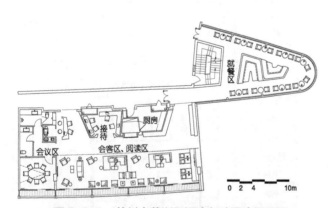

图 3.8-3 苏州中茵洲际酒店行政酒廊平面图

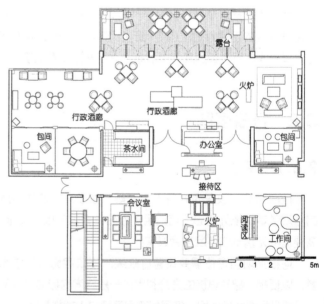

图 3.8-4 杭州千岛湖洲际酒店行政酒廊平面图

3.8.3 行政客房

行政客房的功能构成与面积指标与普通客房相同，参照第 7 节，但是行政客房的服务与软件设施均优于普通客房。

　　行政客房一般是为商务人士准备，除了具备普通客房的各项基本功能外还必须有适用于公务、会议的服务设施，需要提供无喧闹的环境与会议室。

　　行政客房一般位于行政楼层内，可根据项目定位需要设置一层或多层行政客房，但是行政客房宜集中布置，以便相关配套设施的充分利用。

　　行政客房应在普通客房的网络服务、中央空调、闭路及卫星电视、国内/国际直拨电话功能的基础上有所增强，还可提供宽带上网以及其他娱乐、服务设施。需要提供电脑、安静环境、网络或无线网络、咖啡或喝茶用具。

　　行政客房内的配套设施及生活用品应比普通客房高档。

3.8.4　配套设施

　　行政客房的配套设施包括商务支持区和备餐间。商务支持区是为宾客提供现代化通讯科技设备服务、文字处理服务和秘书服务的一个综合部门，其主要服务与大堂商务中心相似，并作为大堂商务中心的补充。备餐间为客人提供食品及饮料服务，包括食品储藏区、食品准备区、洗涤区及垃圾区，以及相关设备。

　　商务支持区通常面积约为 10 ～ 30m²。

　　商务支持区一般设在行政层公共空间或与行政酒廊结合设置，并且临近电梯；一般紧邻行政酒廊接待处设置休息沙发。打印复印由工作人员完成，可以单独设置工作间。

　　至少提供 1 个私人专用的电话间，在电话间里提供座位与工作桌或工作台，工作灯、电插座、电话与数据接口。设置传真机、打字机、邮件与快递用秤与包装区、用以处理客人材料的文件柜与工作台。

　　备餐间邻近接待区并设在主要自助餐区之后或紧邻，从备餐间可直达服务流通走廊或服务电梯门厅。备餐设备的标准设备如下：商业等级的高温与低温冷柜、制冰机与贮存、商业用开水机、洗杯机，三星盆与洗手盆、轻型加热设备（微波炉与烤炉）、宴会推车存放间、干湿垃圾分类存放处。

3.9　后场部分

3.9.1　综述

　　酒店后场部分是指酒店为客人提供服务所必需的后勤保障功能部分，也就是提供酒店服务的支持区域，是酒店的非收益区域，支持整个酒店运作。随着酒店业迅速发展，规模扩大，服务向多样性综合性发展，不但提供食、住，而且提供商务、康乐、购物等多种服务，随着设施设备愈加完备，后场部分的设计愈加复杂。

功能构成

　　本导则将酒店后场部分的各项功能设施分为食物加工、行政办公区、员工生活区、后勤保障区和停车区，其中停车区不在本节介绍范围之内。各功能区的空间组合关系见图 3.9-1。

位置要求

　　酒店后场部分的设置形式有两种：一是设在酒店的底层、裙房中或者辅楼内，后场部分自成一体，出入口则设置在酒店的侧面或背面。二是集中设置在酒店的地下部分，其他分散在酒店公共区和客房区的配套后勤服务空间通过垂直交通体系与后场部分相联系，并且通过服务电梯、货梯和服务通道等设施组成一套高效的交通系统。

交通流线

　　酒店后场部分的流线包括了服务流线和物品流线，属于后台的运作内容，设计时强调流线的隐蔽性与合理性，不与客人流线交叉影响，后场部分的出入口应设置在酒店的侧、背面或次要的道路上。

　　1. 水平交通

　　酒店后场区的水平交通主要通过服务通道来进行，服务通道的高差处宜做成坡道以便推车、运货车与运输设备的使用。后场区水平通道的宽度应满足服务工作的需求，建议宽度宜为 2 ～ 2.4m，高度在 2.7m 以上。地面采用耐磨和防滑的材料，墙面采用不易损坏的材料进行简洁装修，天花板采用吸声材料以减少噪声。

2. 垂直流线

后场部分的竖向交通主要通过专用电梯和专用通道来联系，根据使用性质的不同可分为服务电梯、货运电梯、食梯和布草通道（见表 3.9-1）。

后场部分各类竖向交通设施设置要求　　　　　　　　　　　表 3.9-1

设施	设置要求
服务电梯	主要应用于客房服务、清洁管理、餐饮服务和设施保养等专业服务。服务电梯应靠近布草间和储藏间。应设置独立的服务门厅，不宜直接向客房走廊开门
货运电梯	用于运载大件货物及物品，货运电梯的位置应与员工通道、货物进出通道的连接。货运电梯的载重量应充分满足货物运输的要求
食梯	通常设于主厨房与专用厨房之间或设于厨房与客房区、公共区后勤服务空间之间。垂直运输生食和熟食的食梯应分别设置，不得合用
布草通道	污衣井是专属物流通道，是各区域联系洗衣房自上而下的主要竖向交通设施。污衣井一般采用不锈钢材料做成筒体，在其外砌体墙体封闭。每层布草间设有布草投放门，该门达到甲级防火门要求，并加装闭门器及防火锁。在洗衣房内通常设有污衣井的底部出口，该口的门为防火门。布草通道全程封闭，顶部安装排气管

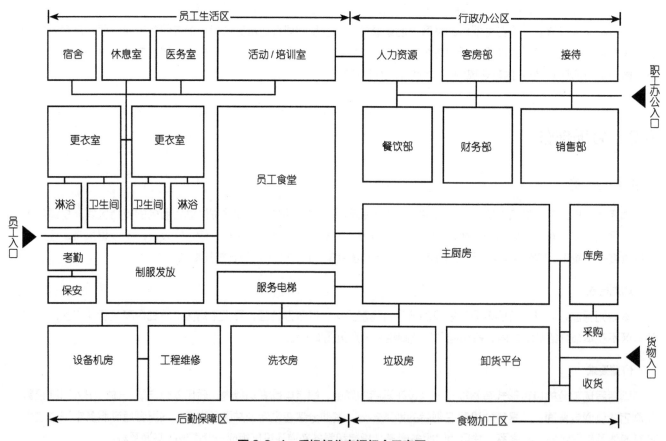

图 3.9-1　后场部分空间组合示意图

3.9.2　食物加工区

功能构成

酒店的食物加工区是后场部分的重要组成部分，它关系到酒店各餐饮部门的运作。食物加工区包括了货物装卸区、货物储藏区、加工准备区、烹饪区、备餐区、餐具清洗区及其他附属用房等，各功能区的空间组合关系见本节参考示例。

参考示例

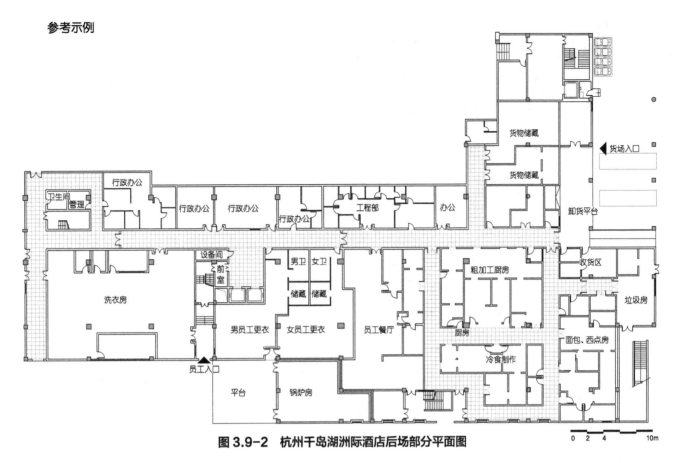

图 3.9-2　杭州千岛湖洲际酒店后场部分平面图

0 2 4　　10m

位置要求

星级酒店根据自身的具体情况，对食物加工区有不同的布置方式：

1. 设置于酒店的底部

当酒店的用地比较充裕，可以将食物加工区设置在底部裙楼内或单独的辅楼里。

2. 设置于酒店的地下层

当酒店受到空间条件限制时，通常将食物的储存和粗加工区集中安排在地下层，专用厨房则根据需要设置在靠近各个餐饮设施的部位。此种布置方式节约用地，使得地下层的集中储藏加工区与专用厨房的联系也比较密切，服务高效，是目前经常采用的一种布置方式。

流线关系

食物加工区是酒店后场部分工艺流程最复杂的区域，总的流程是货物装卸——货物清洗储藏——食物加工处理——半成品货物储藏——食物烹饪制作——备餐——出菜——餐具收集清洗——干净餐具存放——垃圾收集处理（见图3.9-3）。

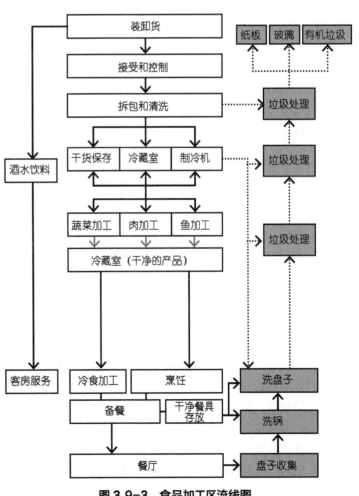

图 3.9-3　食品加工区流线图

参考示例

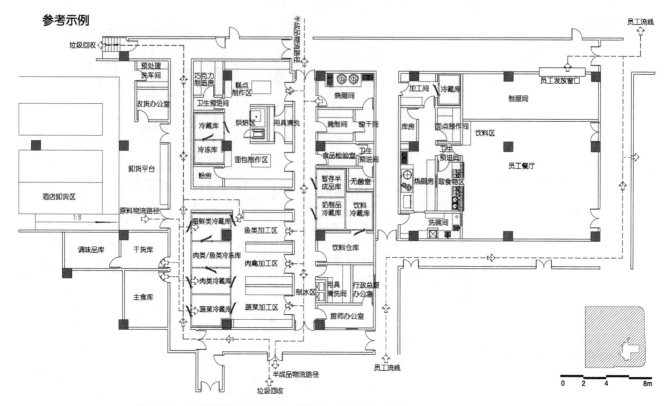

图 3.9-4　郑州银基中央广场项目丽思卡尔顿酒店地下一层食物加工区平面图

技术参数

食物加工区的面积一般根据餐厅的座位数或餐饮面积比例确定，高星级酒店由于强调餐饮空间的豪华舒适以及食物集中储藏处理，使得各个专用厨房的面积相对于餐饮建筑会有所减少，餐厅空间会有所增加。建议高星级商务酒店的总餐厨比控制在 1：0.4 ～ 1：0.5，各餐厅的餐厨比控制在 1：0.3 ～ 1：0.5；食物集中处理区可按厨房面积的 25% ～ 30% 来设计。

各类专用厨房的餐厨面积比　表 3.9-2

厨房类型	餐厨面积比
全日餐厅厨房	1/0.23 ～ 1/0.28
中餐厨房	1/0.24 ～ 1/0.33
西餐厨房	1/0.45 ～ 1/0.50
特色餐厅厨房	1/0.45 ～ 1/0.50
宴会厨房	1/0.45 ～ 1/0.65
总的餐厨面积比	1/0.40 ～ 1/0.55

设计要点

1. 食物加工区与餐厅的关系

通常酒店主厨房（食物储存和粗加工区）设置在地下层，专用厨房与餐厅最好设置于同一楼层，连接通道顺畅，出菜口与餐桌的最远距离应控制在 40m 以内。主厨房与专用厨房再通过方便的垂直交通密切联系。

专用厨房与餐厅之间应采取有效的隔音、隔热和隔味措施，如在送餐及收残通道设置双扇双向弹簧门、出菜屏风和拐角玄关。除了设置展示厨房的区域之外，专用厨房与餐厅之间不允许视线直视。

2. 食物加工区内部的各区域关系

根据工艺流程，合理布置生产流线，形成装卸货、储存、加工、烹饪、备餐和收残的通畅流线，避免各功能区域多余的交叉影响；原材料的供应区域应接近食物储藏区，并有方便的进货入口。食物储藏区要接近粗加工区，方便食物进行初步的加工准备工作。在流线设计时，需要生熟分离、洁污分离、干湿分离和冷热分离。生食与熟食要分开加工和存放，垂直运输的食梯也应分别设置；洗碗间、粗加工区应与其他区域分隔，备餐区与餐具清洗区应分隔；洁污流线应分流明确，无迂回交叉；面包房、备餐区等要求干燥，餐具清洗区与烹饪区则比较潮湿，相互间应分隔；冷食制作间、冷库应与烹饪区分隔，冷食制作间须独立分隔，应配有二次更衣设施和消毒设施。

酒店工作人员须更衣后再进入食物加工区，员工卫生间须设置在污物区，以保持食物的卫生安全。厨师、服务人员的出入流线应与用餐客人的出入流线分开，并避免视线的交叉。

厨房设备的配置专业技术性强，通常由专业厨具公司深化设计，表 3.9-3 提供厨房常用设备及尺寸规格作为参考。

厨房常用设备及规格　　　　　表 3.9-3

储藏设备	冰库 8300×5200×2800	冷藏/冷冻 8300×5200×2800	冷藏/冷冻柜 1500×760×810	冷藏展示柜 1850×680×2150	货架 1800×600×1800
调理设备	调理工作台 1800×800×800	绞肉机 450×220×340	肉类切片机 520×465×430	搅拌机 430×450×820	土豆去皮机 460×500×770
烹调设备	油烟机 900×870×450	炒炉 1800×800×800	蒸煮炉 900×900×800	烙饼机 820×700×800	烫炉 800×900×970
	炸炉 800×900×850	煮面机 600×700×1000	蒸炉 900×1000×1900	烤箱 1380×980×1850	烤鸭炉 1500×900×900
洗涤设备	洗刷台 650×650×800	洗碗机 1800×800×1400	台下式洗杯机 600×650×820	消毒柜 1120×520×1650	刀具消毒柜 400×150×650
运送设备	食梯 650×500×800	调理车 650×500×800	餐车 950×500×950	酒水车 820×450×950	收碗车 800×450×950

3.9.2.1 货物装卸区

　　酒店食物原料、酒类饮料、食用器具及垃圾等物品的运送出入区域，位置应易于货车到达，并尽量减少与其他公共交通流线的交叉。由于货物在搬运时会产生噪声，应将货物的出入口设在较为隐蔽和远离客房的位置。

　　设置装卸货平台、卸货车位和采购部办公室等。应考虑货车的进出路线、转弯半径及停放车位（至少设置两个卸货车位），卸货平台应比停车位高出1m，同时设置台阶与坡道解决高差；平台深度应不小于3m，与库房处于同一标高。装卸货平台应接近采购部的办公室以便管理。在装卸区应提供清洗的洗手池、冷热水的软管和称重的磅秤等设施。地面材料应耐久，易于清洁保养。

3.9.2.2 货物储藏区

　　根据食物与货物的种类与性质，一般设置冷冻/冷藏库、干货库、酒水库与非食品储藏库（见表3.9-4）。

货物储藏区功能配置表　　表3.9-4

设施	设置要求
冷冻冷藏库	用于蛋、奶、肉类及蔬果的食品储藏。冷冻库通常存放冷冻食物，储存时间长，冷藏库温度比冷冻库高，通常存放新鲜食物。鱼类和肉类的储藏库一般设置冷冻库和冷藏库，而蔬菜类和蛋奶类的储藏库只设置冷藏库。高星级酒店为了食品卫生和使用方便，须分设若干个冷藏库和冷冻库，将各类食品原料、半成品和成品存于不同的冷藏库和冷冻库
干货库	干货库主要用于粮食、调料等无须冷藏的食品储藏，为常温储藏
酒水库	酒水库用于饮品与酒水的储藏，部分酒水需冷藏储藏
非食品储藏库	非食品储藏库用于餐具、餐饮设备及工具等的储藏。在高级酒店中常使用的餐具为瓷器，因其容易破损，应设置瓷器库专门存放

3.9.2.3 加工准备区

　　粗加工区——高星级酒店将大部分食物分类成鱼类、肉类、家禽类和蔬果类等原料进行单独的粗加工，避免交叉感染。粗加工主要包括挑拣蔬菜、屠宰家禽、清洗等工作，空间设计上须为鱼类、肉类、家禽类和蔬果类分别提供各自的工作台、洗槽以及冷藏设施。经过加工后的食物再分类存放至各自所属的冷库中，以便供应各餐饮厨房的细加工及烹饪等后续工作。

　　细加工区——高星级酒店一般采用将大部分食物集中储存和粗加工，再根据不同专用厨房的要求设置细加工区。细加工是指对原料进行切制、配菜的过程，成为待进一步加工的生食半成品，为烹饪做准备工作。

　　面包西点房——高星级酒店为了适应顾客对食物需求的多样化，需要为生产面包、西点、巧克力以及其他烘烤食物单独提供一个生产区域。点心制作间主要用于制作中式糕点，一般在提供中餐的厨房内设置。

参考示例

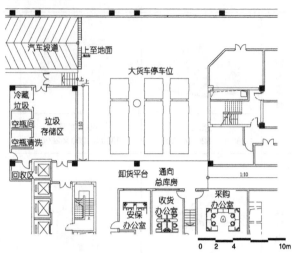

图3.9-5　黄山元一柏庄希尔顿酒店收货区平面图

参考示例

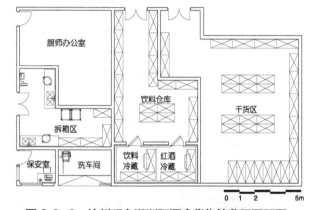

图3.9-6　杭州千岛湖洲际酒店货物储藏区平面图

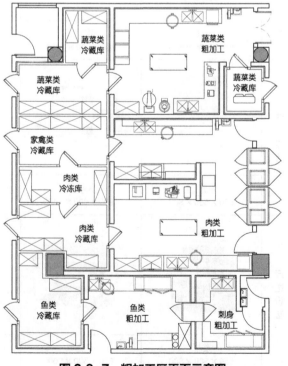

图3.9-7　粗加工区平面示意图

冷食制作间——中餐制作凉菜需要设置凉菜间，西餐制作沙拉需要设置沙拉间，日式餐厅制作寿司与刺身需要寿司间。不同的菜肴需要不同的冷食制作间。冷食制作间的卫生要求严格，应独立设置功能房间。冷食制作间应设有独立的空调设施和消毒设施，并通过窗户进行传菜。

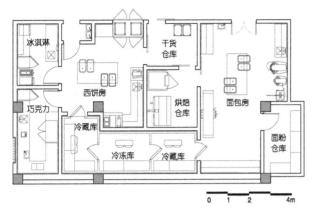

图 3.9-8　面包西点房平面示意图

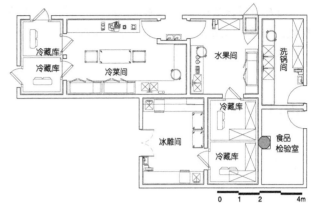

图 3.9-9　冷食制作间平面示意图

3.9.2.4　烹饪区

烹饪区要根据不同的餐厅性质来制定不同的功能布局。中餐厅和西餐厅食物的烹饪制作过程是封闭状态的，不与客人直接接触。而特色餐厅则采用半封闭状态，让客人能看到特色的烹饪过程，活跃餐饮气氛。在高星级酒店设计时，具体的布局形式和烹饪设备通常由专业的厨房设计公司进行设计布置。

参考示例

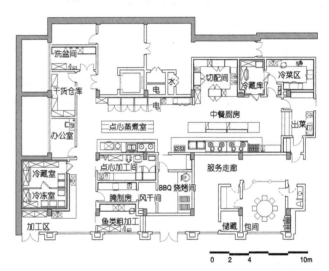

图 3.9-11　杭州千岛湖洲际酒店中餐厨房平面图

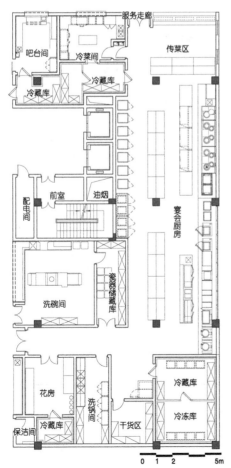

图 3.9-10　杭州千岛湖洲际酒店宴会厨房平面图

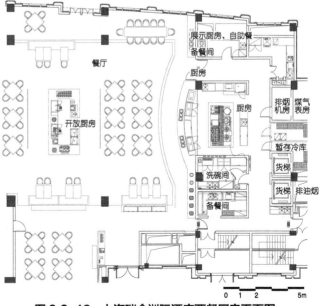

图 3.9-12　上海瑞金洲际酒店西餐厨房平面图

3.9.2.5 备餐区、餐具清洗区

备餐区是厨房和餐厅的连接处，是厨房的出菜区。餐厅服务员不直接进入厨房端取食物，应通过备餐区传递食物。

在接近烹饪区和用餐区处需提供一个可清洗消毒餐具的区域，设置餐具清洗区，包括洗碗间和储碗间。区域还须提供停放推车的空间，地面具有排水设施。

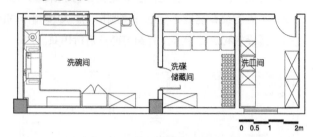

参考示例

图 3.9-13 酒店餐具清洗区平面示意图

3.9.3 行政办公区

酒店的办公管理区是沟通协调各方的办事机构，是酒店的运作系统。它包括前台办公（已在大堂区介绍）和后台行政办公，本节主要研究后台行政办公。

功能构成

后台行政办公按照部门可分为销售部、客房部、餐饮部、财务部、人事部、采购部、保安部和工程部（见表3.9-5）。为方便管理，一般按部门来设置。各部门主要设总经理室、办公室、接待室、会议室和储藏室等。

行政办公区一般采用集中办公，应设置接待处，用于洽谈、预订等业务。前台办公区通过专门的通道和楼电梯与后台行政办公区相联系，或将行政办公区中与前台办公联系紧密的部门设置于前台办公的后方或上方空间内。

面积指标

酒店可以根据自身规模和组织结构来自行制定行政办公区的功能用房的种类。每个部门的办公布局可以采用集中开放式，也可以划分成若干个单独办公室。办公室的面积通常按一般办公用房的标准来设计：

经理办公室：$10 \sim 15m^2$；

普通办公室：$9 \sim 12m^2$。

行政办公区各部门工作内容及设置要求　　　　　　　　　　　　　　　　　　表 3.9-5

部门	工作内容	区位与流线	
销售部	负责酒店的市场推广和销售工作，根据市场状况，制定酒店各种对外销售、招揽客源的计划，组织指导宣传推广工作	通常是设在靠近宴会、会议区域，以便专注销售，推广宴会与会议的活动	与顾客有一定的接触，可分散设置在酒店的其他区域
餐饮部	负责管理酒店餐饮区的经营，制定餐饮区的工作服务计划	宜位于登记服务台之后或附近，需设一个单独的出入口从大厅或公共走廊通向餐饮部接待区	
财务部	负责管理酒店的财务运作，控制营运成本。并且监督和指导业务部门进行资金运作和管理	宜位于登记服务台之后或附近	
人事部	负责酒店人力的总体规划工作，制定员工的招聘、工资、福利、调配、质检及培训等规章制度	与内部员工接触最多，宜安排在员工生活区附近	一般不与顾客接触，通常设置在酒店的地下或酒店背面
采购部	负责采购和供应酒店经营所需的各种物资，制定科学的采购计划，严格控制物资的质量和成本	靠近后勤出入口，收验货办公室邻近装卸货平台，方便货物的进出和验收管理	
保安部	负责保障酒店的安全环境。进行酒店的治安监控工作，制定安全管理制度，对员工进行安全教育和培训宣传工作	位于能清楚看到员工入口的位置，考勤设备宜位于入口处以便于监督	
工程部	负责酒店建筑内的各种设施设备的使用、维修和保养工作	工程部不直接与顾客接触，宜设于邻近机房设备的区域，利于机械设备的维修检查工作	

参考示例

图 3.9-14 保安部及人事部平面示例图

图 3.9-15 餐饮部及销售部平面示例图

图 3.9-16 上海衡山路 12 号酒店行政办公区平面图

3.9.4 员工生活区

酒店的员工生活区是保障酒店员工正常工作的区域，主要为内部员工提供服务，在服务流程中无需考虑与顾客的直接接触，功能与流线宜独立设置，自成一区，提供单独的出入口，强调隐蔽性。

功能构成

员工生活区包括员工生活设施和员工活动设施，见表 3.9-6。除去表中的各类基本设施，考虑到员工的人性化需求，酒店可以根据需要来选择设置医务室和吸烟室。医务室可为员工提供简单的医疗服务以及为酒店客人提供初步的医务咨询。吸烟室须提供垃圾桶、烟灰缸、桌椅等设施。

面积指标

员工餐厅座位宜采用紧凑型布置，其总面积按每座 0.9m² 设计，约 0.65 ~ 0.85m²/ 间客房。

员工更衣淋浴、卫生间的面积按照 0.85 ~ 1.1m²/ 间客房设置，其中淋浴间与卫生间约占更衣区面积的 30%。男女淋浴间平均分配，建议每 20 ~ 30 名员工设置一间淋浴间；每 2 名员工设置一个更衣柜，建议更衣柜尺寸为 0.38m×0.46m×2.16m。

建议设置 1-2 间员工培训教室，每间容纳人数为 20 ~ 30 人，每间培训教室面积不宜小于 20m²。

员工生活区功能构成

表 3.9-6

设施		要求
生活设施	餐厅	员工餐厅有快餐式与点餐式两种方式，餐厅的座位数要考虑用餐高峰期的容纳能力和轮班人数；应设置独立的员工厨房，单独采购加工食物
	更衣浴厕	员工更衣室一般与淋浴间、卫生间合并设置；提供前厅入口，以阻挡视线，高星级酒店宜为每个员工提供单独的带锁更衣柜，用于存放衣物和杂物等
	倒班宿舍	员工休息室和倒班宿舍一般供员工小憩、倒班或其他原因使用；房间备有床位供值班员工休息使用，由于是员工暂时使用的功能房间，设置不宜过多过大
	医务室	医务室须提供床位、桌椅、检查室和无障碍设计的卫生间等设施
活动设施	培训教室	酒店依据员工规模设置专门的培训教室，教室内配置多媒体设备；员工培训教室宜设置在人事部附近，以方便员工不同的培训及相关人事活动的进行
	活动室	为丰富员工生活工作氛围，酒店应适当设置一些员工活动室，配置充足的活动设施以便开展员工的各种活动

设计要点

员工生活区的设置应集中，需有单独的出入口，避免与装卸货入口有所交叉。员工生活区流线为员工入口——打卡考勤——领取制服——更衣——各自工作岗位——员工餐厅、休息室、培训室、活动室（见图 3.9-17）。

员工餐厅与主要的服务通道连接，靠近员工厨房，便于食物先在食物加工区准备，再到专门的员工厨房进行烹饪处理。

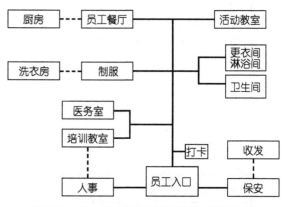

图 3.9-17　酒店员工生活区的功能关系图

参考示例

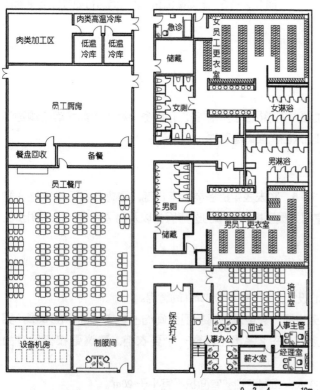

图 3.9-18　酒店员工生活区平面示意图

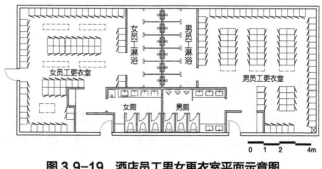

图 3.9-19　酒店员工男女更衣室平面示意图

图 3.9-20　酒店员工餐厅平面示意图

3.9.5　后勤保障区

酒店后场部分的后勤保障区包括洗衣房、客房服务部、工程维修部、垃圾处理区。

3.9.5.1　洗衣房

洗衣房根据工艺流程设计和酒店经营的要求，需要设置以下功能区：分拣区、水洗区、干洗区、烘干区、熨烫区、折叠整理区、干净衣物存放区、制服分发区、办公室、化学用品房和压缩机房。（见表 3.9-7）洗衣房的制服分发区可以单独设置成制服房，方便员工制服的分发工作。

洗衣房功能构成　　　　　　　　　　　　　　　　　　　　　　　表 3.9-7

设施	设置要求
分拣区	分拣区主要负责衣服处理前的分类工作，位置通常设置在污衣井的出口处或洗衣房的入口处
清洗区	清洗区分为水洗区和干洗区，位置靠近分拣区。其入口处设置磅秤，洗衣机、脱水机、干洗机布置成一直线，方便操作
烘干区	位置靠近水洗区。烘干机设在同一区域，成一直线布置以便于操作。烘干机采用防火外壳，在设备后面提供至少 0.6m 的服务通道
熨烫区	位置靠近清洗区和烘干区
折叠整理区、洁衣存放区	折叠整理区为衣物处理完成后的折叠工作提供空间，在工作区域提供折叠台，位置靠近干净衣物存放区
化学用品房、压缩机房	化学用品房是为洗衣房提供存放清洁剂等化学洗涤用品的功能用房。压缩机房是为洗衣设备需要提供压缩空气的设备机房
制服分发区	提供员工制服的存放、缝纫和分发工作，可以作为洗衣房的一部分，也可以单独设置成制服房，位置靠近员工更衣室。在区域内通常提供制服存放空间，缝纫空间和分发台，提供 3.6m 净高以容纳双层制服输送机，提供缝纫机、打号机和钉扣机等设备，分发台的窗口面向服务走廊，并向内凹进设置
办公室	洗衣房的办公室主要负责监督管理工作，位置靠近洗衣房或作为其一部分。办公室提供玻璃窗以加强工作区域的监督，采用隔音措施以防止洗衣房噪音

洗衣房的平面布置应按工艺流程设计（见图 3.9-21），洗衣房面积按 0.65m²/ 间设计。度假酒店洗衣房面积较商务酒店稍大，洗衣房净高不宜低于 3.6m。

洗衣房位置应靠近服务电梯，并与公共区和客房区的后勤服务空间直接联系，共同完成洗衣服务，洗衣房应与客房隔离，或设置在离酒店公共部分较远的部位。建议设置在距各设备机房较近的区域，洗衣设备靠近设备区域，有利于设备的管理和维护。

由于洗衣房机器的重量和产生的震动效应，建议将酒店洗衣房安置在地面层，并且不得与宴会厅、会议室、公共洗手间、餐厅相邻或者位于其上方或下方。洗衣房必须为布草井的终点，不得再有通道支管。布草井必须通过一个火灾自动关闭设备来关闭。布草井终点必须留出一个 1.5m 的停车区。按照每 75 间客房至少应提供一辆手推车的标准来提供停车区。

洗衣房主入口门必须为双扇门，每扇门为 900mm × 2000mm，配有锁具、护板和具有常开功能的闭门器。

洗衣房配套设施　　　　　　　　　　表 3.9-8

自动干洗机 1000×600×600mm	自动水洗机 600×600×850mm	自动干衣机 500×400×600mm	自动熨平机 3400×3300×1300mm
自动折叠机 4000×2800×1800mm	去渍机 1000×500×1650mm	隔离式洗衣机 174×1742×1500mm	压熨夹机 1300×1400×1300mm
领袖肩夹机 1400×1100×1400mm	抽湿机 1200×450×1750mm	烫台 1600×450×800mm	脱水机 420×1420×850mm

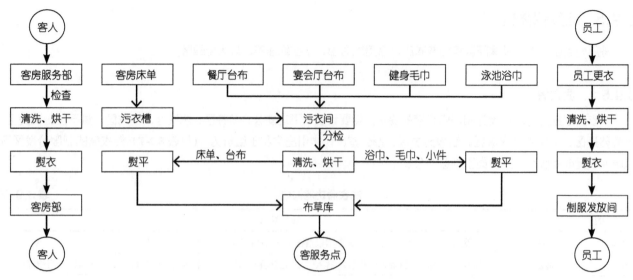

图 3.9-21　酒店洗衣房流程图

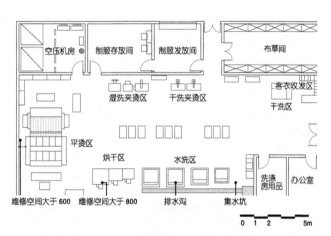

图 3.9-22　酒店洗衣房平面示意图

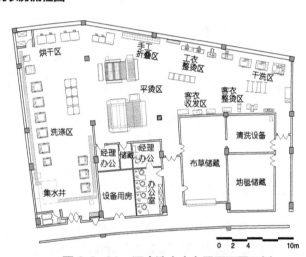

图 3.9-23　酒店洗衣房布置平面图示例

图 3.9-24　酒店洗衣房实景

3.9.5.2　客房部

客房部又称管家部，负责客房打扫、清洁、铺设工作，排除客房故障。客房部要求设置客房部经理室、服务总监室、大宗储藏室、分发台等。小型酒店一般采用集中式管家服务与布草管理，中大型酒店采用非集中式管理，即在客房层设服务间和布草间，并尽量靠近服务电梯（见 3.7.8 客房服务区）。

布草指酒店使用的所有棉织品；布草间与洗衣房应临近布置，且有门相通，用来存放洗净的衣物用品。布草间面积通常按 0.2 ～ 0.45m²/间客房计算。洗净的员工制服单独存放在制服间。

污衣槽为污衣物运输的滑槽，直径 > 0.7m，所有客房层均应设污衣槽，设于服务间内，污衣槽直通污衣房内。

图 3.9-25　酒店后场部分客房部平面示意图

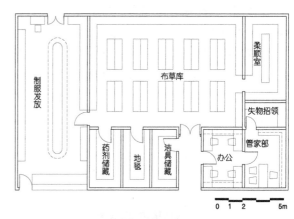

图 3.9-26　酒店后场部分客房部与布草间平面示意图

3.9.5.3　工程维修部

工程维修部是保证酒店正常经营的技术支持区域，其提供的服务鲜与顾客接触，当酒店其他区域的设备发生故障时，通过前台服务人员报告，工程人员会进行维修。另外，工程维修部还要负责监控和检查机房设备区。

工程维修部包括各种工程维修用房，如工程办公室、维修间、木工间、电工间、水工间、油漆间、内装修间、钥匙间、电视间和工具储藏室等。不同的酒店根据自身需求选择适当的功能用房种类。

根据酒店工程维修的服务流程，工程维修人员需到公共区或客房区进行维修检查工作，应临近服务电梯和服务

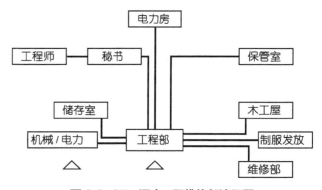

图 3.9-27　酒店工程维修部流程图

通道；为监控各酒店设备系统，应临近主要机房设备区，以便监控各酒店设备系统；为便于工程人员的管理维修，应临近工程部办公室；同时还应接近室外收发与卸货区以搬运材料、补给品与设备。

工程维修车间最小为 46m² 或每个客房 0.1m²，取较大值。工程办公室约 10m²，在办公室位置可通过玻璃观察板可检测车间区域。维修工作间提供 0.9m 宽的入口，入口处应有足够空间以方便出入。

参考示例

图 3.9-28　后场部分紧凑型工程维修部平面示意图

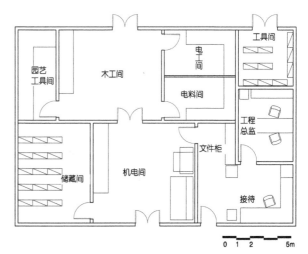

图 3.9-29　后场部分宽敞型工程维修部平面示意图

137

3.9.5.4　垃圾收集区

酒店的垃圾一般分为餐饮垃圾、工程垃圾和普通生活垃圾。酒店针对上述三种垃圾，通常设置垃圾房来回收暂存，再由指定部门负责运出。

垃圾房一般由罐桶清洗区、分类回收储存区、垃圾冷藏室、垃圾压缩区等功能空间组成（见表3.9-9）。

酒店的垃圾处理流程需要强调独立性和隐蔽性。垃圾房应靠近垃圾井道或服务电梯，并且接近货物出入口，以便于快捷运出，减少垃圾在室内的流线。垃圾出入口应远离酒店主入口的视域，以免影响观瞻。垃圾处理流线还需注意卸货平台处的清污流线分离，尽量避免垃圾与食物运输的流线交叉。垃圾房还须设有地面排水，保持场地卫生环境。

垃圾房功能空间组成　　表 3.9-9

罐桶清洗区	须设置清洗设施和带地面排水的洗涤场地，以便清洁与消毒垃圾桶。设置防冻喷嘴水龙头和地漏
分类回收储存区	须设有专门的不锈钢垃圾分拣台和不同分类的垃圾筒，以便对垃圾进行分类处理
冷藏室	对湿垃圾进行冷藏处理，防止产生异味
压缩区	减少垃圾储存体积，酒店可视条件设置，中大型的垃圾压缩机压缩容量大，需要设置专门的卸料平台

参考示例

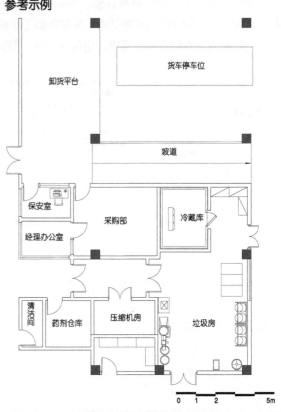

图 3.9-30　杭州千岛湖洲际酒店垃圾收集区平面图

第 4 章　机电设备

4.1　电气

酒店建筑电气设计应执行的主要设计规范：

1.《供配电系统设计规范》GB50052；

2.《低压配电设计规范》GB50054；

3.《民用建筑电气设计规范》JGJ16；

4.《建筑照明设计标准》GB50034；

5.《智能建筑设计标准》GB/T50314；

6.《旅馆建筑设计规范》JGJ62-2014；

7.《旅游饭店星级的划分与评定》GB/T14308；

8.《清洁生产标准—宾馆饭店业》(HJ514-2009)。

4.1.1　供配电系统

供电电源除应按现行国家标准《供配电系统设计规范》GB50052、《民用建筑电气设计规范》JGJ16 及《建筑防火设计规范》GB50016 的有关规定执行外，尚应符合下列规定：

1. 用电负荷等级应符合表 4.1-1 的规定。

2. 四、五级酒店建筑应设置应急柴油发电机组。在两路电源同时失电的情况下，应能确保消防设备及重要负荷的供电；

3. 三级酒店建筑的前台计算机、收银机的供电电源宜有备用电源；四级及以上酒店建筑的前台计算机、收银机的供电电源应有备用电源，并应设置 UPS。

用电负荷等级　　　　　　　　　　　表 4.1-1

用荷名称　　　　　酒店建筑等级	一、二级	三级	四、五级
经营及设备管理用计算机系统用电	二级负荷	一级负荷	一级负荷 *
宴会厅、餐厅、厨房、门厅、高级客房及主要通道等场所的照明用电，信息网络系统、通信系统、广播系统、有线电视及卫星电视接收系统、信息引导及发布系统、时钟系统及公共安全系统用电，电声和录像设备、新闻摄像用电，主要客梯、排污泵、生活水泵用电	三级负荷	二级负荷	一级负荷
客房，空调，厨房、洗衣房动力	三级负荷	二级负荷	二级负荷
除上栏所述之外的其他用电设备	三级负荷	三级负荷	三级负荷

注：表中"一级负荷 *"为一级负荷中特别重要负荷；
酒店建筑等级按照国家标准《旅馆建筑设计规范》JGJ62-2014。

供电电压等级应根据酒店建筑的等级和使用功能性质、供电总容量、供电的可靠性，并根据建设项目所在地的实际供电情况和规定，采用 10kV（20kV）或 35kV 供电电压等级。

三级及以上酒店建筑应从市政提供两路双重供电电源，当一路电源故障或检修时，另一路电源不应同时损坏，应确保所有一、二级负荷的供电。

通常有以下两种供电方式：

1. 每路电源承担变压器总装机容量的 100%，主备用或互为备用；

2. 线路停电故障概率很小，每路电源承担变压器总装机容量的 50%，并应确保所有一、二级负荷的供电。

高压供配电系统应满足国家现行标准《供配电系统设计规范》GB50052 的规定，并根据地方供电部门的要求确定，通常情况下要求设置双重电源的高压母线联络。高压开关柜的电缆进出线方式、保护方式、计量方式、分界设置方式和建筑做法等，应符合当地供电部门的要求。

酒店建筑的配变电站设置应满足国家现行标准《20kV 及以下变电所设计规范》GB50053 和《民用建筑电气设计规范》JGJ16 的设计原则及有关规定，当配变电站选址不可避免其电磁场和振动对周边产生影响时，应采取相应的磁场屏蔽和隔振措施。

低压供配电系统应采用 TN-S 系统，变压器低压中性点接地，中性线与保护线分开。

低压供配电系统由低压配电屏采用放射式或树干式供电，经电力竖井及分层设置的配电间，再分送至各用电节点。

各楼层及功能区，应根据防火分区及使用功能，分设区域总配电箱柜。根据负荷性质，可分为普通照明箱 AL、应急照明箱 ALE（ALE 之后供电给 EPS）、普通动力箱 AP（如：普通风机、水泵等）、应急动力箱 APE（如：消防风机、消防水泵、生活水泵、电梯等）、必保动力箱 APB（如：厨房冷库、闭式冷却塔和相关泵组等）等类别。

客房配电系统应采用独立干线形式，高层建筑的标准客房层的一般负荷采用单独密集母线树干式配电送至各层配电箱；当酒店建筑超过 15 层，应分段设置母线；当酒店建筑低于 10 层时，可采用密集母线或采用电缆作为干线配电。

三级及以上酒店建筑的高级客房配电系统干线宜与普通客房的配电系统干线分开设置，并应采用双重电源独立干线，在楼层采用双路电源切换装置，确保供电的可靠性。

客房区的总配电箱不得安装在走道、电梯厅和客人易到达的场所。客房内的配电箱安装在衣橱内时应做好安全防护处理。

四、五级酒店建筑客房层配电箱应采用放射式供电给客房配电箱，每根电缆单独供电给一间标准客房或一间套房。

双路电源末端切换场所：消防负荷（如消防控制室消防负荷、应急照明设备、厨房内的事故排风机（燃气泄漏时使用）、消防水泵及泵机房内的排水泵、消防电梯及基坑排水泵、防排烟设备、火灾自动报警等）以及重要负荷（如电话和网络设备、安保等弱电设备、生活冷热水泵、严寒地区的热力站采暖设备、所有电梯、总统套房和高级客房等）采用双电源末端互投。地下室排水泵按区域集中设置双电源互投箱，放射式配电至末端每个集水坑。

柴油发电机应在低压总配电柜进线断路器处获取失压信号，当采用自动启动方式时应能保证在 30 秒内供电。

发电机一般情况下采用闭式水冷散热方式，当受建筑条件制约时采用远置散热器水冷散热方式。

应急照明灯设置在客房层公共通道、疏散通道、疏散楼梯、人员密集区域和场所、宴会厅、餐厅、厨房、后勤员工区、重要设备用房、地下室、前台大堂等处。

客房入口小走廊应有一盏走廊应急顶灯，餐饮包房、会议室、SPA 包房进门口处应至少有一盏应急照明灯，由发电机应急供电电路供电（或 EPS 供电）。正常电源失电时，应能自动点亮。

在电话和网络机房应设置不间断电源 UPS，供电给机房网络设备和楼层交换设备；消防安保控制室内应设置不间断电源 UPS，供电给消防和安保系统；前台、总经理办公室、财务办公室自动收款机等处可按需要分别设置 UPS，就地提供不间断电源。

4.1.2 设备安装和线路敷设

由变电站低压配电屏配出的电缆和母线，电缆采用电缆桥架经电力竖井至各层配电间，再分送至各用电点。其中消防线路、一级负荷配电线路应与普通负荷配电线路采用不同的金属桥架和金属线槽分开敷设；消防线缆应采用封闭式电缆桥架敷设，并应采取防火措施。

低压配电电线电缆的选择：

1. 消防设备配电线路应采用矿物绝缘耐火电缆或低烟无卤阻燃耐火交联聚乙烯绝缘烯烃护套铜芯电力电缆（WDZN-YJY）；

2. 普通照明及动力设备，均应采用低烟无卤阻燃交联聚乙烯绝缘聚烯烃护套铜芯电力电缆（WDZ-YJY）；

3. 末端分支线路消防设备配电线路采用低烟无卤阻燃耐火聚乙烯绝缘铜芯电线（WDZN-BYJ）；

4. 一般照明及小动力用电设备，采用低烟无卤阻燃型聚乙烯绝缘铜芯电线（WDZ-BYJ）；

5. 室外线路应采用铠装电力电缆。

穿导管的绝缘电线其总截面积（包括外护层）不应超过管内截面积 40%。

电缆桥架（包括有孔托盘和梯架）布线：在电缆桥架上可以无间距敷设电缆。电缆在桥架内横截面积的填充率：电力电缆不应大于 40%；控制电缆不应大于 50%。

所有强弱电设备用房及管道井完成地面要求高出不少于 100mm，或者门口设置不少于 100mm 高土建挡水门坎。

电缆桥架、母线槽等的水平和垂直穿墙和楼板的孔洞，应严格进行防火封堵。所有电气机房和管井内严禁堆放可燃物及其他杂物。

所有插座回路均应配置 30mA 的剩余电流保护装置。

游泳池、淋浴间、洗衣房、厨房等潮湿场所的金属构件应设置等电位连接，房间内的电气设备应配置带剩余电流保护功能的断路器，并满足规范对特殊潮湿场所电气设计的要求。

制冷站、生活水泵房、热换站、厨房、锅炉房、游泳池机房等处的配电箱柜应有足够的防护等级、操作和维护空间，并在安装时采取架高 100 ～ 300mm 的防水措施。

在三相线路中，单相负荷应均匀分配，以尽量减少中性线不平衡电流。

照明和动力用电应分开配电，以减少因动力负荷所引起的电压波动，并影响系统质量。

冷冻机组及其配套水泵宜由单独的动力负荷变压器组供电，以减少其启动时对照明负荷的影响。

户外电源：在室外集中的大面积景观、露天酒吧等处，应考虑布置防水电源插座，以供移动音响设备、节日彩灯等使用。

4.1.3　照明

照明设计应按现行国家标准《建筑照明设计标准》GB50034 的规定执行外，尚应符合下列规定：

1. 三级及以上酒店建筑客房照明宜根据功能采用局部照明。客房内电源插座标高宜根据使用要求确定。走道、门厅、餐厅、宴会厅、电梯厅等公共场所应设供清扫设备使用的插座；

2. 四级及以上酒店建筑的每间客房至少应有一盏灯接入应急供电回路；

3. 客房衣橱内设置的照明灯具应带有防护罩；

4. 餐厅、酒吧、会议室、宴会厅、大堂、走道等场所的照明宜采用集中控制方式，并按需要采取调光或降低照度的控制措施；楼梯间、客房走道的照明，除应急疏散照明外，宜采用自动调节照度等节能措施；

5. 三级酒店建筑客房内宜设有分配电箱或专用照明支路。四级及以上酒店建筑客房内应设置分配电箱；三级酒店建筑的客房宜设置节电开关；四级及以上等级酒店建筑的客房应设置节电开关。客房内的冰箱、充电器、传真等用电不应受节电开关控制。

酒店建筑照明标准值应符合表 4.1-2 和表 4.1-3 的规定（摘自《建筑照明设计标准》GB50034-2013）。

酒店建筑照明标准值　　　　　　　　　　　　　　表 4.1-2

区域		参考平面及其高度	照度标准值（lx）	UGR	U0	Ra
客房	一般活动区	0.75m 水平面	75	—	—	80
	床头	0.75m 水平面	150	—	—	80
	写字台	台面	300*	—	—	80
	卫生间	0.75m 水平面	150	—	—	80
中餐厅		0.75m 水平面	200	22	0.60	80
西餐厅		0.75m 水平面	150	—	0.60	80
酒吧间、咖啡厅		0.75m 水平面	75	—	0.40	80
多功能厅、宴会厅		0.75m 水平面	300	22	0.60	80
会议室		0.75m 水平面	300	19	0.60	80
大堂		地面	200	—	0.40	80
总服务台		台面	300*	—	—	80
休息厅		地面	200	22	0.40	80
客房层走廊		地面	50	—	0.40	80
厨房		台面	500*	—	0.70	80
游泳池		水面	200	22	0.60	80
健身房		0.75m 水平面	200	22	0.60	80
洗衣房		0.75m 水平面	200	—	0.40	80

注：* 指混合照明照度。

表4.1-3

酒店其他场所照明标准值

房间或场所		参考平面及其高度	照度标准值（lx）	UGR	U0	Ra
走廊、流动区域		地面	100	—	0.60	80
楼梯间		地面	75	—	0.60	60
自动扶梯		地面	150	—	0.60	60
电梯前厅		地面	150	—	0.60	80
厕所、盥洗室、浴室		地面	150	—	0.60	80
休息室		地面	100	22	0.40	80
更衣室		地面	150	22	0.40	80
储藏室		地面	100	—	0.40	60
车库	停车位	地面	30	—	0.40	60
	行车道	地面	50	—	0.60	60
电话站、网络中心		0.75m 水平面	500	19	0.60	80
计算机站		0.75m 水平面	500	19	0.60	80
变、配电站	配电装置室	0.75m 水平面	200	—	0.60	80
	变压器室	地面	100	—	0.60	60
电源设备室、发电机室		地面	200	25	0.60	80
电梯机房		地面	200	25	0.60	80
控制室	一般控制室	0.75m 水平面	300	22	0.60	80
	主控制室	0.75m 水平面	500	19	0.60	80
动力站	风机房、空调机房	地面	100	—	0.60	60
	泵房	地面	100	—	0.60	60
	冷冻站	地面	150	—	0.60	60
	压缩空气站	地面	150	—	0.60	60
	锅炉房、煤气站的操作层	地面	100	—	0.60	60

酒店建筑照明功率密度不应大于表 4.1-4 和表 4.1-5 规定的限值（摘自《建筑照明设计标准》GB50034-2013）。

酒店建筑照明功率密度限值　表4.1-4

房间或场所	照明功率密度（W/m²）		对应照度值（lx）
	现行值	目标值	
客房	7.0	6.0	—
中餐厅	9.0	8.0	200
西餐厅	6.5	5.5	150
多功能厅	13.5	12.0	300
客房层走廊	4.0	3.5	50
大堂	9.0	8.0	200
会议室	9.0	8.0	300

酒店其他场所照明功率密度限值　表4.1-5

房间或场所		照明功率密度（W/m²）		对应照度值（lx）
		现行值	目标值	
走廊		4.0	3.5	100
厕所		6.0	5.0	150
控制室	一般控制室	9.0	8.0	300
	主控制室	15.0	13.0	500
电话站、网络中心、计算机站		15.0	13.0	500
动力站	风机房、空调机房	4.0	3.5	100
	泵房	4.0	3.5	100
	冷冻站	6.0	5.0	150
	压缩空气站	6.0	5.0	150
	锅炉房、煤气站的操作层	5.0	4.5	100
车库		2.5	2.0	30～50

应急照明设计要求应满足现行国家标准《建筑防火设计规范》GB50016 的有关规定。

游泳池等水下灯应采用 12V 安全电压供电。

大功率调光装置的配电线路宜采用单相配电；当采用三相配电时，宜每相分别配置中性导体；当共用中性导体时，中性导体的截面不应小于相导体截面的 2 倍。

燃油 / 气锅炉房、燃油 / 气发电机房、日用油箱间、燃气调压间、工程部的木工间和油漆间、危险品库房等爆炸和火灾危险场所，其灯具、开关应采用防爆型，危险等级的划分和设计应符合现行国家标准《爆炸和火灾危险环境电力装置设计规范》GB50058 的有关规定。

厨房、食品加工间、洗衣房和游泳池等潮湿环境的灯具应采用防潮型，该场所的插座应采用防溅型。

4.1.4 防雷与接地

酒店建筑的防雷、接地及安全措施除应符合现行国家标准《建筑物防雷设计规范》GB50057 和《建筑物电子信息系统防雷技术规范》GB50343 的规定外，还应符合以下规定：

1. 有洗浴功能的客房卫生间应设置局部等电位连接；

2. 浴室、洗衣房、游泳池等潮湿场所应设置局部等电位连接。

建筑幕墙、擦窗机、卫星天线、烟囱、冷却塔和突出屋面的金属物均应和屋面接闪可靠连接。

建筑物的直击雷非防护区（LPZ0A）、直击雷防护区（LPZ0B）与第一防护区（LPZ1）交界处，应安装电涌保护器。

卫星电视、有线电视、语音和数据的市政进、出线路，均应设置电涌保护器。

下列场所应设置等电位连接：变电所、柴油发电机房、锅炉房、冷冻机房、生活水泵房、消防水泵房、换热站、各层空调机房、消防和安防机房、电话和网络机房、AV 机房、电梯机房等机房；强电和弱电竖井；游泳池、淋浴间、洗衣房、厨房等潮湿场所。

接地系统应采用联合接地方式，接地电阻不大于 1 欧姆。

4.1.5 建筑智能化

一般规定

信息接入系统宜将各类公共通信网引入建筑内。

酒店建筑经营管理系统信息网络宜独立设置。

酒店建筑的公共区域、会议室（厅）、餐饮和供宾客休闲场所等处宜配置宽带无线接入网的接入点设备。客房内宜根据服务等级配置供宾客上互联网的信息端口。

酒店建筑应根据对语音通信管理和使用上的需求，配置具有相应管理功能的电话通信交换设备。

酒店建筑总服务台、办公管理区域和会议区域处宜配置内线电话和直线电话；客房、客人电梯厅、商场、餐饮、机电设备机房等区域宜配置内线电话；在首层大厅等公共场所应配置公用直线和内线电话及无障碍电话。

有线电视系统、卫星电视接收及传输网络系统，应提供当地多套有线电视、多套自制和卫星电视节目，以满足宾客收视的需求。

客房内宜根据经营服务等级配置具有提升客房服务的客房集成智能控制系统。

酒店建筑应设置有线电视系统，四级及以上酒店建筑宜设置卫星电视接收系统和自办节目或视频点播（VOD）系统。

三级酒店宜设公共广播系统，四级及以上酒店应设公共广播系统。餐厅、咖啡茶座等场所，宜配置独立控制的背景音乐扩声系统，系统应与火灾自动报警系统联动作为应急广播使用。

酒店建筑的会议室、多功能厅宜设置电子会议系统，并根据需要可设置同声传译系统。

各楼层、电梯厅等场所宜配置信息发布显示系统。

室内大厅、总服务台等场所宜配置信息查询导引系统，并应符合残疾人和儿童对设备的使用要求。

应根据酒店建筑的不同规模和管理模式，建立酒店计算机经营管理系统，四级及以上酒店建筑宜设置客房管理系统，配置前台和后台相应的管理功能系统软件。前台系统应配置总台（预订、接待、问询和账务、稽核）、客房中心、程控电话、商务中心、餐饮收银、娱乐收银和公关销售等系统设备；后台系统应配置财务系统、人事系统、工资系统、仓库管理等系统设备。前台和后台宜联网进行一体化管理。

酒店计算机经营管理系统宜与用户电话交换系统、智能卡系统、客房视频点播系统、远程查询预订系统关联。

应根据酒店计算机经营管理系统中操作人员职务等级或操作需求配置权限，并对系统中客房、餐饮、库房、娱乐等各分项功能模块的操作权限进行控制。

酒店智能卡应用系统应建立统一发卡管理模式，系统宜与酒店计算机经营管理系统联网。

供残疾人使用的客房和卫生间，应设置紧急求助按钮；五级酒店客房及其卫生间宜设置紧急求助按钮，并应符合现行国家标准《无障碍设计规范》GB50763 的规定。

酒店建筑应设置安全防范系统，除应符合现行国家标准的《安全防范工程技术规范》GB50348 的规定外，并应符合下列规定：

1. 三级及以上酒店建筑客房层走廊应设置视频安防监控摄像机，一、二级酒店建筑客房层走廊宜设置视频安防监控摄像机；

2. 重点部位宜设置入侵报警及出入口控制系统，或两者的组合；

3. 地下停车场宜设置停车场管理系统；

4. 在安全疏散通道上设置的出入口控制系统必须与火灾自动报警系统联动。

酒店建筑的通信和信息网络宜采用综合布线系统，其设计除应符合现行国家标准的《综合布线系统工程设计规范》GB50311 的规定外，并应符合下列规定：

1. 三级及以上酒店建筑宜设置自动程控交换机；

2. 每间客房应装设电话和信息网络插座，四级及以上酒店建筑客房的卫生间应设置电话副机；

3. 各级酒店建筑的门厅、餐厅、宴会厅等公共场所及各设备用房值班室应设电话分机；

4. 三级及以上酒店建筑的大堂会客区、多功能厅、会议室等公共区域宜设置信息无线网络覆盖；

5. 当酒店建筑室内存在移动通信信号的弱区和盲区时，应设置移动通信室内信号覆盖系统。

四级及以上酒店建筑，应设置建筑设备监控系统。

为防止电磁干扰，计算机房、电话程控交换机房、有线电视及卫星电视机房及电缆竖井的位置不得接近产生电磁场的电气设备，如大型电机、电梯机房、变压器或类似设备。

建筑耗能采集及能效监管系统应设置空调用电、动力用电、照明和插座用电、特殊用电的分项计量，50kW 及以上用电设备应单独安装电表。对于清洁生产水平达到现行国家标准《清洁生产标准–宾馆饭店业》HJ514 一级和二级的酒店建筑除设置分项计量外，尚应设置冷热源、水源等各部分能耗进行独立分类计量。

酒店建筑智能化系统选项配置见表 4.1-6（摘自《智能建筑设计标准》GB50314-2013 审查稿）。

系统配置

语音通信系统

语音服务：酒店内设置一台内部管理的电话程控交换机。电话交换机和网络设备一般合用机房。

移动信号覆盖系统：为解决本建筑内移动信号通讯问题，在本建筑内设置一定数量的移动通信中继发收基站、通讯线缆、天线等设备，在整个建筑物内实现中国移动、中国联通、中国电信信号的全覆盖，使移动通讯信号在整个建筑内实现无盲区。

计算机网络系统

设置酒店办公局域网、客人宽带有线上网以及公共区域及客房无线上网。办公局域网与客人宽带上网的网络应采取物理分隔。

网络光纤分两路引至网络机房，办公网经防火墙接入酒店办公局域网；客人网接入客房中心交换机、路由器，再分别到达各楼层交换机。办公网和客人网核心交换机各设置一台。

酒店建筑智能化系统配置选项表（推荐）　　　　　　表 4.1-6

智能化系统			酒店等级		
			四、五级	三级	一、二级
智能化集成系统			●	●	○
信息设施系统	信息接入系统		●	●	●
	信息网络系统		●	●	●
	移动通信室内信号覆盖系统		●	●	●
	用户电话交换系统		●	●	●
	卫星通信系统		●	○	○
	有线电视及卫星电视接收系统		●	●	●
	公共广播系统		●	●	●
	会议系统		●	●	●
	信息导引（标识）及发布系统		●	●	○
	时钟系统		●	●	●
	酒店经营网络系统		●	●	●
	酒店客房集控系统		●	●	○
	酒店视频点播系统		●	●	●
信息化应用系统	酒店经营业务系统		●	●	●
	信息设施运行管理系统		●	●	○
	物业运营管理系统		●	●	●
	公共服务系统		●	●	○
	公众信息系统		●	●	○
	智能卡应用系统		●	●	●
	信息网络安全管理系统		●	●	●
建筑设备管理系统	建筑设备综合管理系统		●	●	○
	建筑机电设备监控系统		●	●	●
	建筑耗能采集及能效监管系统		●	●	●
	绿色能源监管系统		●	○	○
公共安全系统	火灾自动报警系统		●	●	●
	安全技防系统	安全综合管理系统	●	○	○
		入侵报警系统	●	●	●
		视频安防监控系统	●	●	●
		出入口控制系统	●	●	●
		电子巡查管理系统	●	●	●
		汽车库（场）管理系统	●	●	○
	应急响应（指挥）系统		●	○	○
机房工程	信息（含室内移动通信覆盖）接入系统机房		●	●	●
	有线电视（含卫星电视接入）前端机房		●	●	○
	信息系统总配线机房		●	●	○
	智能化系统总控室		●	●	○
	信息系统中心设备（或数据中心设施）机房		●	●	○
	消防控制室		●	●	●
	安防监控中心		●	●	●
	用户电话交换系统机房		●	●	○
	智能化系统设备间（电信间）		●	●	●
	应急响应（指挥）中心		●	○	○

图例：

●需配置

○宜配置

综合布线系统

语音和数据市政进线经过酒店建筑地下一层的交接间，进入电话和网络总机房。数据主干为多模光纤，传输速率不低于 1GB；语音主干为 3 类大对数 UTP，充分满足用户需求。语音水平布线采用超 5 类 UTP；数据水平布线采用 6 类 UTP，实现百兆到桌面。公共区、后勤区和客房区根据需要设置语音数据点和数据信息点。

客房宜预留 IPTV 端口，IPTV 使用六类线，并连接至配线架。

楼宇自控系统（BAS）

楼宇自动控制系统实现对建筑物内各类设备的监视、控制、测量，应做到运行安全、可靠、节能能源、节省人力。系统主机安装在工程部办公室。

建筑设备监控系统的网络结构模式应采用集散式或分布式的控制方式，由管理层网络与监控层网络组成，实现对设备运行状态的监控。建筑设备监控系统应实时采集，记录设备运行的有关数据，并进行分析处理。

在已设有电力监控系统的情况下，通过通信接口协议接入 BAS 系统；在未设电力监控系统情况下，对变压器超温报警、低压主进线、低压母线开关状态作监视。

对柴油发电机的运行和故障状态通过通信协议进行监视。

对室外泛光、室内园林、室外景观照明以干接点形式进行监视和控制。

通信接口设置：制冷站群控（包括制冷机组、冷却塔、水泵）、柴油发电机组（监视）、每台锅炉（监视）、游泳池系统通过网管纳入 BA，监测状态。泛光照明采用干接点纳入 BA 系统。

安全防范系统

闭路电视监控系统：建筑物的主入口室外雨棚下、出入口、电梯厅、电梯轿厢内、主要走廊、地下车库、财务室总出纳室、大堂接待台、IT 机房设备间、贵重物品存储间、行李房、卸货平台、干货仓库、酒水仓库、扶梯等公共区域设置摄像机，进行实时监控，在保安监控室显示图像并可通过数字硬盘录像机进行实时录像。

中心电视墙除设置监视器外，硬盘录像机拟按 16：1 比例配置显示器接入电视墙。

门磁系统：首层对外出入口、通往屋顶出入口设置推杠锁及门磁，信号返回报警主机。

保安报警系统：在重要的区域，如：泳池、残疾人客房及残障卫生间、财务室、大堂接待台、收银台、桑拿间内、高温泡池、冷库、总统套房的卫生间、人力资源办公室等，设置紧急报警按钮，与安防中心联系。

巡更系统：公共区域内按照巡更路线设置巡更点，以便记录保安人员的巡查状况。

数字无线对讲：根据管理需要，用于联络保养、保安、操作及服务 3 个频点 6 个信道，方便在酒店建筑内非固定的位置执行职责。

电子门锁：在客房，IT 机房设备间，出纳室，贵重物品存储间，健身房等处设置电子门磁。

离线式电子门禁：在酒店建筑与商业、写字楼、共用车库相连通的出入口、员工入口、通往屋面的门，等处设置离线式电子门禁。

车库管理系统

设置车库管理系统。实现车辆停放和出入的高效、安全、方便的管理。

背景音乐广播系统

背景音乐广播系统和火灾应急广播系统各自独立设置。系统应能与火灾自动报警系统联动作应急广播使用。

应按使用功能要求，合理设置广播分区。

设有本区音响的区域，例如宴会厅、会议室等处，消防广播和背景音乐广播应分别设置，火灾时切断背景音乐广播电源。

有线电视及卫星电视系统

应设置有线电视和卫星电视接收系统。卫星电视接收天线拟安装于楼顶，预留 2 台 2.4 ～ 3.6m 天线基础；在卫星天线的附近设置前端设备机房。有线电视信号由市政引入，经调制解调后与卫星电视信号在前端设备机房混合后送入分配网络。

采用光纤和同轴电缆混合组网，电视图像双向传输方式，满足数字电视的传输要求。

IPTV 系统（预留）

考虑到未来技术的发展，在客房客厅的电视后面预留 IPTV 布线的 RJ45 接口，水平敷设 6 类线。

信息发布系统

在酒店大堂的主要入口处、宴会厅及会议主要入口处、宴会厅每个隔间门口和每个会议室门口、客梯设置信息显示屏，发布会议的相关信息。可设置无线网络接受的无线信息显示屏。

客房控制系统

客房内宜设置客房控制系统，实现客房内的灯光、插座、空调等的自动控制。客房控制器 RCU（Room Control Unit）系统联网。

调光控制系统

在酒店的大堂、大堂吧、餐厅、SPA 公共区、宴会厅、宴会前厅、会议室、总统套房客厅、行政酒廊等区域设置智能中央调光控制系统。餐饮区的小包房设置就地调光面板，不纳入中央调光系统。

管井

弱电管井一般不小于 4m²，宽度不小于 1.5m，管井应距服务区最远端的信息点位不超过 75m，若超过须另加管井或设备箱；所有弱电设备用房及管井（包括夹层内）门口都需加设不少于 100mm 高土建挡水门坎。

线路敷设及 UPS 设置

敷设在封闭桥架内的控制、信号及类似线路占用线槽的比例不超过 50% 占空比。水平或垂直穿墙 / 楼板的线槽、管路等应严格进行防火封堵。

消防和安保控制室的 UPS 应分别独立设置。UPS 的容量和持续供电时间应满足智能化设备在市电失电的设备工作需求。有条件的消防安保中心应将 UPS 设置在独立隔间内以免值班员长期受噪声干扰。

4.1.6　参考示例

示例一

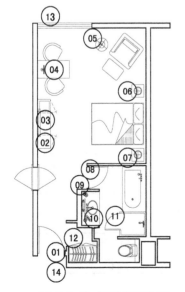

**图 4.1-1　标准客房电源、
照明、弱电插座配置示例**

标准客房电源 / 照明 / 弱电插座配置示例　表 4.1-7

01 区域	01- 进门
类型	用途
OS	门卡感应控制器
SW	"请勿打扰" 面板
DC	欢迎灯门接触开关

02 区域	02 迷你吧台
类型	用途
SO	热水壶电源插座
SO*	迷你吧台冰柜电源插座
DATA	迷你吧台

03 区域	03- 电视机
类型	用途
SO*	两组电视机电源插座

续表

03 区域	03- 电视机
类型	用途
SO*	机顶盒电源插座
DATA	IPTV
TV	SMATV
AV	HDMI 插座（与桌面网多媒体插座互连）
AV	电视与浴室扬声器音频连接

04 区域	04- 学习区
类型	用途
SO*	组合通用电源插座（桌上）
DATA	有线宽带连接互联网插座（桌上）
AV	HDMI 插座（与电视网多媒体插座互连）（桌上）
SO	台灯电源插座（配调光开关）
TEL	电话机插座
SO*	MP3 扩充基座电源插座

05 区域	05- 阳台和起居区
类型	用途
SW	阳台灯开关（如有）
SO	阳台防水电源插座（如有）
SW	电动窗帘控制器（如有）
SO	电动窗帘电源（如有）
SO	落地灯电源插座

06 区域	06- 床头（右）
类型	用途
SW	右边床头主开关
SW	右边阅读灯开关（如有）
SW	右边夜灯开关
SW	右边床头灯开关（壁灯）
SW	右边床头总控开 / 关
TEL	电话机插座
SO*	无线电话电源插座
SO*	床头台灯电源插座
SO*	通用电源插座

07 区域	07- 床头（左）
类型	用途
SW	左边床头主开关
SW	左边阅读灯（如有）
SW	左边夜灯
SW	左边床头灯（壁灯）
SW	左边床头灯总控开 / 关
TEL	电话机插座

续表

07 区域	07- 床头（左）
类型	用途
SO*	无线电话电源插座
SO	床头台灯电源插座
SO*	通用电源插座

08 区域	08- 卧室进门
类型	用途
AC	恒温器
SO	通用电源插座

09 区域	09- 洗浴室
类型	用途
SW	浴室灯开关
SW	浴室灯开关
OS	洗浴室夜灯的人体感应器

10 区域	10- 化妆台
类型	用途
SO	防雾镜电源
SO	吹风机电源
SO	剃须专用（110/220V）电源插座
TV	TV 连接点（有电视的洗浴室）
SO	电视机电源插座（有电视的洗浴室）
SPKR	扬声器（无电视的洗浴室）
VC	扬声器音量调控器（无电视的洗浴室）
AV	从电视机到扬声器的音频连接（无电视的洗浴室）

11 区域	11- 厕位
类型	用途
TEL	电话机插座

12 区域	12- 衣帽间
类型	用途
SW	衣帽间灯门微型开关
SO	电熨斗电源插座
SO	门铃

13 区域	13- 阳台 / 露台门 / 活动窗口
类型	用途
SW	** 与 FCU 连接的微型开关

14 区域	14- 走道
类型	用途
SW	电铃按钮面板
–	"请勿打扰" 指示面板

续表

图例	备注
类型	用途
AC	数字显示恒温器 +ON/OFF，三速控制 + 温度控制
AV	视听连接点
DATA	4 组 CAT-6 数据点
SO	电器电源插座
SO*	未与门卡"插座"连接的电源插座：与应急电源连接的电器插座
SW	照明等开关
TEL	4 组 CAT-6 电话连接点
TV	电视射频终端
SPKR	扬声器
VC	音量控制
DC	门接触开关
OS	人体感应开关
**	与活动窗户和阳台 / 露台连接的微型开关：打开时，关闭 FCU

示例二

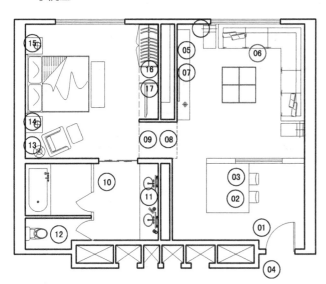

**图 4.1-2　套房电源、照明、
弱电插座配置示例**

小套房标准电源 / 照明 / 弱电插座配置示例　表 4.1-8

01 区域	01- 起居区进门
类型	用途
OS	门卡感应控制器
DC	欢迎灯门接触开关
SW	"请勿打扰"开关
SO	门铃电源

续表

02 区域	02- 迷你吧台
类型	用途
SO	热水壶电源插座
SO*	迷你吧台冰柜电源插座
DATA	迷你吧台

03 区域	03- 就餐 / 学习区
类型	用途
SO*	组合通用电源插座
DATA	有线宽带连接互联网插座
TEL	电话机插座
SO	台灯电源插座（配调光开关）

04 区域	04- 走道侧
类型	用途
SW	电铃按钮面板
–	"请勿打扰"指示面板

05 区域	05- 起居区
类型	用途
SO*	组合通用电源插座（桌上）
AV	HDMI 插座（与电视网多媒体插座互连）（桌上）
SO*	MP3 扩充基座电源插座

06 区域	06- 阳台 / 露台 / 活动窗口和座位区
类型	用途
SW	阳台灯开关（如有）
SO	座位区落地灯电源插座
SW	** 与 FCU 连接的阳台 / 露台 / 活动窗口微型开关
SW	电动窗帘控制器（如有）
SO	电动窗帘电源（如有）
SO	阳台防水电源插座（如有）

07 区域	07- 电视机（起居区）
类型	用途
SO*	两组电视机电源插座
SO*	机顶盒电源插座
DATA	IPTV
TV	SMATV
AV	HDMI 与网多媒体插座连接

续表

08 区域	08- 卧室进门（卧室外）
类型	用途
SW	就餐 / 书桌灯（开关或调光器）
SW	起居 / 就餐区照明主开关
AC	恒温器
SO	通用电源插座

09 区域	09- 卧室进门（卧室内）
类型	用途
SW	卧室进门照明主开关

10 区域	10- 洗浴室
类型	用途
SW	浴室灯开关
SW	浴室灯开关
AC	恒温器
AV	洗浴室 TV 连接点（有电视的洗浴室）
SPKR	扬声器
SO	洗浴室电视电源插座（有电视的洗浴室）

11 区域	11- 化妆台
类型	用途
SO	防雾镜电源
SO	吹风机电源
SO	剃须专用（110/220V）电源插座
OS	化妆区照明人体感应器

12 区域	12- 厕位
类型	用途
TEL	电话机插座

13 区域	13- 通用（卧室）
类型	用途
SO	落地灯电源插座

14 区域	14- 床头（右）
类型	用途
SW	右边床头主开关
SW	右边阅读灯开关（如有）
SW	右边夜灯开关（LED 显示）

续表

14 区域	14- 床头（右）
类型	用途
SW	右边床头灯开关（壁灯）
SW	右边床头总控开 / 关
SW	"请勿打扰" 开关
TEL	电话机插座
SO*	无线电话电源插座
SO*	通用电源插座

15 区域	15- 床头（左）
类型	用途
SW	左边床头主开关
SW	左边阅读灯开关（如有）
SW	左边夜灯开关（LED 显示）
SW	左边床头灯（如壁挂）
SW	左边床头总控开 / 关
TEL	电话机插座
SO*	无线电话电源插座
SO*	通用电源插座

16 区域	16- 衣帽间
类型	用途
SO	电熨斗电源插座
MSW	衣帽间灯门微型开关

17 区域	17- 电视机（卧室）
类型	用途
SO*	两组电视机电源插座
DATA	IPTV
SO*	机顶盒电源插座
TV	SMATV

18 区域	18- 化妆室（如有）
类型	用途
SW	化妆室照明开关
SO	通用电源插座

图例	备注
类型	用途
AC	数字显示恒温器 +ON/OFF，三速控制 + 温度控制
AV	视听连接点
DATA	4 组 CAT-6 数据点

续表

18 区域	18- 化妆室（如有）
类型	用途
SO	电器电源插座
SO*	未与门卡"插座"连接的电源插座
SW	照明等开关
TEL	4 组 CAT-6 电话连接点
TV	电视射频终端

续表

18 区域	18- 化妆室（如有）
类型	用途
SPKR	扬声器
DC	门接触开关
OS	人体感应开关
**	与活动窗户和阳台/露台连接的微型开关：打开时，关闭 FCU

示例三

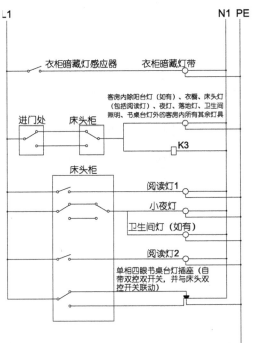

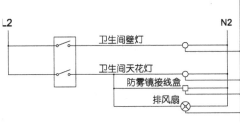

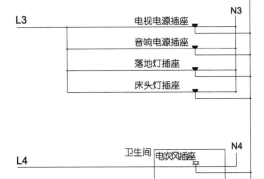

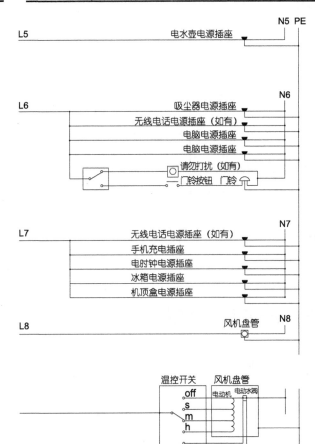

注：风机盘管温度近期要求：客人离房时客房门卡取电开关装置在延时60秒（可调）后，客房内盘管须切换至节能模式，即风机盘管切换至低速运行并符合如下要求：
A. 当客房钥匙牌取出时，风机盘管须自动切换为"节能模式"，风机盘管须维持关闭状态直至房间温度超出以下所述的设定值。
B. （节能—制冷模式）当房间温度升至28℃时，风机盘管须自动恢复低速运作并开启冷冻盘管的电磁阀；当房间温度降至26℃时，须自动关闭风机盘管的风机及冷冻盘管的电磁阀。
C. （节能—采暖模式）当房间温度降至16℃时，风机盘管须自动恢复低速运作并开启采暖盘管的电磁阀；当房间温度升至18℃时，须自动关闭风机盘管的风机及采暖盘管的电磁阀。
D. 节能模式时的设定值能于现场进行调整及设定。
E. 客房"节能模式"所需的接触器，在符合维护和散热的要求基础上，采用低噪音型接触器并必满足于床头位置测量其噪音水平符合不超NC30要求。

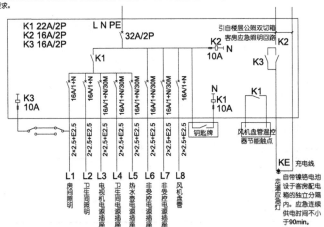

图 4.1-3 典型标准客房配电箱系统图示例

示例四

酒店各场所用电容量估算 - 四级及以上酒店建筑推荐　　表 4.1-8

酒店区域	照明 W/m²	电源插座 W/m²	酒店区域	照明 W/m²	电源插座 W/m²
正门和大堂	40	10	后场区域员工更衣室 / 卫生间	15 ～ 20	10
中庭	30	10	设备房区	15	10
电梯门厅	40	20	工作间	20	20
会议室	60	10	零售商店	40	75
准备区	60	80	放映室	20	220
宴会厅	60 ～ 100	100	被服区	15	25
舞台照明	90	100	贩售 / 制冰机区	30	20
展示区	60	120	内部停车场	5	5
酒吧	30	10 ～ 20	外部停车场	10	5
餐厅	30	20 ～ 30	外部通道	10	5
大礼堂	35	50	室内游泳池	30	5
前台区域	40	25	游泳池休息区	20	10
办公区	40	10	网球场	75	5
客房	25	25	Spa 水疗 / 招待区	40	10
客房走道	15 ～ 20	15	理疗房	15	10
服务走道	10	5	健身区	50	80
厨房	40	5	喷泉水景	50 ～ 70	80
洗衣 / 客房服务	25	15			

4.2　暖通空调、动力

4.2.1　冷源与热源

冷、热源形式

1. 冷源通常采用水冷离心式冷水机组和水冷螺杆式冷水机组。若采用其他形式（如：溴化锂吸收式冷温水机组）的冷源，需要提前与酒店管理公司进行沟通。

2. 热源通常采用热水锅炉和蒸汽锅炉的组合，热水锅炉作为空调、生活热水等系统的热源，蒸汽锅炉为洗衣房、空调加湿等系统提供必需的蒸汽。锅炉的燃料通常为燃气，在燃气供应得不到保障时，应考虑油气两用锅炉。

3. 当酒店设置于综合体项目中时，酒店管理公司通常要求酒店的冷、热源独立于综合体中其他业态的冷、热源设置。酒店的冷、热源是否独立设置，应提前与酒店管理公司及业主进行沟通。

4. 部分酒店管理公司对冷、热源形式的要求如表 4.2-1 所示。

部分酒店管理公司对冷、热源形式的要求　　表 4.2-1

冷、热源形式	设备数量	其他要求	备注
离心机（> 300RT）螺杆机（< 300RT）	2 台（峰值负荷 ≤ 1600RT）3 台（峰值负荷 > 1600RT）	R123 或 R134a	酒店管理公司一
燃气热水、蒸汽锅炉	热水锅炉至少 2 台	效率 ≥ 90%	
冷水机组	至少 2 台或 2 台压缩机	R123 或 R134a	酒店管理公司二
离心机、螺杆机（冷负荷 > 200kW）	3 台	R134a	酒店管理公司三
油气两用热水、蒸汽锅炉	各 2 台		
离心机、螺杆机	至少 3 台	制冷剂不含 CFC	酒店管理公司四
油气两用热水、蒸汽锅炉	2 台～3 台	效率 ≥ 90%	

冷、热源的容量

1.《民用建筑供暖通风与空气调节设计规范》GB50736-2012 第 8.2.2 条规定：电动压缩式冷水机组的总装机容量，应根据计算的空调系统冷负荷值直接选定，不另做附加；在设计条件下，当机组的规格不能符合计算冷负荷的要求时，所选择机组的总装机容量与计算冷负荷的比值不得超过 1.1。

2.《民用建筑供暖通风与空气调节设计规范》GB50736-2012 第 8.11.8 条规定：当一台锅炉因故停止工作时，剩余锅炉的设计换热量应符合业主保障供热量的要求，并且对于寒冷地区和严寒地区供热（包括供暖和空调供热），剩余锅炉的总供热量分别不应低于设计供热量的 65% 和 70%。

3. 酒店管理公司出于提高运营安全性的目的，考虑设备效率的衰减、单台冷（热）源主机故障对冷（热）源供冷（热）量的影响等因素，均要求设计单位在配置冷、热源主机时留有 30% ~ 50% 的裕量。部分酒店管理公司的具体要求如表 4.2-2 所示。

部分酒店管理公司冷、热源设备容量　　　　　　　　　　　　　　　　　　　表 4.2-2

冷、热源设备数量	设备容量	备注
制冷机 2 台	单台满足 65% 峰值负荷	酒店管理公司一
制冷机 3 台	单台满足 40% 峰值负荷	
锅炉至少 2 台，容量满足峰值负荷，冗余量需根据项目地点、售后服务以及备件的情况与万豪工程部商议		
制冷机至少 2 台	单台设备故障时，仍能满足 100% 峰值负荷	酒店管理公司二
制冷机 3 台	单台满足 50% 峰值负荷	酒店管理公司三
热水锅炉 2 台	冬季设计温度 < 4℃，单台满足 100% 峰值负荷；冬季设计温度 > 5℃，单台满足 67% 峰值负荷	
蒸汽锅炉 2 台	单台满足 100% 峰值负荷	
温和气候条件，制冷机 3 台	单台满足 35% 峰值负荷	酒店管理公司四
热带及度假村，制冷机 3 台	其中 2 台，单台满足 50% 峰值负荷；另 1 台满足 30% 峰值负荷	
锅炉 2 台	单台满足 2/3 峰值负荷	
锅炉 3 台	单台满足 50% 峰值负荷	

冷、热源可持续设计

酒店管理公司对冷、热源的可持续设计提供了如下常用的备选方案，可在技术经济分析合理时采用。

1. 冬季或过渡季利用冷却塔提供空调冷水；

2. 冷水机组冷凝热回收，用于酒店生活热水加热；

3. 锅炉烟气侧热回收，加热补水或回水；

4. 采用变频调节的冷水机组；

5. 空调冷、热水系统和冷却水系统变频控制。

4.2.2　客房区域暖通空调设计

室内设计参数

1. 相关规范及标准对酒店客房的室内设计参数规定如表 4.2-3 所示。

相关规范和标准的客房空调设计参数　　　　　　　　　　　　　　　　　表 4.2-3

夏季		冬季		新风量	等级	数据来源
温度（℃）	相对湿度（%）	温度（℃）	相对湿度（%）	（m³/h×P）		
24~26	40~60	22~24	≥30	30	Ⅰ级Ⅱ级	《民用建筑供暖通风与空气调节设计规范》GB50736-2012
26~28	≤70	18~22	—	30		

注：Ⅰ级热舒适度较高，Ⅱ级热舒适度一般。

夏季		冬季		新风量	等级	数据来源
24~26	≤55	22~24	≥40	50	五级	上海市《公共建筑节能设计标准》DGJ08-107-2012
24~26	≤55	21~23	≥40	40	四级	
25~27	≤60	20~22	≥35	30	三级	

注：旅馆建筑由低至高被划分为一、二、三、四、五级 5 个等级，此处仅列出三、四、五级客房的室内设计参数。

2. 部分酒店管理公司对酒店客房的室内设计参数规定如表 4.2-4 所示。

部分酒店管理公司的客房空调设计参数　　　　　　　　　　　　　　　　　表 4.2-4

夏季		冬季		新风量	备注
温度（℃）	相对湿度（%）	温度（℃）	相对湿度（%）		
22	50	23	—	2.5 l/s×P + 0.3 l/s×m²	酒店管理公司一
23±1	55±5	22±1	30±5	0.3（l/s×m²）	酒店管理公司二
22	50	24	—	90（m³/h×间）	酒店管理公司三
24±1	50±5	22±1	50±5	100（m³/h×间）	酒店管理公司四

客房空调系统形式

客房的空调系统形式多采用风机盘管＋新风，客房用风机盘管有立柱型、立式暗装、立式明装、卧式暗装、卧式明装等形式。立柱型风机盘管可直接设于房间内任何位置，紧靠空调水管管道布置；立式暗装、立式明装风机盘管一般落地设于窗台处；卧式暗装风机盘管通常设置于客房小走道的吊顶内；卧式明装风机盘管宜设在小走道的吊顶下，实际工程中很少使用。

除风机盘管＋新风系统外，一种采用微孔金属吊顶大温差送风的变风量空调系统（原名 Ionair® Comfort Climate System，简称 ICCS 系统）目前也已经被成功应用在多家高星级酒店的客房之中，其详细介绍可参考《酒店空调设计》（许宏褀等著）。

《旅游饭店星级的划分与评定》GB/T 14308-2010 要求四星级和五星级旅游饭店应设置中央空调系统，并设计了设施设备评分表，总分 600 分，五星级旅游饭店应获得 420 分以上。采用四管制系统可获得 5 分，采用两管制系统可获得 3 分。

除某些热带地区外，各酒店管理公司对五星级酒店均要求采用四管制空调水系统。热带地区的空调水系统形式应与建设方或酒店管理公司充分沟通后确定。

客房新风系统

客房新风系统通常有三种系统形式，即水平分层系统、垂直系统以及垂直与水平分层相结合。

水平分层系统即每层设一个或多个新风系统，相应在每层设一间（或多间）新风机房。这种形式多用于无技术层的多层或小高层酒店建筑的客房。每层新风系统的数量应根据业主或酒店管理公司对客房走道吊顶高度的要求来确定。

垂直系统通常将客房的新风处理机组集中设在其上、下技术层（或避难层机房）内，经处理后的新风通过设在技术层（或避难层）的送风干管分送到设在各个客房内的垂直立管中，然后再由每层的水平分支管送入客房及其走道内。

当技术层与客房层之间另设有其他功能的公共空间（或没有技术层、避难层），且客房走道的净高允许时，客房的新风可采用垂直与水平分层相结合的系统形式。即客房新风处理机组集中设在技术层（或避难层机房）或其他空调机房内，处理后的新风通过总立管垂直送入每个客房层面，经设于各客房层走道吊顶内的水平风管分送到每一间客房和走道内。与水平分层系统相比，每个楼层不必再设新风机房；与垂直系统相比，可取消分散于各个客房内的垂直立管。

各酒店管理公司的设计标准及《酒店空调设计》（许宏褀等著）中对客房排风热回收均提出了相应的技术要求及建议，具体工程中可参照上述要求及建议对客房排风热回收系统进行设计。

4.2.3　公共区域暖通空调设计

4.2.3.1　大堂及中庭的暖通空调设计

大堂及中庭暖通空调设计中的特殊问题

大堂及中庭的暖通空调设计中，应注意以下特殊问题：

1. 在夏热冬冷地区、寒冷地区及严寒地区，冬季室外冷空气侵入大堂，将对大堂的室内热环境造成较大影响。

2. 大面积玻璃幕墙的使用，可能导致冬季玻璃幕墙内表面结露，玻璃幕墙附近区域客人的热舒适性受到一定程度的影响。

3. 空调系统的新风量控制。

4. 高大空间的气流组织设计。

5. 热转移及空调系统的送风温差。

特殊问题的应对措施

暖通空调设计中，通常采取以下措施来解决上述特殊问题：

1. 设大门热风幕或门斗空间加热系统可有效控制冷风侵入对大堂环境的影响。

2. 在室内靠近玻璃幕墙的地面上或架空地板内设置供暖装置，可在冬季防止玻璃幕墙内表面结露，并改善周边客人的热舒适性。在大堂及中庭的底层设置地板辐射供暖系统也可提高冬季高大空间底层的热舒适性。

3. 鉴于冬季室外冷空气将随外门的开启涌入大堂及中庭，且冷风侵入量与诸多因素有关，故应在其空调系统的回风总管上设置 CO_2 浓度传感器，以实时控制空调系统的新风量，避免造成能量浪费。

4. 大堂及中庭的空调系统通常采用侧送下回或顶送下回的气流组织形式。当气流组织为侧送下回时，送风口的叶片与水平面的角度应可调，条件允许时宜采用电动或温感双工况送风口。当气流组织为顶送下回时，线形或条形送风口通常是装潢设计的首选，其空调系统宜采用变频控制空调箱，以保证夏季空调区内的风速不超标，而冬季热风能顺利送达空调区。

5. 热能在大堂、中庭内以自然对流的形式由下向上传递，造成大堂、中庭的顶层夏季过热，底层冬季过冷的现象。因此，在设计计算及设备选型时，应将与大堂、中庭顶层连通区域的夏季空调室内计算冷负荷及与大堂、中庭底层连通区域的冬季空调室内计算热负荷乘以一定的热量转移系数。同时，缩小上述区域空调系统的送风温差，以减小空调送风与室内空气的密度差，减小空气自然对流的动力。

4.2.3.2　餐厅、多功能厅及其前厅的空调设计

空调系统的设置

1. 餐厅、多功能厅及其前厅多采用低速定风量全空气空调系统或变风量空调系统；餐厅的 VIP 包间、多功能厅的部分辅助用房（如新娘化妆间、同声翻译室等）宜采用风机盘管加新风的空调系统形式；多功能厅的声光控制室宜设置独立的空调机组或采用柜式分体空调机。

2. 多功能厅空调系统的划分与设置应与多功能厅可分隔的空间数量相一致，即在每个可单独使用的空间均设一台空气处理机组。

3. 餐厅前厅、多功能厅前厅的空调系统宜就近独立设置，以便于根据餐厅、多功能厅的使用状态进行独立控制。

4. 采用全空气空调系统的场所，宜设置 CO_2 浓度传感器，以及时调节系统新风量。其排风系统的设置应与空调系统在空调季及过渡季变新风比运行的工况相匹配。

设计参数的确定

餐厅、多功能厅及其前厅空调系统的设计参数应满足酒店管理公司设计标准的要求。当资料不全时，可参考以下要求及数据：

1. 餐厅、多功能厅及其前厅的新风量应满足卫生标准的要求。同时，必须在前厅、餐厅（多功能厅）和厨房之间形成必要的压力梯度。

2. 人均使用面积：

人均使用面积参考值   表 4.2-5

功能区	多功能厅	中型餐厅	VIP 餐厅	餐厅前厅	多功能厅前厅
人均使用面积（m²/p）	0.8 ~ 1.0（1.4）	1.5	1.85	20	3.5

注：多功能厅括号外数据为举办小型歌舞演出的情况，括号内数据为举办大型婚宴的情况。

3. 人员活动强度：

人员活动强度参考值   表 4.2-6

功能区	多功能厅	餐厅	前厅
人员活动强度	静坐（极轻）	极轻	极轻

注：多功能厅括号外数据为举办小型歌舞演出的情况，括号内数据为举办大型婚宴的情况。

4. 每人的食物平均散热量为 17.4W/p（显热与潜热各占一半），散湿量 11.5g/（p×h）。

5. 多功能厅在举办小型歌舞演出的情况下，舞台照明负荷按舞台面积 350W/m² 计算，观众席照明负荷按 15W/m² 计算，或按多功能厅面积 55 ~ 80W/m² 计算；举办大型婚宴的情况下，舞台照明负荷按舞台面积 100W/m² 计算，宴席区照明负荷按 15W/m² 计算，或按多功能厅面积 30 ~ 40W/m² 计算。

4.2.3.3　室内游泳池空调设计

室内设计温、湿度参数

1.《体育建筑设计规范》JGJ31-2003 对游泳池池区温、湿度的规定如下：

游泳池池区温度是根据水温来确定的，池边空气温度的最佳值应比池水温度高 1 ~ 2℃。池水温度为 25 ~ 27℃，池区空气温度则取 26 ~ 29℃。

游泳池的相对湿度取 60%±10% 较合适，为减少除湿的通风量可取 60 ~ 70%，但不应超过 75%。

2. 五星级酒店室内游泳池的温、湿度设计值应与建设方或酒店管理公司充分沟通后确定。已有一些酒店管理公司提出，酒店中休闲型室内游泳池的水温宜提高到 30 ~ 32℃，其室温应为 31 ~ 33℃，池厅内的设计相对湿度宜控制在 50% ~ 60%。

空调系统的换气次数

综合分析相关文献的数据，建议游泳池池厅空调系统的换气次数按以下原则选用：

1. 当游泳池池厅的空调系统选用泳池专用热泵型恒温除湿热回收空调机组时，空调系统的设计换气次数可取 $4h^{-1}$ ~ $6h^{-1}$；

2. 当游泳池池厅的空调系统选用常规空调箱进行热湿处理，或选用常规空调箱加热回收专用空调机组联合处理时，空调系统的换气次数宜按 $10h^{-1}$ ~ $12h^{-1}$ 进行设计。

最小新风量

1. ASHRAE 62.1-2004 要求以泳池及其岸边湿地面积为基准，按 8.78m³/h 来计算游泳池空调系统的最小新风量；

2. 各酒店管理公司建议的新风量标准之间存在较大差异；

3.《酒店空调设计》（许宏禊等著）提出池厅空调系统的最小新风量为 ASHRAE 62.1-2004 的计算值与通过外门、外窗以及内门缝隙渗入池厅空气量的差值。当上述差值小于人均新风量30m³/h 时，池厅空调系统的最小新风量按30m³/h·P 计算。

4.2.3.4 康体中心空调设计

酒店康体中心一般由健身房、SPA 及室内游泳池三个部分组成，健身房及 SPA 的空调系统设置要点如下：

1. 健身房内的运动器材区宜设置独立的全空气空调系统，以在过渡季乃至冬季充分利用新风供冷，并采用 CO_2 浓度传感器控制空调季新风量。当采用风机盘管加新风系统时，其新风系统宜按预设时间表进行新风量控制。

2. 健身房内的有氧操及健身舞房一般采用风机盘管加新风系统，其新风系统宜按预设时间表进行新风量控制。

3. SPA 区宜采用风机盘管加新风系统，其新风宜由更衣区送入，排风口设置在热水池及淋浴器的上方。

4. 水疗室的排风系统宜单独设置。

4.2.4 后勤区域暖通空调设计

洗衣房通风空调设计

1. 各酒店管理公司对洗衣房夏季室温的要求为 27 ～ 28℃，相对湿度不超过 75%，冬季室温为 20℃；按《全国民用建筑工程设计技术措施：暖通空调·动力》2009 年版的要求，洗衣房夏季设计参数宜选用 31℃，70%RH，冬季室内设计温度宜在 12 ～ 16℃ 范围内。洗衣房的室内设计参数应优先满足酒店管理公司的要求。

2. 为确保洗衣房的室内环境，除严寒地区可采用机械通风外，其他气候分区均须设置空调降温除湿系统及有效的局部通风系统。

3. 洗衣房的新风量应略小于排风量，使洗衣房保持负压。洗衣房内的气流组织应使空气从清洁区（发衣区）流向污染区（收衣区），从低温区流向高温区。

4. 洗衣房内的干洗区及熨烫区应设置局部排风系统，就地直接排除工艺过程中产生的热、湿量及有害气体。在不影响工艺流程时，宜在上述区域周边增加围墙，在保证人员健康的前提下节省洗衣房的新风能耗。

5. 洗衣房排风系统的排风支管上宜设置电动风阀。电动风阀的开关状态与排风支管控制区域的设备启停联锁，并控制排风机变风量运行。

6. 为烘干机排风系统设置的绒毛收集器有干式与湿式两种，通常建议采用湿式绒毛收集器。绒毛收集器上游的排风系统宜独立设置。

7. 洗衣房宜采用全空气空调系统，在烘干、熨烫区采用岗位送风，在其他区域可采用均匀送风。布草间、整理修补间的空调设备应能 24h 连续运行。

厨房及配套用房的通风空调设计

1. 各酒店管理公司对厨房及其辅助用房的室内设计参数均有相应的要求，表 4.2-7 数据可供设计参考。

厨房及其辅助用房的室内设计参数 表 4.2-7

房间名称	室内参数	房间名称	室内参数	房间名称	室内参数
厨房（夏/冬）	27℃/20℃	肉/鱼/禽加工	18℃	干货贮存	21 ～ 24℃ ≤50%
冷菜准备	18℃	（鲜）花房	18℃	瓶装啤酒	5.5℃
巧克力房	15℃	湿垃圾间	13℃	生啤	3.3℃
点心制作	27℃	一般酒类	21℃	白葡萄酒	5.5℃
裱花间	18℃	饮料间	18℃	红酒	13℃

2. 为满足酒店餐饮卫生的需要，酒店厨房通常采用机械通风系统。初步设计阶段，厨房的排风量可按换气次数进行估算，中餐厨房的换气次数为 40 ～ 60h⁻¹，西餐厨房的换气次数为 30 ～ 40h⁻¹，职工餐厅厨房的换气次数为 25 ～ 35h⁻¹；施工图设计阶段，厨房的通风量应采用厨房工艺设计公司提供的数据。

3. 厨房应保持一定负压，补风系统的风量宜为排风量的 70%～ 90%。当厨房与餐厅相邻布置时取小值，当厨房与餐厅不相邻，且厨房周围没有卫生条件接近餐厅的房间可向厨房补风时，补风量应取大值。

4. 厨房常用的排风罩有普通伞形排风罩和油烟专用排风罩两大类。普通伞形排风罩常用于排除蒸煮炉灶、餐具消毒箱产生的水蒸汽和烤炉烘箱、铁扒炉等设备产生的高温空气；油烟专用排风罩用于油炸和菜肴烹饪炉灶的排风。排除厨房蒸汽与高温空气的排风罩宜合用一个排风系统，厨房的排油烟系统应独立设置。

5. 厨房的排油烟系统中，通常采用高效静电油烟净化装置进行除油处理，油烟净化装置应就近靠厨房设置。对厨房排风进行除味处理的方法通常有离子空气净化除味和植物油除异味剂喷雾除味两种，前者宜用于须对厨房排风作精确除味处理的酒店，初投资较高，后者初投资相对较低。

6. 应根据酒店管理公司对厨房室内温度的要求，对厨房补风进行冷、热处理。夏季厨房的送风温度通常在 24 ~ 26℃之间，冬季厨房的送风温度通常在 18 ~ 22℃之间。

7. 厨房补风系统通常采用岗位送风和均匀送风相结合的送风方式。部分酒店管理公司要求用孔板或双层百叶风口代替球形风口进行岗位送风，有的设计资料甚至建议取消厨房岗位送风，改为采用散流器均匀补风。

8. 厨房的辅助房间应按照酒店管理公司的要求分别设置风机盘管加新风系统。夏季室内温度低于 15℃的场所，应由厨房工艺提供相应的高温冷库。冰淇淋间（巧克力间、裱花间）、冷菜间、水果间、刺身间等直接入口食品的低温加工房间应备用独立的分体空调。

地下停车库通风设计

1. 无自然通风条件的地下停车库应采用机械通风方式。机械通风系统有传统风管通风系统和诱导通风系统两种形式。

2. 地下一层停车库与汽车坡道或下沉式庭院相邻的防火分区可采用自然进风加机械排风的通风方式；地下一层无自然进风条件的防火分区应采用机械进、排风的通风方式；地下二层及以下的停车库应采用机械进、排风的通风方式。

3. 地下停车库的通风量应按稀释浓度法及换气次数法分别计算，并取两者较大值。机械送风系统的送风量应小于排风量，一般为排风量的 80% ~ 85%。

4. 地下停车库的送、排风机宜采用多台并联方式或设置风机调速装置。宜根据使用情况对风机设置定时启停（台数）控制，或根据车库内的 CO 浓度进行自动运行控制。

5. 严寒和寒冷地区，地下停车库宜在坡道出入口处设置热空气幕。

4.2.5　燃油、燃气系统设计

燃油系统设计

1. 酒店的用油设备主要有应急柴油发电机组以及燃气（燃油）锅炉，燃油种类通常为轻柴油。

2. 酒店燃油系统的储油量应满足用油设备连续运行一定的小时数，部分酒店管理公司的基本要求如表 4.2-8。

燃油系统的储油量参考值　　　　　　　　　　　　表 4.2-8

储油量	24h	48h	48h	48h
备注	酒店管理公司一	酒店管理公司二	酒店管理公司三	酒店管理公司四

3. 燃气（燃油）锅炉以燃气作为主要燃料，燃油作为备用燃料。燃油系统的储油量可不考虑应急柴油发电机组和燃气（燃油）锅炉用油量的叠加。

4. 燃油系统中的储油罐与建筑物的间距应满足相关消防规范的要求。

燃气系统设计

1. 酒店的燃气系统主要为燃气锅炉房及餐饮厨房中的用气设备供气，燃气锅炉通常以中压 B 级燃气为燃料，餐饮厨房中的用气设备以低压燃气为燃料。

2. 市政燃气管网的燃气压力通常与建筑中燃气设备所需要的燃气压力不一致，应在建筑红线范围内预留燃气调压设施的场地。

3. 燃气锅炉的用气量较大，应设置中压燃气表房。

4. 酒店中使用燃气的场所及敷设燃气管道的空间应按相关要求设置自然或机械通风系统。

4.2.6　设备、系统的运行控制

客房空调系统的运行控制

1. 客房风机盘管的风量控制可通过常规的三速开关实现三档风量调节，或采用直流无刷电机进行无极调速，实现对风机盘管送风量的连续调节。

2. 客房风机盘管的水流量控制有独立通断型与独立连续调节型两种模式，目前大多数酒店客房的风机盘管采用独立通断型控制模式，独立连续调节模式因初投资过高而很少采用。

3. 客房新风机组的控制器应能对新风机组风机的启停及相关风阀的联动启闭进行控制；应能反映新风机组的各项实时运行参数；应能在风机故障、过滤器阻力超限、水盘管有冻结危险等情况下报警；还应能根据安装在新风送风总管内的温、湿度传感器的测量信号控制冷热水管、加湿器供汽（水）管上的电动调节阀（电磁阀）的开度（通断时间）。

4. 当客房设置排风热回收系统时，热回收机组的控制器除应具备上述对新风机组的控制功能外，还应具备对排风机、热回收装置的相关控制功能。

酒店公共区域空调系统的运行控制

1. 酒店公共区域采用的空调系统形式主要有风机盘管加新风系统、定风量空调系统及变风量空调系统，风机盘管加新风系统的控制参见上述酒店客房空调系统控制的相关内容。

2. 定风量空调系统的控制器应能对系统各部件的状态进行测量、显示及报警；应能对系统进行预设启停控制、送风量控制、空调季新风量控制、焓值控制、过渡季节热控制及湿度调节、送风温度补偿调节和信号选择调节。

3. 变风量空调系统的控制器除应具备定风量空调系统控制器的状态测量、显示及报警功能外，还应能对室温进行测量与显示；对各末端变风量箱一次风风量及一次风阀开度进行测量与显示，并显示各末端变风量箱一次风量的设定值。

4. 变风量空调系统主要有室温控制、末端装置一次风送风量控制、系统总送风量控制、送风温度控制以及新风量控制五个控制环节。室温控制以及末端装置一次风送风量控制由末端变风量箱按控制区域就地进行，其他控制环节由集中控制系统实现。

空调冷热源的集中控制

1. 冷水机组、锅炉的机械控制、安全保护、故障显示及能量调节由冷水机组及锅炉的机载控制系统完成。

2. 集中控制系统的控制功能应根据冷水机组及锅炉的机载控制系统的功能制定，集中控制系统与冷水机组、锅炉、换热器、水泵及冷却塔等主要设备及其附件之间应有通信接口相连。

3. 集中控制系统应对空调冷、热水系统的设备与附件的启停设置电气联锁控制；应根据预设条件对冷水机组、锅炉、换热器、水泵及冷却塔等主要设备及其附件的运行状态进行控制；应对水处理系统的运行状态实施监控，可发出故障报警信号；应对机房内的相关气体浓度进行监控并联锁事故通风系统；应对机房内所有传感器做定时巡检与校验，及时发出传感器故障报警信号。

4. 设有蓄冷装置的制冷系统，其集中控制系统的功能应根据蓄冷系统类型与蓄冷装置特性等因素确定。应根据项目所在地的电价政策，合理控制系统在主机蓄冷、主机与蓄冷装置联合供冷、蓄冷装置单独供冷及主机单独供冷四种运行模式下自动转换。

5. 当一次冷、热媒与空调冷、热水系统通过热交换器换热时，位于热交换器二侧的空调冷、热水泵均可采用变频调速控制。

4.3　给排水

4.3.1　基本要求

酒店建筑给排水设计，应符合国家和行业现行的设计规范和标准、技术措施的规定：

《城镇给水排水技术规范》GB 50788-2012

《建筑给水排水设计规范》GB 50015-2003（2009 年版）

《旅馆建筑设计规范》JGJ 62-2014

《建筑设计防火规范》GB 50016-2014

《自动喷水灭火系统设计规范》GB 50084-2001（2005 年版）

《公共建筑节能设计标准》GB 50189-2015

《绿色建筑评价标准》GB/T 50378-2014

《全国民用建筑工程设计技术措施给水排水》2009

并符合其他相关的国家规范、政策法规、地方标准、技术规程。

酒店消防设计，应符合国家现行的设计规范和标准、技术措施的规定。

（注：应采用设计时现行的规范、标准）

如有酒店管理要求，还应满足相关品牌酒店的设计标准。

当上述设计标准不一致时，宜按较高标准设计；当上述标准之间有矛盾时，由设计院、业主方、酒店管理公司（或相关机电顾问）协商解决方案。

酒店建筑（按功能区）需要提供给排水的部位：客房及公共区的卫生间、餐饮、厨房、咖啡吧、茶吧、酒吧、健身中心、水疗 & 桑拿、美容美发、泳池、员工淋浴、洗衣房、车库、垃圾房、卸货平台、绿化浇洒、楼层服务间、有用水需求的设备间、冷却塔补水、水景、景观用水等。

酒店建筑各功能区，需要提供给排水的部位　　　　表 4.3-1

功能区域	需要关注给排水需求的部位
大堂区	大堂吧、茶室、水景、咖啡吧
餐饮区	餐厅、厨房、制冰间、备餐间、酒吧、水（含咖啡等）吧
多功能厅（含会议、宴会厅等）	厨房、备餐、制冰间
娱乐 / 康健区	健身中心、美容美发、泳池、足疗室、水疗理疗室、SPA
客房区（含行政层）	制冰间、服务间、行政酒廊、行政餐厅
后场区	厨房、员工厨房、员工餐厅、洗衣房、服务间、茶水间、花房、垃圾房、卸货平台、有用水需求的设备间
垂直交通	消防电梯基坑排水

4.3.2 给水

4.3.2.1 用水量标准和水压

用水量标准

《建筑给排水设计规范》GB 50015-2003（2009 年版）、《旅馆建筑设计规范》JGJ 62-2014、《全国民用建筑工程设计技术措施：给水排水》2009，关于酒店建筑用水量标准的相关规定，见下表。

《建筑给排水设计规范》GB 50015-2003（2009 年版）酒店建筑生活用水定额　　　　表 4.3-2

名称	分项	最高日用水量定额（L）	使用时数（h）	时变化系数
《建筑给排水设计规范》GB 50015-2003	客房 - 顾客	250 ～ 400 每床	24	2.5 ～ 2.0
	客房 - 员工	80 ～ 100 每人	24	2.5 ～ 2.0
	餐厅	40 ～ 60 每人每次	10 ～ 12	1.5 ～ 1.2
	员工餐厅	20 ～ 25 每人每次	12 ～ 16	1.5 ～ 1.2
	咖啡吧	5 ～ 15 每人每次	8 ～ 18	1.5 ～ 1.2
	健身中心	30 ～ 50 每人每次	8 ～ 12	1.5 ～ 1.2
	水疗 & 桑拿	150 ～ 200 每人每次	12	2.0 ～ 1.5
	美容美发	40 ～ 100 每人每次	12	2.0 ～ 1.5
	会议厅	6 ～ 8 每座位每次	4	1.5 ～ 1.2

《旅馆建筑设计规范》JGJ 62-2014 生活用水定额的规定:

旅馆最高日生活用水定额及小时变化系数　　　表 4.3-3

序号	旅馆建筑等级	单位	用水量定额（L/d）	小时变化系数	使用时间（h）	备注
1	一级	每床位每日	80 ～ 130	3.0 ～ 2.5	24	楼层设公共卫生间
2	二级	每床位每日	120 ～ 200	3.0 ～ 2.5	24	不少于 50% 客房设卫生间
3	三级	每床位每日	200 ～ 300	2.5 ～ 2.0	24	全部客房设卫生间
4	四级、五级	每床位每日	250 ～ 400	2.5 ～ 2.0	24	

注：1. 一级旅馆用水含公共淋浴间、洗衣间及公共区域卫生间用水；
　　　　二级旅馆的用水量除含一级旅馆所描述用水内容外，还含客房卫生间用水量。
　　2. 三级、四级、五级旅馆用水含公共区域的公共卫生间用水。
　　3. 表中数据不包括员工用水。
　　4. 二级旅馆客房卫生间可取上限值，缺水地区宜取低值。
　　5. 厨房、洗衣房、理发室、游泳池、洗浴中心、室内水景、空调、汽车冲洗及职工等用水定额应按现行国家标准《建筑给水排水设计规范》GB 50015-2009 的规定执行。

《全国民用建筑工程设计技术措施：给水排水》2009 综合用水量指标　　表 4.3-4

名称	分项	最高日用水量定额（L）	使用时数（h）	时变化系数
《全国民用建筑工程设计技术措施：给水排水》2009	综合用水量指标	综合用水量 1000 ～ 1200 每床	24h	2.0 ～ 1.5

注：综合用水量，包含除消防用水及空调冷却设备补充水外的酒店用水。

除酒店分级、性质、功能因素对外，气候条件也是影响用水量参数的因素。同一性质酒店，如建设在适宜气候地区，酒店建筑按每床位计，包括洗衣房、游泳池等的用水量，日用水量为 800 升/天考虑；而如建设在热带气候地区的酒店，按每床位计，日用水量定额则可为 1100 升/天。

水压

《建筑给水排水设计规范》GB 50015-2003（2009 年版）关于酒店建筑卫生器具的给水额定流量、连接管径和最低工作压力，洗涤盆、洗脸盆、洗手盆、浴盆、淋浴器、小便器（手动或自动自闭式冲洗阀）、净身盆、饮水器喷嘴、洒水栓喷嘴、室内地坪冲洗水嘴等为 0.05MPa，大便器冲洗水箱浮球阀为 0.02MPa、延时自闭式冲洗阀为 0.10MPa，小便器自动冲洗水箱进水阀 0.02MPa。

若酒店卫生器具给水配件（特别是淋浴花洒）所需额定流量和最低工作压力有特殊要求，应按产品要求确定。

4.3.2.2　酒店建筑相关人员指标

旅客人数指标

旅客人数指标　　表 4.3-5

类型	区域	房间名称	人数指标（建筑面积）
住宿	客房区域	客房（单人房）	1 人/房
		客房（双人房）	2 人/房
餐饮	餐饮	一般餐厅	1.7 ～ 1.9m²/人
		高级西餐厅、高级中餐厅	1.8 ～ 2.5m²/人
		高级日餐厅	2.0 ～ 3.0m²/人
		自助餐厅	1.0 ～ 1.5m²/人
		特色烧烤	1.7 ～ 2.0m²/人
		中小宴会厅	1.5 ～ 2.0m²/人
		大宴会厅	2.0 ～ 3.0m²/人
		咖啡厅、酒吧	1.5 ～ 1.7m²/人
商业、休闲	商业服务区	商店	10m²/人
	娱乐休闲区	美容、美发室	2.0 ～ 3.0m²/人
		温泉、SPA	20 ～ 40m²/人

员工人数指标/员工比例

酒店员工数，应按业主、酒店管理所提资数据确定。

设计初始时，可按下表进行估算。当附设的餐饮、娱乐设施，超出酒店标准配置时，需提高员工比例。

员工比例　　表 4.3-6

酒店等级	每客房员工比例
豪华五星	1.0 ～ 1.3
五星	0.8 ～ 1.0
四星	0.4 ～ 0.8
三星、有限服务酒店	0.2 ～ 0.5
公寓式酒店	0.1 ～ 0.3

4.3.2.3 给水水质

酒店建筑给水系统水质，应符合现行《生活饮用水卫生标准》GB 5749-2006、《城市供水水质标准》CJ/T 206-2005、《二次供水设施卫生规范》GB 17051-1997 的相关规定；

当采用中水为生活杂用水时，生活杂用水系统的水质应符合现行国家标准《城市污水再生利用 城市杂用水水质》GB/T 18920 的要求。

当补充景观用水水质采用再生水时，其水质应符合《城市污水再生利用 景观环境用水水质》GB/T 18921 的要求。

当酒店冷却、洗涤、锅炉补给等用水采用再生水时，其水质应符合《城市污水再生利用 工业用水水质》GB/T 19923 的要求。

除上述外，水质还应满足相关品牌酒店管理文件相关规定的要求。国际品牌酒店，生活饮用水宜符合世界卫生组织（WHO）规定的现行标准，具体参见酒店相应管理要求。

4.3.2.4 给水系统

酒店建筑给水系统设计应综合利用各种水资源，宜实行分质供水，充分利用再生水、雨水等非传统水源；优先采用循环和重复利用给水系统。

酒店建筑内的给水系统宜按下列要求确定：

应充分利用室外给水管网的水压直接供水。当室外给水管网的水压和（或）水量不足时，应根据卫生安全、经济节能的原则选用贮水调节和加压供水。

地下室及市政压力能满足用水点要求的酒店裙房，采用市政压力直接供水的方式；酒店裙房的其他楼层，可采用水箱、变频水泵的方式；酒店客房层可采用水箱、变频水泵的供水方式或水箱、水泵、屋顶水箱供水方式。

对使用舒适度非常高的酒店客房层，宜采用水箱、水泵、屋顶水箱供水方式，对水箱供水压力不能满足用水点压力的楼层，设置变频增压设施。

为避免客房用水因厨房和洗衣区同时用水引起的水压波动，客房层给水系统，建议与娱乐/康健区、后场区等给水系统分开设置。

给水系统的竖向分区应根据酒店建筑、层数、使用要求、材料设备性能、维护管理、节约供水、能耗等因素综合确定。

酒店建筑生活给水系统竖向分区，应符合下列要求：

卫生器具给水配件承受的最大工作压力，不得大于 0.60MPa。

各分区最低卫生器具配水点处的静水压力不宜大于 0.45MPa，客房卫生间卫生器具给水配件处的压力，最高不宜超过 0.35MPa，水压超过上述范围时，应分区供水或设减压装置。为保证维修保养时供水系统安全，建议安装两套平行减压装置。

各分区最不利配水点的水压，应满足用水水压要求；分区内低区部分应设减压设施，保证各用水点处供水压力不大于 0.20MPa。

建筑高度不超过 100m 的酒店建筑的生活给水系统，宜采用垂直分区并联供水或分区减压的供水方式；建筑高度超过 100m 的酒店建筑，宜采用串联供水方式。

4.3.2.5 生活用水水池（箱）

酒店建筑给水应有可靠的水源和供水管道系统，当仅有一条供水管或外部管网所提供的供水能力小于用水需求时，应设生活水池（箱）。

酒店建筑的生活用水低位贮水池（箱）应符合下列规定：

酒店建筑安全贮水量应根据城镇供水制度、供水可靠程度及酒店对供水的保证要求确定。

贮水池（箱）的有效容积应按进水量与用水量的变化曲线经计算确定；当资料不足时，宜按酒店建筑不小于最高日生活用水量的 20% ~ 25% 确定；建议按不小于 50% 最高日用水量来确定，最大不得大于 48h 的用水量。

酒店建筑的生活用水高位水箱应符合下列规定：

由城镇给水管网夜间直接进水的高位水箱的生活用水调节容积，宜按用水人数和最高日用水定额确定；由水泵联动提升进水的水箱的生活用水调节容积，不宜小于最大时用水量的 50%；

水箱的设置高度（以板底计）应满足最高层配水点的水压要求，当达不到要求时，应采用管道增压措施。

酒店宜有一定生活用水贮存量，保证酒店生活用水的安全。生活用水贮水容量建议：在市政供水安全高保障的地区，对没有设计洗衣房的酒店，贮水量宜按每个客房日贮水容量 400 升估算；附设洗衣房的酒店，按每个客房日贮水容量 600 升估算。对其他地区，宜适当增加酒店贮水量，减少因市政维修等停水影响酒店正常用水。对没有设计洗衣房的酒店，贮水量宜按每个客房日贮水容量 800 升估算；附设洗衣房的酒店，按每个客房日贮水容量 1100 升估算。

水池（箱）设置要求：

酒店建筑内的生活饮用水水池（箱）宜设在通风良好、不结冻的专用房间内，其上层的房间不应有厕所、浴室、盥洗室、厨房、污水处理间等。

水池（箱）清洗时，为使酒店生活给水能保证一定规模的运行，生活用水低位贮水池（箱）水箱、高位水箱，宜设成独立的两格，相互连通。水池（箱）设置密闭型人孔、加锁。

生活水池（箱）外壁与建筑本体结构墙面或其他池壁之间的净距，应满足安装、维护的要求，无管道的侧面，净距不小于 0.7m；安装有管道的侧面，净距不宜小于 1.0m，且管道外壁与建筑本体墙面之间的通道宽度不宜小于 0.6m；设有人孔的池顶，顶板面与上面建筑本体板底的净空高度不应小于 0.8m。

水池（箱）材质、衬砌材料和内壁涂料，不得影响水质。

水池（箱）应设水位监视和溢流报警装置，信息应传至监控中心。

4.3.2.6　增压设备、泵房

增压设备

生活加压水泵的选用，应遵守下列规定：

应根据管网水力计算进行选泵，水泵应高效区运行；

生活加压给水系统的水泵机组应设备用泵，备用泵的供水能力不应小于最大一台运行水泵的供水能力。水泵宜自动切换交替运行。建议酒店变频增压泵组不少于 3 台，如：水泵分别额定在所需容量的 50%-50%-50%，大型酒店建议大、小流量进行水泵泵组组合配比设计。

采用高位水箱调节的生活给水系统时，水泵的最大出水量不应小于最大小时用水量。

采用调速泵组供水时，应按系统最大设计流量选泵，调速泵在额定转速时的工作点，应位于水泵高效区的末端。增压变频水泵，水泵应是变频控制，并可实现多级变流量供水。变频调速泵组电源应可靠，并宜采用双电源或双回路供电方式。

建议使用原装成套供应、并由供水备厂商调试后的产品。

泵房

酒店建筑内设置的给水加压等设备，不得设置在居住用房的上层、下层和毗邻的房间内。水泵机组宜设在水池的侧面、下方，运行噪声应符合现行国家标准《民用建筑隔声设计规范》GB 50118-2010 的规定。

设置水泵的房间，应设置排水措施；通风应良好，不得结冻。

泵房内宜有检修水泵的场地，检修场地尺寸宜按水泵或机电外形尺寸四周有不小于 0.7m 的通道确定，泵房内配电柜和柜前面通道宽度不宜小于 1.5m。

酒店建筑内的给水泵房，应采用下列减振防噪措施：

应选用低噪声水泵机组；

吸水管和出水管上应设置减振装置；

水泵机组的基础应设置减振装置；

管道支架、吊架和管道穿墙、楼板处，应采取防止固体传声措施；

必要时，根据酒店声学要求，泵房的墙壁和天花板应采取隔音吸音处理。

4.3.2.7　给水管材

酒店建筑室内的给水管道，可选用塑料给水管、塑料和金属复合管、铜管、不锈钢管及经可靠防腐处理的钢管。

4.3.2.8　防止水质污染

城镇给水管道严禁与酒店自备水源的供水管道直接连接。

生活饮用水不得因管道内产生虹吸、背压回流而受污染。

从生活饮用水管道上直接供下列用水管道时，应在这些用水管道的下列部位设置倒流防止器：

1. 从城镇给水管网的不同管段接出两路及两路以上的引入管，且与城镇给水管网形成环状管网的酒店建筑，在其引入管上；

2. 从城镇生活给水管网直接抽水的水泵的吸水管上；

3. 利用城镇给水管网水压且酒店建筑引入管无防回流设施时，向商用的锅炉、热水机组、水加热器、气压水罐等有压容器或密闭容器注水的进水管上。

酒店建筑内生活饮用水管道系统上接至下列用水管道或设备时，应设置倒流防止器：

1. 单独接出消防用水管时，在消防用水管道的起端；

2. 从生活饮用贮水池抽水的消防水泵出水管上。

生活饮用水的水池（箱）应设置消毒设施，供水设施在交付前必须清洗和消毒。在非饮用水管道上接出水嘴或取水短管时，应采取防止误饮误用的措施。

4.3.3　排水

4.3.3.1　污废水系统

酒店建筑排水系统应根据室外排水系统的体制和有利于废水回收利用的原则，选择生活污水与废水的合理或分流。下列情况时，宜采用生活污水与生活废水分流的排水系统：

生活废水需回收利用时；

生活废水量较大，且环保部门要求生活污水需经化粪池处理后才能排入城镇排水管道时；

酒店对卫生标准要求较高时。

下列酒店建筑排水应单独排水至水处理或回收构筑物：

员工食堂、营业餐厅的厨房含有大量油脂的洗涤废水；

机械自动洗车台冲洗水；

水温超过40℃的锅炉、水加热器、洗衣房区域的设备排水；

用作回用水水源的生活排水。

4.3.3.2　管道布置和敷设

酒店建筑内排水管道布置，应注意下列要求：

排水管道不得敷设在酒店食品、贵重商品仓库、通风小室、电气机房和电梯机房内；

排水横管不得布置在食堂、厨房的主副食操作、烹调和备餐的上方。当受条件限制不能避免时，应采取防护措施。排水管道不得穿越生活饮用水池部位的上方。

下列构筑物和设备的排水管不得与污废水管道系统直接连接，应采取间接排水的方式：

1. 生活饮用水贮水箱（池）的泄水管和溢流管；

2. 开水器、热水器排水；

3. 灭菌消毒设备的排水；

4. 蒸发式冷却器、空调设备冷凝水的排水；

5. 贮存食品或饮品的冷藏库房的地面排水和冷风机溶霜水盘的排水。

设备间接排水管宜排入邻近的洗涤盆、地漏。无法满足时，可设置排水明沟、排水漏斗或容器。间接排水的漏斗或容器不得产生溅水、溢流，并应布置在容易检查、清洁的位置。

酒店厨房、洗衣房等区域，排水含有大量悬浮物或沉淀物、需经常冲洗、设备排水点的位置不固定及设备排水支管很多，用管道连接有困难区域的废水，宜采用有盖的排水沟排水。

酒店卸货平台处应设置排水管道或排水沟。

食堂、厨房、健身淋浴等排水，当废水中可能夹带纤维或有大块物体时，应在排水管道连接处设置格栅或带网筐地漏。

室内排水沟与室外管道连接处，应设水封装置。

当排水管道表面可能结露时，应根据酒店建筑的使用要求，采取防结露措施。

4.3.3.3　通气管

生活排水管道的立管顶端，应设置伸顶通气管。

卫生间生活污水立管应设置通气立管。客房区通气立管的高度，不宜超过 30 层。最顶层汇合通气管汇合的立管数不宜超过 6 根。

下列排水管段应设置环形通气管：

连接 4 个及以上卫生器具且横支管的长度大于 12m 的排水横支管；

连接 6 个及以上大便器的污水横支管；

设有器具通气管。

卫生间坐便器排水应设置器具通气管；五星及以上酒店，客房卫生间卫生器具，建议均设置器具通气管。

高出屋面的通气管设置应符合下列要求：

通气管高出屋面不得小于 0.3m，且应大于最大积雪厚度，通气管定应装设风帽或网罩；（屋顶有隔热层时，应从隔热层算起）在最冷月平均气温低于 –13℃ 的地区，应在室内平顶或吊顶以下 0.3m 处将管径放大一级。

在通气管口周围 4m 以内有门窗时，通气管口应高出门窗顶 0.6m 或引向无门窗一侧。

在经常有人停留的平屋顶上，通气管口应高出屋面 2m，当伸顶通气管为金属管材时，应根据防雷要求设置防雷装置。

通气管不宜设在建筑挑出部分（如酒店建筑屋檐檐口、阳台雨篷等）的下面。

如屋顶装有空调机组，通气管应至少超过屋顶 2.20m，以防止新鲜空气进风口出现短路。

4.3.3.4　污水泵和集水井

污水泵

酒店建筑地下室生活排水应设置污水集水井和污水提升泵提升排至室外检查井。地下室地坪排水应设集水坑和提升装置。

污水泵房应设置在独立设备房，并按规定设置良好通风换气装置。

污水泵宜设置排水管单独排至室外，排出管的横管应有坡度坡向出口。当 2 台或 2 台以上水泵共用一条出水管时，应在每台水泵出水管上装设阀门和止回阀；单台水泵排水有可能产生倒灌时，应设置止回阀。

酒店建筑内应以每个生活污水集水池为单元设置一台备用泵。（注：地下室、设备机房、车库冲洗地面的排水，当有 2 台及 2 台以上排水泵且有排水沟连通时可不设备用泵。）

酒店建筑内的污水水泵的流量应按生活排水设计秒流量选定；当有集水坑等排水量调节设施时，可按生活排水量最大小时流量选定。

采用密闭提升器排水时，宜获得酒店机电顾问或酒店管理的确认。

污水泵、阀门、管道等应选择耐腐蚀、大流量、不易堵塞的设备器材。

当集水池不能设事故排出管时，污水泵应有不间断的动力供应。（注：当能关闭污水进水管时，可不设不间断动力供应。）

集水井

集水池有效容积不宜小于最大一台污水泵 5min 的出水量，且污水泵每小时启动次数不宜超过 6 次。

污水集水池设置在地下室时，池盖应密闭，并设置通气管。

4.3.3.5 厨房含油污水处理

员工食堂和营业餐厅的含油污水，应经除油装置处理后排入污水管道。

隔油器设计应符合下列规定：

1. 含油污水在容器内应有拦截固体残渣装置，并便于清理；

2. 容器内宜设气浮、加热、过滤等油水分离装置；

3. 密闭式隔油器应设置通气管，通气管应单独接至室外；

4. 含油污水处理间，应按规定设置良好通风换气装置，平时换气次数 6～8 次 /h，清通时不宜小于 15 次 /h；

5. 隔油器可根据用餐人数 / 用餐类型或餐厅面积 / 用餐类型计算处理水量。

建议将隔油池通风引至屋顶。

隔油排水管管径应考虑清通方便，弯头尽量少。

隔油设施设置位置应便于维护操作，并远离主食区域，无异味侵入食品，做好防水处理。

厨房隔油应为集中区域隔油处理，除分散设置的小厨房、备餐外，避免采用星盆下分散设置的器具隔油方式。厨房排水（除空调、冰箱冷凝水）应经隔油处理后排出。排水管离隔油设施的横管直线距离不宜超过 25m。若超过此距离，宜加设隔油设施。

远离主厨房分散设置的备餐间、准备间等，如行政酒廊的备餐间等，如有含油废水排出，可就近设置小型器具隔油器。

4.3.3.6 管材、附件

管材

酒店建筑排水管材选择应符合下列要求：

酒店建筑内部排水管道应采用建筑塑料管及管件或柔性接口机制排水铸铁管及相应管件；客房排水管宜选用柔性接口机制排水铸铁管及相应管件。

部分酒店管理文件，由于噪声问题，对客房排水采用 ABS 或 PVC 管进行了限制，具体设计时，应和酒店管理公司、业主等对客房管材的选用进行确认。

若选用塑料管，优先选用隔声性能良好的塑料管。如塑料管性能未能符合声学要求，需加隔声材料进行隔声处理。

厨房、洗衣房等，连续排水温度大于 40℃ 区域，应采用金属排水管或耐热塑料排水管。

压力排水管道可采用耐压塑料管、金属管或钢塑复合管。

附件

厕所、盥洗室等需经常从地面排水的房间，应设置地漏。

客房浴室排水，应做到及时、顺畅，客房浴室排水地漏，建议采用直径 DN75。

地漏的选择，应符合下列要求：

带水封的地漏水封深度不得小于 50mm；严禁采用钟罩（扣碗）式地漏；

应优先采用具有防涸功能的地漏；

食堂、厨房和公共浴室等排水宜设置网筐式地漏。

生活排水管道上，应设置检查口和清扫口；立管上检查口检查盖应面向便于检查清扫的方位。

客房卫生间接至立管的排水横支管长度不宜大于 5m。

部分酒店建筑排水的相关要求：

排水横管每隔 15m 及转弯处，需要设置清扫口。如排水管必须设于高空天花板上面时（如大厅、中庭、多功能厅等），清扫口应考虑维护和清扫方便，尽可能防止设置在不便操作的死角。

洗衣房应设置排水沟排水，洗衣房设备排放到排水沟槽中，大型设备排水宜配备棉绒收集器，方便日常运行及维护。

健身中心和 SPA 水疗设施排水，应设置毛发聚集器；如 SPA 等工艺需要设置砂子过滤器，其过滤器排水管，应设置集砂器。

4.3.3.7 雨水

屋面雨水排水系统应迅速、及时地将屋面雨水排至室外雨水管或地面。

设计暴雨强度应按当地或相邻地区暴雨强度公式计算确定。（注：当采用天沟集水且沟檐溢水会流入室内时，设计暴雨强度应乘以 1.5 的系数）；排水管道设计降雨历时应按 5min 计算。

屋面雨水排水管道的排水设计重现期应根据建筑的重要程度、汇水区域性质、地形特点、气象特征等因素确定。

酒店建筑汇水区域的设计重现期　　表 4.3-7

汇水区域名称		设计重现期（a）
室外场地	酒店基地	1～3
	下沉式广场、地下车库坡道出入口	5～50
屋面	一般性酒店屋面	2～5
	重要公共建筑屋面	≥10

注：下沉式广场设计重现期应根据广场的构造、重要程度、短期积水即能引起较严重后果等因素确定。

酒店屋面雨水排水工程应设置溢流口、溢流堰、溢流管系等溢流措施。

高层酒店建筑裙房屋面的雨水应单独排放。

高层酒店建筑阳台排水系统应单独设置，多层酒店建筑阳台雨水宜单独设置。阳台雨水立管底部应间接排水。

酒店建筑主要人员出入口的挑檐，应有组织排水。

酒店建筑雨水排水管道不应穿越客厅、餐厅、卧室，不宜穿越客房套内走道；雨水排水立管不宜靠近与卧室相邻的内墙。

重力流雨水排水系统中长度大于 15m 的雨水悬吊管，应设检修口，其间距不宜大于 20m，且应布置在便于维修操作处。

酒店建筑雨水回用按现行国家标准《建筑与小区雨水利用工程技术规范》GB 50400-2006 执行。

4.3.4 热水及饮水供应

4.3.4.1 热水用水定额、水温和水质

热水用水定额

《建筑给水排水设计规范》GB 50015-2009、《旅馆建筑设计规范》JGJ 62-2014 关于酒店建筑用水量标准的相关规定见表 4.3-8。

《建筑给排水设计规范》GB 50015-2009 酒店建筑生活用水定额　　表 4.3-8

名称	分项	最高日用水量定额（L）	使用时数（h）	时变化系数
《建筑给排水设计规范》	客房-顾客	120～160 每床	24	
	客房-员工	40～50 每人	24	
	餐厅	15～20 每人每次	10～12	1.5～1.2
	员工餐厅	7～10 每人每次	12～16	1.5～1.2
	咖啡吧	3～8 每人每次	8～18	1.5～1.2
	健身中心	15～25 每人每次	8～12	1.5～1.2
	水疗 & 桑拿	70～100 每人每次	12	2.0～1.5
	美容美发	10～15 每人每次	12	2.0～1.5
	会议厅	2～3 每座位每次	4	1.5～1.2

注：热水温度按 60℃ 计。

《旅馆建筑设计规范》JGJ 62-2014 生活热水用水定额的规定:

旅馆客房最高日生活热水(60℃)用水量 表 4.3-9

序号	旅馆等级	单位	热水用水量定额(L/d)	使用时间(h)	备注
1	一级	每床每日	40 ～ 60	8 ～ 10	楼层设公共卫生间
2	二级	每床每日	60 ～ 100	12 ～ 16	不少于 50% 客房设卫生间
3	三级	每床每日	100 ～ 120	24	全部客房设卫生间
4	四级、五级	每床每日	120 ～ 160	24	

注: 1. 热水用水定额已包括在表 6.2.2 之内。
    2. 旅馆热水量用水范围取值与本规范第 6.2.2 条表 6.2.2 中的注相一致。
    3. 厨房、洗衣房、理发室、洗浴中心及职工等热水用水定额应按《建筑给水排水设计规范》GB 50015-2009 的规定选定。

水温

当原水水质无需软化处理,以及原水水质需水质处理且有水质处理时,直接供应热水的热水锅炉、热水机组或水加热器出口的最高水温控制在不超过 75℃;原水水质需水质处理但未进行水质处理,加热器出口的最高水温控制在不超过 60℃。为防止军团菌的产生,建议直接供应热水的热水锅炉、热水机组或水加热器出口的水温不低于 55℃。

酒店客房以及公共卫生间的热水使用水温为 37 ～ 40℃,餐饮厨房区域洗涤盆(池)的热水供水温度为 50℃,公共区域的恒温防烫伤冷热水混合龙头的温度限制在 40℃,洗衣房的热水使用水温按洗衣工艺要求确定。

水质

生活热水水质的水质指标,应符合现行《生活饮用水卫生标准》GB 5749-2006 的要求。

4.3.4.2 热水供应系统

一、二、三级旅馆建筑应连续供应热水,四、五级旅馆建筑宜定时供应热水。

酒店热水供应系统的选择,应根据使用要求、耗热量及用水点分布情况,结合热源条件确定。酒店客房、厨房、洗衣房、泳池等,宜设置集中热水供应;如有热水需求的分散设置的裙房公共卫生间等,可结合具体情况,设置集中热水供应或局部热水供应。

集中热水供应系统的热源,首先应根据当地法规、标准的要求,选用太阳能热水系统,所有太阳能热水系统均应配置辅助热源。优先宜利用废热和城市全年供热的热力管道为热源。当区域性锅炉房或附建的锅炉房能充分供给蒸汽或高温水时,宜采用蒸汽或高温水作集中热水供应系统的热媒。

宜利用酒店空调机组的热回收,作为酒店热水的热源。

当无上述热源可利用时,可设燃油(气)热水机组或电蓄热设备等供给集中热水供应系统的热源或直接供给热水。局部热水供应系统的热源,宜采用太阳能及电热、燃气、蒸汽等。

所有太阳能热水系统均应配置辅助热源。酒店建筑,宜选用保证稳定供应的蒸汽、高温热水、热泵、燃油(气)热水机组或电蓄热设备等作为辅助热源。

采用自备热源时,宜采用直接供应热水的燃油(气)热水机组、间接供应热水的自带换热器的燃油(气)热水机组或外配容积式水加热器的燃油(气)热水机组。

酒店热水系统的分区,宜符合如下原则:

应与给水系统的分区一致,各区水加热器、贮水罐的进水均应由同区的给水系统专管供应;当不能满足时,应采取保证系统冷、热水压力平衡的措施。

设有集中热水供应系统的酒店建筑中,客房区热水系统宜与公用、后场区等分开设置。用水量较大的客房卫生间、洗衣房、厨房等,宜设置单独的热水管网或局部加热设备。当洗衣工艺对系统出口水温有要求时,可利用系统热水作为原水,对洗衣房用水局部加热的方式。

当洗衣房供水需软化处理时,其热水系统应与生活热水系统分开设置。

集中热水系统应设置热水循环泵,其设置应符合下列要求:

循环系统应设循环泵,并采取机械循环。热水供应系统应保证干管和立管中的热水循环。

要求随时取得不低于规定温度的热水的酒店客房等区域，应保证支管的热水循环，或有保证支管中热水温度的措施，如热水支管循环、电伴热。

当采用减压阀分区时，应保证各分区热水的循环。

建议酒店客房卫生间热水回水，在每个分支或立管的末端设置平衡（流量控制）阀。通过控制每个热水立管循环的水量宜不小于 0.07 升 / 秒，从而能使卫生器具的支管热水在水流开始后的近 10 秒钟内达到每个器具。个别卫生器具距热水循环竖管的距离超过 12m 支管，如酒店总统套房等的器具给水管，除采用支管循环方式外，也可采用电伴热的方式。

酒店热水系统，特别是客房热水系统，需保持压力稳定。

当给水管道的水压变化较大且用水点要求水压稳定时，宜采用开式热水供应系统等稳压措施。

当卫生设备设有冷热水混合器或混合龙头时，冷、热水供应系统在配水点处应有相近的水压。

热水系统可采用电子温控阀（电子混流阀）作为稳定热水系统出流温度的有效方式。

客房卫生间淋浴和浴盆设备的卫生器具可采用恒温龙头等冷热水混合装置，以保证出水口温度的稳定和安全。

员工淋浴、SPA 等淋浴器出水水温应稳定，并宜采取下列措施：

采用开式系统；

给水额定流量较大的用水设备的管道，应与淋浴配水管道分开；

多于 3 个淋浴器的配水管道，宜布置成环形；

成组布置的配水管的沿程水头损失，当淋浴器少于或等于 6 个时，可采用每米不大于 300Pa；当淋浴器多于 6 个时，可采用每米不大于 350Pa。配水管不宜变径，且其最小管径不得小于 25mm。

在开式热水供应系统中，可设置膨胀管，膨胀管上严禁设阀门；在闭式热水供应系统中，应设置压力式膨胀罐、安全阀等措施。

4.3.4.3 耗热量、热水设备供热量

耗热量

全日供应热水的酒店客房的集中热水供应系统的设计小时耗热量，根据用水人数、热水用水定额、冷、热水温度、每日用水时间及小时变化系数计算确定；

厨房、洗衣房的供水能力，根据厨房设备、餐厅座位、宴会设施、洗衣房设备等需求确定。

定时供应热水的旅馆的集中热水供应系统的设计小时耗热量，根据卫生器具热水的小时用水定额、冷、热水温度、同类型卫生器具数、卫生器具的同时使用百分数计算确定。

热水设备供热量

根据设计小时耗热量、设计热水温度、设计冷水温度，计算设计小时热水供应量。

全日集中热水供应系统中，锅炉、水加热设备的设计小时供热量，按下列原则确定：

容积式水加热器或贮热容积与其相当的水加热器、燃油（气）热水机组的设计小时供热量，按设计小时耗热量与容积贮存热量的差额计算；

半容积式水加热器或贮热容积与其当的水加热器、燃油（气）热水机组的设计小时供热量，按设计小时耗热量计算；

半即热式、快速式水加热器及其他无贮热容积的水加热设备的设计小时供热量按设计秒流量所需耗热量计算。

4.3.4.4 水的加热和贮存

水的加热

水加热设备应根据使用特点、耗热量、热源、维护管理及卫生防菌等因素选择，并应符合热效率高，节省设备用房；生活用水侧阻力损失小，有利于整个系统冷、热水压力的平衡；安全可靠、操作维修方便的要求。

集中供应热水系统，水加热设备还应遵循下列原则：

当采用自备热源时，宜采用直接供应热水的燃油（气）热水机组，亦可采用间接供应热水的自带换热器的燃油（气）热水机组或外配容积式、半容积式水加热器的燃油（气）热水机组。

酒店建筑的热水供应的水加热器不宜少于 2 台，一台检修时，其余各台的总供水能力不得小于设计小时耗热量的 50%。有加热器的管道及其附、配件应并联设置。

厨房、洗衣房的加热，根据厨房设备、餐厅座位、宴会设施、洗衣房设备等需求确定。

当选用局部热水供应设备时，应符合下列要求：

选用设备应综合考虑热源条件、建筑物性质、安装位置、安全要求及设备性能特点等因素；

当太阳能资源充足时，宜选用太阳能热水器或太阳能辅以电加热的热水器；

需同时供给多个卫生器具或设备热水时，宜选用带贮热容积的加热设备；

燃气热水器、电热水器必须带有保证使用安全的装置。

水加热器的加热面积，应根据设计小时供热量、传热系数、传热效率系数、热媒与被加热水的计算温度差、热水供应系统的热损失系数计算。

水的贮存

集中热水供水系统的贮水器容积，应符合以下规定：

半即热式、快速式水加热器，当热媒按设计秒流量供应且有完善可靠的温度自动控制装置时，可不设贮水器；当不具备上述条件时，应设贮水器，贮热量宜根据热媒供应情况按导流型容积式水加热器或半容积式水加热器确定。

当设有冷水箱、高位加热贮热水箱的连续加热的

集中热水供水系统的贮水器容积　表 4.3-10

加热设备	以蒸汽和 95℃以上的热水为热媒时	以 ≤ 95℃的热水为热媒时
容积式水加热器或加热水箱	≥ 45minQh	≥ 90minQh
导流型容积式水加热器	≥ 30minQh	≥ 40minQh
半容积式水加热器	≥ 15minQh	≥ 20minQh

注：1. 燃油（气）热水机组所配贮热器，贮热量宜根据热媒供应情况按导流型容积式水加热器或半容积式水加热器确定。
2. 表中 Q_h 为设计小时耗热量（kJ/h）。

热水供应系统，应设置冷水补水箱（注：当冷水箱可补给热水供应系统冷水时，可不另设冷水补给水箱）。

酒店宜有一定热水用水贮存量，保证酒店热水供水安全。生活热水贮水容量建议：酒店客房的生活热水贮水量宜按每个客房 40 升贮水容量估算；餐饮、洗衣房的生活热水贮水量，按工艺设施的要求计算热水贮水容量。

贮水箱热水、电加热设备、容积式换热器等热水制备设备，应根据水质情况及使用要求采用耐腐蚀材料处理。

设备间

设置锅炉、燃油（气）热水机组、水加热器、贮热器的设备间，应便于泄水、防止污水倒灌，并应有良好的通风和照明。有冰冻可能的系统还应该采取可靠的防冻措施。设备间布置，应留有给换热器等设备保养的空间。

4.3.4.5　热水管管材

热水系统的管材和管件，应选用耐腐蚀和安装连接方便可靠的管材。

可采用薄壁铜管、薄壁不锈钢管、高品质塑料热水管（除热水机房）、塑料和金属复合热水管。

热（回）水管道系统，应有补偿管道热胀冷缩的措施。

4.3.4.6　直饮水供应

酒店建筑需供给直饮水的部位：开水器、冰激凌机、制冰机、咖啡机、饮料机、冷菜制备间等，分布在咖吧、酒吧、饼房、厨房、楼层服务间等区域。

如设备比较集中，建议分区域设置管道直饮水处理设施，供本区域数个设备使用；如设备布置比较分散，就地设置独立直饮水处理设施。

如无特殊要求，客房内可不设置管道直饮水系统，由酒店统一提供瓶装水。

设有管道直饮水的酒店建筑，最高日管道直饮水可按 2.0 ～ 3.0L/(床日) 设计。咖吧、厨房等直饮水，根据厨房等工艺要求确定。

管道直饮水应对原水进行深度进化处理。直饮水一般以市政给水为原水，经过深度处理方法制备而成，其处理水质应符合国家现行标准《饮用净水水质标准》CJ 94–2005 的规定。

目前常采用膜技术对其进行深度处理。膜处理分为微滤、超滤、纳滤和反渗透四种方式。根据原水水质、工作压力、产品水的回收率及出水水质要求等因素，选择深度处理的方式。膜处理前设机械过滤等前处理，膜处理后应进行消毒灭菌等后处理。

管道直饮水系统应满足下列要求：

管道直饮水系统必须独立设置。

管道直饮水宜采用调速泵组直接供水或处理设备置于屋顶的重力水箱式供水方式。

高层酒店建筑管道直饮水系统应竖向分区，各分区最低配水点的静压不宜大于 0.35MPa，最不利配水点处的水压，应满足用水水压要求。

管道直饮水应设循环管道，其供、回水管网应同程布置，循环管网内水的停留时间不应超过 12h；从立管接至配水龙头的支管管段长度不宜大于 3m。

直饮水处理间应设给水管、排污排水地漏。

直饮水管道应选用耐腐蚀、内表面光滑、符合食品级卫生要求的薄壁不锈钢管、优质塑料管。

4.3.5 防水质污染

4.3.5.1 机房设置

给水机房的上层房间不应有厕所、浴室、淋浴、厨房、污水处理间等，不应与卫生间、污泵间相毗邻。

4.3.5.2 给水

生活饮用水不得因管道内产生虹吸、背压回流而受污染。（详见第四章 4.3.2.8 相关款项）

接至冷冻机房、锅炉房、冷却塔、气压罐等设备机房或设备管道的接出管上，应设置倒流防止器。

4.3.5.3 排水

排水管不得布置在厨房操作、烹调、备餐等上方。（详见第四章 4.3.3.2 相关款项）

食品加工、贮存食品、饮料库房的地面排水、冷风机溶霜水盘的排水应采用间接排水。

4.3.6 水处理

4.3.6.1 生活给水处理

当外部水源不能稳定满足酒店管理公司的生活饮用水水质要求时，需对生活水源进行二次供水处理（水质标准详见第四章 4.3.2.3）。

水质报告：需从当地政府供水管理部门（或自来水公司）取得完整和确认的水质报告。如无水质分析报告，则需将水样送至获得酒店认可的实验室做水质分析。

水处理范围为饮用水及人体皮肤直接接触的客房、公共卫生间等淋浴、洗手盆等用水。

生活饮用水处理流程，应依据水质分析报告，确定处理流程，处理结果需满足相应的水质要求。给水处理的设计方案必须报酒店管理方审核、认可。

城市自来水为原水的典型的处理流程：自来水经加药、过滤、吸附、消毒处理后，供水设施供至用户。

酒店生活水处理可使用臭氧消毒、化学和静电消毒、紫外线消毒等消毒方式，建议消毒系统分别包含物理、化学消毒方式。食品加工设备，如厨房、咖啡、大堂吧的制冰机、水果饮料榨汁机、茶壶和咖啡壶的饮用水供水系统，可根据厨房、餐饮工艺的要求，在末端设置小型专用的过滤、消毒等水处理系统。

4.3.6.2 软化水处理

根据《建筑给水排水设计规范》GB 50015-2009，集中热水供应系统的原水的水处理，应根据水质、水量、水温、水加热设备的构造、使用要求等因素经技术经济比较按下列要求确定：

当酒店洗衣房等日用水量（按60℃计）大于或等于10m 且原水总硬度（宜碳酸钙计）大于300mg/L 时，应进行水质软化处理；原水总硬度（以碳酸钙计）为150～300mg/L，宜进行水质软化处理；

其他生活日用水量（按60℃计）大于或等于10m 且原水总硬度（宜碳酸钙计）大于300mg/L 时，宜进行水质软化或阻垢缓蚀处理。

建议酒店客房卫生间等生活热水系统，水的硬度超出200mg/L，可考虑需要软化处理；厨房和洗衣房生活热水系统，水的硬度超过120mg/L，宜设置软化处理。

洗衣房软水处理范围，如经洗衣房工艺确认后，洗衣机最后二道清洗过程用水，可不做软化处理，直接采用原水。

经软化处理后的水质，洗衣房用水的水质总硬度宜为50～100mg/L，其他用水水质总硬度宜为75～150mg/L；

水质阻垢缓蚀处理应根据水的硬度、适用流速、温度、作用时间或有效长度及工作电压等选择合适的物理或化学稳定处理方法。

酒店管理文件，对酒店的生活冷水和热水系统、机电房设备的用水系统、厨房和洗衣房设备及其相关系统的供水系统的水硬度，在水处理前、处理后分别有相应要求，厨房和洗衣房设备顾问也可规定具体的水硬度，并在具体项目实施时，予以核实。

4.3.6.3 游泳池

水质、水温

酒店建筑游泳池的池水水质应符合现行国家标准《游泳池水质标准》CJ 244-2007 的要求。

酒店建筑游泳池的初次充水、使用过程中的补充水水质，应符合现行国家标准《生活饮用水卫生标准》GB 5749-2006 的要求。

酒店建筑游泳池的池水设计温度：室内池27～28℃，室外池，有加热设备时26～28℃，无加热设备时≥23℃。

初次充水与池水加热

游泳池初次充水时间不宜超过48h；游泳池池水加热所需热能，必须考虑满足初次加热热能的措施。

室内泳池以及一部分有要求的室外游泳池，必要时池水应进行加热。

酒店建筑游泳池池水加热所需热量应经计算确定，加热方式宜采用间接式。优先采用余热和废热、太阳能等天然热能作为热源。

池水循环与净化

酒店建筑游泳池水应循环使用，池水循环周期可按4～6h。

不同使用功能的游泳池应分别设置各自独立的循环系统。

酒店建筑游泳池，宜选择逆流式或混合流式循环方式。当逆流式的管道布置、维护更换给水口等要求影响结构布置时，采用混合流循环方式。

顺流式、混合式循环给水方式的酒店建筑游泳池宜设置平衡水位的平衡水池；逆流式循环给水方式的游泳池应设置平衡水量的均衡水池。

循环水的预净化应在循环水泵的吸水管上装设毛发聚集器。

循环水应经过滤、加药和消毒等净化处理，可采用臭氧、次氯酸钠、紫外线等消毒方式。部分酒店管理公司要求采用物理、化学方式相结合消毒。

游泳池池水循环与净化处理工艺，需考虑对酒店游泳池水处理设备材质的影响因数。使用不锈钢材质的衬里时，为避免腐蚀不锈钢材质，应避免采用电氯化等含高氯离子的水处理方式。

管道、设备

酒店建筑游泳池的管道、设备、容器和附件，均应采用耐腐蚀材质或内壁涂衬符合卫生标准的耐腐蚀材料。

4.3.7　其他要求

4.3.7.1　管道、设备维护

室内给水管道的各种阀门，宜装设在便于检修和便于操作的位置。

给水立管的底部宜设计排水阀门，使每个给水系统都能排放。

天花检修口应与平顶天花设计中的其他设计协调。应避免将客房控制阀门的安装在客房内。

管道井内设置的阀门、立管上检查口等，应设置于便于检修、维护的部位。

洲际酒店（亚太区）标准：管道井应提供检修门，检修门的位置应送技术服务部审批。

设备机房必须留有设备维护通道，保证日常管理、维保的便捷性，以及设备检修、更换的可行性。

4.3.7.2　管道保温、防冻、防结露

在室外明设的管道、设备，应避免受阳光直接照射，塑料给水管、箱还应有有效保护措施；在结冻地区应作保温层，保温层的外壳应密封防渗。

热水锅炉、燃油（气）热水机组、水加热设备、贮水器、分（集）水器、热水输（配）水、循环回水干（立）管应做保温。

敷设在有可能结冻的房间、地下室及管井、管沟等处的给水管道应有防冻措施。

当管道结露会影响环境，引起装饰、物品等受损害时，应做防结露保冷层，防结露保冷层的计算和构造，按现行国家标准《设备及管道绝热技术通则》GB/T 4272-2008 执行。

4.3.7.3　消声及隔振

管道、附件及水泵等设备均需采取有效的消声及隔振措施。

高层酒店建筑的水泵出水管宜有消除水锤措施。

4.3.7.4　洗眼站

在混合、发放、使用或处理浓缩化学品的场所内，如水处理机房、洗衣房、泳池（旋流池设备房）以及储藏／卸货、工程维修间及工作间区域、厨房碗碟清洗区、洗衣房化学品储藏／搬运区、客房服务（洗涤化学品）等其他提供化学品的区域，宜设有事故洗眼器，设置安全洗眼器用以紧急处理员工被化学物品灼伤眼睛。

建议安全洗眼器为脚部操作型、带眼部喷淋的装置，宜符合职业安全与卫生条例（OSHA）标准的要求。

安全洗眼器的给排水管道，连接到给排水系统，并提供温水供应。

4.3.7.5　可持续设计

酒店建筑给排水系统应符合国家、建设地的节能、节水的标准、规定、政府令。

酒店管理标准中可持续设计相关条款。

节能设计建议：

酒店给排水可持续设计的各系统，应建立在进行充分调研和建造、运行成本分析的基础上，建议可采用以下内容：

太阳能热水系统；

雨水集蓄、雨水利用系统；

自动传感器卫生洁具、节水型卫生器具配置系统；

空调冷凝水收集、利用系统；

洗衣房清洗水回收利用系统；

洗盥污水处理再利用系统；

洗衣房热水回收利用系统；

采用用热泵系统作为主要的热水制备的热水系统；

连续，或季节性运行的设备的热回收系统。

4.3.7.6 相关设计顾问

酒店建筑设计涉及多项酒店专项顾问，和给排水设计相关的设计顾问包括（不限于）：

机电设计、咨询顾问；

室内设计顾问；

景观设计、泳池设计顾问；

餐饮服务及厨房、洗衣房顾问；

声学顾问；

可持续设计顾问；

生命安全（或消防及疏散安全）顾问；

消防及疏散安全顾问。

第 5 章 技术措施

酒店建筑的各类用房应满足采光、通风、保温、隔热、隔声等室内环境要求，并应符合相关标准、规范的规定。

5.1 建筑声学

建筑声学设计应当与酒店建筑、装修与设备的设计紧密结合，其目的是营造舒适的听觉环境，提高环境的声品质，使顾客身心愉悦。建筑声学设计指标的确定应当考虑国家相关规范和法规、行业标准、业主对建筑总体环境的定位，以及酒店管理公司的标准等诸多因素。酒店声学设计的工作内容包括建筑基地现场声环境调查、声环境规划和方案设计。

5.1.1 建筑基地现场声环境调查

现场声环境调查对于确定建筑空间总体布局和基础形式，以及外维护墙体、门窗和幕墙等构件的隔声量非常重要。调查内容包括建筑基地内外的振动与噪声的源头、时空分布和频谱特征、重要性排序。噪声测量的项目包括：倍频程声压级和 LAeq、Lmax、Lmin、L5、L10、L50、L90、L95 等值。测量依据可参考《声环境质量标准》GB 3096-2008 和《城市区域环境噪声适用区划分技术规范》GB/T 15190-1994。

现场调查报告还必须依据当地的规划文件，对基地附近的噪声环境做出合理的预测，以较大的概率保证建筑能够在未来噪声环境发生变化的条件下，使其内部维持良好的声环境。

5.1.2 制定环境声学规划和声学初步设计方案

根据酒店的功能和市场定位、相应的声学标准、投资，以及建筑基地环境噪声调查报告，可以着手进行建筑声学环境规划设计和声学方案设计，为建筑的总体规划和室内空间布局提供决策依据，并综合利用建筑、声屏障、植被和室内空间的合理布局，达到以最小的投资获得最理想的声学环境的目的。这方面的工作包括以下几个方面：

建筑总平面的布局

根据功能对建筑群空间进行总体的闹、动、静分区，结合建筑内部的交通、建筑基地周边的噪声分布状况，提出若干建筑群合理布局的方案，供业主和建筑设计方参考。方案要解决的主要问题是使静的功能分区尽量避开强噪声源，利用建筑群本身的合理布局，辅以声屏障、植被等措施，阻挡噪声传播，营造局部的安静环境。

建筑内部空间布局

根据功能对建筑内部的空间进行闹、动、静分区，确定不同分区的背景噪声限值，利用合理的空间布局尽量减少闹、动空间对静空间的影响。尽量使噪声较大的空间远离安静的空间，或者对噪声较大的空间进行良好的隔声处理，如宴会厅、KTV、健身房和客房之间需要采取隔声措施；设备机房和管线尽量集中布置，远离静空间，特别是对那些在运行中产生较大振动与噪声的发电机、水泵、冷冻机、空调机、热泵机组和电梯等建筑设备，在平面布局中应给以足够的重视。

机电产品的噪声声功率（声压级）限值

对水、电、暖通和室内装饰所涉及的机电产品噪声提出要求，为设备采购和机电系统噪声控制设计，如隔振基础、隔声吸声墙体和吊顶、消声等设计提供依据。

声学设计方案

在完成上述工作的基础上，声学顾问应该能够对建筑的外部和内部噪声条件有一个比较清晰的认识，可以根据业主和酒店管理公司的要求、结合声学环境法规，提出室内声环境设计指标，如室内不同空间的背景噪声限值、混响时间等，然后可以对建筑的基础、墙体、楼板、屋盖、幕墙、门窗和隔墙等建筑构件的声学性能提出要求，提供具体的构造节点，制定机电设备、通风管道、上下水系统噪声控制方案，形成声学设计方案，供业主和建筑设计院参考。方案的目的是使业主了解由于声学措施所须追加的投资，使设计院了解由于声学措施所须考虑的结构、空间、建筑外立面等比较具体的设计问题。

5.1.3 声学设计指标

了解相关声环境法规对不同类型功能区噪声限值的要求，以及酒店管理公司对酒店室内声环境的要求，建立合理的室内声环境设计指标体系，是设计声学方案的重要依据之一，对营造良好的声环境、节约酒店投资、控制施工难度有重要意义。

室外噪声标准

酒店外部建筑设备的噪声排放必须符合《声环境质量标准》GB 3096-2008 的要求，见下表 5.1-1。

声环境质量标准（单位 dBA） 表 5.1-1

声环境功能区类别	适应地区	时段	
		昼间	夜间
0 类	安静住宅区	50	40
1 类	居住、文教机关为主区域	55	45
2 类	居住、商业、工业混杂区域及商业中心	60	50
3 类	工业区	65	55
4 类 4a 类	交通干线道路两侧	70	55
4b 类		70	60

楼宇内允许噪声要求

酒店内不同空间对噪声有不同的限值，国标和 ISO 标准采用 NR 值描述噪声限值，美国一般采用 NC 值描述噪声限值。酒店内一般房间的最大允许噪声要求参考豪生酒店管理公司要求以及《民用建筑隔声设计规范》GB 50118-2010 第 21 页，详见下表：

对于机房的最大允许噪声限值建议以相邻房间的噪声限值为依据来制定机房的噪声限值。一般房间墙体的隔声量在 45dB 以上，用相邻房间的背景噪声限值加上墙体隔声量 45dB，即可得出该机房的噪声限值。下面给出各类机房噪声实测数据以供参考（参考《高层商务楼噪声的产生与控制》及经验数据）。

楼宇内允许背景噪声要求表 表 5.1-2

功能区域		最大允许噪声要求（值越小，要求越高）
大堂区域	酒店大堂 / 大堂吧 / 接待处	NR（35～40）
餐饮区	全日餐厅 / 中餐厅 / 特色餐厅	NR（35～40）
	餐厅包房	NR35
会议区	多功能厅（宴会厅）	NR（30～35）
	会议室	NR（30～35）
	董事会议室	NR30
	商务中心	NR35
康体娱乐区	健身中心	NR40
	游泳池	NR40
	水疗中心	NR35
	乒乓球室 / 台球室	NR40
客房区	客房卧室	NR（28～30）
	客房盥洗室	NR35
	总统套房卧室	NR（25～28）
交通	走廊	NR（35～40）
	电梯厅	NR（35～40）
后场部分	厨房	≤ 65dBA
	员工餐厅	NR40
	一般办公室	NR35
	董事办公室	NR30
	各类机房	≤ 85dBA

注：测试点距离地面高度 1～2m，距离排风口或机电设备 1.5m。

各类机房噪声实测噪声限值数据表 表 5.1-3

机房种类	发电机房	冷冻机房	风机房	水泵房	热泵机房	锅炉房	冷却塔	变电站	空调机房
声压级实测数据 dB(A)	75～80	75～85	80～85	75～85	65～85	85～90	70～80	70～75	75～85

墙体隔声指标要求

美国（按照美国材料试验标准 ASTWE-90，E-413）采用隔声等级，即 STC（Sound Transmission Class）等级。国标 GB/T 19889.4-2005/ISO 140-4:1998 声学 建筑和建筑构件隔声测量第 4 部分：房间之间空气声隔声的现场测量采用表观隔声量 R'_w 表征。墙体隔声指标要求参考豪生酒店管理公司要求以及《民用建筑隔声设计规范》GB 50118-2010 第 22 页，详见下表：

各功能区域墙体隔声指标　表 5.1-4

功能区域		隔声要求（STC）（值越大，要求越高）
餐饮区	全日餐厅 / 中餐厅 / 特色餐厅墙	50+
	餐厅包房墙	55+
会议区	宴会厅墙	55+
	移动隔断（宴会厅 / 会议室）	（40～50）+
	会议室墙	（50～55）+
	董事会议室墙	55+
	商务中心墙	50+
康体娱乐区	健身中心及其相邻区域墙	50+
	游泳馆墙	50+
	水疗中心墙	55+
	乒乓球室 / 台球室 /KTV 室墙	55+
客房区	客房之间分户墙（轻钢龙骨）	55+
	客房浴室管井墙	50+
	客房电梯井墙	55+
	客房走道两侧墙体	50+
	客房与行政酒廊之间墙	52+
	地板 / 吊顶 - 混凝土	50+
	地板 / 吊顶 - 木构件	55+
后场部分	厨房墙	55+
	员工餐厅墙	50+
	一般办公室墙	50+
	董事办公室墙	55+
	各类机房墙	（55～60）+
外围区域	外墙	55+
	玻璃幕墙	（32～42）+

门隔声指标要求

门隔声指标要求是参考豪生酒店管理公司要求以及

GB 50118-2010 第 22 页，详见下表：

门隔声指标　表 5.1-5

功能区域		隔声要求（STC）（值越大，要求越高）
餐饮区	全日餐厅 / 中餐厅 / 特色餐厅	35+
	餐厅包房	35+
会议区域	宴会厅	（35～40）+
	会议室	35+
	董事会议室	40+
	商务中心	35+
康体娱乐区	健身中心	40+
	游泳馆	40+
	水疗中心	40+
	乒乓球室 / 台球室 /KTV 室	40+
客房区	客房入口门	（35～40）+
	客房连通门	50+
后场部分	厨房	35+
	一般办公室	35+
	董事办公室	35+
	各类机房	40+

混响时间设计要求

混响时间定义为声音能量衰减 60dB 所用的时间，是用来评估室内装修的吸音是否合适的指标。较短的混响时间可获得较佳的"语言清晰度"，较长的混响时间可获得较佳的"音乐丰满度"。混响时间是根据不同房间容积和功能而确定的。混响时间要求参考《剧场、电影院和多用途厅堂建筑声学设计规范》GB/T 50356-2005 以及经验数据，详见下表：

混响时间设计要求　表 5.1-6

功能区域		混响时间 T60
大堂区	酒店大堂 / 大堂吧 / 接待处	1.5～1.8s
餐饮区	全日餐厅 / 中餐厅 / 特色餐厅	1.0～1.5s
会议区	宴会厅	1.2～1.5s
	多功能厅	1.0～1.2s
	会议室	0.8s 左右
康体娱乐区	室内游泳馆	1.5s 左右

注：上述值是以 500Hz 为中心频率的倍频带的混响时间。

酒店管理公司的特殊要求

各酒店管理公司对室内声环境有许多具体、详细的要求，举例如下：

希尔顿

降雨时背景噪声要求 表 5.1-7

功能区域	最大允许噪声要求（降雨量为40mm/h时）
客房（包括浴室）	<NR 40
会议室	<NR 45
酒吧 / 酒廊 / 餐厅	<NR 50
大堂 / 接待处 / 客用走廊	<NR 50
办公室	<NR 45

酒店位于运载重型货物的运输道路附近，或者位于地铁线的上方或附近，地板的触觉振动暴露值及在占用的房间内再辐射的最大允许噪声要求如表 5.1-8 所示。

地板的触觉振动及在占用的房间内再辐射的最大允许噪声要求 表 5.1-8

功能区域	直接测量振动暴露值 m/s1.75(x,y 或 z 轴)	再辐射噪声要求 LAmax, fast
客房（包括浴室）	0.2 to 0.4（07：00～23：00） 0.1 to 0.2（23：00～07：00）	35dB
会议室	0.2 to 0.4（07：00～23：00） 0.2 至 0.4（07：00～23：00）	35dB
酒吧 / 酒廊 / 餐厅	0.2 to 0.4（07：00～23：00） 0.2 至 0.4（07：00～23：00）	40dB
大堂 / 接待处 / 客用走廊	0.2 to 0.4（07：00～23：00） 0.2 至 0.4（07：00～23：00）	40dB
办公室	0.4 to 0.8（07：00～23：00） 0.4 至 0.8（07：00～23：00）	50dB

雅高

由其他房间卫生设施产生的噪声在客房床头处不能超过25dBA。

客房内风机盘管低档风速下，在床头处测量噪声不能超过28dBA。

5.1.4 标准声学构造设计和施工

对于酒店声学设计，噪声控制、振动控制和音质设计在原理、技术指标上基本是一致的，因此其具体技术措施的节点大样具有一定的通用性，根据工程的具体技术标准、资金投入、材料或产品的特性适当调整节点大样，就可以充分满足工程的要求。总结这些行之有效的构造节点加以标准化，对于提高声学设计水平和效率，增加设计的可靠性是非常有益的。

噪声控制构造设计

针对建筑中的空气声，噪声控制的主要手段是吸声、隔声和消声，吸声主要靠吸声材料和结构来吸收室内噪声；隔声主要靠提高墙体、楼板、幕墙、门窗等维护构件的隔声量来抑制噪声传播；消声主要靠消声器、消声静压箱、消声百页等设备来吸收通风系统内顺着管道传播的噪声。

1. 吸声构造

纤维喷涂构造：20 ～ 30mm 厚的玻璃（植物）纤维喷涂 + 结构层。特点：主要吸收高频噪声，施工方便，特别适用于管道较多的墙体和吊顶等位置。

玻璃棉吸声构造：25% ～ 30% 穿孔护面镀锌穿孔板 +50mm 厚 48K 玻璃棉，外包玻璃丝布 +50mm 空腔 / 实贴 + 结构层。特点：广谱吸声，主要是针对中高频噪声。

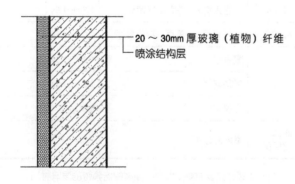

20 ～ 30mm 厚玻璃（植物）纤维喷涂结构层

图 5.1-1 纤维喷涂构造图

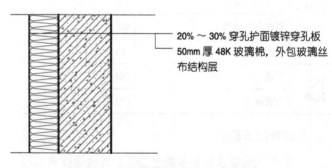

20% ～ 30% 穿孔护面镀锌穿孔板50mm 厚 48K 玻璃棉，外包玻璃丝布结构层

图 5.1-2 玻璃棉吸声构造（实贴）

穿孔板共振吸声构造： 4 ～ 6 厚 2% ～ 8% 穿孔 FC 板 +50mm 厚 48K 玻璃棉板，外包玻璃丝布 +50 ～ 150mm 空腔 + 结构层。特点：主要吸收中低频噪声，频谱具有选择性。

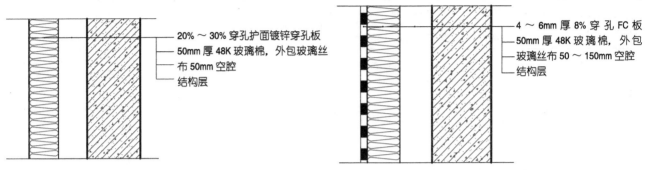

20% ～ 30% 穿孔护面镀锌穿孔板
50mm 厚 48K 玻璃棉，外包玻璃丝
布 50mm 空腔
结构层

图 5.1-3　玻璃棉吸声构造（＋50mm 空腔）

4 ～ 6mm 厚 8% 穿孔 FC 板
50mm 厚 48K 玻璃棉，外包
玻璃丝布 50 ～ 150mm 空腔
结构层

图 5.1-4　W1 穿孔板共振吸声构造

2. 隔声墙体

对于客房经常使用如下类型的墙体

客房常用墙体类型表　　　　　　　　　　　　　　　　　　　　　　表 5.1-9

隔声要求	编号	声学构造层次	墙体重量及材料要求	特点
STC > 60（总统套房隔墙）	W1	15mm 厚纸面石膏板 +12mm 厚纸面 v+75mm 厚 100K 岩棉 +10mm 空隙 +18mm 厚 KBS 隔声板 +75mm 厚 100K 岩棉 +12mm 厚纸面石膏板 +15mm 厚纸面石膏板（总厚度：232mm）	墙体面密度：100kg/m²	施工快，干作业，布线方便，低频隔声好；缺点价格较贵
STC 55-59（客房与客房间墙）	W2	15mm 厚纸面石膏板 +12mm 厚纸面石膏板 +100mm 厚 100K 岩棉 +10mm 空隙 +100mm 厚 100K 岩棉 +12mm 厚纸面石膏板 +15mm 厚纸面石膏板（总厚度：263mm）	墙体面密度：90kg/m²	施工快，干作业，布线方便；缺点是墙体略厚，低频隔声一般
	W3	15mm 厚纸面石膏板 +12mm 厚纸面石膏板 +75mm 厚 96K 岩棉 +2x12mm 厚纸面石膏板 +10mm 空隙 +75mm 厚 100K 岩棉 +12mm 厚纸面石膏板 +15mm 厚纸面石膏板（总厚度：238mm）	墙体面密度：106kg/m²	施工快，干作业，布线方便，墙体较薄，节省空间，低频隔声尚好；缺点略贵
	W4	12mm 厚纸面石膏板 +50mm 厚 100K 岩棉 +20mm 厚 1:3 水泥砂浆 +190mm 厚 B07 加气砌块 +20mm 厚 1:3 水泥砂浆 +50mm 厚 100K 岩棉 +12mm 厚纸面石膏板（总厚度：353mm）	墙体面密度 250kg/m² 砌块比重要求 700kg/m³	布线方便，低频隔声好；缺点是墙体较厚重，施工较麻烦
STC 50-54（卫生间与卫生间）	W5	大理石饰面板 +15 ～ 20mm 厚水泥砂浆 +190mm 厚空心混凝土砌块 /240mm 多孔砖 +15 ～ 20mm 厚水泥砂浆 + 大理石饰面板（总厚度：>220mm）	墙体重量 >300kg/m² 砌块比重要求 1000 ～ 1200kg/m³ 墙体须有防潮层	优点是低频隔声好，缺点是吃力的预埋件要预先翻做预埋混凝土块
STC 50-54（客房与走廊、管道井与走廊）	W6	20mm 厚水泥砂浆 +190mm 混凝土空心砌块 /240mm 厚加气混凝土砌块 /240mm 多孔砖 +20mm 厚水泥砂浆（总厚度：>230mm）	砌块比重 1000 ～ 1200kg/m³ 墙体面密度 216kg/m²	同 W5
STC 35-40（卫生间管道井）	W7	大理石饰面板 +15 ～ 20mm 厚水泥砂浆 +140mm 厚空心混凝土砌块 /120mm 多孔砖 +12mm 厚水泥砂浆（管道井内侧）（总厚度：>167mm）	墙体重量 >210kg/m² 砌块比重要求 1000 ～ 1100kg/m³ 墙体须有防潮层	同 W5
STC 35-40（卫生间位于客房内的墙体）		大理石饰面板 +15 ～ 20mm 厚空心混凝土砌块 /120 多孔砖 +12mm 厚水泥砂浆（客房一侧）（总厚度：>167mm）	墙体重量 >210kg/m² 砌块比重大于 1000 ～ 1200kg/m³ 墙体须有防潮层	不承担过大的隔声功能，只要构造允许墙体可以尽量薄

对于裙房经常使用如下类型的墙体

裙房常用墙体类型表 　　　　　　　　　　　表 5.1-10

隔声要求	编号	声学构造层次	墙体重量及材料要求	特点
STC 60 墙体（机房专用）	W8	20mm 厚水泥砂浆 +190mm 厚混凝土空心砌块 +20mm 厚水泥砂浆 +100mm 厚 80K 岩棉 +10mm 厚 FC 板 +50mm 厚 48K 离心玻璃棉板 +5mm 厚 FC 穿孔板（穿孔率 8%）	砌块容重 1000 ～ 1200kg/m³ 规格 240×115×90	适用于噪声较大的各类机房
STC 55 墙体	W9	20mm 厚水泥砂浆 +190mm 厚空心混凝土砌块 +20mm 厚水泥砂浆（总厚度：230mm）	砌块容重 1000 ～ 1200kg/m³	优点是低频隔声好，缺点是吃力的预埋件要预先翻做预埋混凝土块
	W10	19mm 厚 KBS386 隔声板 +100 龙骨，内填 75mm 厚 38K 玻璃棉 +12mm 厚纸面石膏板 +15mm 厚纸面石膏板（总厚度：136mm）	墙体面密度 60kg/m²	低频隔声较差，建议用在客房、办公室等低频噪声较小的空间
STC 50 墙体	W11	20mm 厚水泥砂浆 +200mm 厚加气混凝土砌块 +20mm 厚水泥砂浆（总厚度：240mm）	加气混凝土比重 600 ～ 700kg/m³	低频隔声尚可，施工简单
	W12	25mm 厚水泥砂浆 +120mm 厚 GRC 多孔条形板墙 +25mm 厚水泥砂浆（总厚度：170mm）	120mm 厚 GRC 多孔条形板墙面密度 76kg/m²，单排 9 孔 Φ38	施工简单，墙体薄，低频隔声一般，建议用在办公室等低频噪声较小的空间

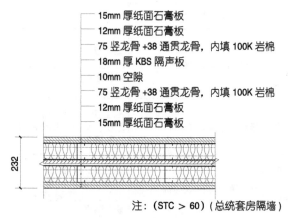

注：（STC > 60）（总统套房隔墙）

图 5.1-5　W1 墙体隔声构造

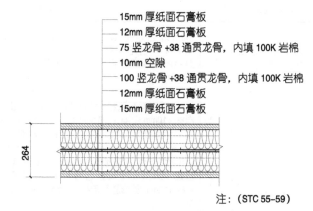

注：（STC 55-59）

图 5.1-6　W2 墙体隔声构造

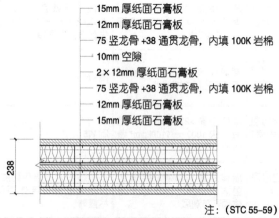

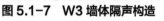

注：（STC 55-59）

图 5.1-7　W3 墙体隔声构造

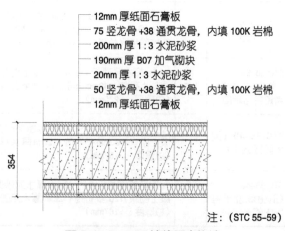

注：（STC 55-59）

图 5.1-8　W4 墙体隔声构造

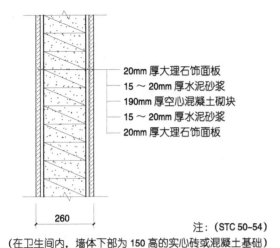

20mm 厚大理石饰面板
15 ～ 20mm 厚水泥砂浆
190mm 厚空心混凝土砌块
15 ～ 20mm 厚水泥砂浆
20mm 厚大理石饰面板

260

注：（STC 50-54）

（在卫生间内，墙体下部为 150 高的实心砖或混凝土基础）

图 5.1-9　W5-1 墙体隔声构造

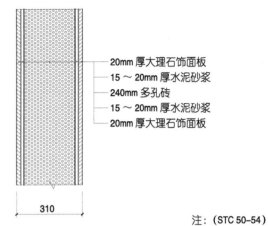

20mm 厚大理石饰面板
15 ～ 20mm 厚水泥砂浆
240mm 多孔砖
15 ～ 20mm 厚水泥砂浆
20mm 厚大理石饰面板

310

注：（STC 50-54）

（在卫生间内，墙体下部为 150 高的实心砖或混凝土基础）

图 5.1-10　W5-2 墙体隔声构造

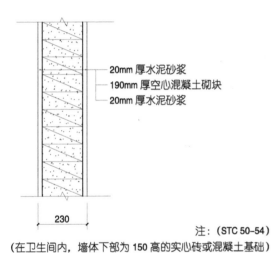

20mm 厚水泥砂浆
190mm 厚空心混凝土砌块
20mm 厚水泥砂浆

230

注：（STC 50-54）

（在卫生间内，墙体下部为 150 高的实心砖或混凝土基础）

图 5.1-11　W6-1 墙体隔声构造

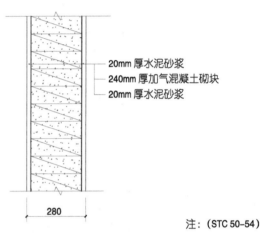

20mm 厚水泥砂浆
240mm 厚加气混凝土砌块
20mm 厚水泥砂浆

280

注：（STC 50-54）

（在卫生间内，墙体下部为 150 高的实心砖或混凝土基础）

图 5.1-12　W6-2 墙体隔声构造

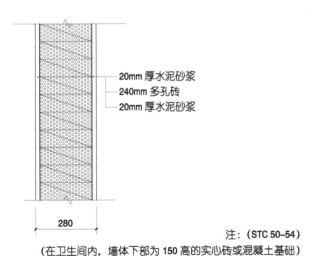

20mm 厚水泥砂浆
240mm 多孔砖
20mm 厚水泥砂浆

280

注：（STC 50-54）

（在卫生间内，墙体下部为 150 高的实心砖或混凝土基础）

图 5.1-13　W6-3 墙体隔声构造

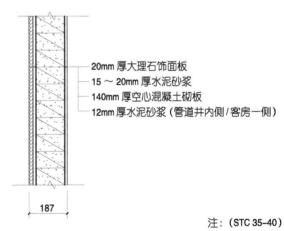

20mm 厚大理石饰面板
15 ～ 20mm 厚水泥砂浆
140mm 厚空心混凝土砌板
12mm 厚水泥砂浆（管道井内侧 / 客房一侧）

187

注：（STC 35-40）

（在卫生间内，墙体下部为 150 高的实心砖或混凝土基础）

图 5.1-14　W7-1 墙体隔声构造

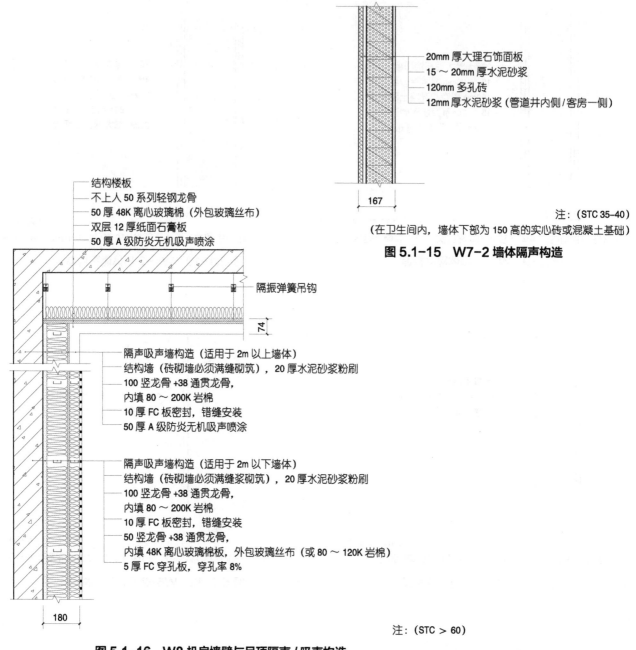

注:(STC 35-40)

(在卫生间内，墙体下部为 150 高的实心砖或混凝土基础)

图 5.1-15　W7-2 墙体隔声构造

20mm 厚大理石饰面板
15 ～ 20mm 厚水泥砂浆
120mm 多孔砖
12mm 厚水泥砂浆（管道井内侧 / 客房一侧）

结构楼板
不上人 50 系列轻钢龙骨
50 厚 48K 离心玻璃棉（外包玻璃丝布）
双层 12 厚纸面石膏板
50 厚 A 级防炎无机吸声喷涂

隔振弹簧吊钩

隔声吸声墙构造（适用于 2m 以上墙体）
结构墙（砖砌墙必须满缝砌筑），20 厚水泥砂浆粉刷
100 竖龙骨 +38 通贯龙骨，
内填 80 ～ 200K 岩棉
10 厚 FC 板密封，错缝安装
50 厚 A 级防炎无机吸声喷涂

隔声吸声墙构造（适用于 2m 以下墙体）
结构墙（砖砌墙必须满缝浆砌筑），20 厚水泥砂浆粉刷
100 竖龙骨 +38 通贯龙骨，
内填 80 ～ 200K 岩棉
10 厚 FC 板密封，错缝安装
50 竖龙骨 +38 通贯龙骨，
内填 48K 离心玻璃棉板，外包玻璃丝布（或 80 ～ 120K 岩棉）
5 厚 FC 穿孔板，穿孔率 8%

注:(STC > 60)

图 5.1-16　W8 机房墙壁与吊顶隔声 / 吸声构造

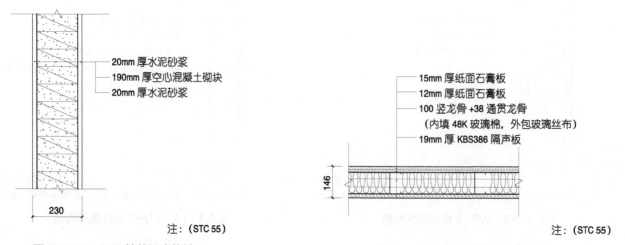

20mm 厚水泥砂浆
190mm 厚空心混凝土砌块
20mm 厚水泥砂浆

注:(STC 55)

图 5.1-17　W9 墙体隔声构造

15mm 厚纸面石膏板
12mm 厚纸面石膏板
100 竖龙骨 +38 通贯龙骨
（内填 48K 玻璃棉，外包玻璃丝布）
19mm 厚 KBS386 隔声板

注:(STC 55)

图 5.1-18　W10 墙体隔声构造

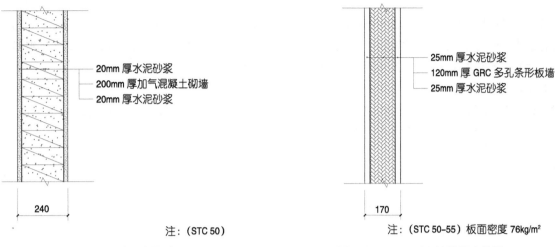

注：（STC 50）

图 5.1-19　W11 墙体隔声构造

注：（STC 50～55）板面密度 76kg/m²

图 5.1-20　W12 墙体隔声构造

以上墙体节点大样如下：

3. 隔声门

单层隔声门：门必须是 50/75mm 厚实心木门或铁门，具有隔声门封条及低阻力门底自动隔音门封条，可提供 Rw 为 30～40dB 的隔声量。防火等级须符合当地法规。

双重隔声门：每重门的要求同上，双重隔声门之间距最少 1m，两扇门之间的墙体外表用 25mm 厚的装饰吸声板饰面。可提供 R_w 为 40～50dB 的隔声量。

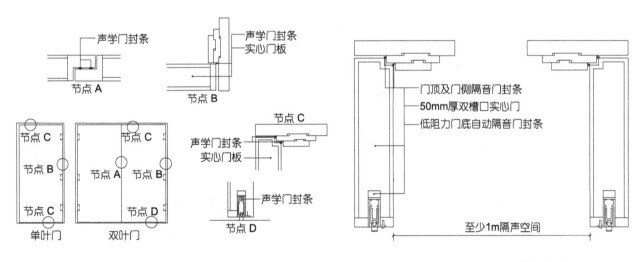

图 5.1-21　单层隔声门构造

图 5.1-22　双重隔声门构造

4. 隔声窗

单层隔声窗：单层隔声窗的隔声量主要由窗扇玻璃的厚度和构造决定，其计权隔声量 Rw 约为 30～35dB。6mm 玻片 +12mm 中空 +6mm 玻片组成的中空玻璃的 R_w 约为 32dB，6mm 玻璃 + 夹胶 1.13mm+6mm 玻璃 +12 厚中空层 +8mm 玻片组成的中空玻璃的 R_w 约为 42dB。

双层隔声窗：由两层相距 150～200mm 的单层窗组成，由一层 6mm 玻片 +12mm 中空 +6mm 玻片外窗和一层 10mm 玻片内窗组成的双层窗的 Rw 约为 45dB，双层窗之间若有天鹅绒等吸声窗帘，隔声量更好。

5. 活动隔断

活动隔断的用途是灵活地将室内空间分隔，一般由路轨系统和活动隔墙组成。路轨与吊顶结构之间的空间须用轻质墙体妥善密封，以防止噪声传播。隔墙单元之间须有垂直隔声封垫，每一块隔墙镶板须装有榫状连续有效的隔音密封垫，在自重的作用下，达到良好的隔声作用。一般可提供 R_w 为 40～55dB 的隔声量。

6. 幕墙

建筑外幕墙的种类较多，常用的有石材、铝（塑）板和玻璃幕墙。封闭的幕墙装饰单元和墙体之间的空腔内部经常填充有吸声的保温材料，形成复合隔声结构，计权隔声量 Rw 一般可达 50 ～ 60dB，幕墙单元之间的缝隙要用硅胶封堵严密。大面积的玻璃幕墙是隔声的薄弱部位，R_w 一般小于 35dB，设计中应特别关注。

7. 消声器

通常使用的消声器有 ZP100 和 ZP200 两种类型，对于有效长度 1m，片厚 100mm，片间距 150mm 的阻性消声器，ZP100 的 A 计权消声量一般为 15dB 左右，ZP200 的一般为 22dB 左右。

振动控制构造设计

1. 浮筑地坪

设备的隔振处理须采用浮筑地坪，它是一种将振动源与建筑结构相隔离的积极隔振方法，由弹性承托层和浮筑层组成。

1）双层隔振基础：适用于振动幅值大、振动频谱较宽的设备。（如图 5.1-23、图 5.1-24、图 5.1-25）

弹性承托层由橡胶隔振垫组成，浮筑层一般可由钢筋混凝土浇筑而成，具体做法根据实际情况确定。设备下采用弹簧隔振器或橡胶隔振器，根据设备重量，选取最大工作荷载、刚度合适的型号，并确定数量。施工中要注意：

在注入湿混凝土前，必须先在弹性承托层上铺七合板一层及防水沥青一层，防止水泥透过缝隙凝固，和结构楼面产生声学短路；

严禁浮筑地坪与周围建筑结构体刚性连接，与结构墙身之间的空隙都须用约 10mm 厚的弹性胶垫堵塞，严禁刚性连接；

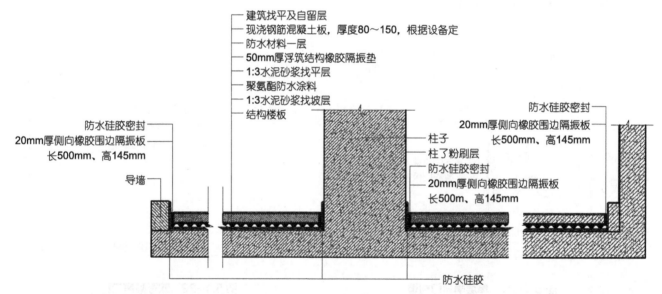

图 5.1-23　浮筑地坪和导墙部分连接处做法　　图 5.1-24　浮筑地坪和柱子连接处做法　　图 5.1-25　浮筑地坪和墙体连接处做法

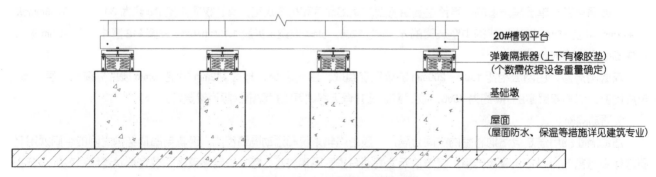

图 5.1-26　屋面设备隔振做法

2）单层隔振基础：适用于振动幅较小、振动频谱较窄的设备。（如图 5.1-27）

隔振基础由钢架基础或混凝土板与钢弹簧隔振器组成，钢弹簧隔振器下垫 50 厚橡胶隔振垫

一般来说，双层隔振基础比单层隔振基础的隔振效率高，在结构荷载允许的条件下，优先采用双层隔振基础。

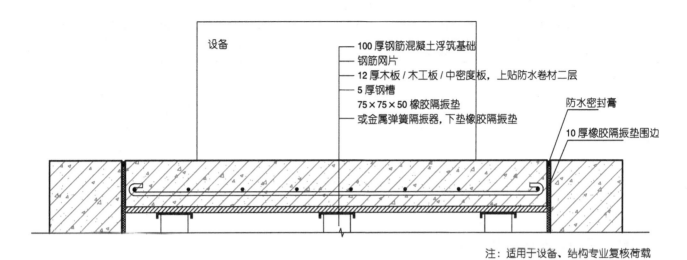

注：适用于设备、结构专业复核荷载

图 5.1-27　隔振基础构造

2. 管道隔振

与振动设备相连的管道的支撑、吊挂，以及穿墙体、穿吊顶和楼板也要采取隔振措施：

管道的支撑：管道落于地面上的支架应采用橡胶隔振垫支撑。

管道的吊挂：吊装在楼板下的管道应采用隔振吊杆吊装。

管道穿过墙体、吊顶和楼板：管道严禁和墙体、楼板等结构体刚性连接，应采用套管，管道与套管之间的缝隙应采用弹性材料封堵，还应满足防火的要求。

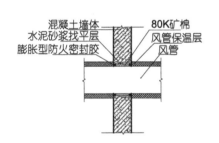

图 5.1-28　风管防火封堵示意图

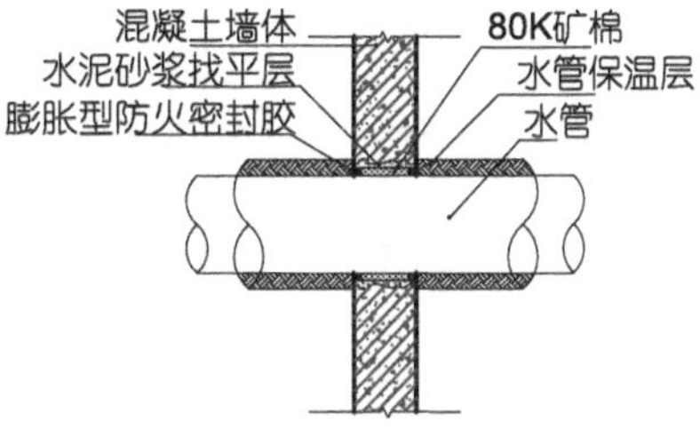

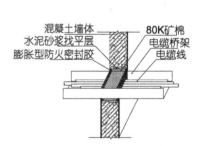

图 5.1-29　水管防火封堵示意图

图 5.1-30　电缆桥架防火封堵示意图

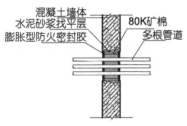

图 5.1-31　多根管道防火封堵示意图

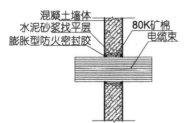

图 5.1-32　电缆束防火封堵示意图

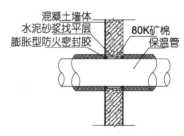

图 5.1-33　保温管防火封堵示意图

3. 卫生间下水管道水流速度的控制

流速较大的水流能够激励管道振动，产生空气噪声和结构噪声，因此必须限制下水管道中的水流速度，一般要求见表 5.1-11：

下水管道中的水流速度要求　表 5.1-11

管径（mm）	水流速度 (m/s)
25	1.0
38～50	1.1
63～75	1.2
100～125	1.5
150	1.8
200	2.1

4. 暖通管道气流速度的控制

流速较大的气流能够激励管道和风口振动，产生二次噪声。可以根据不同区域对背景噪声的要求，限制空调管道和风机盘管中的气流速度。一般要求见表 5.1-12：

空调管道和风机盘管中的气流速度要求　表 5.1-12

流量（m³/h）	气流速度 (m/s)
<700	3
700～17000	6
>17000	7

典型设备、机房和房间的噪声治理

酒店中常见机房和设备的噪声治理措施如下：

1. 水泵

水泵须配置不小于 2 倍水泵重量的惯性地台，惯性地台底部与基础之间的距离控制在 50mm 左右，以降低水泵整体重心、控制台面振幅；

进出口管道支撑及落地管道支撑采用可调节弹簧隔振器；

设备进出口管道采用橡胶挠性接管或不锈钢金属软管隔振；

管道热位移补偿采用不锈钢波纹补偿器。

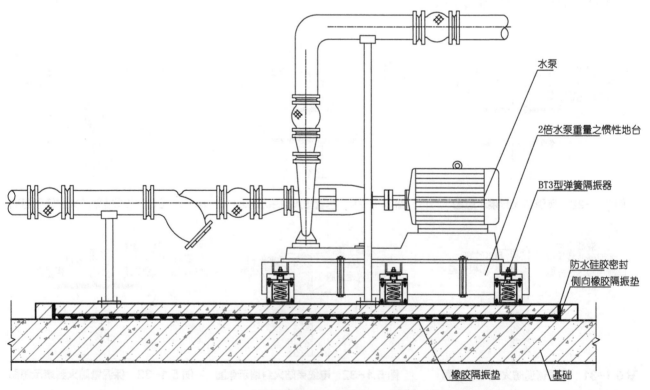

注：动力设备安装在"浮筑层"上，管道可直接支撑在"浮筑层"上，不需要再做隔振措施。

图 5.1-34　水泵隔振节点图 1

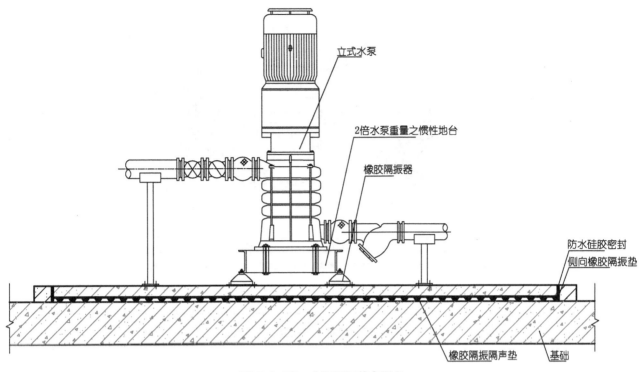

图 5.1-35 水泵隔振节点图 2

2. 冷冻机

冷冻机房和上下层客房之间的楼板至少为 15cm 厚 350kg/m² 钢筋混凝土楼板；

冷冻机须安装在浮筑基础上，弹簧减振器的变形量为 50mm；

水管支承在 50mm 厚专业隔振胶垫上，或采用 25mm 变形量外置式弹簧吊杆吊装。

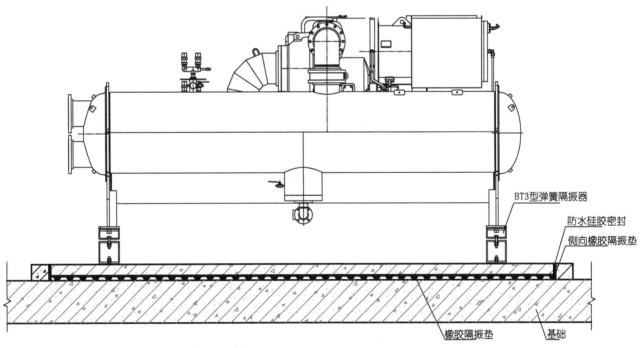

图 5.1-36 冷水主机落地隔振节点图

3. 柴油发电机组

柴油发电机组须安装在浮筑基础上，弹簧减振器的变形量为 50mm；

柴油发电机组的进风及排风风口加装消声器或消声百叶。

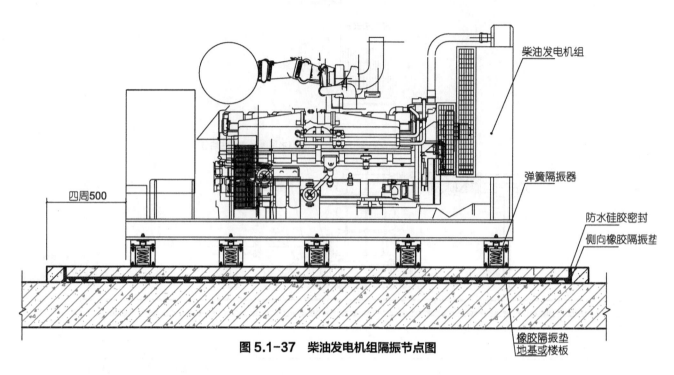

图 5.1-37　柴油发电机组隔振节点图

4. 空调机

座地式内置弹簧减振器的风机，须安装在浮筑基础上，弹簧减振器的变形量为 50mm；吊式风机须采用 25mm 变形量外置式弹簧吊杆悬挂在建筑结构上；

风管和风机连接处采用柔性接头；

风管支承在 50mm 厚专业隔振胶垫上，或采用 25mm 变形量外置式弹簧吊杆吊装；

所有风机在进风口和出风口处必须安装消声器。

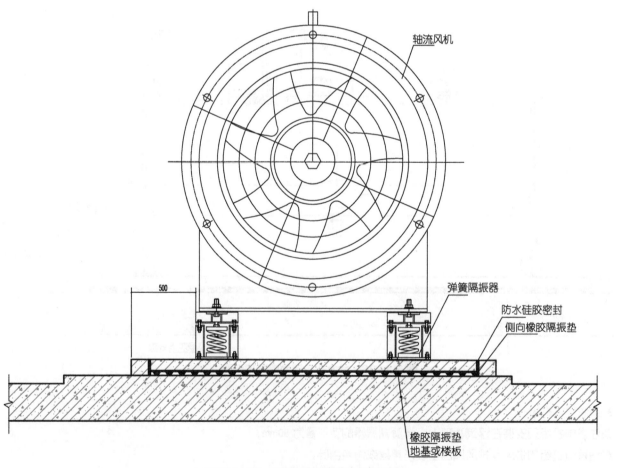

图 5.1-38　轴流风机落地隔振节点图

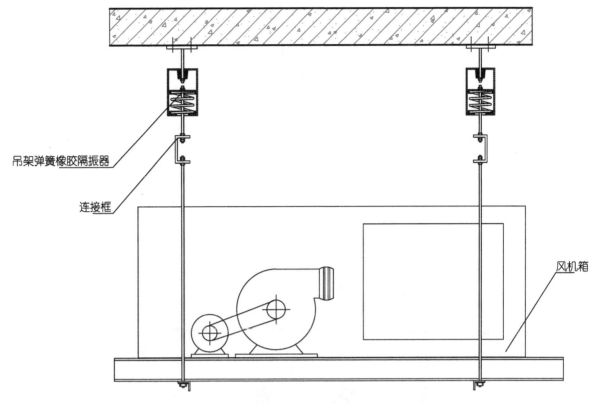

吊架弹簧橡胶隔振器

连接框

风机箱

图 5.1-39　空调器、风机箱吊装落地隔振节点图

5. 数据交换中心

防静电地板下走线的空间地面上要铺设 25mm 厚聚氨酯 PU 吸声泡棉；

室内吊顶采用矿棉吸声吊顶或穿孔率 20% 以上的铝穿孔板，背衬无纺布，上覆 50mm 厚玻璃棉，外包玻璃丝布；

1/2 的墙壁面积的用 25mm 厚 96K 装饰吸声板实贴。

6. 热泵机组

热泵机组须安装在浮筑基础上，弹簧减振器的变形量为 50mm；

热泵机组外须安装专业隔声罩；

热泵机组的进风及排风风口加装消声器；

承载热泵机组的楼板至少为 15cm 厚面密度为 350kg/m² 的钢筋混凝土楼板。

7. 锅炉

锅炉的鼓风机和引风机的噪声约为 90-100dB(A)；

煤粉锅炉房钢球磨煤机噪声 100-110dB(A)；

锅炉房内必须采取噪声控制措施，同时在建筑布局上尽量远离主要房间。

8. 发电机

发电机须安装在浮筑基础上，弹簧减振器的变形量为 50mm；

排气管须安装在 25mm 变形量弹簧减振器上，加装一级和二级排烟消声器；

发电机房的进风口及排风口加装消声器。

9. 冷却塔

冷却塔须安装在浮筑基础上，弹簧减振器的变形量为 50mm；

冷却塔外须安装专业隔声罩；

冷却塔的进风及排风风口加装消声器或消声百叶；

承载冷却塔的楼板至少为 15cm 厚面密度为 350kg/m² 的钢筋混凝土楼板。

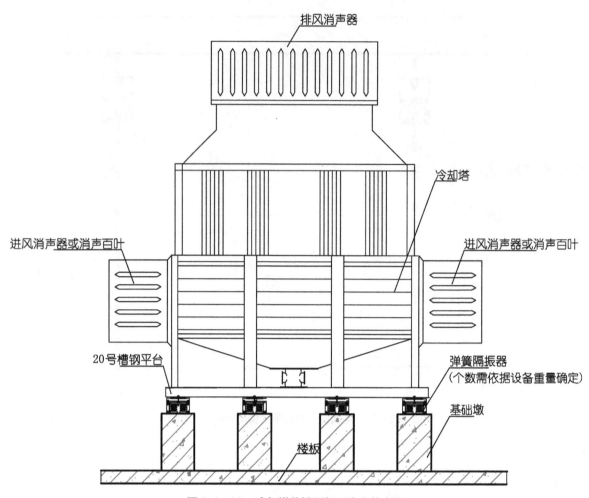

图 5.1-40　冷却塔落地隔振 / 消声节点图

10. 送排风机

根据环境噪声排放标准和室内允许噪声标准采用合适的消声器、消声百页等方式，控制对内和对外的噪声。

11. 客房卫生间

淋浴受水流冲击的地面要采用浮筑结构：50mm 厚隔振橡胶层 +100mm 厚混凝土浮筑地板；

马桶应采用虹吸式、虹吸喷射式坐便器，最好不要采用冲落式坐便器；

浴缸采用铸铁或陶瓷浴缸，置于 50mm 厚隔振橡胶层之上；

排水管须采用柔性铸铁喉，若采用 PVC 管，则须进行包管处理。所有经过客房内部的排水管，须包管处理。管道穿越楼板和墙体必须加装套管，以矿棉及水泥砂浆妥善密封。

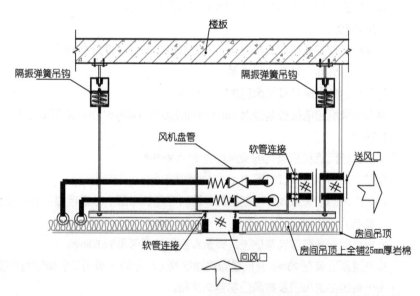

注：1. 若风机盘管本身有吊钩，可用隔振弹簧吊钩直接挂在结构梁上，无需做平板吊架；
2. 风机盘管与风口连接处用软管连接；
3. 房间吊顶全铺 25mm 厚 80K 岩棉。

图 5.1-41　风机盘管隔振节点图

12. 客房风机盘管

酒店客房内须选用 A 计权声级小于 35dB（中档转速条件下）的低噪声风机盘管机组；

除酒店客房外房间内各类风机盘管机组在高档转速条件下，出风口的噪声限值不得超过如下表格中的数值。

风机盘管机组噪声测量应当在全消声室和半消声室内进行。测试方法按照国标《风机盘管机组》GB/T 19232-2003 中的附录 C 执行。

各类风机盘管机组出风口的噪声限值 dB(A)　表 5.1-13

型号	低静压型	高静压型	
		30Pa	50Pa
FCU300 卧式安装	37	40	42
FCU400 卧式安装	38	41	43
CP（FCU）600 吸顶安装	40	43	45
FCU800 卧式安装	43	46	47
FCU10000 卧式安装	根据测试报告确定	根据测试报告确定	

5.2　光环境

光是人的视觉感知不可缺少的条件，同时也是塑造建筑外部环境、营造酒店气氛的重要手段。酒店的室内光环境设计包括自然采光和人工照明两部分。室外光环境主要包括泛光照明和景观照明。

5.2.1　自然采光设计原则

应充分利用自然光，自然采光房间的室内采光应符合现行国家标准《建筑采光设计标准》GB/T 50033 的规定。采光设计时应进行采光系数计算，并应以采光系数作为采光设计的数据指标。

技术要求

在酒店建筑方案设计时，可利用窗地面积比对采光进行估算，见表 5.2-1。

酒店各功能区域的采光系数标准值及最小窗地面积比　　　　　　　　　　　　　表 5.2-1

功能区域	侧面采光		顶部平天窗采光	
	采光系数最低值 Cmin（%）	最小窗地面积比	采光系数平均值 Cav（%）	最小窗地面积比
客房、大堂、餐厅、多功能厅	1.0	1:0.7	1.5	1:1.8
会议室	2.0	1:0.5	/	/
厨房加工间	1.5	1:0.6	/	/

客房窗户面积：约占客房室外墙面面积的 45%。度假酒店的窗户面积应取最大值。采用双层透明玻璃（避免使用反光及有色玻璃）。如有能源效率或防晒要求，应在室外提供外观自然的彩色玻璃或反射玻璃，在室内提供与周边光线及色彩匹配的玻璃。

健身中心：采用自然光，在可能的情况下，通过运用窗户、天窗以及室外区域将自然光和自然景观融入设计中。

会议区域：采用自然光，在可能条件下，会议区域（包括多功能厅、会议室以及董事会议室）应在所有功能区域利用外窗进行自然采光。同时协调以下要求：

1. 暖通空调：确认窗户的热荷载和冷荷载能力。

2. 遮光帘：提供机动遮光窗帘，在进行音频/视频展示时可有效遮蔽日光。

3. 天窗：由于使用天窗时很难控制和遮蔽日光，因此一般不建议使用天窗。

炫光控制

采光设计时，应采取相应措施减少眩光：

1. 减少或避免阳光直射；

2. 可利用室内外遮挡设施降低窗亮度或减少天空视域；

3. 窗框的内表面或窗周围的内墙面，宜采用浅色饰面。

5.2.2 照明照度要求

酒店各个功能区域照明等级参考表 表 5.2-2

功能区域		照明等级（lux）
总体布局	室外道路	50lux（地平面）
	外墙	65lux
	下客区	最低 400lux
大堂区域	酒店大堂	200 ～ 300lux 带有调光控制，及按时间顺序预设的场景。必须设有装饰吊灯、台灯和落地灯
	接待礼宾处	300 ～ 400lux；接待台面为 300 ～ 400lux
	登记处	400 ～ 600lux；登记台面为 400 ～ 600lux
	行礼寄存处	300lux
	大堂吧	100 ～ 400lux 带有调光控制， 及按时间顺序预设的场景。采用装饰照明
	公共盥洗室	200lux；长明灯
餐饮区域	全日制餐厅	200 ～ 300lux；全场可调光
	中式餐厅	在食品展示区增加照明等级（500 ～ 800lux）
	特色餐厅	100 ～ 150lux 可调光
	吧台	200 ～ 400lux 可调光。在吧台陈列区增加聚光灯
	前厅 / 集散区	300lux 可调光。为了灵活地照亮餐台布置、展览等，必须设置灯轨和装在轨道上的聚光灯
会议区域	宴会厅	常规等级至少达到 200 ～ 400lux。均一度不超过 1∶3
		必须安装调光控制； 灯轨和聚光灯必须综合考虑在天花细节设计中
	会议室	300 ～ 500lux 可调光；墙面要有很好的 灯光均匀度和水平照明度（有时需要熄灯）
	商务中心	300lux；照明灯光均匀；工作区必须有轨道照明
	宴会储藏室	300lux
娱乐区域	健身中心	活动区：300 ～ 500lux，照明均匀； 接待区：200lux（桌面）
	游泳池	泳池范围内：每平方米至少 200 流明； 环境照明最低为 200lux
	水疗中心	接待区：100 ～ 150lux
		理疗室：照明为（可调光）50 ～ 100lux 限制直接照明，处理为间接照明和环境情绪照明为最佳，在低 层度假村可以用蜡烛和环境间接照明
	更衣室	最低为 200lux
	公共盥洗室	150 ～ 200lux
客房区域	客房 - 睡觉区域	150 ～ 400lux（床边柜）
	客房 - 书桌区域	400lux（书桌台面）
	客房 - 电视柜	250lux（台面范围）
	客房盥洗室	400lux（镜子和台盆）
	客房走道	白天最低 150lux；晚上最低 100lux
	客梯厅	200l ～ 300lux

功能区域		照明等级（lux）
垂直交通	疏散楼梯	150lux
	服务走道	100lux
	服务电梯	150lux
	地下停车库	一般为 100lux，在下客区域增加照明度（200～300lux）
后场区域	收货平台	200lux
	储藏	
	厨房	生产区：400～500lux；存储区：200～300lux
	办公室	300～400lux
	员工餐厅	300lux
	员工更衣室	100lux
后场区域	洗衣房	300lux
	制服间	300lux
	客房服务区域	150lux
	服务设备室	300lux
	机械房	200lux
	垃圾粉碎间	200lux

光环境营造

采用暖色光源，色温在 3000K 左右；

同一功能区域尽量使用同样色温的光源，避免光色杂乱无章；

酒店级别越高，光源的显色指数 B 就越高；

酒店不同功能区域灯具及灯泡选择表　　　　　　　　　　　　　　表 5.2-3

功能区域		设置要求
大堂区域		提供建筑用照明，适当地重点照射入住登记区，并对交易工作区提供充分照明
		根据照明等级要求在顶棚设置装饰性吊顶和功能性筒灯，墙面设置壁灯
		大量使用台灯及地灯，营造出温馨的照明环境。在台灯基座下提供单一电气插头
餐饮区域		包括装饰灯、天花灯、墙上烛台、壁灯和洗墙灯
		灯光控制：预先设置的调光，提供 3 个场景
		将灯光控制器设置于客人不可见的部位且员工能方便到达
会议区域	多功能厅（宴会厅）	在服务门厅处安装滑动调光器（控制多功能厅照明），并在多功能厅入口处暗装次级控制器，配触摸控制装置
		照明源：提供弧形灯、内嵌、装饰性吊顶以及壁灯等多种照明源
		藻井天花安装吊顶灯荧光灯盘，以提供不形成阴影的照明
		在侧墙和正面墙面的陈列架上，条形荧光灯必须隐蔽安装于天花拐角 / 天花顶角线条内，以便灯光向下漫射至展示板。均匀分布于天花：每个独立射灯按 1.5mx1.5m 均分。所有这些灯具由两处调光开关控制一分别位于房间的前面及后面。每个可分隔房间由单独的照明控制，并有一个总控制开关控制每个分开关。在白板上安装固定的荧光灯，荧光灯灯罩为散光型
	会议室	提供以下类型的照明灯具的组合
		1. 弧形灯具：吊顶内采用由若干管荧光灯组成的格栅灯，用于区域照明
		2. 内嵌灯具：内嵌式白炽灯，用于会议桌及餐具橱的重点照明
		3. 景观灯具：会议桌正上方的装饰性天花板灯具 统一考虑天花板的高度、灯具大小以及天花板详细要求，以避免对视觉展示效果造成干扰

功能区域		设置要求
康体娱乐区	健身中心	更衣间、训练和服务区域：一般性照明、筒灯、暖光荧光灯（三基色灯，色温 2700-3000k），可衬托良好的肤色并且不产生大热量
		放松与接待区：使用可调光的壁灯和顶灯，灯头为白炽灯或节能荧光灯。不得在客人躺椅处的上方安装筒灯，以免灯光直射客人眼睛
		吹理与化妆区：使用卤素射灯，烘托重点，增加照度
		入口门厅：最小 10 ~ 15 英尺蜡烛照度
		训练区：最小 30 ~ 50 英尺蜡烛照度。在有氧锻炼区和训练区提供各自的调光控制
	游泳池	安装荧光灯或金属卤素灯。顶灯不能位于泳池周围 1220mm 的范围内
		在泳池机房内明装荧光灯
		在泳池岸边安装一个 200lux 照明等级的灯具，并须与地方政府规定的最低照明等级相符合
客房区域	客房	可选用白炽灯 MR-16 灯具
		客房内的照明灯具要求应符合照明设计师的设计理念，综合采用嵌入式筒灯、床边装饰灯/标准台灯、书桌工作和床头阅读专用灯，整个客房的照明灯具，包括书桌灯、床边灯和阅读灯，都必须采用暖白色灯泡。入口门廊天花要设有嵌入式灯具，配以暖白色节能荧光灯泡。壁橱板条架的下面或前沿，安装一个暗藏（暖白色）条形荧光灯，从上而下照亮壁橱内所挂衣服，以及从下而上照亮壁橱内的帽架区域
	客房盥洗室	在镜子或侧壁两侧提供一对壁灯，并在梳妆台水池上方安装内嵌式筒灯；浴缸、淋浴区：提供内嵌式封闭式防潮筒灯
交通	客梯厅	装饰性天花板综合布置装饰性吊灯及内嵌式灯具
	走廊及前厅	在走廊和前厅安装功能性及装饰性照明灯具，配简单荧光灯
		1. 走廊照明标准及照明源根据条件不同而不同。综合使用天花板灯具和壁灯；2. 在典型客房入口、壁橱及艺术品位置按照标准照明要求和方法提供重点照明。在套房入口、壁橱处提供特殊照明或景观照明
		在服务区提供一般环境照明
	疏散楼梯	150lux
	服务走道	100lux
	服务电梯厅	装饰性天花板内设置明装或嵌装式筒灯；不使用荧光灯灯管照明

5.2.3 泛光照明设计

　　酒店泛光照明是将建筑形象、周围环境和设计需求，通过引入尽可能多的光，来营造一个夜间的景观效果。搞好的酒店夜景照明，不仅能够塑造建筑本身优美的夜晚形象，而且对完善区域夜景照明总体照明规划有极大的帮助。

　　酒店泛光照明应在少产生或不产生不舒适眩光的条件下，使建筑艺术得到充分的体现。在建筑物泛光照明设计时，要根据建筑物表面的材料、平滑程度和造型选择合适的照明方案。

　　酒店景观照明的设计原则如下：

　　1. 体现建筑特色，延续建筑在白天的美感和张力，体现建筑的宏伟、大气。

　　2. 充分理解建筑内涵，体现建筑特征。结合地形地貌，突出酒店轮廓，强化空间的层次感，形成立体化的夜景空间。

　　3. 从酒店的整体考虑，兼顾效果和经济性。照明设计要充分考虑各个观看位置的观赏效果。建筑物灯光形象应具有自身醒目的特点和作为独立景观的耐观赏性，同时又能与自然地和环境融合成一体，成为整体灯光景观中有机的组成部分。

　　4. 在考虑到经济性的基础上，照明设备要尽量采用高质量的产品，以保证照明效果的有效实现，同时也能保证照明系统的稳定运行。

　　5. 从建筑的功能性质和建筑的地理位置上考虑，照明设计要着力避免光侵害客房等私密性空间和避免光污染，同时要保证电气系统的安全运行。

酒店泛光照明的光源与灯具安装：

从节能、美观、寿命等因素考虑，泛光照明灯具宜选用 LED 灯、节能灯等。灯具尽可能地安装在店牌或装潢物的后面，使灯具避开人们的视线，但必须考虑整体照明效果，不能造成阴影。在无法避开视线的情况下，尽可能地使灯具不破坏建筑物的整体效果。要考虑到建筑物的材料与灯具的光源相结合，建筑物泛光照明照度一般在 15 ～ 450lx 之间，大小取决于周围的照明条件和建筑材料的反射能力；要考虑建筑物的造型与光源的色彩相结合。

酒店泛光照明的控制方式

照明控制系统采用分级、分档的原则进行控制，具体为：

1. 保证平时功能性照明，实现基本亮化效果；

2. 保证亮化效果的同时体现节能；

3. 节日、重大节日：烘托、渲染气氛；

4. 采用智能照明控制系统控制，并在照明配电控制箱中预留楼宇自控接口；具体控制方式可以分为平时、一般节日和重大节日三级照明三种方式；既能实现单灯控制，又能实现群灯控制；

5. 灯具要求可集中控制和分区管理相结合，做到灵活、易于操作。

5.3　热湿环境

热湿环境是建筑环境中最主要的内容，主要反映在空气环境的热湿特性中。建筑室内热湿环境形成的最主要的原因是各种外扰和内扰的影响。外扰主要包括室外气候参数如室外空气温湿度、太阳辐射、风速、风向变化，以及邻室的空气温湿度，均可通过围护结构的传热、传湿、空气渗透使热量和湿量进入到室内，对室内热湿环境产生影响。内扰主要包括室内设备、照明、人员等室内热湿源。

国家标准要求

国家标准对室内热湿度的要求如下所示。

集中采暖系统室内计算温度

集中采暖系统室内计算温度宜符合表 5.3-1 的规定。

集中采暖系统室内计算温 度表　表 5.3-1

功能分区	室内温度（℃）
大厅、接待	16
客房、办公室	20
餐厅、会议室	18
走道、楼（电）梯间	16
公共浴室	25
公共洗手间	16

空气调节系统室内计算参数

空气调节系统室内计算参数宜符合表 5.3-2 的规定。

空气调节系统室内计算参数表　表 5.3-2

参数		冬季	夏季
温度（℃）	一般房间	20	25
	大堂、过厅	18	室内外温差 ≤ 10
风速（v）(m/s)		0.10 ≤ v ≤ 0.20	0.15 ≤ v ≤ 0.30
相对湿度（%）		30-60	40-65

主要空间的设计新风量

酒店主要空间的设计新风量，应符合表 5.3-3 的规定。

酒店主要空间的最小设计新风量　表 5.3-3

建筑类型与房间名称			新风量 [m³/(hp)]
旅游旅馆	客房	5 星级	50
		4 星级	40
		3 星级	30
	餐厅、宴会厅、多功能厅	5 星级	30
		4 星级	25
		3 星级	20
		2 星级	15
	大堂、四季厅	4-5 星级	10
	商业、服务	4-5 星级	20
		2-3 星级	10
	美容、理发、康乐设施		30
旅店	客房	5 级	50
		4 级	40
		2-3 级	30
		1 级	—

5.4 绿色低碳

为贯彻执行节约资源和保护环境的国家技术经济政策，逐步推进建筑业的可持续发展，最终实现改善人的生存环境、遏制环境恶化趋势，酒店建筑同其他建筑类型一样需要将绿色设计引向深入。

酒店绿色设计应统筹考虑建筑全寿命周期内，满足酒店功能和节能、节地、节水、节材、保护自然环境之间的辩证关系，体现经济效益、社会效益和环境效益的统一。

5.4.1 相关的规范标准

1. 《民用建筑绿色设计规范》JGJ/T 229-2010
2. 《绿色建筑评价标准》GB/T 50378-2014
3. 《公共建筑节能设计规范》GB 50189-2005
4. 《全国民用建筑工程设计技术措施 - 节能专篇 2007》
5. 《民用建筑热工设计规范》GB 50176-93
6. 《建筑幕墙》GB/T 21086-2007
7. 《建筑围护结构节能工程做法及数据》09J 908-3
8. 《建筑照明设计标准》GB 50034-2013
9. 《建筑专业设计常用数据》08J 911
10. 《建筑外门窗气密、水密、抗风压性能分级及检测方法》GB/T 7106-2008
11. 国家或地方现行的相关建筑节能文件、标准、规定。

5.4.2 绿色总体策划

建筑专业策划方案应包括下列内容：

1. 远离污染源、保护生态环境的措施；
2. 改善室外声、光、热、风环境质量的措施及指标；
3. 场地交通组织；
4. 围护结构的保温隔热措施及指标；
5. 建筑遮阳的技术分析和形式；
6. 保证室内环境质量的措施及指标；
7. 自然采光和自然通风的措施；
8. 地下空间的合理利用；
9. 绿色建材的利用；
10. 可再生能源的利用；
11. 场地总平面的竖向设计及场地排水组织和渗水地面的规划。

结构专业策划应包括下列内容：

1. 地基基础设计方案。
2. 结构选型及相适应的材料。
3. 高强度结构材料应用的可行性。
4. 设计使用年限。

给排水专业策划方案应包括下列内容：

1. 配合建筑专业合理规划场地雨水径流，通过雨水入渗和调蓄措施，减少开发后场地雨水的外排量。

2. 制定雨水、河道水、再生水等非传统水综合利用方案。

3. 当生活热水供应采用太阳能、地热等可再生能源及余热、废热时，应与建筑、暖通等相关专业配合制定综合利用方案。

4. 景观用水不应采用市政自来水和地下井水。

暖通空调专业策划方案应包括下列内容：

1. 空调冷热源形式。

2. 输配系统方式。

3. 末端系统形式及区域划分。

4. 计量与控制要求。

5. 室内环境质量控制指标。

6. 适宜采用的各项节能技术措施。

7. 能否采用能量回收系统的技术合理性分析。

8. 是否适合采用蓄能空调系统、分布式供能系统以及利用可再生能源的可行性分析。

电气专业策划方案应包括下列内容：

1. 确定合理的供配电系统并合理选择配变电所的设置位置及数量，优先选择符合功能要求的高效节能电气设备。

2. 合理应用电气节能技术。

3. 合理选择节能光源、灯具和照明控制方式，满足功能需求和照明技术指标。

4. 对场地内的太阳能发电、风力发电等可再生能源进行评估，当技术、经济合理时，宜将太阳能发电、风力发电、冷热电联供等作为补充电力能源，并宜采用并网型发电系统。

5. 根据建筑功能、归属和运营等情况，对动力设备、照明与插座、空调、特殊用电等系统的用电能耗进行合理的分项、分区、分户的计量；评估设置建筑设备监控管理系统的可行性。

5.4.3　场地规划与室外环境

5.4.3.1　规划与建筑布局

酒店建筑容积率指标应满足规划控制要求，且不宜小于 0.5。

总平面设计中应合理布置绿化用地，建筑绿地率应符合城市规划和绿化主管部门的规定，位于地下室顶板上计入绿地率的绿化覆土厚度不应小于 1.5m，其中 1/3 的绿地面积应与地下室顶板以外的面积连接。绿化用地宜向社会开放。

总平面规划布局应合理利用地下空间，地下建筑面积与建筑基地的面积之比不宜小于 5%。

建筑总平面布置应避免污染物的排放对新建建筑自身或相邻环境敏感建筑产生影响。

5.4.3.2　交通组织与公共设施

酒店建筑项目的总平面规划应结合所在地区的公共交通布局，基地人行出入口应结合公共交通站点布置，并宜在基地出入口和公交站点之间设置便捷的人行通道。

基地内人行通道应采用无障碍设计，并应与基地外人行通道无障碍设施连通。

停车场所设计应作为总平面设计的主要内容，停车场布置应符合下列要求：

1. 机动车、非机动车停车设置应符合现行当地《建筑工程交通设计及停车库（场）设置标准》的规定。

2. 停车库（场）布置应考虑无障碍停车位，无障碍停车位数量应符合国家和项目所在地方的相关规定。

3. 应以地下停车库为主，地面停车位不应大于总停车位数量的 10%，且不应占用行人活动场地。

4. 宜采用机械式停车或停车楼方式。

5. 非机动车库（场）设置位置应合理，室外非机动车停车场应有遮阳防雨和安全防盗设施。

基地内的公共设施、体育设施、活动场地、架空层、架空平台等公共空间宜对社会开放使用。

5.4.3.3　室外环境

酒店建筑立面采用玻璃幕墙应符合现行当地《建筑幕墙工程技术规程》的相关规定，并应满足下列要求：

1. 幕墙采用的玻璃可见光反射率不应大于 20%，采用的金属材料应为漫反射材料。

2. 弧形建筑造型的玻璃幕墙应采取减少反射光影响的措施。

3. 建筑的东、西向立面不应设置连续大面积的玻璃幕墙，且不应正对敏感建筑物的外墙窗口。

4. 应进行玻璃幕墙反射光环境影响专项评价，幕墙设计应符合玻璃幕墙反射光影响专项评审的结论意见。

酒店建筑室外照明应符合当地《城市环境（装饰）照明规范》的规定。

噪声敏感的建筑应远离噪声源，并在周边采取隔声降噪措施，宜根据隔声降噪措施进行噪声预测模拟分析。

建筑布局应有利于自然通风，应避免布局不当而引起的风速过高影响人行和室外活动，宜通过对室外风环境的模拟分析调整优化总体布局。

场地设计应采取下列措施改善室外热环境：

1. 种植高大乔木、设置绿化棚架为广场、人行道、庭院、游憩场和停车场等提供遮阳。

2. 地面、屋面、外墙的太阳辐射反射系数不低于 0.4。

3. 合理设置景观水池。

4. 合理确定夏季空调室外排热量。

5.4.3.4　绿化与景观设计

酒店建筑项目的场地绿化与景观环境设计应符合下列要求：

1. 场地水景应以自然软体为主，保证水质清洁，水景面积不应大于总绿地面积的 30%。

2. 充分保护和利用场地内原有的树木、植被、地形和地貌景观。

3. 每块集中绿地的面积不小于 400m²。

4. 可进入活动休息绿地面积应大于等于总绿地面积的 30%。

5. 绿地中道路地坪面积不应大于 15% 总绿地面积，硬质景观小品面积不应大于 5% 总绿地面积，绿化种植面积不应小于总绿地面积的 70%。

6. 空旷的活动、休息场地乔木覆盖率不宜小于该场地面积的 45%。应以落叶乔木为主，以保证活动和休息场地夏有庇荫、冬有日照。

7. 多层建筑和高层建筑裙房宜采用垂直绿化和屋顶绿化等立体绿化方式。

绿化种植种类应符合下列要求：

1. 选择酒店项目所在地区的适生植物和草种。

2. 选择少维护、耐候性强、病虫害少、对人体无害的植物。

3. 应采用乔木、灌木和草坪结合的复层绿化。

室外活动场地、地面停车场和其他硬质铺地的设计应符合下列要求：

1. 室外活动场地的铺装应选用透水性铺装材料。

2. 透水铺装面积不应小于硬质铺地面积的 50%。

3. 透水性铺装地面构造应采用渗水基础垫层。

5.4.4　建筑设计与室内环境

5.4.4.1　综述

酒店建筑设计应按照被动措施优先的原则，优化建筑形体、空间布局、自然采光、自然通风、围护结构保温、隔热等，降低建筑供暖、空调和照明系统的能耗，改善室内舒适度。

有日照要求的酒店建筑主要朝向宜为南向或南偏东 30°至南偏西 30°范围内。

建筑造型应简约，应符合下列要求：

1. 满足建筑使用功能要求，结构和构造应合理。

2. 减少纯装饰性建筑构件的使用。

3. 对具有太阳能利用、遮阳、立体绿化等功能的建筑室外构件宜与建筑一体化设计。

建筑装修工程宜与建筑土建工程同步设计，装修设计应避免破坏和拆除已有的建筑构件及设施。

建筑设计宜遵循模数协调统一的设计原则进行标准化设计。

建筑室内空间设计应考虑使用功能的可变性，室内空间分隔采用可重复使用的隔墙和隔断的比例不应小于 30%。

建筑设计选用的电梯应考虑节能运行。2 台以上电梯集中排列设计时，应设置电梯群控装置，并应具有自动转为节能运行方式的功能。自动扶梯、自动人行步道应具备空载低速运转的功能。

建筑采用太阳能热水系统技术时，应与建筑同步设计。

5.4.4.2 室内环境

酒店内的主要功能房间的室内噪声级和建筑外墙、隔墙、楼板和门窗隔声性能应符合现行国家标准《民用建筑隔声设计规范》GB 50118 的规定。

电梯机房及井道不应贴邻有安静要求的房间布置，有噪声、振动的房间应远离有安静要求、人员长期工作的房间或场所，当相邻设置时，应采取有效的降噪减振措施，避免相邻空间的噪声干扰。

有观演功能的厅堂、房间和其他有声学要求的重要房间应进行专项声学设计。

酒店建筑的主要功能房间，如客房、餐厅、行政走廊等应具有良好的户外视野，并避免视线干扰。

酒店内的主要功能房间应有自然采光，其采光系数标准值应满足现行国家标准《建筑采光设计标准》GB 50033 的规定。

酒店建筑设计可采用下列措施改善建筑室内自然采光效果：

1. 大进深空间设置中庭、采光天井、屋顶天窗等增强室内自然采光。

2. 外窗设置反光板、散光板、光导设施将室外光线反射到进深较大的室内空间。

3. 控制建筑室内表面装修材料的反射比，顶棚面 0.60 ~ 0.90，墙面 0.30 ~ 0.80，地面 0.10 ~ 0.50。

酒店建筑的主要功能房间应以自然通风为主，空间布局、剖面设计和外窗设置应有利于气流组织；建筑外窗可开启面积不应小于外窗总面积的 30%，建筑幕墙应具有可开启部分或设有通风换气装置。过渡季节典型工况下，90% 以上靠外墙布置的主要功能房间平均自然通风换气次数不应小于 2 次 /h。

酒店建筑的地下空间宜引入自然采光和自然通风。

5.4.4.3 围护结构

酒店建筑的窗墙面积比、屋顶透明部分面积、中庭透明屋顶面积、围护结构热工性能等，应符合国家标准《公共建筑节能设计标准》GB 50189-2005 的规定。上海市的酒店项目应分别符合现行上海市工程建设规范《公共建筑节能设计标准》DGJ08-107-2012 第 3.2 节、3.3 节的规定，其他地方的项目须符合当地相应的节能设计规定。

外墙的保温隔热设计可采取下列措施：

1. 采用浅色饰面材料，东西向外墙外表面材料太阳辐射吸收系数不应大于 0.6。

2. 采用自身保温性能好的墙体材料。

3. 采用保温、装饰一体化材料。

4. 外墙垂直绿化。

屋面的保温隔热设计可采取下列措施：

1. 平屋面采用浅色外表面材料或热反射型涂料，材料表面太阳辐射吸收系数不应大于 0.6。

2. 坡屋面采取通风降温措施。

3. 采用种植屋面。

4. 控制屋顶透明部分的面积。

5. 控制中庭屋顶透明部分的面积。

架空楼板、楼面的保温设计应符合下列要求：

1. 地下室为车库、设备机房等不需要采暖和空调的房间时，应在地下室顶板设置保温层。

2. 接触室外空气的架空和外挑楼板应设置保温层。

3. 楼板的保温层宜设置在楼板的板面，当保温层设在板底时，应采取防坠落的安全措施。

外门窗和透明玻璃幕墙的中空玻璃空气层厚度不应小于 12mm。

外窗、幕墙的保温隔热设计应满足下列要求：

1. 单一立面窗墙比不应大于 0.7。

2. 应采用多腔断热金属型材或多腔塑料型材。

3. 合理设置开启窗扇或采取机械通风措施。

酒店建筑遮阳设计可采取下列措施：

1. 利用建筑之间或建筑自身的构件（阳台，构架，挑板）、形体形成互遮阳和建筑自遮阳。

2. 南向、东向和西向外窗采取活动外遮阳。

3. 中空玻璃的空气间层设置活动遮阳百叶。

4. 建筑遮阳智能化控制。

5. 建筑遮阳设施应与建筑一体化设计，应做到同步设计、同步施工、同步验收。

6. 遮阳构件与土建结构连接的节点构造详图应反映在建筑设计施工图中。

5.4.4.4 建筑用料及装修

酒店建筑设计应优先使用经国家和当地建设主管部门推荐使用的新型建筑材料。

建筑材料中有害物质和放射性核素限量应符合现行国家标准相关要求。

室内装修采用的材料应符合现行国家标准《民用建筑工程室内环境污染控制规范》GB 50325 的规定。

建筑设计宜采用下列工业化建筑体系或工业化部品：

1. 预制混凝土体系、钢结构体系、复合木结构等及其配套产品体系。

2. 装配式隔墙、复合外墙、成品栏杆、栏板、雨篷、门、窗以及水、暖、电、卫生设备等建筑部品。

建筑设计应采用预拌混凝土和预拌砂浆。

建筑室内外装修材料应选择耐久性好的材料和建筑构造。

建筑设计宜选用下列功能性建筑材料：

1. 具有热反射、隔热功能的建筑材料。

2. 具有防潮、防霉功能的建筑材料。

3. 具有自洁功能的建筑材料。

4. 具有改善室内空气质量功能的建筑材料。

宜采用可再循环、可再利用建筑材料。

宜选用以废弃物为原料生产的建筑材料。

5.4.5 结构绿色设计

5.4.5.1 综述

酒店建筑应避免采用严重不规则的结构抗震设计方案，且不宜采用特别不规则的结构抗震设计方案。

结构的安全等级和设计使用年限应符合现行国家标准《工程结构可靠性设计统一标准》GB 50153 的规定。必要时可将结构设计使用年限确定高于 GB 50153 的要求。

地基基础设计应结合建筑所在地实际情况，依据勘察成果、结构特点及使用要求，综合考虑施工条件、场地环境和工程造价等因素，经经济技术比较和基础方案比选，就地取材。

桩基宜优先采用预制桩。钻孔灌注桩宜通过采用后注浆技术提高侧阻力和端阻力。

宜通过先期试桩确定单桩承载力设计值。

对于抗压设计为主的基础，宜合理考虑地下水的有利作用。

5.4.5.2 结构优化设计

结构设计应进行下列优化设计：

1. 结构体系优化设计。

2. 结构抗震设计性能目标优化设计。

3. 结构材料（材料种类以及强度等级）比选优化设计。

4. 结构构件布置以及截面优化设计。

在保证安全性与耐久性的情况下，结构体系优化设计应符合下列要求：

1. 不宜采用较难实施的结构及因建筑形体不规则而形成的特别不规则结构。

2. 应根据建筑功能、受力特点选择材料用量较少的结构体系。

3. 抗震设防类别为甲类的建筑优先采用隔震或耗能减震结构；乙类及丙类建筑有条件时宜采用隔震或耗能减震结构。

4. 高层和大跨度结构中，可合理采用钢结构体系、钢与混凝土混合结构体系。

结构构件优化设计应符合下列规定：

1. 高层混凝土结构的竖向构件和大跨度结构的水平构件应进行截面优化设计。

2. 大跨度混凝土楼盖结构，宜合理采用有粘结预应力梁、无粘结预应力混凝土楼板、现浇混凝土空心楼板等。

3. 由强度控制的钢结构构件，应优先选用高强钢材；由刚度控制的钢结构，应优先调整构件布置和构件截面，增加钢结构刚度。

4. 钢结构楼盖结构，宜合理采用组合梁进行设计。

5. 应合理采用具有节材效果明显、工业化生产水平高的构件。

5.4.5.3 结构材料选用

结构材料选择应符合下列要求：

1. 应优先采用高性能、高强度材料。

2. 现浇混凝土应采用预拌混凝土。

3. 砌筑砂浆应采用预拌砂浆。

4. 受力钢筋宜合理选用高强钢筋。

应合理采用高强度结构材料，并应符合下列要求：

1. 钢筋混凝土结构中，HRB400 级及以上热轧带肋钢筋用量占受力钢筋总量的比例不小于 50%。

2. 钢结构中，Q345 及以上高强钢材用量占钢材总量的比例不小于 50%。

应合理采用高耐久性材料，并应符合下列要求：

1. 混凝土结构中，结构竖向构件中高耐久性的高性能混凝土用量占结构竖向构件中混凝土总量的比例超过 50%。

2. 暴露于大气中的钢结构应采用耐候结构钢或涂刷耐候型防腐涂料。

5.4.6 给水排水绿色设计

5.4.6.1 综述

给水排水系统设计应安全适用、高效完善、因地制宜、经济合理。

给水排水系统的器材、设备应采用低阻力、低水耗产品。

新建有热水系统的建筑，应设计太阳能热水系统。

5.4.6.2 节水系统

酒店建筑平均日生活给水、生活热水的用水标准，应小于现行国家标准《民用建筑节水设计标准》GB 50555 中节水用水定额上限值。

供水系统应避免超压出流，用水点供水压力不应大于 0.30MPa。

供水管网应采取避免管网漏损的措施。

热水系统应经技术经济比较，合理利用余热或余能，由余热或余能提供的生活用热水比例不应小于 60%。

热水系统应经技术经济比较，合理利用可再生能源，由可再生能源提供的生活用热水比例不应小于 20%。

集中热水供应系统的设计应采取保证用水温度的措施，应符合下列规定：

1. 全日热水供应系统的用水点出水温度达到 45℃ 的放水时间不应大于 10s。

2. 系统应有保证用水点处冷、热水供水压力平衡的措施，最不利用水点处冷、热水供水压力差不宜大于 0.02MPa。

3. 热水供应系统的保温层厚度应符合现行国家标准《公共建筑节能设计标准》GB 50189-2005 和当地《公共建筑节能设计标准》的规定。

循环冷却水系统的设计应符合现行国家标准《民用建筑节水设计标准》GB 50555 的规定，上海市的酒店项目还需符合现行上海市标准《公共建筑节能设计标准》DGJ08-107-2012 等的相关规定。

绿化应采用喷灌、微灌等高效节水浇灌方式，并应符合下列规定：

1. 采用节水浇灌的绿化面积比例应大于 90%。

2. 绿化浇灌宜采用土壤湿度感应器、雨天关闭装置等节水控制措施。

3. 绿化宜种植无需永久浇灌植物。

给水系统应根据不同用途、不同使用单位、不同付费或管理单元，分别设置用水计量装置、统计用水量。

5.4.6.3 节水、节能设备与器具

给水排水系统的加压水泵，应根据管网水力计算选择水泵扬程，水泵应工作在高效区。

生活用水器具的用水效率等级应符合现行国家标准中节水评价值的相关规定。

公共浴室应采用带恒温控制与温度显示功能的冷热水混合淋浴器或设置全自动刷卡式等用者付费的淋浴器。

除卫生器具、绿化浇灌和冷却塔外的其他用水应经技术经济比较，合理采用节水技术或措施。

充分利用城镇给水管网的水压直接供水。

所有水泵组采用高效、低噪型产品。

生活泵采用变频调速泵。

室内常温排水管道，在酒店管理认可的情况下采用 HDPE 等低噪声塑料排水管，室外排水管道选用 HDPE 排水管。室外生活排水检查井应优先选用塑料排水检查井。

5.4.6.4 非传统水利用

雨水利用工程应通过技术经济比较，合理确定雨水调蓄、处理及回用方案。

雨水外排应采取总量控制措施，设计控制雨量不应小于 11.2mm。

景观水体应结合雨水利用设施进行设计，其利用雨水的补水量应大于其水体蒸发量的 60%，且采用生态水处理技术保障水体水质。

绿化浇灌、道路冲洗、洗车、冲厕等用水应合理使用非传统水。

使用非传统水时，应采取用水安全保障措施，严禁对人体健康与周围环境产生不良影响。

冷却水补水应合理使用非传统水。

5.4.7　暖通空调绿色设计

5.4.7.1　综述

酒店建筑的暖通空调系统的室内环境设计参数应符合下列规定：

1. 除工艺要求严格规定外，舒适性空调室内环境设计参数应符合节能标准的限值要求。

2. 新风量应符合室内空气卫生标准，选择合理的送、排风方式和气流方向。

施工图设计阶段，应对每一供暖、空调房间或区域进行冬季热负荷和夏季逐时冷负荷计算。

空调设备容量和数量的确定，应符合下列规定：

1. 空调冷热源、空气处理设备、空气与水输送设备的容量应以冷、热负荷和水力计算结果为依据。

2. 设备选择应考虑容量和台数的合理匹配，保证系统在部分负荷运行时仍具有较高的效率。

酒店建筑处于部分冷热负荷时和仅部分空间使用时，应采取下列有效措施降低空调通风系统能耗：

1. 空调与新风机组、通风机宜选用变频风机。

2. 采用一级泵空调水系统时，在满足冷水机组安全运行的前提下，宜采用变频水泵。

3. 在采用二级泵或多级泵系统时，负荷侧的水泵应采用变频水泵。

4. 冷却塔宜采用变频风机或其他方式进行风量调节。

酒店绿色节能设计的要点如下：

1. 施工图设计阶段，必须进行热负荷和逐项逐时的冷负荷计算。

2. 高大空间宜采用辐射供暖方式。

3. 设计全空气系统时，宜采取实现全新风运行或可调新风比的措施，同时设计相应的排风系统。

4. 在人员密度相对较大且变化较大的房间，宜采用新风需求控制。

5. 满足一定条件时，设置能量回收系统。

6. 在技术可靠、经济合理的前提下宜尽量加大空调供、回水温差。

7. 空调、通风系统风机的单位风量耗功率（Ws）应满足规范相关规定。

8. 空调、供暖系统循环水泵的耗电输冷（热）比 EC(H)R 应满足规范相关规定。

9. 空调、供暖系统的冷热源性能参数应满足规范相关要求。

10. 对冬季或过渡季存在一定量供冷需求的建筑，经技术经济分析合理时应利用冷却塔提供空调冷水。

11. 地下停车库的通风系统，宜根据使用情况采用多台风机联合运行或根据车库内 CO 浓度进行自动运行控制。

12. 宜分楼层、分区域进行供冷、供热量的计量。

主要酒店管理公司对暖通空调系统节能设计的总体要求如下表所示。

主要酒店管理公司对暖通空调系统节能设计的总体要求表　　　　　表 5.4-1

节能要求	备注
在最低限度上，采暖、通风和空调系统（HVAC）的设计需要遵从 ASHRAE 标准 90.1 2007《建筑能源效率》或政府能源条例的规定。 1. 为可考虑用于安装实施的其他采暖、通风和空调（HVAC）系统方案提供一套完整的电脑模拟生命周期成本分析。 2. 在应用、实用性、成本效率这几个方面，应对替代方案进行评估。 3. 调查方案中是否使用了替代能源或可再利用能源选项，例如免费制冷、余热回收、热储存、太阳能、太阳能热水、泳池制热、风力能源、地热/冷以及深水冷却等。 4. 基于项目地理位置，需要考虑能源来源替代方案，例如电力、燃气和燃油，同样也需要考虑客房内使用的、包括两管制风机盘管和电加热功能的替代采暖、通风和空调系统	酒店管理公司一
1. 暖通空调系统要求机械控制的室内空气质量（温度、湿度、纯度和流通），从而以具有成本效益的方式，在建筑物的重要区域达到舒适水平。 2. 系统类型和设计能力必须以酒店管理公司建筑工程部，美国采暖、制冷和空调工程师学会，国家和地方规范所要求的标准为基础确定，以更严格的规定为准。 3. 提供完整的计算和书面确认，说明该变制冷剂流量系统（VRF）的设计符合 ANSI/ASHRAE 标准 15-2007，制冷系统的安全标准，以及 ANSI/ASHRAE 标准 34-2007，制冷剂的名称符号和安全分类，作为 100% 提交设计的一部分。 4. 禁止使用需要在夏季/冬季转换加热/制冷能力的系统。 5. 禁止使用组式终端空调类型的装置。 6. 所有暖通空调系统的设计应符合 ASHRAE 标准 90.1-2007 或同等标准。向酒店管理公司提交书面符合表格以进行审查	酒店管理公司二

节能要求	备注
酒店的空调系统可能要消耗酒店总能耗的 30 ~ 50%。 1. 全部系统都应当按节能型设计。 2. 高于每小时 10000m³ 风量的系统，只要经济可行，都应当实行热量回收。 3. 客房和长时间工作的大堂、舞厅等地方的换气，用热回收转轮鼓为合适。 4. 供、排气分开的地方可采用回流盘管。 5. 室内游泳池系统必须回收潜热。 6. 由于有油烟和絮状物，厨房和洗衣房不必回收热量。 7. 温带区全年总耗电量（注：酒店有电动制冷机）不得超过 145kWh/m²/全年；热带区全年总耗电量不得超过 200kWh/m²/全年。 8. 温带区总一年净耗电量不得超过 180kWh/m²/全年（无洗衣间 135kWh/m²/全年）；热带区总一年净耗电量不得超过 80kWh/m²/全年（注：此数包括洗衣间，无洗衣间扣除 25%）	酒店管理公司三
设计过程中，应尽可能采用节能技术和设备，包括： 1. 100% 室外空气节能循环系统。 2. 节能循环系统的焓值控制。 3. 车库、设备间和储藏室等使用二次 / 转换空气作通风或空调。 4. 对主要空调机组（AHU）的排风进行热回收。 5. 制冷机组热回收作生活热水预热。 6. 冷却塔节能循环系统。 7. 加强送风和风管系统的过滤和微生物控制。 8. 根据使用情况调整新风量（如宴会厅）。 9. 水处理（最后添加少量化学剂），减少冷却塔补充水需求。 10. 厨房和洗衣房局部供冷。 11. 采用干燥剂型抽湿机。 12. 空气或地热热泵，在制冷和采暖区转换能源。 13. 所有三相电动设备均采用变频驱动器。 14. 采用变速厨房排烟罩。 15. 室内传感器与客房风机盘管机组联动。 在确定节能投资的经济效益时，应使用先进的评估方法。如使用得当，这些技术可大幅度节约能源，减少设备投资成本及后续运营成本	酒店管理公司四

5.4.7.2 冷源与热源

空调与供暖系统冷热源的选择应结合方案阶段的绿色建筑策划，通过技术经济比较而合理确定，应遵循下列原则：

1. 优先采用可供利用的废热、电厂或其他工业余热作为热源。

2. 合理利用可再生能源。

3. 合理采用分布式热电冷联供技术。

4. 合理采用蓄冷蓄热空调。

酒店建筑有较大内区，且冬季内区有稳定和足够的余热量以及同时有供冷和供热要求的，通过技术经济比较合理时，宜采用水环热泵等具有热回收功能的空调系统。

当建筑物冬季有供冷需求时，宜利用冷却塔提供空调冷水，并采取相应的防冻措施。

空调系统的供热热源和空气加湿的热源不得采用直接电加热设备。

燃气锅炉热水系统宜采用冷凝热回收装置或冷凝式炉型，并配置比例调节控制的燃烧器。

空调、供暖系统冷热源设备的能效比应符合国家标准《公共建筑节能设计标准》GB 50189-2005 的规定，上海市的酒店项目还需符合上海市现行标准《公共建筑节能设计标准》DGJ08-107-2012 中相关规定。

5.4.7.3 空调水系统

空调水系统供回水温度的设计应满足下列要求：

1. 除温湿度独立控制系统和空气源热泵系统外，电制冷空调冷水系统的供回水温差不应小于 6℃。

2. 空调热水系统的供水温度不应高于 60℃。除利用低温废热、直燃型溴化锂吸收式机组或热泵系统外，空调热水系统的供回水温差不应小于 10℃。

在选配空调冷热水循环泵和供暖热水循环泵时，应计算循环水泵的耗电输冷（热）比 EC(H)R，EC(H)R 值应符合现行国家标准《公共建筑节能设计标准》GB 50189-2005 的规定。上海市的酒店项目还需符合上海市标准《公共建筑节能设计标准》DGJ08-107-2012 中相关规定。

空调水系统的设计应符合下列规定：

1. 空调冷、热水系统应采用闭式循环水系统。

2. 空调水系统应采取过滤、防腐、阻垢、灭菌等水处理措施。

3. 空调水系统定压宜采用高位开式膨胀水箱的方式。

以蒸汽为热源的供暖、空调及生活热水系统，应回收利用蒸汽凝结水。

酒店建筑属生活热水耗量较大且稳定的场所，宜充分利用制冷机组的冷凝热预热生活热水。

空调系统的加湿处理，宜选择加湿效率高、符合相关卫生要求的加湿器。

5.4.7.4 空调风系统

集中空调系统宜合理利用排风对新风进行预热（预冷）处理，降低新风负荷。

在过渡季和冬季，当房间有供冷需要时，应优先利用室外新风供冷。

空调系统宜根据服务区域的功能、建筑朝向、内区或外区等因素进行细分，并分别对系统进行控制。

在空调箱内应配置符合要求的空气过滤装置。

通风、空调系统风机的单位风量耗功率应符合现行国家标准《公共建筑节能设计标准》GB 50189-2005 的规定。上海市的酒店项目还需符合上海市标准《公共建筑节能设计标准》DGJ08-107-2012 中的相关规定。

室内游泳池池边区冬季宜采用地面辐射热水供暖系统；空调冬季排风应采取热回收措施；游泳池空调系统宜采用冷却除湿热回收机组。

空调通风系统的风管设计应符合下列要求：

1. 矩形风管的干管断面的长宽比不宜大于 4，不应大于 8。

2. 风管在转弯、分支处应采用阻力损失小的弯头、三通部件。

产生异味或污染物的房间，应设置机械排风系统或除异味装置，并维持与相邻房间为负压。排风应直接排到室外。

全空气空调风系统的风量须经 h-d 图计算确定；采用上送风气流组织形式时，宜加大送风温差。

建筑空间高度大于 10m 且体积大于 10000m³ 时，应采用分层空调系统，宜采用侧送下回的气流组织形式。

5.4.7.5 暖通空调自动控制与检测

酒店建筑的空调与供暖系统，应进行检测与控制，包括冷热源、风系统、水系统等参数检测、参数与设备状态显示、自动控制、工况自动转换、能量计算以及中央监控管理等。检测与控制的方案应根据酒店建筑的功能、相关标准、系统类型等通过技术经济比较确定。

对建筑物供暖通风空调系统能耗应进行分项计量；对不同能源应分类计量。

冷热源系统的自动控制应能根据负荷变化、系统特性进行优化运行。

排风热回收装置应设置温湿度监测装置，并能将数据传送至中央控制系统。

人员密度较大且密度随时间有规律变化的房间，空调系统宜采用新风需求控制。

设置机械通风的汽车库，通风系统运行宜采用自动控制。

5.4.8 电气绿色设计

5.4.8.1 供配电系统

变配电所应深入负荷中心，对于大型酒店建筑，变电所供电范围不宜超过 200m。

应对配电网进行无功补偿，低压并联电容器装置的安装地点和装设容量应满足现行国家标准《并联电容器装置设计规范》GB 50227 中有关要求。对于三相不平衡或采用单相配电的供配电系统，宜采用分相无功自动补偿装置。对于容量较大且经常使用的用电设备宜采用就地无功补偿。

当供配电系统谐波或设备谐波超出国家或地方标准的谐波限制规定时，宜对建筑内的主要电气和电子设备或其所在线路采取高次谐波抑制和治理措施，并应符合下列规定：

1. 当系统谐波或设备谐波超出谐波限值规定时，应根据谐波源的性质、谐波参数等，有针对性地采取谐波抑制及谐波治理措施。

2. 供配电系统中具有较大谐波干扰的地点宜设置滤波装置。

10kV 及以下电力电缆截面应结合技术条件、运行工况和经济电流的方法来选择。

当采用太阳能发电、风力发电作为补充电力能源时，宜满足以下要求：

1. 当场地的太阳能资源或风能资源丰富时，宜优先选择太阳能光伏发电系统或风力发电系统作为庭院及景观照明、地下车库照明、公共走廊照明等能源。

2. 可优先采用并网型发电系统。

3. 昼夜持续用电负荷宜优先采用风光互补发电系统。

4. 当不宜大规模使用太阳能光伏发电系统或风力发电系统时，可采用太阳能草坪灯、太阳能庭院灯、太阳能路灯、太阳能显示牌等小型独立太阳能发电产品或风光互补型产品。

5. 应采用通过当地供电局或国家相关检验部门认可的光伏发电系统和风力发电系统。

6. 采用绿色能源时，应避免造成环境、景观及安全的影响。风力发电机的选型和安装应避免对建筑物和周边环境产生噪声污染。

当使用燃气冷热电三联供系统时，应符合现行行业标准《燃气冷热电三联供工程技术规程》CJJ 145，并满足以下要求：

1. 冷热电三联供电站发电量宜根据项目实际使用情况确定，供电负荷容量不足部分由外网供给。

2. 三联供电站宜选择在 10kV 电压系统接入电网，在 10kV 电网上实现电力平衡。

3. 在联网运行时，应考虑"解列"措施，以保证电力系统或发电机组发生故障时，能将故障限制在最小的范围内。

电动机容量在 350 ～ 550kW 时，宜采用中压供电，电动机容量大于 550kW 时，应采用中压供电。

5.4.8.2 照明

应根据酒店建筑的照明要求，合理利用天然采光。需考虑下列要求：

1. 应根据酒店建筑类型的建筑特点、建筑功能、建筑标准、使用要求等具体情况，对照明系统进行分散与集中、手动与自动相结合的控制。

2. 对于功能复杂、照明环境要求高的酒店，宜采用专用智能照明控制系统，智能照明系统应具有相对的独立性，并作为建筑设备监控系统的子系统，应与建筑设备监控系统设有通信接口。

3. 设置智能照明控制系统时，在有自然采光的区域，宜设置随室外自然光的变化自动控制或调节人工照明照度的装置。

4. 当酒店建筑不采用专用智能照明控制系统而设置建筑设备监控系统时，公共区域的照明应纳入建筑设备监控系统的控制范围。

5. 公共区域内灯具应设置照明声控、光控、定时、感应等自控装置。

6. 各类房间内灯具数量不少于 2 个时应分组控制。并应采取合理的人工照明布置及控制措施，具有天然采光的区域应能独立控制。

应根据项目规模、功能特点、建设标准、视觉作业要求等因素，确定合理的照度指标。照度指标为 300lx 及以上，且功能明确的房间或场所，宜采用一般照明和局部照明相结合的方式。

除有特殊要求的场所外，应选用高效照明光源、高效节能灯具及其节能附件。

人员长期工作或停留的房间或场所，照明光源的显色指数不应小于 80。

各类房间或场所的照明功率密度值，应符合现行国家标准《建筑照明设计标准》GB 50034 规定的目标值。

酒店主要空间的照度设计标准表　　表 5.4-2

房间名称	照度值	单位功率	房间名称	照度值	单位功率
普通办公室	300lx	≤ 9W/m²	楼梯间	75lx	≤ 3W/m²
			门厅	200lx	≤ 7W/m²
电梯厅	150lx	≤ 5W/m²	计算机房	500lx	≤ 15W/m²
设备机房	100lx	≤ 4W/m²	走廊	100lx	≤ 4W/m²
餐厅	200lx	≤ 11W/m²	管理用房	300lx	≤ 9W/m²
厨房	200lx	≤ 11W/m²	安保机房	500lx	≤ 15W/m²
会议室	300lx	≤ 9W/m²	储藏室	100lx	≤ 4W/m²
多功能厅	300lx	≤ 11W/m²	卫生间	100lx	≤ 4W/m²

注：未列功能房间严格按《建筑照明设计标准》执行。

酒店各功能区的照度标准可参考表 5.4-2 进行设计。

当房间或场所的室形指数值等于或小于 1 时，其照明功率密度限值可增加 20%。

当房间或场所的照度标准值按现行国家标准《建筑照明设计标准》GB 50034 提高或降低一级时，其照明功率密度限值应按比例提高或折减。

在照明设计中应严格控制光污染，应满足现行国家标准《建筑照明设计标准》GB 50034 的相关规定。

5.4.8.3　电气设备节能

变压器选择应满足以下要求：

1. 应选择低损耗、低噪声的节能变压器，所选节能型干式变压器应达到现行国家标准《三相配电变压器能效限定值及节能评价值》GB 20052 中规定的目标能效限定值及节能评价值的要求。

2. 在项目允许的条件下，宜选择 S11 及以上系列或非晶合金铁心型低损耗变压器。

配电变压器应选用 [D，Yn11] 结线组别的变压器。且长期工作负载率不宜大于 75%。

电梯的选择应满足以下要求：

1. 应根据酒店建筑的楼层、平面布置、服务对象和功能要求，进行电梯客流分析，合理确定电梯的型号、台数、配置方案、运行速度、信号控制和管理方案，提高运行效率。

2. 客梯应采用具备高效电机及先进控制技术的电梯，货梯宜采用具备高效电机及先进控制技术的电梯。在条件允许的情况下，宜配置能量回馈系统。

自动扶梯选择应满足以下要求：

1. 应根据酒店建筑的性质和服务对象，确定扶梯、自动人行道的运送能力，合理确定设备型号、台数。

2. 应采用高效电机，并具有节能拖动及节能控制装置。

3. 自动扶梯与自动人行道应具有节能拖动及节能控制装置，并设置感应传感器以控制自动扶梯与自动人行道的启停。在全线各段均空载时，应能处在暂停或低速运行状态。

5.4.8.4　计量与智能化

新建大型酒店建筑应建立建筑能耗计量系统，对水、电力、燃气、燃油、集中供热、集中供冷、可再生能源及其他用能类型进行分类和分项计量。

新建大型酒店建筑和政府办公建筑应设置建筑能耗监控中心（室），对采集的能耗数据进行汇总和分析，为优化用能管理和控制能耗提供可靠依据。其具体设计应符合当地《公共建筑用能监测系统工程技术规范》的规定。

改建和扩建的酒店建筑，对照明、电梯、空调、给水排水等系统的用电能耗宜进行分项、分区的计量。

大型酒店建筑建立的建筑能耗计量系统应按上级数据中心要求自动、定时发送能耗数据信息。

能耗计量系统监控中心（室）可单独设置，其机房应符合现行国家标准《智能建筑设计标准》GB/T 50314 的相关要求；也可与智能化系统设备总控室合用机房和供电设施。

计量装置宜集中设置。

建筑能耗计量系统应采用先进而成熟的技术、可靠而适用的设备。在条件许可时，现场能耗数据采集应充分利用建筑设备管理系统、电力管理系统既有功能，实现数据共享。

建筑能耗计量系统应作为新建建筑设备设施系统的组成部分，列入建设计划，同步设计、建设和验收。

大型酒店建筑中应设置建筑设备监控管理系统，对照明、空调、给排水、电梯等设备进行运行控制。

建筑智能化系统设计应满足现行国家标准《智能建筑设计标准》GB/T 50314 及现行国家标准《智能建筑工程质量验收规范》GB 50339 中的有关要求。

5.5 环境保护

5.5.1 相关法律法规

目前我国建筑环境保护相关标准规范有：

中华人民共和国环境保护法（人大常委会通过）

中华人民共和国环境影响评价法（国家主席令第 77 号）

建设项目环境保护管理条例（国务院令第 253 号）

《民用建筑隔声设计规范》GB 50118–2010

《建筑隔声评价标准》GB/T 50121–2005

《民用建筑工程室内环境污染控制规范》GB 50325–2010

《建设工程施工现场环境与卫生标准》JGJ 146–2013

《室内空气质量标准》GB/T 18883–2002

《环境空气质量标准》GB 3095–2012

《大气污染物综合排放标准》GB 16297–1996

《污水综合排放标准》GB 8978–1996

《声环境质量标准》GB 3096–2008

《建筑隔声评价标准》GBT 50121–2005

《建筑幕墙工程技术规程》DGJ 08–56–2012

《工业企业厂界环境噪声排放标准》GB 12348–2008

《社会生活环境噪声排放标准》GB 22337–2008

《锅炉大气污染物排放标准》GB 13271–2014

《饮食业环境保护技术规范》HJ 554–2010

《饮食业油烟排放标准》GB 18483–2001

5.5.2 建设的基本工艺及污染工序

酒店建筑属无生产性设施，其基本工艺及污染工序流程见图 5.5–1。

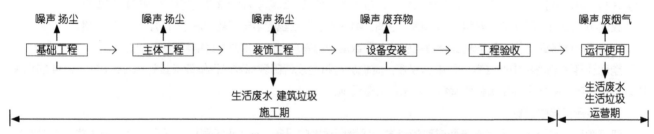

图 5.5–1 施工期、运营期工程工艺及产物工序框图

5.5.3 施工期污染源源强分析

大型酒店项目工程量大，施工期长，因此施工期会产生一定的噪声污染和扬尘，同时会排放一定的废气、废水和建筑垃圾等。

废气

建设阶段的大气污染源主要来自施工期间土石方和建筑材料运输所产生的扬尘和房屋装修的油漆废气。

粉尘的影响范围较广，主要是在交通运输道路两侧及施工现场，尤其是天气干燥及风速较大时更为明显，使施工区及周围附近地区大气中总悬浮颗粒浓度增大。由于粉尘的产生量与天气、温度、风速、施工队文明作业程度和管理水平等因素有关，因此，其排放量难以定量估算。

施工期，频繁使用机动车运送原材料、设备和建筑机械设备，这些车辆及设备的运行会排放一定量的 CO、NOx 以及未完全燃烧的碳氢化物 HC 等，同时产生扬尘污染大气环境。

油漆废气主要来自于房屋装修阶段，该废气的排放属无组织排放，其主要污染因子为二甲苯和甲苯，此外还有极少量的汽油、丁醇和丙醇等。由于酒店客房单元及其配套空间对装修的油漆耗量和选用的油漆品牌可控，因此，对周围环境的影响较易预测。

根据调查，每 150m² 的房屋装修需耗 15 个组分的涂料（包括地板漆、墙面漆、家具漆和内墙涂料等），每组份涂料约为 10kg，即每平方米消耗涂料 1kg。油漆在上漆后的挥发量约为涂料量的 55%，其中含甲苯和二甲苯约 20%。污染物是以分散的面源形式向环境中扩散，受污染比较严重的是周边建筑室内的空气质量。

废水

酒店项目施工期供水主要用于生活用水和工程用水。施工期的生活用水主要源自食堂污水、粪便污水、浴室污水，主要污染物是 COD_{Cr}、BOD_5 等。每天生活用水以 50L/ 人计，生活污水按用水量的 85% 计。施工人员生活在项目区内的临时工房内产生的生活污水排入城市污水排水管网，以免对环境造成污染。

工程用水主要用于工程养护，工程养护中约有 70% 的水流失，夏季施工时蒸发量大，对环境影响较小。

噪声

施工机械所产生的噪声，如挖土机械、混凝土搅拌机、升降机等，多为点声源；施工作业噪声主要指一些零星的敲打声、装卸建材的撞击声、施工人员的吆喝声、拆装模板的撞击声等，多为瞬间噪声；运输车辆的噪声属于交通噪声。在这些施工噪声中对声环境影响最大的是施工机械噪声。

施工期主要施工机械设备的噪声源强见表 5.5-1，当多台机械设备同时作业时，产生噪声叠加，根据类比调查，叠加后的噪声增加 3 ～ 8，一般不会超过 10dB（A）。

施工期噪声声源强度表　　　　　　　　　　　　　　　　　　　　表 5.5-1

施工阶段	声源	声源强度 dB（A）	施工阶段	声源	声源强度 dB（A）
土石方阶段	挖土机	78 ～ 96	装修安装阶段	电钻	100 ～ 105
	空压机	75 ～ 85		手工钻	100 ～ 105
	卷扬机	90 ～ 105		无齿锯	105
	压缩机	75 ～ 88		多功能木工刨	90 ～ 100
底板与结构阶段	混凝土输送泵	90 ～ 100		云石机	100 ～ 110
	振捣棒	100 ～ 105		角向磨光机	100 ～ 115
	电锯	100 ～ 105			
	电焊机	90 ～ 95			
	空压机	75 ～ 85			

物料运输车辆类型及其声级值见表 5.5-2。

施工期交通运输车辆噪声声源强度表　　　　　　　　　　　　　　表 5.5-2

施工阶段	运输内容	车辆类型	声源强度 dB（A）
土石方阶段	弃土外运	大型载重车	84 ～ 89
底板与结构阶段	钢筋、商品混凝土	混凝土、载重车	80 ～ 85
装修安装阶段	各种装修材料及必备设备	轻型载重车	75 ～ 80

表 5.5-3 为主要施工设备的噪声随距离衰减的情况。由表可知，施工机械的噪声由于声级较高，高声源设备 80 ～ 200m 的距离仍可能超标。建设区周围如有居民区，则对区块周围的居民会造成一定的影响。

施工机械噪声衰减距离表 表 5.5-3

序号	施工机械	声源强度 dB（A）					
		55m	60m	65m	70m	75m	85m
1	挖掘机	190	120	75	40	22	—
2	混凝土振捣器	200	110	66	37	21	—
3	混凝土搅拌机	190	120	75	42	25	—
4	升降机	80	44	25	14	10	—

对此，在建筑施工期间向周围排放噪声必须按照《中华人民共和国环境噪声污染防治法》规定，严格按《建筑施工场界噪声限值》GB 12523-90 进行控制。施工期高噪声设备应合理安排施工时间，夜间禁止使用高噪声机械设备，杜绝深夜施工噪声扰民。另外，施工场地平面布局，应将施工机械产噪设备尽量置于场地中央，进行合理布设，减少施工噪声的污染。

固体废物

施工期的固废主要有施工人员产生的生活垃圾和各种建筑垃圾等。生活垃圾以人均每天产生 1kg 计算，施工人数 500 人，则全年（200 天计）产生的生活垃圾约 100t/a，统一收集后由市政环卫部门清运到城市生活垃圾综合处理厂处理。

本项目在建设过程中产生的建筑垃圾主要有开挖土地产生的土方、建材损耗产生的垃圾、装修产生的建筑垃圾等，包括砂土、石块、水泥、碎木料、锯木屑、废金属、钢筋、铁丝等杂物，部分可用于填路材料，部分可以回收利用，其他的统一收集后运到专用的建筑垃圾填埋点填埋。

施工期若产生弃土，须外运至指定弃土堆放场或其他需要弃土的填方的土地。对运输弃土车辆应按要求做好防尘工作，对多余弃土堆场要加强管理，及时复耕，种植树木花草，进行环境绿化。

施工平面布置建议

施工中为了防止噪声扰民，建议将混凝土泵送机、临时发电机、木工房等噪声源布设在场地中央，尽量远离附近的民宅。

5.5.4 运营期污染源分析

酒店项目建成使用后，即进入了运营期。此时，新的城市环境系统已经形成，其主要环境污染因素为旅客生活产生的废气、生活污水，生活垃圾及交通噪声及商业噪声等。

废气

运营阶段废气排放主要有以下 6 个因素，废气排放源主要为厨房燃气灶废气和停车（库）场汽车尾气。废气污染物主要有 SO_2、NO_x、烟尘及 CO。

1. 厨房燃烧废气

餐厅和厨房，以及独立的餐厅均会产生一定的油烟废气。根据《北京环境总体规划研究》中给出的排放因子，即燃烧 $1000m^3$ 天然气产生 SO_2 0.18kg、NO_x 1.76kg、CO 0.35kg。

2. 厨房油烟

食物在烹饪、加工过程中将挥发出油脂、有机质及热分解或裂解产物，从而产生油烟废气。目前居民人均食用油日用量约 30g/ 人 d，一般油烟挥发量占总耗油量的 2%～4%，平均为 2.83%。厨房油烟需经洗涤式（运水）烟罩净化后排至裙房顶部以上或塔楼顶部以上。烹调废气排放特点为排放量极小，且为间歇排放。

3. 汽车尾气

汽车排放尾气中主要污染物为 CO、NO_2（NO_x）和 HC，其低速（包括空挡、怠速、低速）行驶污染物排放量与正常（包括加速、定速和减速）行驶排放量是有差别的。根据《环境保护实用数据手册》"大气污染物分析"等资料提供的数据，对具有代表性的轿车在不同状态时，尾气排出污染物浓度进行测定，其体积浓度平均值列于表 5.5-4。

汽车在不同行驶状态下尾气排放污染物浓度测定结果　　表 5.5-4

污染物	浓度单位	空挡	低速	加速	定速	减速
烃（己烷计）	ppm	800	670	540	485	5000
NO$_x$（NO$_2$）	ppm	23	191	543	1270	6
CO	%	4.9	3.5	1.8	1.7	3.4

按照理论计算，汽油完全燃烧时空气和燃料的克分子比 AF（简称空燃比）约为 59.52，但理论计算的空气量要达到完全燃烧是不可能的，需要多供给一定量的空气。当汽车在空挡或低速运行时，其空燃比约为 80.4，此时汽车的排气量约为 455L/min。将表 15 中的体积浓度换算成质量 – 体积浓度见表 5.5-5。

汽车在不同行驶状态下尾气排放污染物质量 – 体积浓度　　表 5.5-5

污染物	浓度单位	空挡	低速	加速	定速	减速
烃（己烷计）	mg/m³	3071.4	2572.3	2073.2	1862.0	19196.3
NO$_x$（NO$_2$）	mg/m³	47.2	392.2	1115.0	2607.8	12.3
CO	mg/m³	61250	43750	22500	21250	42500

汽车在低速行驶状态下，根据尾气排放污染物的浓度和低速行驶状态下的尾气排放量计算，可得到单位时间内污染物排放系数如表 5.5-6。

酒店项目建成运营时，进出基地的汽车均以低速状态行驶，车辆进入基地到泊车位停车熄火和从点火发动到离开平均所需时间约为 3.0 分钟 / 车次，每辆车平均

单位时间内汽车燃油尾气各污染物排放系数　表 5.5-6

污染物	单位时间尾气排放量 （L/min）	污染物排放系数 （g/min 辆）
烃（己烷计）	455	1.17
NO$_x$（NO$_2$）	455	0.18
CO	455	19.91

每天以进出 2 车次计。依据表 5.5-6 中的排放系数可估算车辆进出的尾气污染物排放量其中一氧化碳是主要污染物。车库废气通过排风机经土建风道高于室外地坪 2.5m 以上排放。

4. 锅炉房，以及柴油发电机房等设备用房设机械排风系统，将废气排至室外。

5. 垃圾房，会产生一定的废气排放，设机械排风系统，将废气排至室外。

6. 卫生间、餐厅、会议废气。卫生间、餐厅和会议室设机械排风系统，将废气排至室外。

废水

酒店项目排放废水主要为生活废水，主要来自客房及公共卫生间、厨房、洗衣房、泳池、娱乐 SPA、汽车冲洗等废水。酒店建筑用水标准及用水情况见《旅馆建筑设计规范》JGJ 62–2014 表 6.1–9 酒店最高日生活用水定额及小时变化系数。

根据资料对比估算，生活污水未经生化处理的混合水质一般为 COD$_{Cr}$ 约 350mg/L，BOD$_5$ 约 200mg/L，SS 约 250mg/L，氨氮约 30mg/L，动植物油约 80mg/L。

对雨、污水实行严格分流：雨水排入城市雨水管网、生活污水达到所在的市政排水接管标准后排入市政污水管网。对厨房间废水设隔油器预处理，经处理达标的，后排放至市政污水管。

噪声

酒店项目运营期的噪声主要是水泵噪声、车库内通风用的风机噪声以及汽车进出车库时发生的交通噪声、配电房设备噪声等。

1. 主要动力设备

酒店工程噪声源包括风机、冷水机组、水泵等。设计时，动力设备选用低噪声设备，按规定采取隔振降噪措施，动力设备机房和值班室、控制室采用吸音墙面、吸音吊顶处理和隔音措施，设隔音门以降低噪声。

2. 空调机和各类风机选用低噪音设备，风管安装消音装置，空调机房设吸音墙面，吸音吊顶和隔音措施减

运营期间主要噪声源平均声级值　　表 5.5-7

名称	平均声级 [dB]	备注
水泵	75～85	变频水泵
风机	80～90	
配电房设备	60	
酒店食堂排风机	65～72	
汽车出入	65～75	共 1320 个车位
地下停车场通风设施	80～90	

211

少对环境和建筑自身的影响。

3. 采用高品质、高性能的柴油发电机组，噪声控制在国家标准内。

4. 水泵采用低噪声节能型产品，所有水泵均设隔振装置。降低噪声。

5. 管道与设备的连接采用柔性接头管道，固定采用弹性支吊架，解决固体传声。

6. 动力设备房采取吸音墙壁和隔声门窗。

固体废物

酒店项目建成营运后，主要固体废物为生活垃圾，垃圾产生量以 1.2kg/ 人 · d 计，每天排放的生活垃圾处理采用袋装化，设计应考虑在合理位置设垃圾房，每天由专人收集后负责清运，并应注意清运时密闭。

5.5.5 劳动保护

1. 为防止及减少漏电事故的发生，工程除消防设备外所有插座回路均设置性能可靠的漏电保护开关，并专设 PE 线与接地体联接。

2. 卫生间设置局部等电位联结。

3. 冷冻机房设置配电值班室，墙面作吸声处理，减少机房设备噪声对值班人员的影响。

4. 自备应急发电机房内墙作吸声处理，排烟管道设置重载消声器，减少噪声对周边环境和值班人员的影响。

5. 变电所变压器设置 IP30 护罩，以防触电事故的发生。

6. 电缆桥架水平敷设不低于 2.5m，垂直敷设时距地 1.8m 以下部分加金属盖板保护，所有配电线路均穿金属管保护，以防漏、触电事故的发生。

7. 电梯井道内设置井道检修照明，220V 供电，带 30mA 漏电保护开关。

8. 机房内设置事故照明。

9. 柴油发电机的废烟气高空排放。

5.5.6 暖通设计

废气影响防治

车库废气、垃圾房和污水泵房废气、浴厕和开水间废气、厨房油烟、锅炉排烟、餐厅、会议废气防治方法同本章 5.3 节中关于废气防治的措施。

其他暖通设备及其机房的消声减震方式

1. 空调水泵房、空调机房、通风机房内贴吸声材料。

2. 组合式空调箱均设消声段或送回风主管上设管道式消声器。

3. 冷水机组、锅炉及水泵下设隔震垫。

4. 风机进、出口设非燃性软接头。

5. 冷水机组、锅炉及水泵进、出口装可曲挠橡胶接头。

6. 吊装的空调器、风机均设减震吊架。

7. 空调通风设备选用低噪声产品。

5.5.7 强电设计

1. 设计依据：《电磁环境控制限值 》GB 8702。

2. 建议采用太阳能路灯，利用自然能源。

3. 冷冻机房设置配电值班室，以减少噪声对值班人员的影响。

4. 高压柜、变压器采用金属外壳保护，以减少电磁辐射对值班人员的影响。

5.5.8　给排水设计

废水污染防治

1. 排水体制为严格分流：雨水排入城市雨水管网、达到所在的市政排水接管标准后排入市政污水管网，使污水不对环境产生污染。

2. 厨房含油废水应经隔油处理后、垃圾房及卸货平台地面排水宜经隔油处理后，处理水达标后纳入污水系统。

3. 地下汽车库排水设集水坑收集，经沉砂隔油处理后，由潜污泵提升排放至室外污水窨井。

4. 排水通气管不宜设在建筑物挑出部分（如酒店屋檐檐口、阳台和雨篷等）的下面，在经常有人停留的屋面上，通气管应高出屋面 2m。

5. 酒店建筑锅炉排污凝结水单独收集，热回收利用或设置降温池冷却后排入室外生活排水管，且宜首先采用热回收利用的方式。

化粪池工艺选用技术条件

不同建筑物、不同用水量标准、不同的清掏周期的化粪池的选用可参考图集《钢筋混凝土化粪池》03S702，粪便污水与生活废水合流及粪便污水单独排入化粪池等情况下，计算的化粪池设计总人数，设计人员可直接按表查处，如表内各项参数与具体工程设计参数不符时，由设计人员另作计算确定。

化粪池分为无覆土和有覆土两种情况：2 ~ 50m³ 及 6 ~ 30m³ 沉井式化粪池按无覆土和有覆土两种情况设计，75m³，100m³（单池及双池）均按有覆土设计。

在选用化粪池时，应注意工程地质情况和地下水位的深度。无地下水，指地下水位在池底以下；有地下水，指地下水位在池底以上，最高低于设计地面 0.5m 处。

当施工场地狭窄，不便开挖或开挖会影响临近建筑物的基础安全，可选用沉井式化粪池。化粪池的设置地点，距生活饮用水水池不得小于 10m，距离地下取水构筑物不得小于 30m，化粪池外壁距离建筑物外墙净距不宜小于 5m，并不得影响建筑物基础。

选用化粪池时，应注意地面是否过汽车，化粪池顶面不过汽车时的活荷载标准值为 10kN/m²，顶面可过汽车时的活荷载为过汽车 – 超 20 级重车。

井盖：不过汽车时，采用加锁轻型双层井盖及盖座，可过汽车时，采用加锁重型双层井盖及盖座，井盖及盖座详见图标 97S501-1-2 和 02S501-2。

餐饮废水隔油器工艺选用技术条件

餐饮废水隔油器的有关构造及性能应符合中华人民共和国城镇建设行业标准《餐饮废水隔油器》CJ/T 295-2008 的有关规定。

建筑专业：隔油器应单独设置在独立的房间内，注意运输通道（含门宽）和检修空间。隔油器安装时，箱体可一侧靠墙，其余三面距相应墙面不小于 1.0m；箱体上方净高不小于 0.6m。

结构专业：满足隔油器设置场所结构承重荷载要求，平均荷重为 1.5 ~ 2t/m²。

电气专业：提供与隔油器相配套的三相五线制动力电源及普通照明。

暖通专业：隔油器设置场所宜设通风换气，设备正常运行时换气次数一般为 6 ~ 8 次 /h，设备检修时换气次数不小于 15 次 /h；排气口应高出人们活动场所 2m 以上。

给水排水专业：

1. 提供隔油器进水管、出水管、通气管、放空管与相应管道系统的接驳；隔油器管道可选用卡箍连接或法兰连接。

2. 在隔油器进、出水管之间宜设超越管，分支管宜设在立管处。超越管上宜采用闸阀，闸阀尽可能靠近立管，闸阀前宜设清扫口。

3. 隔油器附近宜设置清洗用水龙头及排水地漏、地沟或集水坑。

4. 简易小型隔油器进、出水管宜用卡箍连接，附近宜设置排水地漏、地沟。

5. 接至隔油器的水平排水管道应设有连续坡度，其坡度最小为 2%。

6. 为避免紊流情况的发生，隔油器入水管道的安装应遵循以下规定：

1）竖向立管应以 2 个 45° 弯头，中间配以长度最小为 250mm 的短管，连接至隔油器；

2）接至隔油器的水平排水管道长度应不小于 10 倍的管道公称直径。

7. 为减少管道堵塞现象的发生，与隔油器相连的排水管道在以下情况下应设置通气措施：

1）隔油器入水管道应设置伸顶通气；

2）与隔油器相连的水平排水管道，如果其长度大于 5m 但小于 10m，必须与伸顶通气管相连；如果其长度大于 14m，则必须在隔油器的邻近位置另行设置伸顶通气。

8. 餐饮废水流量按设计秒流量计算，换算成隔油器额定处理水量。

噪音污染防治

采用节能高效的水泵等给排水设备，所有水泵选用低噪音直立式水泵，同时，所有水泵设置减振基础，进出水管设置可曲挠橡胶接头等减振装置，必要时，泵房的墙壁和天花板应采取隔音吸音处理，以降低水泵等给排水设备的噪音污染。

5.5.9 光反射环境影响分析和评价

根据《建筑幕墙工程技术规范》DGJ 08-56-2012：

由玻璃或玻璃与其他材料组成的建筑幕墙作为外围护的建筑立面，应考虑幕墙玻璃对周围环境产生的太阳光反射影响，玻墙比大于 40% 的非幕墙建筑立面，可比照玻璃幕墙作光反射环境影响分析和评价，并且符合环保、规划和城市管理等现行政策法规的规定。

幕墙玻璃的可见光反射率宜不大于 15%，反射光影响范围内无敏感目标时可选择不大于 20%。非玻璃材料宜采用低反射亚光表面。反射光对敏感目标有明显影响时，应采取措施减少或消除其影响。

建筑设计

1. 采用玻璃幕墙的建筑立面应选择恰当的玻墙比，并符合相关规定。

2. 除大堂、门厅和高度不大于 24m 的裙房外，建筑立面玻墙比宜不大于 40%。

3. 居住区或敏感目标较多的地段，建筑立面玻墙比应不大于 40%。商务区和敏感目标较少的地段，玻墙比宜不大于 70%。立面设计应符合幕墙光反射环境评价的相关规定。

4. 建筑东立面或西立面朝向住宅、中小学、托儿所、幼儿园、养老院和医院病房等敏感目标时，该立面不宜使用玻璃幕墙。

5. 慎用弧形玻璃幕墙。内凹状外立面应防止反射光聚焦对环境造成不利影响。

6. 后倾式幕墙立面、大面积玻璃顶棚或屋面，应防止反射光进入敏感目标的窗户。

7. 应控制幕墙玻璃的连续面积。宜采用玻璃与其他面板材料构成的组合幕墙。幕墙的非可视部分不宜采用玻璃面板。

8. 建筑物外立面的装饰部件和遮阳部件不宜采用玻璃制品。

9. 建筑立面玻墙比按下列规定计算：

不同朝向的立面，玻墙比应分别计算。

没有女儿墙或女儿墙不使用幕墙玻璃的建筑，玻墙比计算范围为主体建筑檐口以下，不包括裙房、门厅和大堂。

女儿墙使用幕墙玻璃的建筑，玻墙比计算范围为女儿墙顶以下，不包括裙房、门厅和大堂。

裙房应单独计算玻墙比。

减少光反射影响的措施

1. 按环境分析与评价的要求优化设计方案。

2. 宜选用光学性能较好的低辐射、低反射玻璃。

3. 调整外立面玻璃板块的分隔尺度和布置形式，减小连续玻璃板块的面积，优先采用组合幕墙。

4. 弧形立面和转角宜采用平板玻璃拼接，不宜采用加工成弧形的玻璃。玻璃板块间宜用遮阳条分隔。

5. 加强建筑四周和道路两侧的绿化种植。

6. 结合方案设计和反射光影响分析，设置外伸于玻璃面的遮阳窗框、遮阳装饰条、遮阳罩，采用玻璃外表面涂膜贴膜等措施减少光反射。

幕墙光反射的环境分析

1. 玻璃幕墙的环境影响评价应根据玻璃幕墙的高度确定反射光影响分析范围。反射光影响分析范围以幕墙建筑为圆心，以如下距离为半径：

建筑物幕墙玻璃高度大于 100m 时，取该高度的 3.5 倍；

建筑物幕墙玻璃高度小于 40m 时，取该高度的 5 倍；

建筑物幕墙玻璃高度在 40 ～ 100m 时，用插入法确定。

2. 玻璃幕墙反射光计算时段为日出后至日落前，以 7 时至 10 时和 14 时至 17 时为反射光影响分析的主要时间段。

3. 光反射分析评价内容包括影响视线的反射光角度、敏感目标受反射光照射的亮度和直射光反射对敏感目标影响的持续时间。

4. 利用绿化遮挡反射光影响时，应分析绿化实施的可行性并明确绿化适宜的高度。

5. 玻璃幕墙影响分析应反映相邻建筑的相互遮挡情况，相邻建筑的遮挡可减少玻璃幕墙的受光面。

6. 反射光影响的分析应考虑设置遮阳措施的效果。

7. 玻璃幕墙影响分析应包括直射光在相邻建筑玻璃幕墙间产生的二次反射光影响。

8. 玻璃顶棚和屋面应作光反射环境影响分析。

9. 应分析凹形弧面玻璃幕墙反射光聚焦点的位置，评价其影响。

10. 采用幕墙结构形式与主体结构连接固定的建筑外窗，应视同玻璃幕墙，并按规定作光反射影响分析。

5.5.10　环境影响评价

对于建设项目的环境影响评价，《中华人民共和国环境影响评价法》作了规定，主要内容有：

国家根据建设项目对环境的影响程度，对建设项目的环境影响评价实行分类管理；建设单位应当按照规定组织编制环境影响报告书、环境影响报告表或者填报环境影响登记表（以下统称环境影响评价文件），规定为：

1. 可能造成重大环境影响的，应当编制环境影响报告书，对产生的环境影响进行全面评价；

2. 可能造成轻度环境影响的，应当编制环境影响报告表，对产生的环境影响进行分析或者专项评价；

3. 对环境影响很小、不需要进行环境影响评价的，应当填报环境影响登记表。

建设项目的环境影响评价分类管理名录由国务院环境保护行政主管部门制定并公布。

建设项目的环境影响报告书应当包括下列内容：

1. 建设项目概况；

2. 建设项目周围环境现状；

3. 建设项目对环境可能造成影响的分析、预测和评估；

4. 建设项目环境保护措施及其技术、经济论证；

5. 建设项目对环境影响的经济损益分析；

6. 对建设项目实施环境监测的建议；

7. 环境影响评价的结论。

涉及水土保持的建设项目，还必须有经水行政主管部门审查同意的水土保持方案。

环境影响报告表和环境影响登记表的内容和格式，由国务院环境保护行政主管部门制定。

环境影响评价文件中的环境影响报告书或者环境影响报告表，应当由具有相应环境影响评价资质的机构编制。任何单位和个人不得为建设单位指定对其建设项目进行环境影响评价的机构。

除国家规定需要保密的情形外，对环境可能造成重大影响、应当编制环境影响报告书的建设项目，建设单位应当在报批建设项目环境影响报告书前，举行论证会、听证会，或者采取其他形式，征求有关单位、专家和公众的意见。

建设单位报批的环境影响报告书应当附具对有关单位、专家和公众的意见采纳或者不采纳的说明。

建设项目的环境影响评价文件，由建设单位按照国务院的规定报有审批权的环境保护行政主管部门审批；建设项目有行业主管部门的，其环境影响报告书或者环境影响报告表应当经行业主管部门预审后，报有审批权的环境保护行政主管部门审批。

5.5.11 危险材料

不允许使用对客人或酒店员工健康或对周围环境存在潜在危害的材料。如果材料在实际运营中，或者在施工安装期间，或者在使用过程中，或者在使用时的老化过程中，或者在材料报废之后的废物处理过程中会产生有害物质，则这种材料被认为是有害的。有害材料包括但不限于以下几种：

有害材料

有害材料表 表 5.5-8

序号	材料种类	序号	材料种类
1	石棉	10	木材防腐剂
2	氟氯化碳类	11	条砖、板砖
3	晶体硅	12	氯化钙
4	甲醛	13	硅酸钙砌砖
5	铅	14	玻璃纤维
6	人造矿物纤维	15	高铝水泥 (HAC) 混凝土
7	多氯联苯（多氯化联苯）	16	磁性硫化铁
8	蛭石	17	海底集料
9	挥发性有机化合物 (VOC's)	18	木丝板或木丝水泥板

有问题的材料

有问题材料表 表 5.5-9

序号	材料种类	序号	材料种类
1	水泥纤维板	5	镍硫化物
2	复合板	6	木板
3	镀锌饰面的墙面砖	7	镶嵌物
4	空心黏土块地板	8	薄石板

其他材料

1. 纤维石膏板；
2. 砌体及钢材——与焦炉灰渣和作为填充料的龙骨结构（产生碱骨料反应）。

5.6 卫生防疫

5.6.1 总体布局

项目选址应遵循城市全面规划、合理布局的方针，符合城市规划和村镇规划的要求，并选择在居住区和生活区内，远离工业区域。

做好选址，基地和周围环境不应存在污染源，应关注主导风向，建设用地必须远离垃圾堆场、废气排放附近及城市污染源的下风口。

有一定的卫生防护间距，具备卫生、安静、便利、安全、舒适和经济的条件。

酒店应选择在交通方便、环境安静的地段。

疗养性酒店宜建于风景区。

场地规划与建筑设计时，应保证能向建筑室内提供有效的日照时间与通风效果。

注重绿地建设，优化树种的选择和水体的流动，防止花絮飞扬或污水滞留造成的病菌传播或繁殖；区域内绿地面积和绿地率应达到国家及地方标准、为区域提供优美环境并有利于防尘、防风、降噪。

合理规划水体环境，污水、废水和垃圾处理要达到无害化，甚至资源化。

天然游泳场不得有礁石以及污染源存在，水流速度不得大于 0.5m/s，不得在血吸虫病区或潜伏有钉螺地区开辟游泳场。

项目选址应与公共厕所、垃圾堆、高压输变电线路等各种污染源保持一定的距离，满足卫生防护标准的要求。

人群密集的公共场所应与住宅区、学校、幼托机构保持一定的距离，避免对居民、学生以及婴幼儿的不良影响。

5.6.2 总平面布置

酒店客房应具有良好的朝向，以便于充分利用自然采光和通风。

拟建酒店应尽量减少其对北侧有日照要求建筑如学校、幼托机构的日照影响。

总图应合理规划人流出入口和路线，人群密集的公共场所应具有专用出入口，避免旅客人流与办公人流、车辆交通路线交叉和重复。

5.6.3 餐饮区域

为商用烹饪区提供个体等新风量空调机组。

根据《餐饮业食品卫生管理办法》食品加工场所应当符合下列要求：

厨房空间布局要合理：形成进货、粗加工、切配、烹饪、传菜、收残的循环体系，避免各功能区间的互相交叉干扰。

加工区与辅助区要分离：即库房、员工设施、办公室与各加工区域要分隔。

厨房传菜路线（通道）不能与其他非餐饮区域交叉、混合使用。

所有的厨房地面应具备干燥、清洁、防滑功能，排水沟畅通，具有一定坡度，易于清洗，出水口设置防鼠网。

墙壁应有 1500mm 以上的瓷砖或其他防水、防潮、可清洗的材料制成的墙裙；另建议所有墙角不锈钢包边。

厨房洗碗间要求：

1. 洗碗间位置应设计合理（紧邻厨房与餐厅出入口）；

2. 进出门要分开，即要求两个门，或增加一个独立送洗窗口；

3. 配有洗碗和消毒设施（内设消毒柜）。

点心房、面点间、冷菜间、烧腊间要求：

1. 以上房门口处需设计预进间，预进间及冷菜间等门均需安装双扇、双开弹簧门（即需要做两道门隔离）；

2. 预进间内有二次更衣场所，设计更衣柜或衣架；

3. 预进间内配置洗手盆，水龙头必须为感应式或脚踏式；

4. 安装独立空调，具有充足冷气；

5. 安装紫外线杀菌灯；

6. 必须有独立出品窗口；

7. 冷菜间、面点间需独立分隔，不能设计在一个房间内；

8. 烧腊间内必须设计风干房，要求为独立空间，与烧腊间隔离；

9. 排水沟盖板应为密封式，防止蟑螂等害虫从地沟爬入房间；

厨房排烟口，一定要远离新风口，防止油烟吸入新风管道，污染其他营业区；

所有的厨房应具有良好的通风、排气系统，新风量足够，抽风量适中，保持一定负压；

所有厨房需设计污水和油烟处理设施。

厨房内墙应有瓷砖墙裙，屋顶不得吸附灰尘，应有水泥抹面锅台，地面应铺设防滑地砖，必须设排风设施。

库房内应有存放各种作料和副食的密闭器皿，有距墙距地面大于 20cm 的粮食存放台。

不得使用石棉制品的装修材料装修餐厅。

在餐厅餐桌上方，酒吧座椅，休息厅就座区域，在客房内等，从通风或空调系统出来的气流速度应保持在每秒 0.15m 以下。

必须设有卫生间，并避免污废水管穿越厨房区域：酒店的餐厅必须与客房、厨房分开，要有独立的建筑系统及合理的通道相连接。

5.6.4 会议区域

在会议室或董事会会议室中应根据使用要求提供独立的温度控制系统；

在备餐间应提供排风罩。

5.6.5 康体娱乐区

1. 游泳池

新建、改建、扩建游泳池必须具有循环净水和消毒设备，采用氯化消毒时应有防护措施。

游泳池池壁及池底应光洁不渗水，呈浅色。

池外走道必须采用防滑、抗菌的非渗透表面且易于冲刷，走道外缘设排水沟，污水排入下水道。

室内游泳池采光系数不低于 1/4，水面照度不低于 80lx。

游泳场所应分设男女更衣室、浴淋室、厕所等。

通往游泳池走道中间应设强制通过式浸脚消毒池（池长不小于 2m，宽度应与走道相同，20cm 深度）。

游泳池内设置儿童涉水池时不应与成人游泳池连通，并应有连续供水系统。

游泳池应提供 100% 室外新风系统作为空调机组除湿的备用系统。

2. 浴室

新建、改建、扩建的浴室内不得设池浴。

公共浴室应设有更衣室、浴厕所和消毒等房间，更衣室（包括兼作休息室）必须有保暖、换气设备。

地面要防渗、防滑。

浴室应设气窗，保持良好通风，气窗面积为室内地面面积的 5%。

浴室地面坡度不小于 2%，屋顶应有一定弧度。

淋浴室应采用不透水材料，墙裙高度不低于 1200，地面坡度不小于 2%。

每 5 个床位设一个淋浴喷头，距地面高 2.0 ～ 2.3m，两喷头之间距离不小于 0.9m。

漩涡浴池和冷水爽身浴池周围的地面应为防滑地面，并覆盖抗菌灰泥；淋浴室内应提供防滑地面，油漆和泥浆应能防潮防霉。

循环水泵的吸水管上应装设池水预净化装置、毛发聚集器、其过滤筒网应经常清洗或更换。

应选择具有杀菌能力强、不污染水质、有持续杀菌性能的消毒方式。

水疗中心：在每个桑拿房和蒸汽房天花板上的风箱中提供 170m³/h 的排气量。

在每个理疗室中提供独立的温度控制和 100% 排气量。

3. 娱乐中心

舞厅平均每人占有面积不小于 1.5m²（舞池内每人占有面积不小于 0.8m²），音乐茶座、卡拉 OK、酒吧、咖啡室平均每人占有面积不小于 1.25m²。

歌舞厅内禁止吸烟，但可在场外同一平面设吸烟专间，专间内设单独排风设备。

娱乐场所应设有消音装置。

文化娱乐场所在同一平面应设有男女厕所。

厕所应有单独排风设备，门净宽不少于 800mm，采用双向门。

文化娱乐场所应设有消毒间。

4. 美容美发中心

新建理发店、美容店面积不低于 10m²，兼营美容的不低于 16m²，单席位理发店、美容店的席位面积应大于 5m²，两席位以上的每席位大于 4.5m²。

席位数 10 个以上的理发店、美容店应设男、女厕所。

理发店、美容店不得兼作生活起居室。

理发店、美容店层高不得低于 3m，采光良好，工作面照度不低于 150lx。

地面应易于冲洗，便于清扫，不起灰，墙壁墙裙应高于 1200mm，材料可用瓷砖、大理石、油漆等防水材料。

正、副特级理发店、美容店洗头池与座位之比不小于 1 : 4，甲、乙级不小于 1 : 5。

洗头水应用流动水。

经营染发、烫发的正特、副特、甲、乙级理发店必须设单独的染、烫操作间，并有机械通风装置，空气质量应符合国家卫生标准普遍理发店、美容店应设染、烫操作区，并设有效抽风设备，控制风速不低于 0.12 ~ 0.3m/s。

5.6.6 客房区域

提供每间客房新风量为 50m³/h 的新风。新风不可以被释放进入吊顶上方；

卫生间、浴室均应设置机械排风设施、换气次数为 10 次 /h；排风量为每个客房淋浴隔间 85m³/h；

客房走廊和电梯厅每小时至少应进行 2 次换气；用来换气的新风应为 100% 室外新风；每个楼层最好有垂直风道和水平分布系统。

客房自然采光系数以 1/5 ~ 1/8 为宜，净高不低于 2.7m。

客房与酒店的其他公共设施（厨房、餐厅、小商品部等）要分开，并保持适当距离。

客房层宜每层设置清洗消毒专间以及仓储用房，清洗消毒专间应专用，配备清洗、消毒及保洁设备，不得与服务人员休息、值班用房合用。

5.6.7 其他区域

酒店建筑内应设计保持正压，以保证室内的温度湿度满足客人的舒适度要求。并在每层楼面上保证最小新风量必须超过建筑排气量 10%。

公共卫生间内的蹲式大便器宜采用脚踏开关冲洗阀，防止人手接触产生交叉感染；卫生间墙壁砌至梁板底，门窗齐全；所有排水地漏及存水弯的高度不小于 50mm。

保证卫生间气压低于周围大堂区域的气压。

封闭楼梯间，当不能自然通风时，应维持 24 至 29℃ 的室内温度，以满足人体舒适度要求；寒冷气候下，应向门厅提供采暖以保持至少 10℃ 的室温。

冰箱压缩机房间：提供最小排风量 1700m³/h，并维持最高温度 32℃。

为车库提供最小排风 27.5m³/h。

下水道、集水坑和隔油池：设计保持负压的排风系统。系统远端带有风机，直接排至建筑外部。

为服务电梯厅中提供 340m³/h 的排气量。

5.6.8 二次供水防污染要求

通过二次供水设施所供给旅客的饮水水质应符合《生活饮用水卫生标准》GB 5749，感官性状不应对人产生不良影响，不应含有危害人体健康的有毒有害物质，不引起肠道传染病发生或流行。

二次供水设施周围应保持环境整洁，应有很好的排水条件。

二次供水设施与饮水接触表面必须保证外观良好，光滑平整，不对饮水水质造成影响。

设施不得与市政供水管道直接连通，有特殊情况下需要连通时必须设置不承压水箱。设施管道不得与非饮用水管道连接，如必须连接时，应采取防污染的措施。设施管道不得与大便口（槽）、小便斗直接连接，须用冲洗水箱或用空气隔断冲洗阀。

生活饮用水的水池（箱）应配置消毒设施，供水设施在交付使用前必须清洗和消毒。饮用水箱或蓄水池应专用，不得渗漏，设置在建筑物内的水箱其顶部与顶部楼板的距离应大于 80cm，水箱应有相应的透气管和罩，入孔位置和大小要满足水箱内部清洗消毒工作的需要，入孔或水箱入口应有盖（或门），并高出水箱面 5cm 以上，并有上锁装置，水箱内外应设有爬梯。水箱必须安装在有排水条件的底盘上，泄水管应设在水箱的底部，溢水管与泄水管均不得与下水管道直接连通，水箱的材质和内壁涂料应无毒无害，不影响水的感官性状。水箱的容积设计不得超过用户 48h 的用水量。

蓄水池周围 10m 以内不得有渗水坑和堆放垃圾等污染源。水箱周围 2m 内不应有污水管线及污染物。

二次供水设施设计中使用的过滤、软化、净化、消毒设备、防腐涂料，必须有省级以上（含省级）卫生部门颁发的涉及饮用水卫生安全产品卫生许可批件。

5.6.9 空调设备要求

空调设备的卫生防疫须符合《集中空调通风系统卫生管理规范》DB 31/405-2012、《公共场所集中空调通风系统卫生规范》WS 394-2012、《公共场所集中空调通风系统卫生学评价规范》WS/T 395-2012 的规定，上海市的建筑项目还需符合《上海市集中空调通风系统卫生管理办法》的规定，并满足以下各项具体要求。

卫生设施

集中空调通风系统应配备下列设施：

1. 应急关闭回风和新风的装置；
2. 控制集中空调通风系统分区域运行的装置；
3. 供风管系统清洗、消毒用的可开闭检查孔。

集中空调通风系统应当保持清洁、无致病微生物污染，并按照下列要求定期清洗：

1. 开放式冷却塔每年清洗不少于一次；
2. 空气过滤网、过滤器和净化器等每六个月检查或更换一次；
3. 空气处理机组、表冷器、加热（湿）器、冷凝水盘等每年清洗一次；
4. 风管系统的清洗应当符合集中空调通风系统清洗规范。

进行集中空调通风系统清洗的专业机构应当具有专业技术人员、设备、技术力量，并符合《公共场所集中空调通风系统清洗规范》的要求。

新风及新风口

集中空调通风系统的新风应通过风管直接采自室外非空气污染区，不应从机房、楼道及天棚吊顶等处间接吸取新风。

新风口周围应无有毒或危险性气体排放口，同时远离建筑物的排风口、开放式冷却塔和其他污染源，并设置防雨罩或防雨百叶窗等防水配件、耐腐蚀的防护（防虫）网和过滤网。任何情况下新风口（包括自然通风口）与室外污染源最短距离不得小于表 5.6-1 的要求。

新风口应低于排风口。

新风口应避免设置在开放式冷却塔夏季最大频率风向的下风侧。

新风进风口下缘距室外地坪不宜小于 2m，当设在绿化地带时不宜小于 1m。

新风口与污染源最小间隔距离　表 5.6-1

污染源	最小距离（m）
污染气体排气口	5
停车场	7.5
垃圾存储/回收区、大垃圾箱	5
冷却塔进气口	5
冷却塔排气口	7.5

送风口和回风口

回风口及吊装式空气处理机不得设于产生异味、粉尘、油烟的位置上方。

集中空调通风系统送风口和回风口宜设置防鼠装置。

冷凝水系统

冷凝水排水管道不得与污水、废水、室内密闭雨水系统直接连接。

新风处理机组和空气处理机组冷凝水盘出水口应设置水封。

冷凝水管道应采取防凝露措施。

冷却水系统

开放式冷却塔的设置应远离人员聚集区域、建筑物新风取风口或自然通风口，并设置具有持续消毒效果的装置。

开放式冷却塔宜设置有效的除雾器。

开放式冷却塔池内侧应平滑，排污口应设在塔池的底部。

风管

风管内表面应当易于清洗。

制作风管的材料不得排放有害物质，不得产生适合微生物生长的营养基质。风管宜采用耐腐蚀的金属材料，采用非金属材料制作风管时，必须保证风管的坚固及严密性，具有承受机械清洗设备正常工作冲击的强度。

新风系统的新风应直接由风管通过送风口送入室内。

风机盘管与空调房间的回风口宜用风管连接，但不应影响到日常清洗与维护。

其他设计要求

冷冻站及水泵房应设机械排风系统、排风换气次数均为 4 次 /h、由外窗进行自然补风。

有特殊洁净要求的集中空调通风系统应独立设置。

排放有毒有害物的排风系统不得与集中空调通风系统相连通。

5.6.10　竣工验收阶段

施工图设计中卫生审核批件中的意见经现场审核得到落实。

公共场所功能布局、卫生设施、消毒设施等内容经现场验收符合相应标准、规范要求。

设有禁烟标识。

公共场所应提交微小气候、空气质量、噪声、采光等指标经检测合格。

检测指标由具有检测资质的检测机构出具，检测点及检测指标应符合相应的标准。

项目建设内容涉及二次供水的：

二次供水设施竣工后，建设单位应当对其进行清洗、消毒和调试。房屋竣工验收时，应当包括对二次供水设施的竣工验收。

二次供水设施经现场审核符合标准、规范要求。

二次供水设施二次供水设施设计中使用的过滤、软化、净化、消毒设备、防腐涂料，必须有省级以上（含省级）卫生部门颁发的涉及饮用水卫生安全产品卫生许可批件。

二次供水设施供应的水质经检测符合《生活饮用水卫生标准》要求。

二次供水水质检测报告由具有计量认证资质的检测单位出具，采样、检测、评价方法和标准应符合项目所在地卫生局《二次供水和管道直饮水系统竣工验收水质卫生检测工作指导意见》。

二次供水设施经卫生行政管理部门验收，符合《生活饮用水卫生标准》方可使用。

5.7　消防生命安全

5.7.1　酒店分类及耐火等级

1. 酒店建筑一般属重要公共建筑，建筑高度大于 24m 的高层酒店属一类高层建筑。

2. 酒店建筑应根据建筑高度、使用功能、重要性等因素确定其耐火等级。

5.7.2　总平面消防设计

1. 酒店区域内的道路应考虑消防车的通行，建筑的周围环境应为灭火救援提供外部条件。高层或占地面积较大的多层酒店建筑周围应设置环形消防车道，有困难时可沿两个长边设置消防车道。高层和需要登高车的多层建筑的消防车道的转弯半径不应小于 12m，其他的转弯半径不应小于 9m。

2. 酒店建筑群一个方向的长度大于150m或总长度大于220m时，应沿建筑群设置环形消防车道或在适中位置设置穿过建筑的消防车道，消防车道的净宽度和净高度均不应小于4m。

3. 度假类酒店建筑如有封闭内院或天井，当其短边长度超过24m时，宜设进入的消防通道。

4. 对于多层或山地度假类酒店，需特别关注建筑高度的计算和确定。由于度假酒店外围道路景观高差丰富，建筑屋面距离室外消防道路的高差很容易超出24m。工程实践中应及时复核此高差是否对消防有影响。

5. 高层酒店建筑的底边至少有一个长边或周边长度的1/4且不小于一个长边长度，不应布置高度大于5m进深大于4m的裙房，该范围内应按规范要求确定消防车高操作场地。如设雨棚一边已作为消防登高面设计，应将雨棚视作裙房，检查雨棚的设置宽度和高度是否影响登高。

部分酒店管理公司对酒店雨棚的设置高度、宽度有要求，应在设计时予以考虑。

6. 消防车登高操作场地应符合下列规定：

可结合消防车道布置且应与消防车道连通，场地靠建筑外墙一侧的边缘至建筑外墙的距离不宜小于5m，且不应大于10m；

与建筑之间不应设置妨碍消防车操作的架空高压电线、树木、车库出入口等障碍，坡度不宜大于3%；

场地的长度和宽度分别不应小于15m和10m。对于建筑高度大于50m的建筑，场地的长度和宽度分别不应小于20m和10m；

场地及其下面的地下室、管道和暗沟等，应能承受重型消防车的压力。

7. 酒店建筑的外墙上，每层均应设置可供消防救援人员进入的窗口，窗口的净尺寸（净高度×净宽度）不得小于1.0m×1.0m，窗口下沿距室内地面不宜大于1.2m，该窗口间距不宜大于20m且每个防火分区不应少于2个，窗口的玻璃应易于破碎，并应设置可在室外识别的明显标识。救援窗口的设置位置应与消防车登高操作场地相对应。

8. 高层酒店建筑与消防车登高操作场地相对应的范围内，必须设置直通室外的楼梯或直通楼梯间的入口。

9. 酒店建筑应根据其类别确定与相邻建筑的防火间距，但应注意建筑高度大于100m酒店建筑，即使采取了措施也不能减小规定的防火间距。

5.7.3 平面防火设计

1. 酒店建筑内设置的会议厅、多功能厅等人员密集场所，宜布置在首层、二层或三层。必须布置在一二级耐火等级其他楼层时，每个厅室的建筑面积不宜大于400m²，且一个厅、室的疏散门不应少于2个。

2. 酒店建筑内布置歌舞厅、夜总会、卡拉OK厅（含具有卡拉OK功能的餐厅）等歌舞娱乐放映游艺场所时，应符合下列规定：

宜布置在一、二级耐火等级建筑物内的首层、二层或三层的靠外墙部位，不应布置在地下二层及以下楼层；

不宜布置在袋形走道的两侧或尽端。受条件限制必须布置在袋形走道的两侧或尽端时，最远房间的疏散门至最近安全出口的距离不应大于9m；

受条件限制必须布置在地下一层时，地下一层地面与室外出入口地坪的高差不应大于10m；

受条件限制必须布置在地下或四层及以上楼层时，一个厅、室的建筑面积不应大于200m²。

3. 酒店内的厨房、餐厅、宴会厅、商店、商品展销厅等火灾危险性大、安全性要求高的功能区及用房，应独立划分防火分区或设置相应耐火极限的防火分隔，并设置必要的排烟设施。例如厨房围护结构耐火极限达到2小时，防火门窗采用乙级防火门窗。

4. 酒店建筑内设置燃油或燃气锅炉时，当锅炉确需贴邻酒店建筑布置时，应采用防火墙与所贴邻的建筑分隔，不应贴邻人员密集场所；当锅炉确需布置在酒店建筑内时，不应布置在人员密集场所的上一层、下一层或贴邻，应该设置在首层或地下一层靠外墙部位，但常（负）压燃油、燃气锅炉可设置在地下二层或屋顶上。

5. 酒店建筑内设置柴油发电机房时，宜布置在首层或地下一、二层，不应布置在人员密集场所的上一层、下一层或贴邻。

5.7.4 安全疏散和避难设计

1. 多层酒店建筑的疏散楼梯，除与敞开式外廊直接相连的楼梯间外，应采用封闭楼梯间；高层酒店建筑及建筑高度大于 32m 的二类高层酒店建筑的疏散楼梯应采用防烟楼梯间，高层酒店裙房的疏散楼梯应采用封闭楼梯间。

2. 酒店建筑的室内地面与室外出入口地坪高差大于 10m 或 3 层及以上的地下、半地下室，其疏散楼梯应采用防烟楼梯间；其他地下、半地下室，其疏散楼梯应采用封闭楼梯间。

3. 直通疏散走道的房间疏散门至最近安全出口的距离不应大于下表规定，（但部分酒店管理公司的规定比《建筑设计防火规范》GB 50016-2014 严格，如某酒店管理公司规定，袋形走道的疏散距离不应大于 15m，且与建筑层数和是否设置喷淋无关）。

直通疏散走道的房间疏散门至最近安全出口的距离（单位：m）　　　　　　表 5.7-1

名称	位于两个安全出口之间的疏散门			位于袋形走道两侧或尽端的疏散门		
	耐火等级			耐火等级		
	一、二级	三级	四级	一、二级	三级	四级
歌舞娱乐放映游艺场所	25	20	15	9	—	—
高层旅馆	30	—	—	15	—	—
单层或多层	40	35	25	22	20	15

注：1）建筑中开向敞开式外廊的房间疏散门至最近安全出口的直线距离可按本表增加 5m。

2）直通疏散走道的房间疏散门至最近敞开楼梯间的直线距离，当房间位于两个楼梯间之间时，应按本表的规定减少 5m；当房间位于袋形走道两侧或尽端时，应按本表的规定减少 2m。

3）建筑物内全部设置自动喷水灭火系统时，其安全疏散距离可按本表的规定增加 25%。

4. 多层酒店建筑中安全出口和疏散门的净宽度不应小于 0.90m，疏散走道和疏散楼梯的净宽度不应小于 1.10m。

高层酒店建筑的疏散楼梯净宽度不应小于 1.20m 疏散走道的最小净宽度当采用单面布房时不应小于 1.30m，采用双面布房时不应小于 1.40m。

部分酒店管理公司的规定比《建筑设计防火规范》GB 50016-2014 严格，如酒店管理公司甲规定疏散走道宽度不应小于 1.50m；酒店管理公司乙规定疏散走道宽度不应小于 1.65m；酒店管理公司丙规定疏散走道的最小净宽度当采用单面布房时不应小于 1.60m，采用双面布房时不应小于 1.80m。酒店管理公司丙还规定，当疏散楼梯间的门采用单开门时不应小于 1.0m，对应的楼梯宽度不应小于 1.20m；当疏散楼梯间的门采用双开门时不应小于 1.80m，对应的楼梯宽度不应小于 2.20m。

5. 酒店建筑中各房间疏散门的数量应经计算确定且不应少于 2 个，该房间相邻 2 个疏散门最近边缘之间的水平距离不应小于 5m。符合下列条件之一时，可设置 1 个：

歌舞娱乐放映游艺场所内建筑面积不大于 50m² 且经常停留人数不超过 15 人的厅、室或房间；

位于两个安全出口之间或袋形走道两侧、建筑面积不大于 120m² 的房间；

位于走道尽端的房间，建筑面积小于 50m² 且其疏散门的净宽度不小于 0.90m，或由房间内任一点到疏散门的直线距离不大于 15m、建筑面积不大于 200m² 且其疏散门的净宽度不小于 1.40m；

建筑面积不大于 200m² 的地下、半地下设备间；建筑面积不大于 50m² 且经常停留人数不超过 15 人的其他地下、半地下房间。

6. 酒店建筑内疏散门或安全出口不少于 2 个的多功能厅、餐厅等，其室内任一点至最近疏散门或安全出口的直线距离不应大于 30m；当该疏散门不能直通室外地面或疏散楼梯间时，应采用长度不大于 10m 的疏散走道通至最近的安全出口。当该场所设置自动喷水灭火系统时，其安全疏散距离可增加 25%。

7. 建筑高度大于 100m 的酒店建筑应设置避难层（间）。

8. 高层酒店建筑（包括其地下室部分）应设置消防电梯。

9. 多层建筑的地下或半地下室，当其埋深大于 10m，总建筑面积大于 3000 ㎡时，应设置消防电梯。

5.7.5　消防给水和灭火系统设计

1. 酒店建筑周围应设置室外消火栓系统。

2. 体积大于 5000m³ 的单、多层酒店建筑和高层酒店建筑应设置室内消火栓系统。

3. 任一楼层建筑面积大于 1500m² 或总建筑面积大于 3000m² 的酒店建筑和高层酒店建筑应设置自动喷水灭火系统。

自动喷水灭火系统按国标有关规定执行，有些酒店管理公司有特殊要求，如万豪规定，高层酒店的喷淋系统供水立管应为 2 根，并要用网状供水方式。

4. 酒店建筑内设置就餐部分建筑面积大于 1000m² 的餐厅，其烹饪操作间的排油烟罩及烹饪部位应设置自动灭火装置，且应在燃气或燃油管道上设置与自动灭火装置联动的自动切断装置。

5.7.6　消防应急照明和疏散指示标识设计

1. 酒店建筑的下列部位应设置疏散照明：

封闭楼梯间、防烟楼梯间及其前室、消防电梯间前室或合用前室和避难层（间）；

多功能厅和建筑面积大于 200m² 的餐厅等；

建筑面积大于 100m² 的地下、半地下公共活动场所；

疏散走道。

2. 建筑内疏散照明的照度应符合下列规定：

疏散走道的地面最低水平照度不应低于 1.0lx；

人员密集场所内的地面最低水平照度不应低于 3.0lx；

楼梯间内的地面最低水平照度不应低于 5.0lx；

部分酒店管理公司的要求较高，如某酒店管理公司要求疏散走道的地面最低水平照度不应低于 10lx。

3. 消防控制室、消防水泵房、自备发电机房、配电室、防排烟机房以及发生火灾时仍需正常工作的房间，应设置备用照明并应保证正常照明的照度。

4. 酒店建筑应沿疏散走道和在安全出口、人员密集场所的疏散门正上方设置灯光疏散指示标识。

建筑高度大于 100m 的酒店建筑，其消防应急照明和疏散指示标识的备用电源的连续供电时间不应小于 90min；总建筑面积大于 100000m² 的建筑，不应少于 60min；其他建筑，不应少于 30min。

部分酒店管理公司也有关于备用电源连续供电时间的规定，如详见各酒店管理公司设计标准。

5.7.7　火灾自动报警系统设计

1. 酒店建筑除应根据现行国家标准《火灾自动报警系统设计规范》GB 50116 和《建筑设计防火规范》GB 50016 的要求设置火灾自动报警系统及消防联动控制系统外，并应符合下列规定：

（1）供残疾人专用的客房，应设置声光警报器；

（2）当客房利用电视机播放背景音乐及广播时，宜另设置应急广播系统。独立设置背景音乐广播时，应能受火灾应急广播系统强制切换。

2. 酒店应设置独立的火灾自动报警及联动系统、火灾应急广播及火灾警报系统、消防专用电话系统等。

3. 当酒店和其他业态的建筑物贴邻时，酒店的消防控制室应能通过火灾复视盘显示相邻建筑物的火灾报警信号和具体位置。

4. 酒店消防控制室的位置应按照规范的要求设置，可设置在旅馆建筑的一层或地下一层。消防控制室可以和安防控制室共用。

5. 消防控制室内设置火灾自动报警主机、联动控制台、火灾应急广播主机、消防专用电话主机、电梯监控主机及电梯对讲机，以及系统所需的计算机、液晶显示器及打印机。

6. 在电话话务员室和工程值班室应设置火灾重复显示盘；在电话话务员室设置火灾应急广播前端设备，可实现人工多语言广播。

5.7.8　防烟和排烟设施设计

1. 建筑的下列场所或部位应设置防烟设施：

防烟楼梯间及其前室；

消防电梯间前室或合用前室；

避难层走道的前室、避难层（间）。

2. 超过 50m 的酒店建筑防烟系统应采用机构加压送风方式，低于 50m 的可采用自然通风方式或机械加压送风方式。部分酒店管理公司也有防烟系统的要求，详见各酒店管理公司设计标准。

3. 酒店建筑的下列场所或部位应设置排烟设施：

设置在一、二、三层且房间建筑面积大于 100m² 和设置在四层及以上或地下、半地下的歌舞娱乐放映游艺场所；

中庭、大堂；

建筑面积大于 100m² 且经常有人停留的地上房间和建筑面积大于 300m² 可燃物较多的地上房间；

建筑中长度大于 20m 的疏散走道。

各房间总建筑面积大于 200m² 或一个房间建筑面积大于 50m²，且经常有人停留或可燃物较多的地下、半地下建筑（包括地下、半地下室）及地上建筑内的无窗房间应设置排烟设施。

5.8　标识

酒店标识系统作为酒店中环境信息传达的重要设施，集环境识别与装饰性于一身。富有创意的酒店标识，不但可以简洁明了地传达指示信息，还能够体现酒店高端品质、时尚理念。

5.8.1　综述

利用一套综合的、完整的和具有项目特征的标识及图案方案，补充并优化酒店及其品牌的建筑及功能特点。

1. 指示性图案及信息图案：用于指示路线。

2. 识别标识：与"建筑周边 / 建筑外部"的内容相协调。

3. 交通规则标识：以所在地现场车辆交通管理标识及其图案的制作原则进行设计。

4. 室外标识：酒店室外标识标牌（无商标）的设计制作由酒店管理集团所指定的标识供应商完成，应在标识标牌的设计获得酒店管理部门认可及当地政府主管部门批准后，方可对其进行模型制作或图片渲染。

5. 室内标识：酒店的室内标识由专业图案设计人员设计，并提供其方案及施工图。

酒店物业

审查整个酒店建筑及场地的标识及其位置（通过实地检查或通过建筑文件）：

1. 入口点：确定现场及建筑物入口点。对通往现场及 / 或建筑物的主要及次要入口进行评定。

2. 比例：根据视线距离以及对现场环境的影响来确定标牌的整体比例大小。

3. 标识位置：确定符合标识及图案设计要求的位置和形式。

4. 规章：落实对标识及图案的要求并符合政府规章规范。

5. 无障碍要求：按照所属酒店管理集团及政府规范的无障碍要求落实必要标识和定制标识。

6. 语言：如果有法律、习俗和星级酒店方面的要求，则应提供双语（英语 / 项目所在国语言）形式的设备及图案标识。

7. 协调：确保标识元素完全符合室内外环境设计要求，以及其他相关原则和系统设备的要求。

特定场所

标识目的地并对特定场所进行分级。

1. 特定场所：典型的酒店特定场所包括客房、餐厅、会议室、小宴会厅、健身中心、礼宾服务台、前台等等。标识提供指引信息，指示客人怎样通往特定场所。

标识中只需提供简要信息。

2. 便利设施：包括按要求提供的便利设施使用指南。

3. 信息级别：通过各类信息的级别来拟定标牌位置、确定标牌的尺寸、比例及格式。

4. 客房编号：建立一套合理的客房编号体系，与物业管理系统配套使用。

5.8.2 主要标识

室外标识

室外建筑、场地或建筑物入口标识。

示例图：下图为建议的标识配置及其尺寸。

一般字母大小：观看距离为 15m 时标识的字母高度为 25cm。

特性标识

酒店的标识应有具体的相关规定。标识中应包含品牌符号，标识下方为酒店名称和位置。

与品牌标识高度相对应的能见距离应远达 20m 或更远（注：不使用 ® 或注册符号）。

常规能见距离所对应的标牌高度为地面以上 6 ～ 10m。

驾车人员或行人均能看到的高度为地面以上 3 ～ 6m。

图 5.8-1　上海威斯汀大饭店场地入口标识

室外建筑标识

提供便于分辨建筑物以及场地的双面标识。

标识应满足最远的能见度要求。通过表达与地标性建筑（机场、主道路或走道）的方位关系来表达室外建筑物的位置。

1. 必须配置两个内置照明灯（能见距离远）的标识。

2. 场地入口车道标识。

3. 场地入口人行道标识。

4. 建筑物标识。

5. 建筑入口标识。

图 5.8-2　上海威斯汀大饭店建筑入口标识

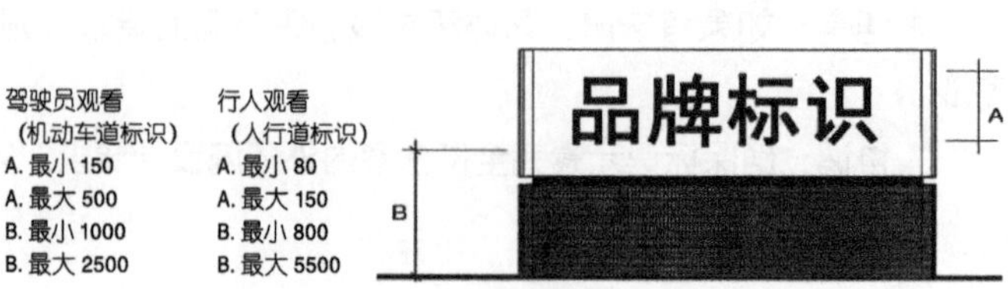

驾驶员观看（机动车道标识）
A. 最小 150
A. 最大 500
B. 最小 1000
B. 最大 2500

行人观看（人行道标识）
A. 最小 80
A. 最大 150
B. 最小 800
B. 最大 5500

图 5.8-3　室外建筑标识尺寸

图 5.8-4　次要标识

图 5.8-5　万豪酒店室外标识

次要标识

采用较小尺寸的标识来标示次要建筑物及其场地的入口点。一般推荐的最小尺寸如下图所示。次要标识除尺寸大小及布局应满足一定要求外，其他方面的特征可有所变化。

最佳品牌标识字体尺寸：300 ~ 500mm。

其他文字：100 ~ 300mm，背景尺寸不定。

5.8.3　室内标识及图案

客房标识

按照酒店的统一标准显示客房号码；具体标牌 / 图案及文字风格应与室内布置相一致，并应在室内设计图纸上进行标注。

场所及其方位标识

标牌应安装在关键节点部位和目标所在地。

人员经常或必然光顾或使用的场所及物体需要设置指示标识牌。

标识牌需标明所标场所及物体相互之间的关系。

应结合所需表述的内容及其主次关系调整标识牌上的图案及字体大小。

以数字顺序或遵循当地习惯进行排序，同等重要的项目如需排序则按字母顺序排列。

排序原则为先近后远。

相同的指示信息可根据需要重复标示。

主要场所标识

应全面标识酒店中的主要服务场所，内容包括：

对酒店主要特征的说明。

对酒店中特定场所等级定位的说明。

少数主要场所的标识应重复设置在各必要位置。

主要设施的标识设置应与设施所属功能区域相匹配。

标识的大小应满足可视距离要求，且标牌上各部分的大小比例关系应满足美学要求及酒店运营要求。

安置标识牌时要考虑尽量扩大可视距离。

确保同类场所标识的一致性。

对于独具特色的场所应有个性独特的标识方法。

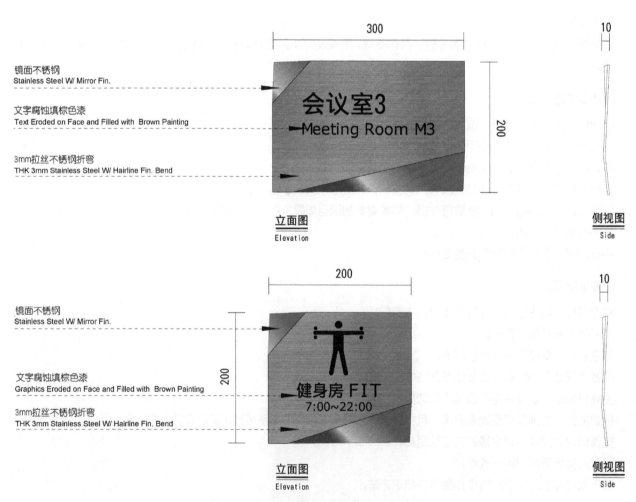

Chinese Font: 华康简黑

客房 接待 健身房 洗手间

（一）（二）（三）（四）（五）（六）（七）（八）（九）（十）$ ¥ :;" ". ? ! = ℃%&

English Font: Meiryo

ABCDEFGHIJKLMN

abcdefghijklmn

①②③④⑤⑥⑦⑧⑨⑩$ ¥ :;" "。? ! = ℃%&

Figure Font: Meiryo

1234567890

①②③④⑤⑥⑦⑧⑨⑩$ ¥ :;" "。? ! = ℃%&

Arrows And Sign

镜面不锈钢
Stainless Steel W/ Mirror Fin.

文字腐蚀填棕色漆
Text Eroded on Face and Filled with Brown Painting

3mm拉丝不锈钢折弯
THK 3mm Stainless Steel W/ Hairline Fin. Bend

300

200

10

会议室3
Meeting Room M3

立面图
Elevation

侧视图
Side

镜面不锈钢
Stainless Steel W/ Mirror Fin.

文字腐蚀填棕色漆
Graphics Eroded on Face and Filled with Brown Painting

3mm拉丝不锈钢折弯
THK 3mm Stainless Steel W/ Hairline Fin. Bend

200

200

10

健身房 FIT
7:00~22:00

立面图
Elevation

侧视图
Side

图 5.8-6　厦门英迪格酒店室内标识设计

次要场所标识

　　为针对酒店内次要服务场所及设施、便利店等部位所做的标识，包括：公用电话、洗手间、信息服务台、零售商店或礼品店、特许经营场地，同样还包括满足客人需求及舒适性的必要服务标识。标牌上应明确表示的内容及其形式如下：

　　次要服务场所或设施在酒店中的级别的说明。

　　次要场所及设施与主要场所及设施的关系的说明。

　　标识的大小应满足视距要求，标牌上各部分之间的大小、比例关系应符合美学要求及其运营要求。

　　标识的位置应考虑能提供尽量大的可视范围。

　　标识应按所示场所或物体的性质特征分类并保证同类的一致性。还需尽量保证在不同部位安装位置的一致性。

其他场所标识

　　用于客人需要指示帮助的其他部位。

　　1. 帮助性标识用于明确表示一些常用公开场所，例如客房楼层休闲厅。

　　2. 此外，在客人需要指向帮助的区域设置标识，包括楼梯、特别入口区域以及通道走廊。

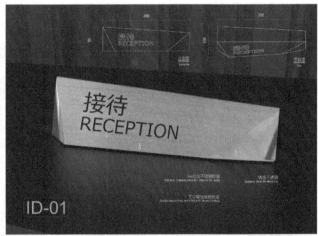
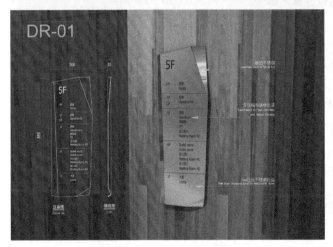
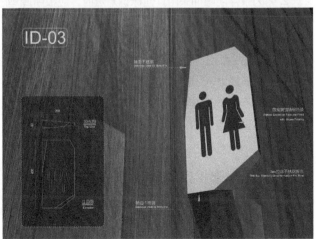

图 5.8-7　厦门英迪格酒店室内标识图案示例

5.8.4 餐饮服务

明确运营主题以及所服务目标的特征，并考虑以下各方面的因素：

1. 根据视距调整标识的大小。

根据美学和运营要求调整各部分的比例关系。

满足最大可视距离要求。

2. 设计原则：采用形式独特且具有装饰性的标识，并采用满足不同使用要求的比例关系及表现方法。

标识／服务

餐厅名称、食品主题、装修风格由酒店业主决定，设计还需了解餐厅的运营要求，用来为餐厅入口处标识确定设计原则，包括：

1. 位置：标识应与室内布置及建筑设计相呼应。

2. 外观：与标识外观相关的方面包括：标识的安装方法、标识的形式、标识的照明，标识的安装方法包括内装、外装、独立支撑、挂墙式或顶部安装；标识形式可以为标记牌、顶盖、悬幅、墙面标识牌或雕塑；照明方面可采用内部或外部照明。

5.8.5 功能区域

根据酒店运营团队的要求确定小宴会厅及会议设施的标识及其方向引导，明确先后次序，并与电子标识系统的安装位置相协调。需考虑以下几方面：

1. 标识的大小应满足视距要求，标牌上各部分的大小比例关系应符合美学要求及本部门的运营要求。

2. 标识的设置位置应考虑提供尽量大的可视范围。

3. 标识应按所示场所或物体的性质特征分类，并保证同类的一致性。

4. 标牌的设置应与建筑装饰相融合。

5. 独具特色的场所应有个性独特的标识方法。

小宴会厅

标识应简明直观，通常为室内装饰的一部分。

1. 设在门洞上方的装饰面层中，或在各入口附近安装标识。所设标识应与电子标识系统相协调。

2. 如因条件所限而采用其他标识方法时，应报所属酒店管理集团审查。

会议室

标明酒店运营团队所提供的会议室名称。

1. 一般在靠近入口门的位置标识会议室名称。

2. 当需在会议室举行特定活动时，则最好应附加专用标识。专用标识可以用一个透明标识框架，内插标识纸牌；也可以直接使用电子数字标识系统。

5.8.6 日常事件活动及信息通报

提供日常事件及信息通报系统，包括对大型集团会议及日常事件的通报。并应与信息资源 (IR) 系统及视听专业相协调。

通报方式

日常事件活动信息可以通过电子方式以及静态方式通报。

1. 电子方式：通过电子系统将信息传送到酒店内的各个显示屏。

2. 静态（无电子）系统：根据需在酒店内不同部位召开的会议及举行的各类活动内容，委托图像专业制作商制作通报标识，并将其安放在各个需要展示的区域。包括：

纸质显示：通常每日更换，外用玻璃面板保护。

显示屏显示：可以为挂壁式、座地式，或安装在柜台上。

根据特殊情况还可以采用其他形式。

5.8.7　人身安全及损失预防信息

客房紧急疏散标识包括：

逃生路线

所在房间的标注

逃生设备的标识

公用房间 / 餐饮服务区域标识包括：

最大人流量

最大人流量图表（包括图示）

烈性酒警告

车辆区域标识包括：

出入口之间的净距

自行承担的停车风险

娱乐 / 泳池区域：

泳池区域标识图示内容　　　　表 5.8-1

泳池区域	健身房
泳池容量	口对口人工呼吸方法（包括图示）
最大容量时的泳池区域使用方法	漩涡水疗的使用方法
跳水警告（包括图示）	桑拿房的使用方法
无救生员	蒸汽房的使用方法
	日晒床的使用方法
	紧急关闭

5.8.8　电梯标识及图案

由于酒店的不同功能区域对其标记大小、形式和版本的要求差异很大，因此对于电梯系统的标识图案及所使用的术语应加以特别规定：必须保持一致（相同的楼层号、停车库层号以及类似的名称）。

建筑物导向指南

在电梯出入口处按照每一楼层内容列出本层功能区域清单，位置包括：

1. 在每层电梯大厅为客人提供指引信息。

2. 电梯轿厢内在靠近楼层按钮处显示建筑物导向指南。

3. 在特殊入口楼层提供使用说明。

促销信息

提供餐饮服务及其他活动场所、购物场所信息，常用方法为：

1. 使用电子标识系统。

2. 利用楼层按钮及其他电梯控制按钮进行标识，一般属于电梯设备的一部分。

5.9　无障碍设计

由于酒店管理集团所运营及并购的酒店建筑大多为既有建筑，因此针对既有建筑中的无障碍设施，设计改造方应根据新的规范标准进行核对对并加以调整改造。

酒店建筑的无障碍设计应符合下列规定：

1. 建筑物至少应有 1 处无障碍出入口，且宜位于主要出入口处；

2. 公众通行的室内走道应为无障碍通道；

3. 供公众使用的男、女公共厕所每层至少有 1 处应满足《无障碍设计规范》GB 50763-2012 第 3.9.1 条及其他相关规定，或在男、女公共厕所所附近设置 1 个无障碍厕所，所需设置的无障碍卫生洁具包括残疾人专用厕位、小便器和洗脸台。

4. 供公众使用的主要楼梯应为无障碍楼梯。

旅馆等商业服务建筑应设置无障碍客房，其数量应符合表 5.9-1 的规定。

设有无障碍客房的旅馆建筑，宜配备方便导盲犬休息的设施。

无障碍客房数量表	表 5.9-1
客房总间数	无障碍客房总间数
小于 100 间	1 ~ 2
100 ~ 400 间	2 ~ 4
大于 400 间	至少 4 间

无障碍停车位

应将通行方便、行走距离路线最短的停车位设为无障碍机动停车位，且无障碍机动停车位的设置应符合《无障碍设计规范》GB 50763-2012 的设计要求。

5.9.1　无障碍客房

无障碍客房应设在便于到达、进出和疏散的位置。

房间内应有空间能保证轮椅进行回转，回转直径不小于 1.50m。

无障碍客房的门应符合《无障碍设计规范》有关规定。

无障碍客房卫生间内应保证轮椅进行回转，回转直径不小于 1.50m，卫生器具应设置安全抓杆，其地面、门、内部设施应符合《无障碍设计规范》第 3.9.3 条、第 3.10.2 条及第 3.10.3 条的有关规定。

无障碍客房的其他规定：

1. 床间距离不应小于 1.20m；

2. 家具和电器控制开关的位置和高度应方便乘轮椅者靠近和使用，床的使用高度为 450mm；

3. 客房及卫生间应设高 400 ~ 500mm 的救助呼叫按钮；

4. 客房应设置为听力障碍者服务的闪光提示门铃。

5.9.2　无障碍标志

无障碍标志包括下列几种：

1. 通用的无障碍标志应符合《无障碍设计规范》附录 A 的规定；

2. 无障碍设施标志牌符合《无障碍设计规范》附录 B 的规定；

3. 用于指示方向的无障碍设施标志牌符合《无障碍设计规范》附录 C 的规定。

无障碍标志应醒目，避免遮挡。

无障碍标志应纳入城市环境或建筑内部的引导标志系统，形成完整的系统，清楚地指明无障碍设施的走向及位置。

图 5.9-1　室外无障碍标志示例

图 5.9-2　无障碍电梯按钮示例

盲文标志应符合下列规定：

1. 盲文标志可分成盲文地图、盲文铭牌、盲文站牌；

2. 盲文标志的盲文必须采用国际通用的盲文表示方法。

信息无障碍应符合下列规定：

1. 根据需求因地制宜设置信息无障碍的设备和设施，使人便捷地获取各类信息；

2. 信息无障碍设备和设施位置和布局应合理。

图 5.9-3　无障碍电梯标志示例

图 5.9-4　无障碍停车位示例

5.10　垂直交通

5.10.1　电梯

综述

在公共区域（停车场、临街入口等）设置直达电梯运送客人直接到大堂。

在建筑的翼端设置电梯供客人到达远端的娱乐设施。

需规划公共区交通，避免客人使用乘客电梯进出公共区时造成超载。

多用途建筑不应同非物业区域共用电梯。

在不超过 20 层的酒店使用无机房电梯。

门 1070mm 宽，中空钢框门，门框涂漆。

呼梯按钮中心距本层楼面 1070mm，到站灯面板的上边缘同厅门的上边缘平齐。

至少有一部电梯可以容纳一个医疗担架，该电梯必须可以在所有客房楼层停留。

室外垂直电梯的耐候性：主要包括外包装饰板、钢结构、玻璃雨棚等材料。

室外电梯应避免直接暴露在湿气中，在空气含盐的条件下需使用含镍的不锈钢材料。

外包装饰板应具有高耐候性，可抵抗酸雨、盐雾等侵袭。

钢结构需采取防腐蚀措施，其中包括耐候钢、热浸锌、热喷铝（锌）复合涂层等方式提高钢结构的耐候性，钢结构的加工需符合钢结构加工制作工艺规范。

玻璃幕墙用铝合金型材表面喷涂应光洁，色泽一致，不易剥落，易清洁，耐久性好，产品各项技术指标达到国际标准。铝型材表面采用氟碳喷涂处理，且表面喷涂应符合国家标准《建筑铝型材氟碳喷涂型材》GB/T 5237.5-2004 中有关规定。

耐候密封胶施工应严格按照工艺要求进行，泡沫垫条应安放平整，耐候胶厚度不宜小于 5mm，并填满胶缝。胶缝表面应光滑、均匀、无空鼓和气泡。

室外电梯基坑需考虑排水。

客用电梯

所有酒店必须至少每 100 个客房有一部电梯，或者设有至少两部电梯，每部最低承重能力为 1350kg。

从电梯的档次而言，电梯的载重量与星级是具有一定相关性，轿厢越宽敞乘客感觉越好，酒店星级与电梯载重量的相关性如表 5.10-1 所示。

酒店星级对应电梯载重量表　表 5.10-1

酒店星级	电梯载重量
五星级及豪华五星级	1600 ～ 1800kg
四星级	1600kg
三星级	1350kg

酒店电梯的每层人数相对较少，一般按每个房间 1.5 人进行计算，其中五星级的酒店需要达到候梯时间小于 20s，HC5 大于 15%。主要通过主楼的乘客电梯运输乘客。

不同交通时段电梯的五分钟运输能力（HC5）和平均候梯时间（WT）要求表　表 5.10-2

交通时段（Traffic-Situation）	Rating ≥ 3.0		Rating ≥ 4.0		Rating ≥ 5.0	
	HC5	WT	HC5	WT	HC5	WT
上行高峰（Up-Peak）	≥ 12%	≤ 30s	≥ 14%	≤ 20s	≥ 16%	≤ 15s
午饭时间（单租户）（Lunch Time）	≥ 11%	≤ 40s	≥ 13%	≤ 30s	≥ 15%	≤ 20s
午饭时间（多租户）（Lunch Time）	≥ 11%	≤ 40s	≥ 13%	≤ 30s	≥ 15%	≤ 20s
双向通行酒店（Two-way Hotel）	≥ 11%	≤ 40s	≥ 13%	≤ 30s	≥ 15%	≤ 20s
双向通行公寓（Two-way Residential）	≥ 6%	≤ 80s	≥ 7%	≤ 60s	≥ 8%	≤ 40s

一般而言乘客电梯的高峰在于每天的餐饮高峰时间，十二点的退房高峰时间以及会议举行的高峰时间。

考虑到酒店的人员进出频繁，建议采用常规控制方式。

对于地下车库以及 1 ～ 4 楼的公共楼层 (餐厅、健身房和会议室)，一般设置 2 ～ 3 台裙楼乘客电梯，电梯载重量 1600kg，可以很好的解决餐饮和开会人员在地下到裙楼的垂直交通问题。

客用电梯必须从前台 / 大堂区域可见。乘客电梯要求使用中分门。

乘客电梯门开口的最小宽度必须为 1.1m。

电梯门开口的最低净高必须为 2.0m。

门洞口的最低净高必须为 2.1m。

电梯轿厢内最低净高为 2.3m。

每个电梯轿厢需要有两个操作面板，门的每一侧各一个。操作面板的设计必须能清楚地识别出主要楼层，及大堂、宴会厅等。

电梯的装修重量较大，酒店通常所采用的 500kg 以上载重量的电梯的轿箱底采用大理石，轿厢三侧采用不锈钢板材、玻璃或部分石材的装修风格。

客用电梯控制面板必须有一个进入行政楼层时使用的读卡器。

乘客电梯必须在后壁上在地板完成面以上 800mm 的位置安装一个扶手。直达电梯提供必要的数量满足标准性能的要求，但每组不能小于两台，单独为残疾人设置的电梯除外。

性能标准：通常直达电梯为客人及公众提供如下服务（不到客房层）：

1. 临街入口到酒店大堂。

2. 如有停车场，通往大堂。

3. 大堂到其他公共区、宴会厅、会议区（公共区楼梯亦会连接这些楼层）。

4. 为残疾人使用。

按照下列规定，设置直达电梯：

1. 临街入口到大堂：基本计算方式与主客梯相同，另外再加上 20% 的访客量。

2. 停车场到大堂：基本量要能满足处理 10% 的停车场总人数，按每停车位 1.3 人估计，在繁忙的双向交通中，5 分钟内的运行平均间隔不超过 60 秒（如果楼梯不通，最少 2 部电梯）。

3. 公共区到大堂：在宴会厅全部的人能够在 30 分钟内疏散到入口处。

宴会厅按照每人 1.5m² 计算，其他会议室（最少 2 部电梯）按照每人 3.25m² 计算。

如有开放式的公共或大堂楼梯连接宴会厅和大堂，那么 50% 的人流疏散分配到这个楼梯。

前厅：在直达电梯通往大堂的停站处设置单独的前厅或门厅。如可能，将直达电梯及相关的客人人流设置在大堂前台能够查看的位置。

货用电梯

需求：当需要从地面运送展览物资到大宴会厅或者展览空间不在一层时，设置货梯。位置：在服务通道处或者在与功能空间不在同一层的卸货平台处。

门：提供货梯专用的立式双开门配置。

尺寸：载重及轿厢尺寸根据项目要求定，但不能小于服务电梯。

1. 载重：须符合国家规范及载重要求。

2. 轿顶净空：提供最小 3m 的轿厢净空。

3. 电梯类型：有齿轮和无齿轮都是认可的。

地库电梯

车库必须至少有一个与客房电梯分开的电梯。

如果只安装了一部电梯，则要求配有楼梯，楼梯应精装修，并且从车库通向酒店大堂。

必须提交一份支持车库电梯数目的电梯研究报告。

如果车库电梯兼做酒店电梯，则终端必须在大堂的楼层，并在前台的视野范围内。

设独立联结地库停车场的电梯（如不可行，另一可行的办法为使用房卡）。

服务电梯

考虑有推车的进入，所有酒店必须至少有两部承重能力为 1600Kg 的成组式服务电梯，内部最低净高为 2.9m。

电梯门开口的最小高度必须为 2.3m。电梯轿厢理想比例是深度大于宽度。必须为每 250 间客房一部或其中部分增加额外的服务电梯。部分酒店服务电梯的数量和尽寸必须经过酒店管理公司的审核。

带有单扇侧开门的服务电梯门开口的最小宽度必须为 1.3m。

带有双扇门的服务电梯的电梯门开口的最小宽度必须为 1.1m。

服务电梯控制按钮必须是防破坏按钮。

如果提供了一部货运电梯，则其最小承重能力为 2500Kg，内部最低净高为 2.9m。

有 1400m² 以上宴会厅 / 展览大厅的酒店，还必须提供一个超大型的车辆电梯，其承重能力为 4500Kg，内部净高为 2.9m。

主服务电梯数量的比例应根据客梯的数量计算，一般为每两部客梯配一个服务电梯。

这些服务电梯通常为长方形的医院类型，载重量 1800kg。除了主服务电梯外，还需提供来回于厨房、卸货区、功能区域等的专用电梯。

酒店各类电梯配置实例　　　　　　　　　　　　　　　　　　　　表 5.10-3

电梯名称	嘉定保利凯悦酒店			瑞金宾馆新接待大楼			瑞金宾馆贵宾楼			漕河泾万丽酒店		
	数量	额定速度（m/s）	额定容量（kg）	数量	额定速度（m/s）	额定容量（kg）	数量	额定速度（m/s）	额定容量（kg）	数量	额定速度（m/s）	额定容量（kg）
客用电梯	16	2.5	1575	3	1.6	1350	15	1.6	1350	9	1.6	1350
服务电梯	3	1.5	1575	1	1.0	1000	5	1.0	1000	4	2.5	1600
货用电梯	2	2.5	1575	2	1.0	800	3	1.0	800	2	2.5	1150
地库电梯	2	1.0	1125	—	—	—	8	1.5	1000	4	2.5	1350

5.10.2 电梯厅

在每层的电梯厅中，至少应提供两个带烟灰缸的垃圾筒。

大堂

如果电梯只位于电梯厅的一侧，则电梯厅至少应为 2.6m 宽；如果电梯位于电梯厅的两侧，则电梯厅至少应为 3.5m 宽。

电梯厅的一排的电梯数不能超过四部（彼此相邻）。

必须为每个电梯组提供呼叫按钮，其安装位置的中心线必须位于地板完成面以上 1.2m 的位置。

电梯厅的壁灯的悬臂中心线必须至少位于地板完成面以上 1.80m 的位置。

每个电梯厅必须设有一个指示电梯轿厢到达的发声信号装置，以及显示每部电梯当前运行方向的指向图形显示装置。

客房层

电梯厅的宽度不得少于 3000mm。

天花板高度至少为 2600mm。

电梯设备包括：

1. 距离地面 1000mm 提供呼叫按钮。
2. 电梯门上的数字面板，以指示向上和向下信息及楼层数。
3. 电梯到达时采用可视灯光指示，不使用声音提醒。
4. 电梯厅标识（参见标识附录）。
5. 电梯厅与客房走道的尺寸、材料、施工方法和饰面相一致。

停车库

如果车库的电梯通向一个公共空间，那么车库的电梯必须设有精装修的电梯厅。其饰面应与该酒店电梯厅的饰面相同。

电梯厅天花板高度必须至少为 2.4m，如果仅仅一侧有电梯，则电梯厅的宽度最小为 2.4m；如果两侧均有电梯，则电梯厅宽度最小为 3.0m。

在电梯厅提供镶玻璃的开口以及铝合金玻璃门，以保持安全和开放的外观。

5.10.3 楼梯

楼梯间的门都应该向楼梯间疏散方向开启。

相邻两跑楼梯的扶手保持连续。

单门的宽度不小于 1.0m。

相邻两跑楼梯梯段宽度之和不小于 2.2m。

储藏室和服务壁橱不允许设在楼梯间内。

所有楼梯间的门必须设有自动闭门器并且可以自行关闭。

楼梯间的门在走廊一侧的底部必须设有出口字样的指示牌，字符为反光乙烯基材料并且高度为大约 150mm。

如果楼梯间内设有干湿上行管道，所有阀门必须锁定并安装防破坏型开关。

灯具不得采用单独控制的开关。

5.10.4 自动扶梯

如果主要的宴会厅和会议室与街道 / 大堂不在同一楼层，则必须提供自动扶梯。

自动扶梯的宽度必须至少为 1.2m。

自动扶梯的最高速度必须为 0.5m/s。

如果自动扶梯是独立式的，则须提供玻璃栏杆。

提供紧急按钮用于紧急关闭。

建筑上一层楼需要考虑扶梯底坑深度加大以及底坑增加强排水装置。

扶梯本身需要考虑增加防水装置。

位置：自动扶梯应该设在住店客人及公共区客人的必经之路上，并不应在主要区域，应该避免看起来像商业建筑。

特征：

1. 需设置独立式透明栏板；

2. 裙/侧板由室内设计师定；

3. 桁架镀锌处理，电气防水，机械部件采用不锈钢，冬天疏齿板有加热装置，夏天机房设通风装置。

5.10.5　垂直交通组织实例

酒店与其他功能混合在同一栋建筑中时，需将酒店功能区和流线尽量与其他功能分开组织，尤其是客流须保证一定的私密性，宴会流线由于瞬间人流量大，因此宜单独组织流线连通大堂或室外，服务流线应在酒店功能区内独立进行，酒店货流当无法完全实现独立时可与其他功能区统筹考虑。

以上海中心大厦为例，该大厦竖向共分九个区段。其中一至六区为商业、办公区，七、八区为酒店功能区域。垂直交通为各区穿梭电梯/区间电梯转换模式，酒店穿梭电梯从一层门厅直达七、八区中部酒店大堂，换乘酒店区间电梯组到达客房各层，也可换乘酒店公共电梯到酒店餐饮会议楼层。另设酒店专用货梯组。

酒店大堂位于塔楼底部时，酒店人流全部先集中到底部大堂再向客房、餐厅、娱乐等区域分流，节约了大量核心筒交通空间且可以通过电梯直接抵达目的地。但是该垂直交通组织方式使得酒店大堂与餐饮区域、会议区域、康体娱乐区、客房区域距离较远，对各功能空间的控制性较弱。

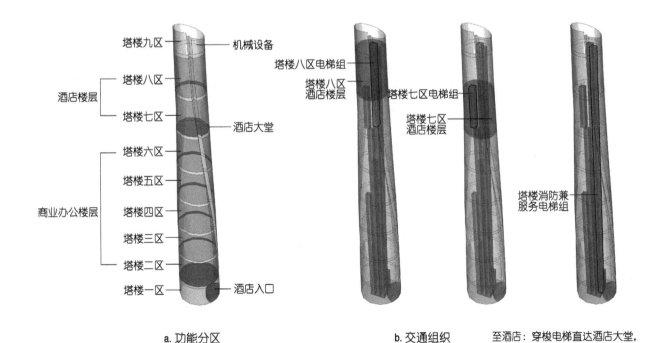

a. 功能分区　　　　　　　　　　b. 交通组织　　　　至酒店：穿梭电梯直达酒店大堂，
区间电梯到达客房各层。

图 5.10-1　上海中心大厦垂直交通组织图

第 6 章 实例介绍

6.1 上海保利凯悦酒店

设计单位：同济大学建筑设计研究院（集团）有限公司

顾问单位：安藤忠雄建筑研究所

建设地点：上海嘉定

设计时间：2013 年

酒店品牌：凯悦集团旗下子品牌

酒店星级：五星级

品牌特色：典雅、豪华，关注商务旅游者

上海保利凯悦酒店及商业中心项目集酒店、商业、办公于一体，总建筑面积 163997 m²，地下 2 层、地上 40 层，建筑总高度 184.1m，塔楼六层、二十一层及三十七层为设备、避难层。在该项目中，凯悦酒店的建筑面积约 54300 m²（包括不计容部分）。酒店的后勤用房分布在地下一层及地下二层，塔楼一、二层设置了酒店门厅，四层为酒店的康体中心、室内游泳池，五层为酒店会议区及宴会厅，酒店客房设置在二十二层至三十六层，三十八层至四十层为酒店大堂及餐厅。

6.1.1 建筑部分

6.1.1.1 总体布局

总平面及整体造型

上海嘉定保利凯悦酒店以及商业文化中心项目总体上采用 100m×100m 体块，通过"X"型商业街的引入，对体型进行了空间上的切分，进而由于形体的错动，形成了与一期剧院相互依存、相互呼应的总体布局。本项目由两大部分构成，一部分是包含了五星级酒店和 5A 甲级写字楼的 40 层高的超高层建筑；另一部分是包含了精品商业、餐饮、文化中心和电影院的商业裙房。

根据不同的使用状况，本工程共在基地周边设置了五个机动车出入口，其中裕民南路、环湖路上分别设置了两个、塔秀路设置了一个。同时在基地中设置了三个地下车库出入口。酒店车辆从裕民南路南侧的机动车入口进入，通过酒店主入口前广场中心绿岛的指引和分流有效地将不同的车流加以组织，既可以就近从北侧的地下车库出入口进入地下车库，也可以由裕民南路北侧的机动车出入口离开，同时在绿岛西侧设置了出租车等候区，在酒店门口等候区设置了三车道的下客区，进而满足不同需求车辆的使用。

另外在用地西南角也设置了大客车停车场及临时机动车停车位。

功能分区

该项目中酒店的主要功能分布为：裙房一层西南角分设酒店入口和宴会厅入口；裙房西侧五层为大宴会厅及其附属设施区域；裙房南侧四层为游泳池及其附属设施区域；22 层～ 36 层为酒店客房区域，其中 34 层为行政层区域；塔楼 38 层为酒店空中大堂、接待、茶座等功能空间；39 层～ 40 层为各类餐厅及其附属设施；整个酒店的后场区域主要分布在地下一层。

1. 塔楼（A 楼）：

1）一层设置了酒店的主入口门厅、团队接待、咖啡、酒店办公和行李用房，以及办公主入口门厅；

2）二层为门厅的挑空区域，局部设置了夹层，作为酒店办公用房；

3）三层为商业广场，和裙房的商业融为一体，主要业态为文化教育；

技术经济指标：

总用地面积		25848 ㎡
建筑基底面积		12510 ㎡
总建筑面积		163997 ㎡
计容建筑面积		121037 ㎡
其中	五星级酒店	49615 ㎡
	办公	27553 ㎡
	商业	42293 ㎡
	避难面积	1576 ㎡
地下建筑面积		42960 ㎡
容积率		4.7
建筑密度		48.%
绿地率		20%
集中绿地率		5%
建筑高度		224.1m
其中	塔楼	195.8m
	商业	28.0m
建筑层数		46 层
其中	塔楼	41 层
	商业	5 层
机动车停车位		710 个
其中	地下机动车停车位	690 个
	地面机动车停车位	20 个
非机动车停车位		1601 个

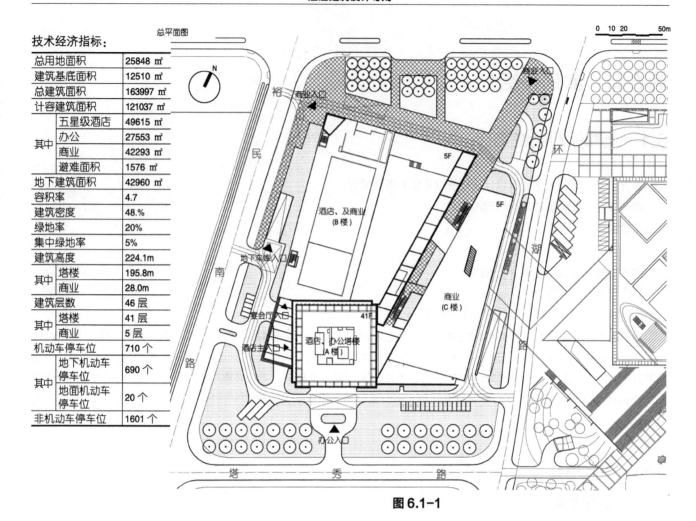

图 6.1-1

图 6.1-2 竖向功能分区图

图 6.1-3 竖向交通分析图

4）四层为酒店的 SPA 和健身区域；

5）五层为酒店的会议中心，设有大小不同规格的多间会议室和商务中心；

6）六层为避难层；

7）七层为教育培训；

8）八至二十层为 5A 甲级标准的写字楼；

9）二十一层为避难层；

10）二十二至三十三层为酒店标准层；

11）三十四至三十六层为行政楼层，三十四层设置了行政酒廊，三十五层设置了总统套房，三十六层设置了主席套房；

12）三十七层为避难层；

13）三十八层为酒店大堂层，设有大堂吧、全日制餐厅及迎宾、接待、贵重物品及酒店办公等功能；

14）三十九层为酒店的西餐厅；

15）四十层为酒店的中餐厅和酒吧；

16）屋顶设置了空中酒吧。

2. 裙房（B楼）

1）一层为精品商业，紧靠塔楼处设置了宴会厅独立的主门厅和电梯厅；

2）二层为精品商业；

3）三层为保利影院，设有八个厅，最大可容纳约 1 700 人；

4）四层为酒店的宴会厅、厨房、展示等辅助用房，宴会厅最大可容纳 500 人。

3. 裙房（C楼）

1）一、二层为精品商业街；

2）三层为文化和餐饮；

3）四层分两部分，北侧为文化和餐饮，南侧为酒店的游泳池；

4）五层为文化中心。

4. 地下室

1）地下一层设置配套设施区，包括变配电间、发电机房、锅炉房、冷冻机房、水泵房等各类设备用房，酒店厨房粗加工等相关配套用房，酒店办公、员工更衣、员工餐厅、宾馆后勤管理办公等配套服务用房，地下一层停车库停车 249 辆，其中 204 辆为机械停车位；

2）地下一夹层设置自行车库，共停 1 333 辆自行车；

3）地下二层主要作为地下停车库，共停车 441 辆。同时设有相关配套机房及大物业的办公用房；

4）地下二层还设置了 13 433 ㎡的常六核六二等人员掩蔽所和物资库。

分层功能面积表

分层功能面积表　　　　　　　　　　　　表 6.1-1

楼层	主要设计内容	层高（m）	建筑面积（㎡）	楼层	主要设计内容	层高（m）	建筑面积（㎡）
地下二层	车库、设备用房、大物业办公、人防工程	4	21120	二十一层（避难层）	避难间、设备机房	7.4	1965（其 368 为避难间）
地下一层夹层	自行车库	3	1445	二十二至三十三层	五星级酒店标准客房	3.9	1977
地下一层	车库、设备用房、酒店后勤服务用房	6.0（局部 7.5）	20395	三十四层（行政楼层）	行政酒廊、行政套房	3.9	1977
一层	精品商业街、酒店主入口门厅、咖啡、酒店办公、办公门厅、酒店宴会厅门厅	5.375	12857	三十五层（行政楼层）	总统套房、行政套房	3.9	1977

续表

楼层	主要设计内容	层高（m）	建筑面积（m²）	楼层	主要设计内容	层高（m）	建筑面积（m²）
二层	精品商业街、酒店办公	5.375	10256	三十六层（行政楼层）	主席套房、行政套房	3.9	1977
三层	保利影院、文化休闲、餐饮	4.3、8.6（影院局部9.95）	12450	三十七层（避难层）	避难间、设备机房、酒店办公	6.5	1977（其中559为避难间）
四层	保利影院放映夹层、文化休闲、餐饮、酒店SPA、健身、游泳池	4.3、4.13（放映夹层）7.3（游泳池）	7911	三十八层	酒店大堂、大堂吧、全日制餐厅、酒店办公、行李房、贵重物品存放	6.5	1960
五层	文化休闲、酒店会议中心、酒店商务中心、酒店宴会厅及厨房	3.7（文化休闲）4.3、8.0（宴会厅）5.0（厨房）	7795	三十九层	酒店西餐厅、厨房	6.5	1846
六层（避难层）	避难间、设备机房、物业办公	5.4	2531（其中649为避难间）	四十层	酒店中餐厅、酒吧、厨房	6.5	1955
七层至二十层	5A甲级办公	4.2	1948—1965	屋顶层	酒店空中酒吧，电梯机房、设备机房	4	522

酒店功能面积表 表6.1-2

区域	分项	子分项	单位面积（m²）	数量/个	累计面积（m²）	占总面积比	区域	分项	单位面积（m²）	数量（个）	累计面积（m²）	占总面积比
公共部分	大堂区	酒店大堂			663		客房部分	大床标准间	43	156	6708	
		商务中心			338			双床标准间	43	94	4042	
		大堂商业			105			套房	79～258	60	5850	
		大堂后勤			284			行政客房	43～63	46	1998	
		小计			1390	2.80%		行政酒廊			345	
	餐饮区	全日制			637			客房部分走道、卫生间、电梯厅			9582	
		西餐厅			778							
		中餐厅			753			客房部分分项总计		356	28525	57.49%
		小计			2168	4.37%	后勤部分	行政办公区			1187	
	会议区	多功能厅			1072			员工生活区			669	
		会议室	41～78	8	562			食物加工区			1408	
		贵宾室			48			功能服务区			971	
		其他			50			设备用房			1768	
		小计			1732	3.49%		后勤部分走道、卫生间、电梯厅			2410	
	娱乐区	室内游泳			756							
		体育休闲			363			后勤部分分项总计			8413	16.96%
		文化娱乐			589							
		小计			1708	3.44%	酒店面积总计		49615 m²			
	公共部分走道、卫生间、电梯厅				5679		总建筑面积		163997 m²			
	公共部分分项总计				12677	25.55%	酒店面积占比		30.25%			

6.1.1.2 大堂区

酒店入口

酒店入口大堂位于塔楼底层，其中包含主入口门厅、团队宾客接待处、茶室等功能空间，宾客可通过四部客用电梯直达 38 层空中大堂。在建筑首层酒店主入口的东侧设置独立的宴会厅入口，通过三部客用电梯直达五层宴会前厅功能区域。

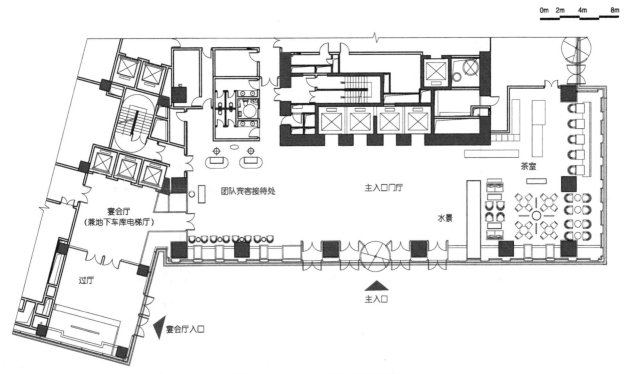

图 6.1-4　酒店大堂区域平面图

图 6.1-5　团队接待大堂效果图

图 6.1-6　茶室效果图

空中大堂

酒店大堂位于塔楼 38 层，其中包含前台礼宾处、大堂吧、行李寄存处、餐厅、厨房等功能空间，大堂吊顶下净高 4.5m，局部挑空高度为 10m，面积约 550m²，本层最多可容纳 250 人。该层可乘坐电梯下至 21 层与 36 层之间的各层客房，亦可通过电梯上至 38 层与 40 层的餐厅。

空中大堂

38 层平面图

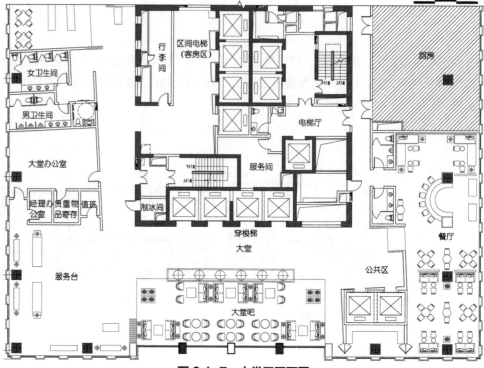

图 6.1-7　大堂区平面图

图 6.1-8　三十八层接待处效果图

图 6.1-9　三十八层电梯厅效果图

6.1.1.3　餐饮区

全日制餐厅

全日制餐厅位于塔楼（A楼）38 层塔楼，与酒店大堂同层设置。

全日制餐厅

38 层平面图

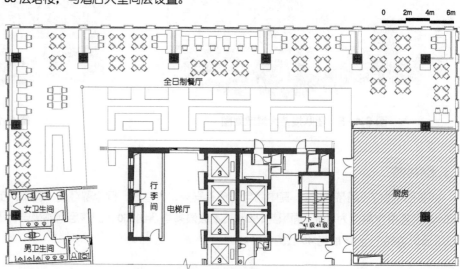

图 6.1-10　全日制餐厅平面图

6.1.1.4　会议区

宴会厅

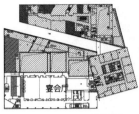

5 层平面图

裙房（B 楼）的四层是酒店的宴会厅、厨房、展示等辅助用房，宴会厅吊顶下净高 7300mm，面积 1071.92 ㎡，最多可容纳 500 人。在建筑首层酒店主入口的北侧设置独立的宴会厅入口，通过三部客用电梯直达五层宴会前厅功能区域。通过货梯与地下二层的粗加工厨房相联系。

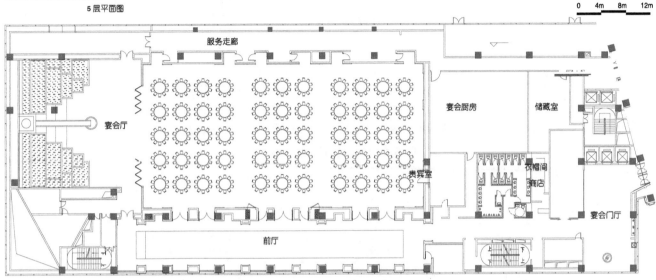

0　4m　8m　12m

图 6.1-11　宴会厅平面图

会议室区

会议位于塔楼（A 楼）的四层，设有 8 间会议室，单间会议室的面积约为 50 ㎡ 或 75 ㎡，并设有一间 40 ㎡ 的商务中心，三处休息区以及小型的备餐间，并与裙房（B 楼）四层的宴会厅同层相连。

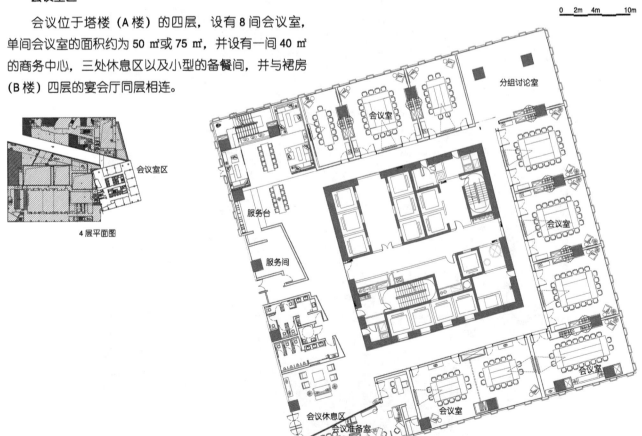

4 层平面图

0　2m　4m　10m

图 6.1-12　会议室区平面图

245

图 6.1-13　前功能区效果图

图 6.1-14　会议室效果图

图 6.1-15　宴会厅效果图

6.1.1.5 娱乐区

游泳池位于裙房（C 楼）的南侧，水疗中心与健身区域位于塔楼（A 楼）的四层。各项娱乐设施共用一套更衣洗浴设施；游泳池长 25m，深 1.4m，有三条泳道；健身中心面积为 213.24 ㎡，足疗室面积为 108.3 ㎡，9 间水疗室，面积为 22 ～ 30 ㎡。

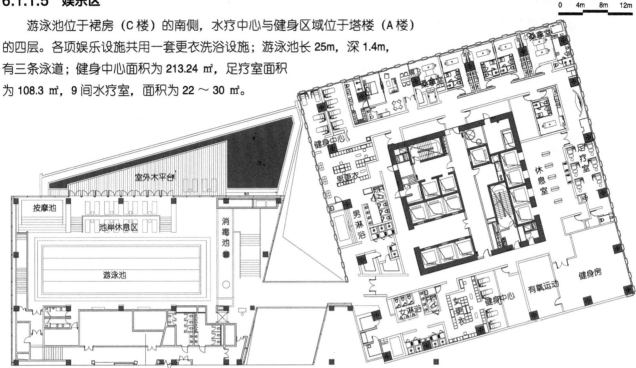

图 6.1-16 娱乐区域平面图

图 6.1-17 游泳池效果图

图 6.1-18 水疗接待效果图

6.1.1.6 行政层区

行政酒廊位于塔楼 34 层，通过楼梯将 35 层和 36 层行政客房连接起来，行政酒廊总面积约 410 ㎡，设厨房、办公室、卫生间等附属用房。

34 层至 36 层分别设行政客房 23 间（其中 4 间套间）、15 间（其中 3 间套间）；23 间（其中 4 间套间），共 61 间。

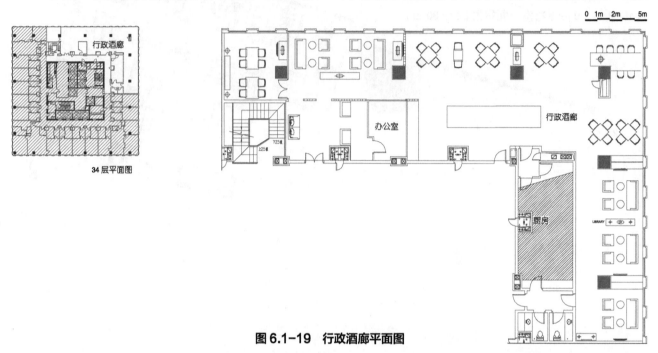

图 6.1-19　行政酒廊平面图

6.1.1.7 客房层区

客房区域位于塔楼（A 楼）的顶部，其中 22 层～33 层为酒店标准层，34～36 为行政楼层，34 层设置了行政酒廊，35 层设置了总统套房。共拥有客房 356 间，其中客房类型及其数量如表 6.1-3 所示。

客房类型数量表　　　　　　　　　　　　　　　　　　　　表 6.1-3

客房类型	数量（间）	面积（㎡）	数量占比
标准间	250	43	70.22%
行政客房	46	43～63	12.92%
普通套房	58	102～108	16.29%
总统套房	1	117	0.28%
主席套房	1	258	0.28%
总计	356	7982	100%

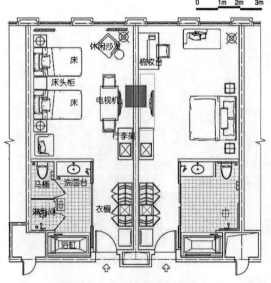

图 6.1-20　标准间平面图

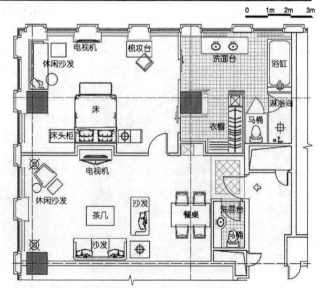

图 6.1-21　普通套房平面图

图 6.1-22　标准客房效果图

图 6.1-23　普通套房效果图

图 6.1-24　主席套房平面图

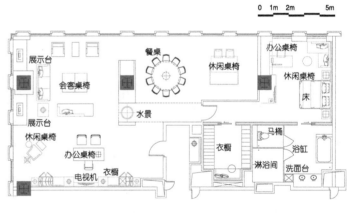

图 6.1-25　总统套房平面图

图 6.1-26　主席套房效果图

图 6.1-27　主席套房室内效果图

6.1.1.8 垂直交通

塔楼电梯分布

塔楼共设 22 部电梯，除 2 部消防电梯外（平时作为酒店货梯），办公部分设置了 6 部客梯、2 部车库转换电梯及 1 部货梯；酒店部分设置了 4 部穿梭电梯、4 部客房客梯、1 部货梯和 2 部餐饮客梯。其中 2 部酒店餐饮客梯和 2 部办公车库转换电梯为无机房电梯。办公客梯、办公车库转换电梯、酒店穿梭电梯、酒店客梯、酒店餐饮客梯这 5 组电梯，每组电梯中分别有 1 台为无障碍电梯，满足无障碍设施的具体要求。

塔楼电梯技术参数表　　　　　　　　　　　　　　　　　　表 6.1-4

名称		数量	服务楼层	额定速度（m/s）	额定容量（kg）	备注
办公	客梯	6	1, 7～20	3.5	1800	有 1 台为无障碍电梯
	货梯	1	-2, 1, 7～20	1.75	1600	
	车库转换电梯	2	-2～1	1	1200	有 1 台为无障碍电梯，无机房电梯
酒店	穿梭电梯	4	1, 4, 5, 38	6	1600	有 1 台为无障碍电梯
	客房客梯	4	22～36, 38	2.5	1600	有 1 台为无障碍电梯
	餐饮客梯	2	38～40, 屋顶层	1.75	1600	有 1 台为无障碍电梯，无机房电梯
	货梯	1	22～36, 38～40	2	1600	
消防电梯		2	-2—屋顶层	4	1600	

注：塔楼部分共设有 2 座防烟楼梯间；货梯与消防电梯平时作为酒店货梯。

优点：酒店大堂位于塔楼顶部时，酒店人流全部先集中到顶部大堂再向客房、餐厅、娱乐等区域分流，保证了酒店管理的有效性，并且处于塔楼顶部的大堂可以取得较好的景观效果。

缺点：该垂直交通组织方式重复布置了局部楼层的电梯井，会造成一定程度的交通空间浪费和人员流线冗繁。

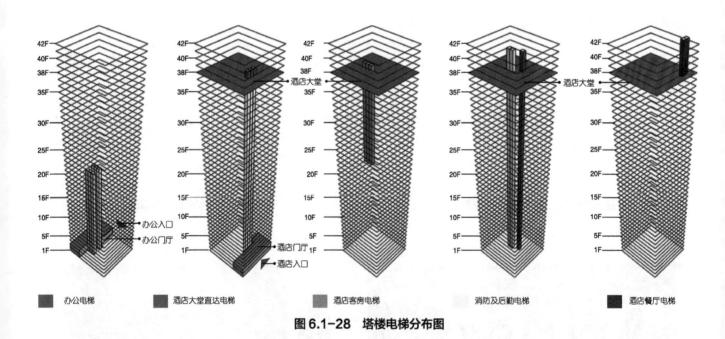

图 6.1-28　塔楼电梯分布图

裙房电梯分布

裙楼共设 16 部电梯，除 3 部消防电梯外（平时作为商业货梯），商业共设 2 部货梯、2 部客梯，保利院线共设 4 部客梯，酒店共设 2 部货梯、3 部宴会厅客梯。除酒店的 5 部电梯外，商业的 11 部电梯为无机房电梯。商业的客梯、保利院线共的客梯，酒店宴会厅的客梯这 3 组电梯，每组电梯中分别有 1 台为无障碍电梯，满足无障碍设施的具体要求。

裙房电梯技术参数表 表 6.1-5

名称		数量	服务楼层	额定速度（m/s）	额定容量（kg）	备注
商业	客梯	2	-2～5	1	1200	有 1 台为无障碍电梯，无机房电梯
	货梯	2	-2～5	1	1600	无机房电梯
保利影院	客梯	4	其中两部 -2～1，3，另两部 1，3	1	1200	有 1 台为无障碍电梯，无机房电梯
酒店	宴会厅客梯	3	-2～1，4	1.6	1600	有 1 台为无障碍电梯
	货梯	2	-1，1，4	1.5	1600	
消防电梯		3	-2～4	1.5	1600	

注：消防电梯平时作为商业货梯。

裙房及地下室共设置 18 部自动扶梯，便于连接地下一、二层车库与地上一至五层商业。其中 B 楼设置 6 部，C 楼设置 8 部，地下一、二层分别设置 2 部。

裙楼以及地下室部分除主楼核心筒的 2 座防烟楼梯间外，另外共设有 11 座防烟楼梯间，其中 3 座每座由两部相互独立的剪刀楼梯组成。

6.1.1.9 后场部分

地下二层建筑面积为 21212 m²，主要作为地下停车库，共停车 441 辆。同时设有相关配套机房及大物业的办公用房。地下二层设置了 13433 m² 的常六核六二等人员掩蔽所和物资库。

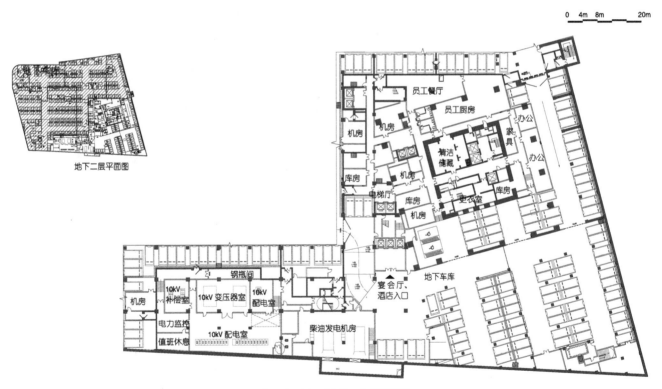

图 6.1-29 地下二层平面图

　　地下一层建筑面积为 20466 m²，设置配套设施区，包括变配电间、发电机房、锅炉房、冷冻机房、水泵房等各类设备用房，酒店厨房粗加工等相关配套用房，酒店办公、员工更衣、员工餐厅、宾馆后勤管理办公等配套服务用房，地下停车库停车 249 辆，其中 204 辆为机械停车位。

地下一层平面图

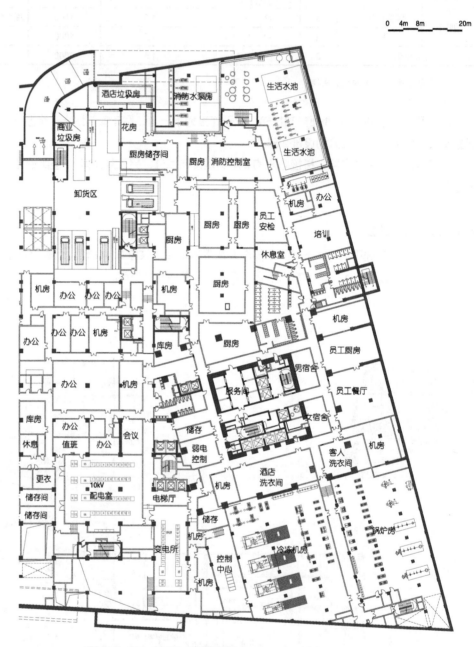

图 6.1-30　地下一层平面图

6.1.1.10　技术图纸

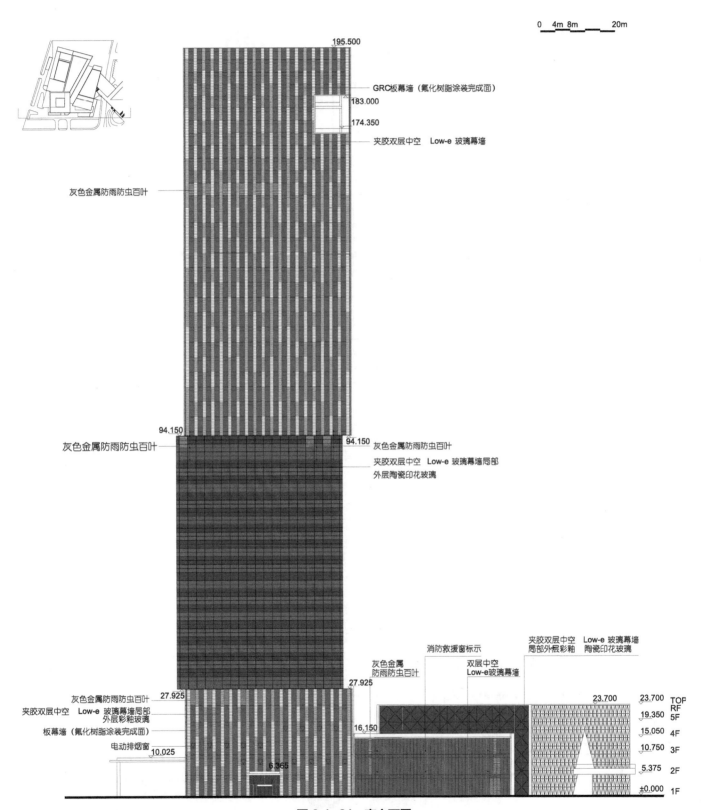

0　4m 8m　　　20m

195.500

GRC板幕墙（氟化树脂涂装完成面）

183.000

174.350

夹胶双层中空　Low-e 玻璃幕墙

灰色金属防雨防虫百叶

94.150

94.150

灰色金属防雨防虫百叶

灰色金属防雨防虫百叶

夹胶双层中空 Low-e 玻璃幕墙局部
外层陶瓷印花玻璃

消防救援窗标示

夹胶双层中空　Low-e 玻璃幕墙
局部外层彩釉　陶瓷印花玻璃

灰色金属
防雨防虫百叶

双层中空
Low-e玻璃幕墙

27.925

夹胶双层中空　Low-e 玻璃幕墙局部
外层彩釉玻璃

27.925

板幕墙（氟化树脂涂装完成面）

16.150

23.700　23.700　TOP
RF
19.350　5F

电动排烟窗

10.025

15.050　4F

10.750　3F

6.365

5.375　2F

±0.000　1F

图6.1-31　南立面图

253

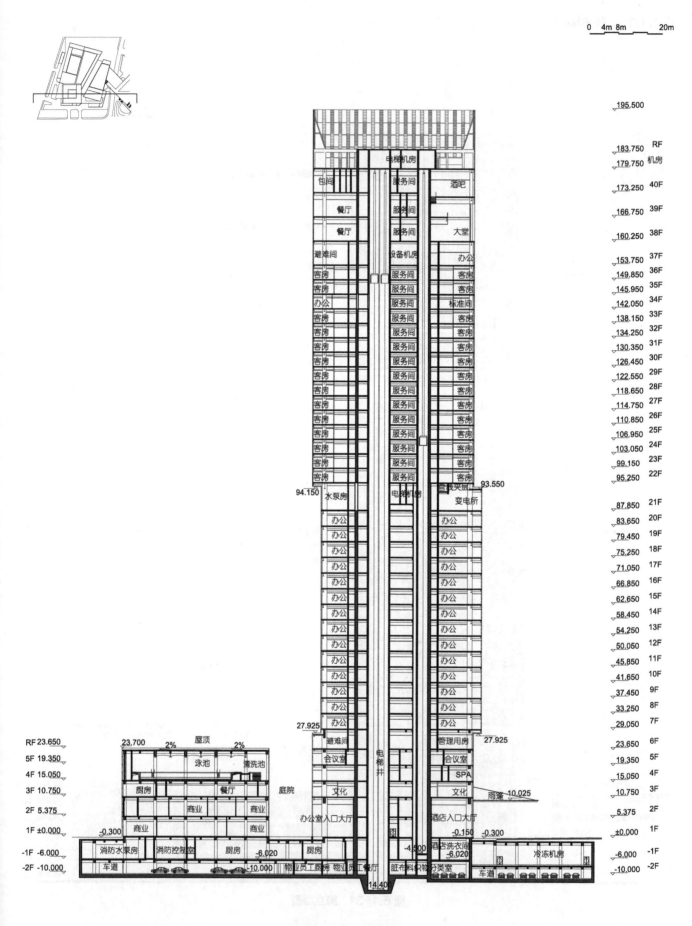

图 6.1-32　剖面图

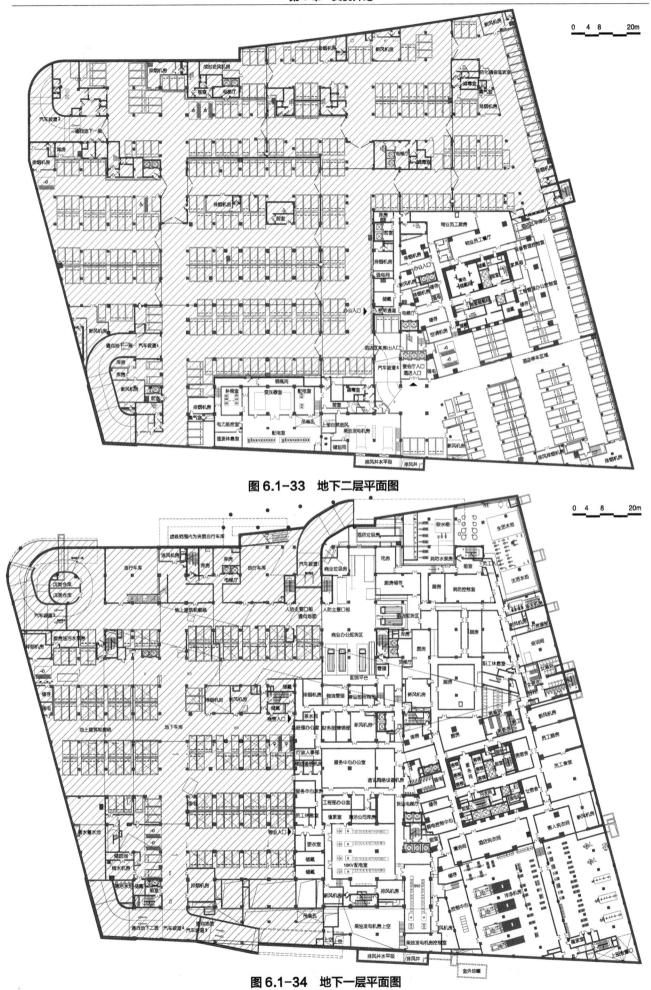

图 6.1-33　地下二层平面图

图 6.1-34　地下一层平面图

技术图纸

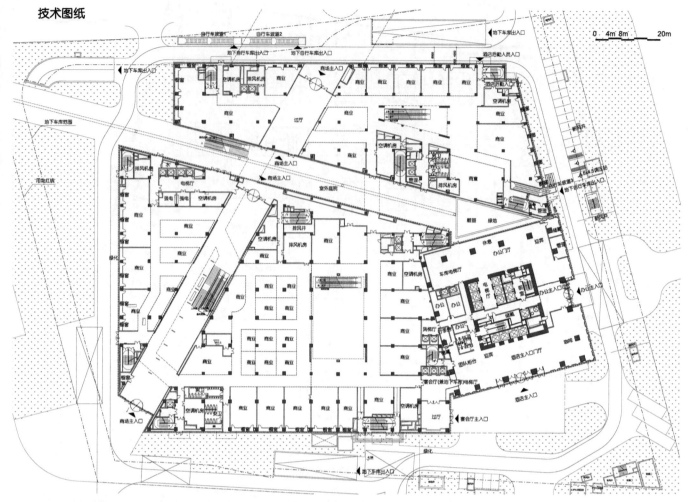

图 6.1-35 一层平面图

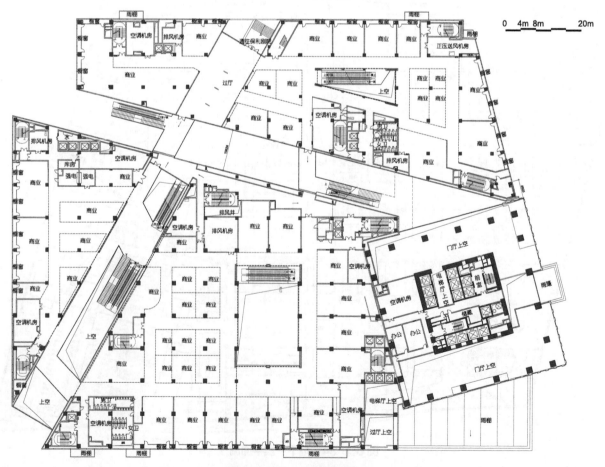

图 6.1-36 二层平面图

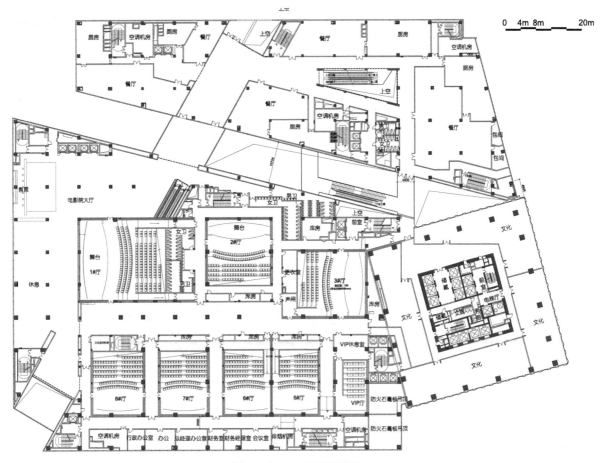

图 6.1-37 三层平面图

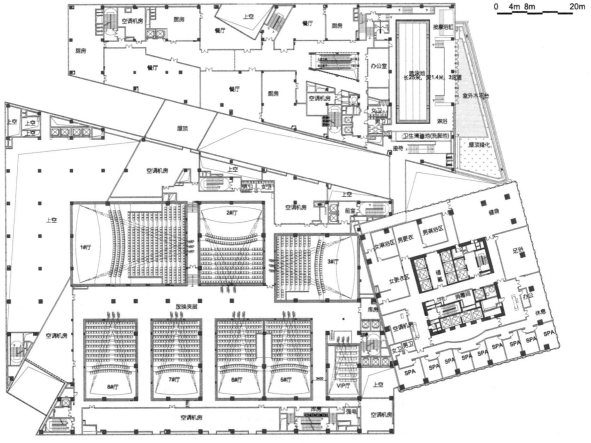

图 6.1-38 四层平面图

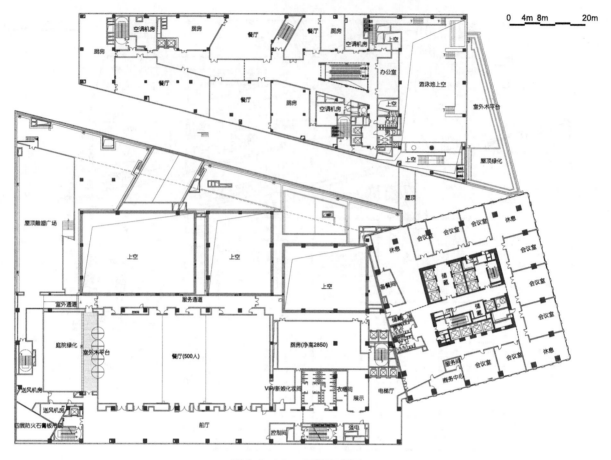

图 6.1-39　五层平面图

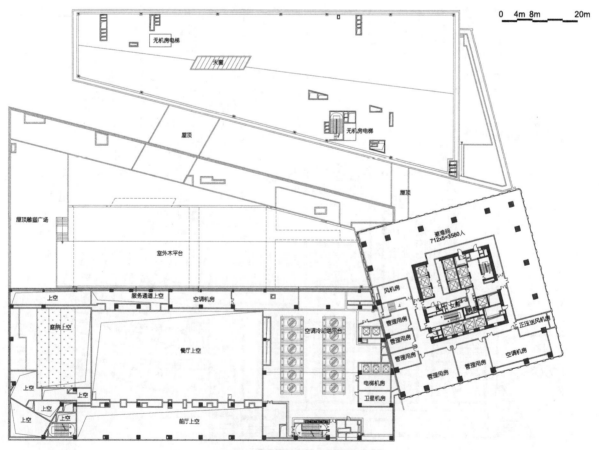

图 6.1-40　裙房六层平面图

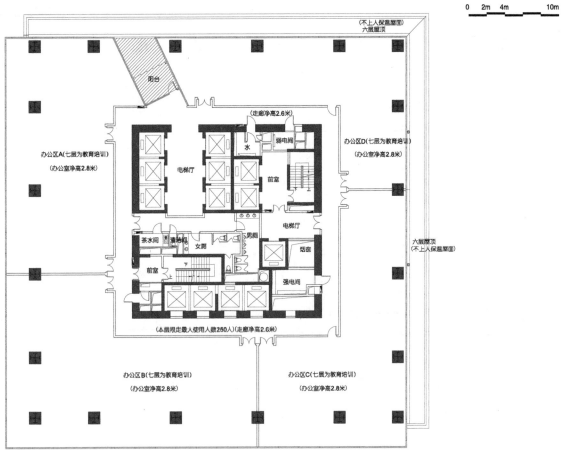

图 6.1-41　塔楼七、十、十三、十六、十九层平面图

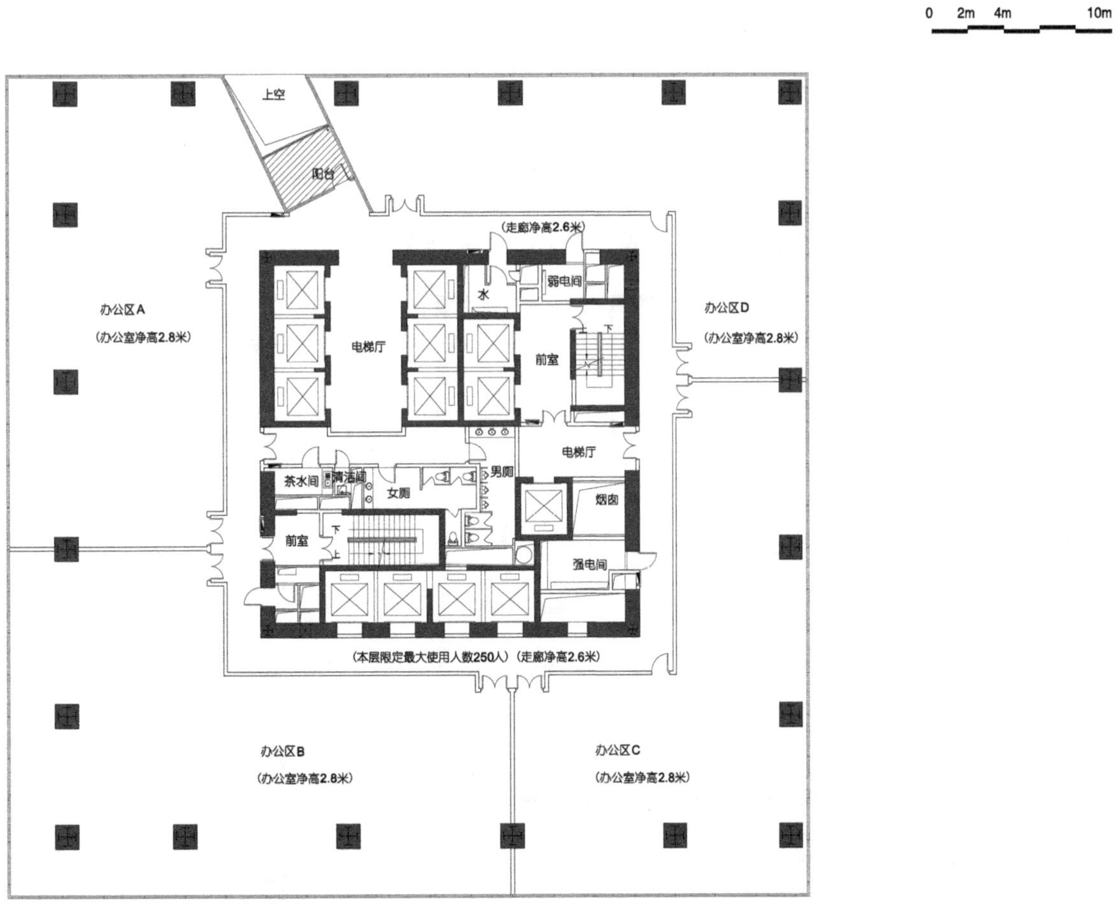

图 6.1-42　塔楼八、九、十一、十二、十四、十五、十七、十八、二十层平面图

0   2m   4m   10m

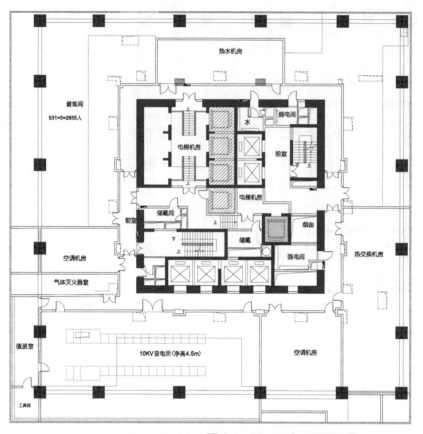

图 6.1-43 二十一层平面图

0   2m   4m   10m

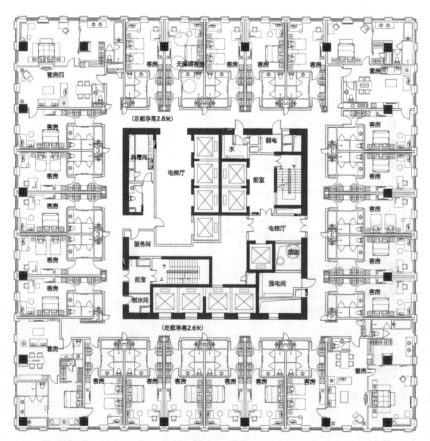

图 6.1-44 二十三－三十二层平面图

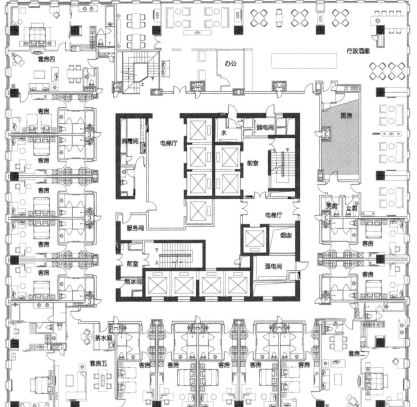

图 6.1-45　三十四层平面图

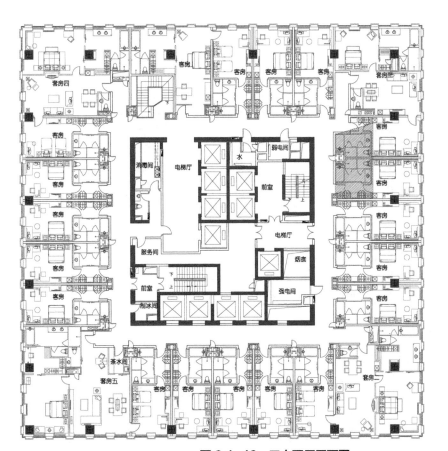

图 6.1-46　三十五层平面图

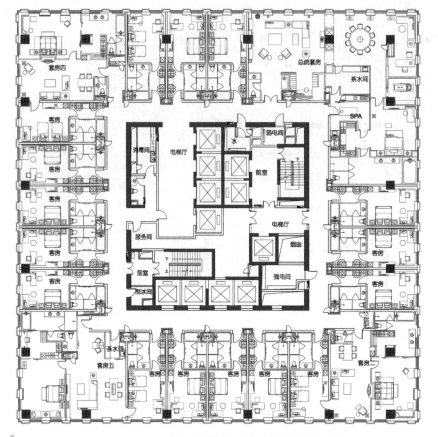

图6.1-47 三十六层平面图

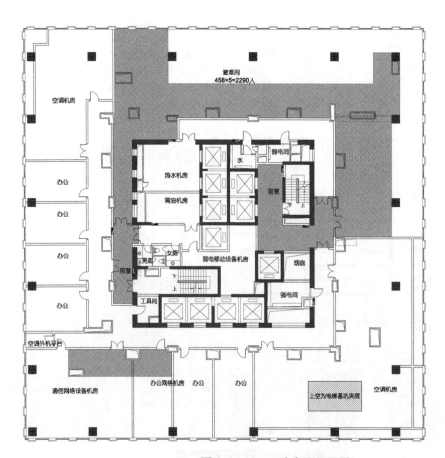

图6.1-48 三十七层平面图

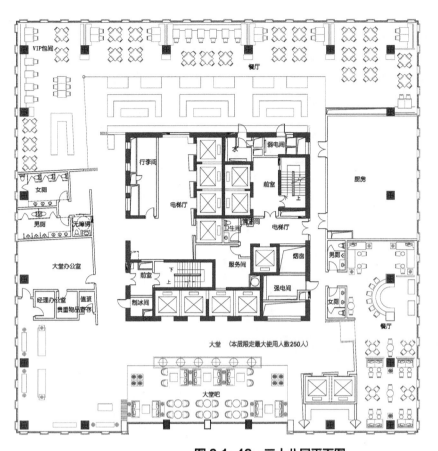

图 6.1-49　三十八层平面图

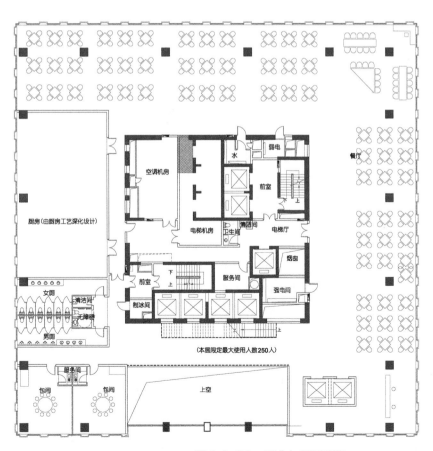

图 6.1-50　三十九层平面图

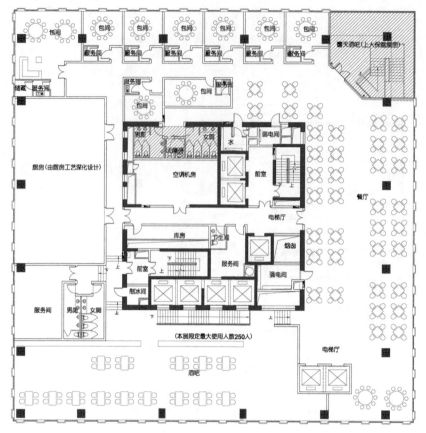

图 6.1-51 四十层平面图

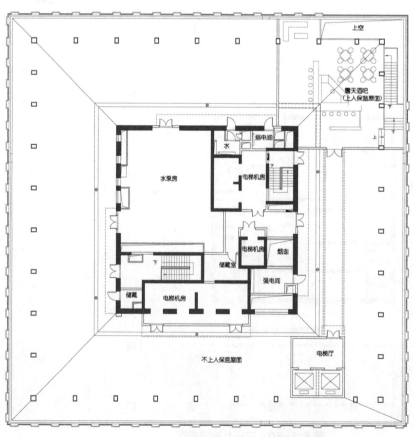

图 6.1-52 机房层平面图

6.1.2　机电设备部分

6.1.2.1　电气与建筑智能化

负荷等级

（1）本工程为一类高层建筑，建筑防火等级为特级。建筑物内的消防设备及重要设备按一级负荷中特别重要负荷供配电设计。

（2）负荷级别的划分：

一级负荷中特别重要负荷：正压风机、排烟风机、消防补风机、防火卷帘、消火栓泵、喷淋泵、消防电梯、消防控制中心电源、应急照明、疏散照明、值班照明、警卫照明、障碍标志灯、避难层照明、主要业务计算机系统电源、安防系统电源、电话机房电源、租户办公区的 IT 机房负荷等。

一级负荷：卫星通信、电视机房；酒店的宴会厅、餐厅、厨房、康乐设施区域的照明；酒店区的厨房动力、宴会厅声控电源、酒店大堂及总服务台一般照明、电梯、酒店高级客房用电、变频给水泵、地下室排水泵、锅炉房动力用电、地下室人防照明、排风机等。

二级负荷：地下室排水泵动力、游泳池照明、水处理机房、地下车库照明、电影院观众厅照明、电影院放映设备用电、自动扶梯、冷冻机房等重要设备机房照明等。

三级负荷：商铺用电、办公照明、普通照明、普通动力、空调设备用电、餐饮照明、厨房动力设备用电等。

供电电源

1. 为满足本工程的供电要求，在地下室设置 35kV/10kV 变电所 1 座，由上一级电网引来两路 35kV 独立电源，两路电源同时使用，当一路电源故障时，另一路电源不致同时受到损坏，并能承担起大楼的全部负荷。10kV 高压电源配电采用放射式。本工程变压器装机容量为 2 台 10MVA 合计为 20MVA。

2. 在地下一层设 10kV/0.4kV 变电所 2 座，1 号变电所内设 2×2000kVA 干式变压器为大楼裙房商业、餐饮及电影院的动力、照明、空调等所有负荷供电；2x2000kVA 干式变压器为大楼的塔楼 B1 至 20F 办公及裙房酒店区域的动力、照明、空调等所有负荷供电；2 号变电所内设 2×1600kVA 干式变压器为地下室人防、车库、冷冻机房及附属设备用房的所有负荷供电。

3. 在大楼 21F（避难层）设置 1 座 10kV/0.4kV 变电所，为 21F 及以上楼层所有照明、动力、空调等设备用电，变压器装机容量为 4×800kVA。

4. 地下一层冷冻机房设置 3 台 10kV 启动的冷冻机组，每台 804kW，共 2412kW。每台 10kV 启动冷冻机组要求自带保护、启动和补偿控制柜。

5. 为保障一级负荷中特别重要负荷的可靠供电，大楼内设置 2 台 1200kW 柴油发电机组作为应急备用电源。

6. 本工程设置一套集中应急电源（EPS），应急疏散指示灯、楼梯标志灯、车道指示灯及重要机房应急备用照明等由集中式应急电源（EPS）系统供电，其连续放电时间不小于 90 分钟。其中变电所，消防中心，消防泵房、消防风机房、柴油发电机房的持续放电时间不小于 3 小时。

7. 计算机通信系统及智能化系统设备间设置 UPS 电源。火灾报警系统、楼宇自动管理系统、安保系统、紧急广播系统根据规范要求，各系统自带不间断电源（UPS）。

变配电系统

1. 35kV/10kV 变配电所

35/10kV 用户变电所，内设有 35kV 配电柜、计量柜、35kV/10kV 变压器、10kV 中压配电柜和变电所计算机监控系统；

2. 10kV 变配电所

1）10kV 用户变电所，内设有 10kV 配电柜、计量柜、变压器、低压配电柜和变电所计算机监控系统；

2）根据酒店管理公司要求，酒店与其他功能区的配电系统应分开；

3）21 层变电所变压器运输通过电梯井道运输，结构专业在电梯井道内预留埋件；上楼变压器安装需设置减震措施。

3. 35kV/10kV、10kV/0.4kV 变配电系统主接线

1）35kV 侧采取单母线分段，不设母联开关，10kV 侧采取单母线分段，加手动联络方式，电气加机械联锁；

2）0.4kV 低压侧采取单母线分段加手动联络方式，电气加机械联锁，平时分列运行，当一台变压器失电时，另一台变压器可带全部一二级负荷和重要负荷。

4. 35kV、10kV 及 0.4kV 继电保护方式

1）35kV 主开关、变压器主开关、10kV 进线主开关、10kV 母线联络开关、10kV 出线开关、10kV 变压器主开关等均采用微机继电保护措施；

2）变压器 0.4kV 低压侧主开关采用长延时、短延时、速断保护；

3）10kV 侧保护均设置在地下室 35kV/10kV 变电所内。

5. 操作电源

35kV 变电所操作电源采用直流操作方式，DC110V，100AH，电源由 10/0.4kV 变压器低压侧两路电源经自动切换供给。

6. 功率因数补偿方式

在变压器低压侧设置成套静电电容器自动补偿装置，以集中补偿形式使高压侧功率因数提高到 0.90 以上。

7. 电费计量

1）在 35kV/10kV 变电所设置量电柜，高供高量方式量电（对电业）。

2）低压部分 (380V)，对于出租办公、商铺、餐饮部分，按建筑划分的区域设置电能计量表计或按层设置电能计量表计（对物业）；对于公共部分，按层或强电管井设置计量表计，分表对动力、照明、空调、特殊用电设备等用电进行分项电量计量。

8. 35kV/10kV,10kV/0.4kV 变电所计算机监测系统

35kV/10kV 变电所计算机监控系统设在电力监控室内，10kV/0.4kV 变电所计算机监测系统，主机设在 10kV/0.4kV 变电所值班室内，监控系统与大楼 BA 系统联网；

9. 自备应急柴油发电机组：

1）2 台 1200kW（常用功率）自备应急柴油发电机组并机工作，火灾时 2 台发电机在 15S 内启动，用于保证大楼内一级负荷中特别重要负荷的可靠供电。非火灾情况下，发电机 G1,G2 作为酒店的备用电源，为酒店不能停电的备用负荷如客梯、冷库、宴会厅、安保系统、大堂照明、网络机房等供电。

2）柴油发电机房设置 1 个 1.0m³ 的日用油箱，室外地下设置贮油罐（15m³），由供油泵自动供油。可保障酒店备用发电机 2 天的用油量（凯悦酒店要求）。

低压配电及线路敷设方式

1. 10kV/0.4kV 变电所内一、二次线路沿金属线槽敷设，密集型铜母线采用上出线方式。

2. 普通动力、照明配电干路均采用 WDZAYJY-1KV 型电缆；动力、照明配电支线均采用 WDZBBYJ-750V 型导线。消防设备的配电干线采用金属护套无机矿物绝缘电缆 (YTTW-)。消防设备配电支线采用 WDZANYJY-1kV 型交联电缆；或采用 WDZBNBYJ-750V 型耐火绝缘铜芯线。

3. 低压配电线路的配电方式采用放射式、树干式。

4. 每层按防火分区设置强电间兼垂直竖井，分别负责为本防火分区的照明、空调、动力设备等供电。

5. 所有消防及重要设备供电均设置双电源末端自动切换设备，选用质量可靠的 ATS 切换开关，保证供电的可靠性。消防设备配电装置均设置明显的消防标志。

6. 各楼层强电间内非消防负荷配电柜的进线主开关带分励脱扣器，火灾情况下，由 FAS 强制切除非消防电源；电缆干线或者母线干线形式配电的设置分励脱扣器附件也配置在配电柜的进线主开关上。

照明系统

1. 照度标准：各部位照度、照明功率密度值按《建筑照明设计标准》的目标值执行。

2. 办公室、会议室等采用高光效嵌入式荧光灯（T5 管）或者节能荧光筒灯，会议室采用嵌入式荧光灯（T5 管）和

暖色调节能型筒灯相结合的布灯方式。机房、地下车库等场所采用荧光灯（T5 管）

3. 照明控制：

1）地下车库、公共走道、门厅和电梯厅等公共区域的普通照明采用 BAS 系统控制，这些区域的应急照明采用 BAS 和 FAS 系统控制，FAS 系统具有优先权。

2）酒店宴会厅、泳池、全日餐厅客房、等场所采用智能照明控制系统控制。

4. 在建筑物最高端、建筑屋面外侧转角的顶端以及建筑立面转角设置航空障碍标志灯，航空障碍标志灯的水平、垂直距离不大于 45m。航空障碍标志灯采用自动通断电源的控制装置，并设有变化光强的措施。

安保与接地措施

1. 接地形式采用 TN－S 系统，三相四线配电，零线与相线同截面，接地线（PE）专放。

2. 采用联合接地方式，利用大楼基础桩基及承台内主钢筋作接地极，要求接地电阻不大于 1 欧姆。变压器中性点工作接地、防雷接地、电气设备保护接地、电梯控制系统的功能接地、计算机功能接地，防静电接地及其他电子设备的功能接地合用同一接地体，并进行总等电位联结。所有进出建筑物的金属管线均许与 MEB 连接。

3. 酒店客房卫生间设局部等电位联结（LEB），大楼内联结参照《等电位联结安装》（02D501-2）设计。

4. 柴油发电机房燃油管道、网络机房、安保消控中心架空地板设防静电接地。

防雷与接地系统

1. 本工程拟按二类防雷建筑物设防。

2. 为防直击雷，屋顶设置接闪带，引下线利用柱内外侧两根主钢筋 (2 根不小于 φ 16)。

3. 从首层起，每层利用结构圈梁水平钢筋焊接连通，使成封闭的均压环，并与引下线可靠焊接，建筑物内各种竖向金属管道每层与均压环相连。为防侧击雷，外墙上的所有栏杆、金属门窗等金属物直接或通过预埋件与均压环相连。屋面上所有金属物件与接闪器可靠连接。

4. 建筑物屋面防雷接闪网格尺寸：不大于 10m×l0m 或 12m×8m 网格，并与引下线连通。

5. 防雷击电磁脉冲：雷电防护等级定为 A 级。为防止直接或感应雷电过电压沿配电线路入侵设备在强、智能化系统进、出线段及重要设备前段设置电涌保护装置 SPD。

剩余电流火灾报警系统

本工程采用集中式大楼剩余电流火灾报警系统，该系统监控范围为：各层一般动力、空调、消防设备、照明楼层配电柜和重要场所配电柜。本系统具有探测、报警、存储等功能。

建筑智能化系统

1. 综合布线系统

采用光缆＋双绞线铜缆的系统架构，主干数据网络采用万兆多模光纤，主干语音网络采用 3 类铜缆，末端水平线缆均为 6 类 4 对双绞线铜缆。

酒店的综合布线总配线柜设于 38 层信息机房内，大楼的其他部分综合布线的总配线架设于地下一层总通信网络机房。在地下一层的总通信网络机房内设建筑群总配线柜。

酒店综合布线信息点设置原则：

管理办公室为 1 个工作位设 1 个双孔信息点，考虑 1 个语音点 1 个数据点，1 个工作位按 8m² 计。

标准客房为 3 个语音点及 3 个数据点，3 个语音点用于客房内电话、传真、卫生间的同线电话，3 个数据点用于客房内网络、IPTV 预留、客房信息系统的预留。豪华套房通常在标准客房的基础上增加一组语音点及数据点，增加的语音点用于会客厅的电话及 IPTV 预留。会议室预留 1 个数据信息点，其他区域根据可能的工作位设置，每个工作位预留 1 个语音点 1 个数据点。酒店的公共区域设置无线 AP 数据接入。

2. 通信系统

通信系统由有线通信、无线移动通信及无线对讲三部分。

有线总通信机房设于地下一层，内设市政通信接入设备及电信用户端通信交换设备，楼内的办公、商业、物业管理均考虑直接接入的方式，酒店部分考虑设置专用的用户程控数字交换机。

本工程通信要求引入两路独立通信光缆，满足语音通信及宽带网络互联。

大楼的地下一层通信总机房内设置远端通信模块，基本安装容量为3000门，各部门的通信方式可与通信运营商协商，考虑虚拟分段交换方式，机房内并预留酒店用通信中继线。

酒店部分设置1台600门容量的数字程控用户交换机。该交换机为宾馆型，可以方便提供宾馆管理与满足用户使用所需的各种功能，通信系统具备连接宾馆内的宾馆计算机管理系统的通信接口。

酒店要求接入端局的中继方式为混合入网方式中的DOD+BID+DID方式，通讯中继采用进、出单向方式，基本配置按总机的3%配备（需直线电话的数量由使用方提出另行统计）。

电话用户终端按使用功能可设定为国际国内长途电话、区域电话、可视电话、消防电话专线、安保电话专线、图文传真及数据通信等，使用方式可设定为一次拨号音与二次拨号音，宾馆内的重要用户考虑采用一次拨号音，一般用户考虑采用二次拨号音。

电话终端设置基本要求：

客房内考虑三个语音端口，1门用于电话，1门用于卫生间电话辅机，1门预留为客房传真；总服务前台设置不少于5门电话；商务中心设置4～5门电话，1门传真；酒店大堂设置公共电话（含残疾人电话）；客房的每层服务间均设1门电话；其他功能用房视房间大小设置1～2门电话；宾馆服务区一层公共部位设数门投币及IC卡电话机。其他办公室每个员工工作区1门电话（含大开间办公）。

无线移动通信系统：

为了保证楼内各处无线移动通信的信号质量，楼内各处引入无线移动中继通信系统。机房位置设于地下一层及22层设备层，由此配出至各楼，楼内设置微型发射天线。

无线对讲系统：

无线对讲系统主要用于安保、消防联络，物业管理。

无线对讲的系统形式考虑采用wi-fi无线网络通信。

3. 安全防范系统

安全技防按一级工程防范等级设防，系统为集成式控制管理。

（1）视频安防监控系统

系统选用彩色高性能数字式摄像机，在大楼的入口处及酒店的大堂设置高清摄像机。摄像机设置在各出入口、公共部位、电梯厅、电梯轿厢、地下车库及室外等处。

结合本项目的特点，本系统采用模拟+数字的混合系统，摄像机信号通过视频编码服务器将图像信号转换为数值信号压缩在专用网上传输，在主机房配置专用的管理软件进行图像数据控制，经解码器还原为模拟图像在电视显示屏上显示。

系统主干为数字网络，由光交换传输系统构成，至末端摄像机采用低损耗同轴视频电缆传输信号（高清摄像机采用网线），摄像机和云台电源为安保控制室直接提供的且可分层控制的24VAC电源，同步方式取自交流电源交变电波频率。电梯内的摄像机配有电梯楼层显示器，可同步显示电梯运行的位置。

酒店部分设1套独立的视频监控系统，将相关的视频信号送至大楼的总安保系统；总的安保主机系统设于地下一层，平时只监控除酒店以外的所有摄像内容，必要时可以调取酒店的所有摄像信息。

（2）出入口控制系统

酒店主要对部分管理用房及主要房间设防，酒店电梯只在客房层考虑设梯控。客房层的楼梯若口门均设置门禁控制。

出入口控制系统采用总线网络方式，门禁控制器为进入读卡方式，出门为按钮方式。

（3）入侵报警系统

入侵报警系统为室内报警，室内入侵报警系统由被动自动报警探测器及紧急手动报警按钮组成，入侵报警设备可分区设防。

室内入侵报警终端设备均只在房间内考虑，入侵报警探测器采用红外/微波双鉴探测器，设计中对部分主要位置考虑设置手动紧急报警按钮，如酒店前台、大堂的前台、财务等。将残卫紧急求助按钮信号接入入侵报警系统。

（4）巡更管理系统

系统采用无线网络，无线巡更点的设置主要设置在各层的楼梯间，采用无线巡更信号采集器将数据输入系统管理计算机。系统可设置巡更路线、巡更时间设定，并具有报警及记录功能。

（5）安防集成管理系统

整个安防系统采用集成控制管理，具体集成的安防内容为将视频安防监控系统、入侵报警系统、出入口控制系统及巡更管理系统，系统采用集成管理软件，建立数据共享的数据库管理平台。安保中心设置专用紧急报警电话与地区警署联网。

4．有线电视及卫星电视节目接收系统

电视信号的接收主要服务与酒店客房部分。

有线电视网络接收上海市有线电视网络及设置的卫星电视节目。客房部分除可收看免费电视节目为，可收看收费的点播节目。

有线电视信号传输系统为采用 5-860MHZ 邻频双向传输，电视终端电平控制在 68±3 范围，图像质量主观评价不低于 4 级，系统的各项电气性能指标须满足上海市广电部门的要求。

电视终端主要设在会议室、客房、餐厅等处，客房内电视终端处设电缆调制器，用于收看收费的 VOD 电视节目。带套房的客房卫生间及豪华客房的卫生间内均设置电视终端。

卫星电视信号单独设置传输网络，设置端口为酒店部分。卫星天线设于裙房的屋顶，卫星电视机房设于裙房屋顶下的机房内。

公共广播系统

本系统主要用于公共部位的背景音乐及紧急消防广播。系统主机设于主楼的消防控制中心。

广播配线按功能分区及消防分区设置，系统采用定电压输出方式，传输电压采用 100V，系统信噪比 50dB，频率特性为 80 ～ 8000Hz 3dB。

公共广播可按分区播放，设置定时自动播放功能，消防报警时具预报警及正式报警功能，消防报警的方式合乎消防规范要求。

在具体系统设计上考虑酒店单独设置 1 套系统，播放范围为酒店区域，对与特定区域设置的公共广播末端允许就地强插播放节目。整个大楼在地下一层设总的公共广播控制室，在消防报警时可控制酒店部分的公共广播。所有避难层区域设计独立的广播回路，并预留就地强插广播信号。

公共广播具有消防预报警及整体报警的功能。用于消防广播的功放容量大于最大广播容量的 1.5 倍，并具备用设备。对于设音量开关回路在消防报警时能自动切换至最大音量。

本系统的传输系统为大楼的设备物业网络，音频输出单元、数字功放器设于楼层。

火灾自动报警系统

整个建筑的消防主控中心设于地下一层，酒店层设消防分控机房，系统联网，在总的消防主控中心能对整个大楼的所有消防联动设备进行控制。消防控制中心及消防分控室内设火灾自动报警控制器、消防联动控制柜、消防广播及消防电话设备、设 119 火警专线电话。

本工程的火灾自动报警系统整体上按特级保护对象设防，并采用报警中心系统的形式。

楼宇设备控制管理系统

系统采用集散控制、具有开放性、可扩展性。

系统由中央工作站，网络服务器、直接数字控制器、各类传感器及电动阀等组成。设计考虑将楼内的楼宇设备控制系统设为两大块，酒店相对独立管理，楼内设总的控制中心，两个系统相互连接，通过数据通信达到协调控制部分公共机电设备。

总的控制中心设于地下一层，酒店部分的控制机房设于酒店层。

需监控的机电设备为：

（1）走廊公共照明（长明灯除外）、室外照明的开、关、手 / 自动信号及开关状态显示。

（2）空调机、新风处理机的开、关、手/自动信号，过滤网压差报警运行状态信号及故障信号显示，温度显示。排风机、送风机的开、关、手/自动信号，故障信号显示。

（3）各类非消防水泵的开、关、手/自动信号，运行状态信号及故障信号显示，水流状态显示。

（4）各类水箱、水池高低水位显示及超水位报警。

（5）变配电所对高压进出线开关的电流、电压、频率、功率因数、用电量等显示及最大电力需用量参数监察并显示主开关的工作状况；变压器测定工作温度，超温报警，强制风冷工作状态；变压器低压侧出线总开关、母联开关运行状态显示，电流、电压、功率因数显示及故障报警。

（6）循环水泵的开、关，手/自动信号、运行状态信号及故障信号显示。

（7）冷冻机组、冷却泵、冷冻泵、冷却塔的开、关、手/自动信号，运行状态信号及故障信号显示，并测量冷冻水系统温度、流量、压力、实现对设备按能耗群控，对冷即水系统温度，流量测量，实现在冷却系统设备的群控。

（8）电梯运行状态监视，紧急情况或故障自动报警和记录。

1. 停车库自动收费管理系统

本工程中的地下车库为2层建筑，2个进出口，在车库内设置进出车辆控制、收费管理设备，设置区域车位信息显示装置，该车位系统的信息与地区车位管理系统联网。

内部员工采用月卡方式进入，外来人员采用出票方式进入，系统采用与大楼BAS系统联网，进行集中管理，系统管理前端设置在地下一层车库入口处。

2. 智能化集成系统

本工程智能化集成系统考虑两个主线，宾馆内机电设备的集成管理和宾馆服务系统的集成管理，宾馆内机电设备的集成管理涉及安保子系统、消防子系统、楼宇设备控制系统、中水系统、太阳能等系统集中监控，通过集成管理软件平台，实现各子系统的互联；宾馆服务系统的集成管理主要考虑将用于宾馆客人所涉及的设备系统功能、服务理念集成为一体化的服务平台。

智能化系统机房设置

地下一层设置整个大楼的智能化系统进户间；

地下一层设置整个大楼的有线通信机房、网络机房；

地下一层设置整个大楼的移动通讯机房；

地下一层设置整个大楼的消防安保主控中心；

地下一层设置整个大楼的物业管理机房；

酒店38层设置通信、网络机房，面积为100m²左右，满足通信设备、网络设备、话务转接服务、网络维护、管理和楼宇设备的功能需求；

酒店38层设置智能化系统控制机房，面积为60m²左右，满足酒店部分的安保、消防、公共广播的功能需求；

22层设置无线通信信号接续机房；

每层设置大于5m²的层智能化设备间兼管线竖井，上下贯通；裙房6层设置卫星电视机房。

6.1.2.2 暖通空调及动力系统

上海保利凯悦酒店及商业中心项目集酒店、商业、办公于一体，总建筑面积163997 m²，地下2层、地上40层，建筑总高度195.5m，塔楼六层、二十一层及三十七层为设备、避难层。在该项目中，凯悦酒店的建筑面积约54300 m²。酒店的后勤用房分布在地下一层及地下二层，塔楼一、二层设置了酒店门厅，四层为酒店的康体中心、室内游泳池，五层为酒店会议区及宴会厅，酒店客房设置在二十二层~三十六层，三十八层~四十层为酒店大堂及餐厅。本文仅介绍该项目中与凯悦酒店相关的暖通空调及动力系统的设计内容。

室内外设计计算参数

室外气象参数 表 6.1-6

	大气压力（hPa）	空调计算干球温度	空调计算湿球温度	相对温度	通风计算干球温度	风速
夏季	1005.3	34.4℃	27.9℃	/	31.2℃	3.1m/s
冬季	1025.1	-2.2℃	/	75%	4.2℃	2.6m/s

室内设计参数 表 6.1-7

房间名称	夏季		冬季		新风量
	温度℃	相对湿度 %	温度℃	相对湿度 %	m³/h·p
客房	24	≤ 50	22	≥ 50	50
门厅、大堂	24	≤ 50	21	≥ 50	10
会议	24	≤ 50	22	≥ 50	30
康体设施	24	≤ 50	22	≥ 45	50
餐厅、宴会厅	24	≤ 50	21	≥ 50	30
办公	25	≤ 55	21	≥ 45	30
厨房烹饪区	27	≤ 60	21	/	按顾问公司数据
洗衣房	27	≤ 70	16	/	按顾问公司数据
室内游泳池	29	≤ 70	29	≤ 70	50

通风换气次数 表 6.1-8

房间名称	换气次数	房间名称	换气次数
公共卫生间	15 次 / 小时	制冷机房	6 次 / 小时
水泵房	4 次 / 小时	锅炉房	12 次 / 小时
地下车库	6 次 / 小时	电梯机房	10 次 / 小时
厨房	40 次 / 小时	洗衣房	30 次 / 小时
污水泵房	15 次 / 小时	储藏室、库房	4 次 / 小时

注：变配电室通风量按工艺要求计算。

空调系统设计

1. 空调冷、热源

经业主与酒店管理公司协商，上海保利凯悦酒店及商业中心项目所有业态合用空调冷、热源，酒店区域的空调、供暖水系统设计成独立环路，并设置冷、热量计量装置。

空调冷源采用水冷离心式冷水机组和水冷螺杆式冷水机组的组合。离心机共设置 3 台，单台制冷量为 4571kW，螺杆机设置 1 台，制冷量为 1758kW。空调冷水供 / 回水温度为 5℃ /12℃，冷却水进 / 出制冷机的温度为 32℃ /37℃。螺杆机采用部分热回收型，热回收量为 220kW，热回收热水的供 / 回水温度为 45℃ /40℃，用于生活热水预热。

空调热源采用燃气（油）热水锅炉。设置单台供热量为 5600kW 的燃气（油）热水锅炉 2 台，供热量为 2100kW 的燃气（油）热水锅炉 1 台。锅炉的热水供 / 回水温度为 95℃ /70℃，经板式热交换器换热后制备 60℃ /50℃ 的热水供空调系统使用。另设置单台额定蒸发量为 2t/h，蒸汽压力为 0.8MPa 的燃气（油）蒸汽锅炉 2 台，为洗衣房、酒店空调加湿系统及三十七层以上的生活热水系统提供蒸汽。

应凯悦酒店管理公司的要求，并结合螺杆机空调冷水循环泵、冷却水循环泵的配置情况，设置了 1300kW 的冷却塔免费供冷系统。根据上海地区的气象条件，建议冷却塔免费供冷系统在室外空气温度低于 10℃ 时开始运行，经板式换热器换热后制备空调冷水供空调末端使用。

二十一层以下的凯悦酒店区域，其空调冷水由制冷机组制备后直接供应，空调热水由设置在锅炉房内的板式热交换器制备（一次侧 95℃ /70℃，二次侧 60℃ /50℃）；二十一层及以上的凯悦酒店区域，其空调冷、热水均由设置在二十一层热交换机房内的板式热交换器制备（空调冷水一次侧 5℃ /12℃，二次侧 6.5℃ /13.5℃；空调热水一次侧 95℃ /70℃，二次侧 60℃ /50℃）。

酒店后勤区中，诸如湿垃圾冷藏库、厨房冷库及厨房内其他对温度有特殊要求的房间独立设置风冷分体空调设备。室内恒温游泳池采用泳池专用热泵型恒温除湿机。

2. 空调风系统

酒店门厅、大堂、餐厅、宴会厅及其前厅、室内游泳池、厨房烹饪区、洗衣房等大空间区域采用单风道低速全空气空调系统。鉴于宴会厅可根据需要进行多种形式的隔断，其空调系统也设置多台空气处理机组，为不同的区域服务。厨房烹饪区、洗衣房采用直流式空调系统。为提高冬季室内的热舒适性，在一层酒店门厅及四层室内游泳池均设置了低温热水地板辐射供暖系统。

酒店客房、会议、餐厅小包间、办公及康体中心等场所采用风机盘管加新风的空调系统形式。酒店客房区的新风采用竖向系统供应，新风处理设备采用转轮热回收新排风空调机组，分别在二十一层和三十七层（均为设备、避难层）的空调机房内各设置一台，通过每间客房内的新风竖井向客房供应新风，并回收酒店客房卫生间排风中的能量，对新风进行预冷（热）。

所有新风处理机组及全空气系统的空气处理机组均设置粗、中效两级空气过滤装置。为满足 LEED 金奖的要求，在酒店客房的新排风空调机组内还设置了高中效（MERV13）空气过滤器。同时，应机电顾问公司的要求，在酒店客房的新排风空调机组内设置了纳米光子空气净化装置，以改善全热交换后的新风品质。酒店各空调系统采用干蒸汽对空气进行加湿处理。

根据上海市《公共建筑节能设计标准》的要求，为酒店门厅、大堂、餐厅、宴会厅及其前厅等人员密集场所服务，送风量大于 10000m³/h 的空气处理机组采用变频调速控制的风机。酒店餐饮区（三十八层～四十层的餐厅、酒吧，裙房五层的宴会厅及其前厅）及门厅、大堂（一层、三十八层）采用新风需求控制，根据区域内的二氧化碳浓度调节上述区域空调系统的新风量。

3. 空调水系统

在建筑塔楼的二十一层（设备、避难层）热交换机房内设置空调冷、热水系统板式热交换器，将整个项目的空调水系统分为高、低两个区。

低区空调冷水（5℃/12℃）系统及高温热水（95℃/70℃）系统采用一级泵变流量系统，制冷主机对应的空调冷水循环泵定量流运行，热水锅炉对应的热水循环泵变流量运行。低区空调热水（60℃/50℃）系统通过设置在锅炉房内的板式热交换器与高温热水进行换热（95℃/70℃），空调热水（60℃/50℃）循环泵变流量运行。

二十一层及以上的凯悦酒店区域，其空调冷、热水均由设置在二十一层热交换机房内的板式热交换器制备（空调冷水一次侧 5℃/12℃；二次侧 6.5℃/13.5℃；空调热水一次侧 95℃/70℃；二次侧 60℃/50℃），板式热交换器二次侧的空调冷、热水循环泵均变流量运行。

根据凯悦酒店管理公司设计标准的要求，本项目凯悦酒店部分全部采用四管制空调水系统。二十一层以下的凯悦酒店区域，其空调冷、热水环路的水平主干管及立管均按异程系统布置，塔楼四层（康乐中心）、五层（会议区）的水平分支干管按同程系统布置；二十一层及以上的凯悦酒店区域，其空调冷、热水环路的水平供水干管设置在二十一层，水平回水干管设置在三十七层，立管设置在各客房及服务间的空调水井内，连接客房及服务间风机盘管的空调冷、热水系统按同程形式布置，为客房区域服务的两台转轮热回收新排风空调机组以及三十七层～四十层的所有空气处理设备以异程形式接入上述同程空调冷、热水系统。

低区空调冷、热水系统以及高温（95℃/70℃）热水系统均采用落地式定压装置来满足系统补水、定压及膨胀的要求；高区空调冷、热水系统采用高位开式膨胀水箱来满足系统补水、定压及膨胀的要求。锅炉房内设置全自动软化水装置，为蒸汽锅炉及热水系统提供补水用软化水。高、低区空调冷、热水系统、冷却水系统及高温热水（95℃/70℃）系统均采用全自动化学加药装置进行水处理。

通风系统设计

1. 地下车库通风

地下二层和地下一层停车库按防烟分区设置传统风管式机械通风（兼排烟）系统，排风系统的排风量按 6 次/小时换气次数计算。地下一层有车道直通地面的防火分区采用车道自然补风，其余防火分区均设置补风风机，机械补风，机械补风量不小于 5 次/小时换气次数。

地下车库内设置 CO 浓度传感器，平时可根据车库内的 CO 浓度控制各通风系统的启停，节省运行能耗。地下车库通风系统采用双速风机，平时通风工况下，风机低速运行；火灾排烟时，风机高速运行。

2. 设备用房通风

地下一层冷冻机房设置机械通风系统，平时通风量按 6 次／小时换气次数计算，事故通风量按 12 次／小时。

地下一层锅炉房设置机械通风系统，平时排风量及事故排风量均为 12 次／小时换气次数，送风量为排风量加锅炉运行所需的燃烧空气量。

生活水泵房及消防水泵房均设置机械通风系统，通风量按 4 次／小时换气次数计算。污水泵房及隔油池间设置机械排风系统，排风量按 15 次／小时换气次数计算。

变配电用房设置机械排风系统，排风量按电气专业提供的设备发热量计算确定，部分有自然补风条件的变配电用房通过防火百叶自然补风，无自然补风条件的变配电用房设置补风风机，机械补风补风量为排风量的 90%。

柴油发电机房设置机械排风系统，该系统仅在柴油发电机不运行时负责机房的通风换气，排风量按 3 次／小时换气次数计算，并利用柴油发电机房的进风竖井自然补风。在柴油发电机运行期间，机组散热系统风扇运转产生的风量应足以带走发电过程产生的热量及柴油发电机向机房释放的热量，使机房内的温度维持在所要求的范围。

日用油箱间及油泵房设置机械排风系统，日用油箱间的排风量按 5 次／小时换气次数计算，油泵房的排风量按 12 次／小时换气次数计算，在日用油箱间及油泵房与锅炉房或柴油发电机房的隔墙上设置防火百叶，自然补风。

酒店的电梯机房设置机械排风系统，排风量按 10 次／小时换气次数计算。同时，按电梯供应商提供的电梯机房内设备发热量，为电梯机房配置独立的分体式空调机组。当机械通风无法维持电梯机房内设备正常工作的环境温度时，可关停通风系统，启用分体式空调机组降温。

3. 厨房及洗衣房通风

凯悦酒店的厨房设置机械排风系统，各厨房的排风量采用相关顾问公司提供的数据。厨房烹饪区的排风系统上设置了洗涤式烟罩和高效静电油烟净化器，排风经过洗涤式烟罩及油烟净化器除油后在裙房及塔楼屋顶排入大气。

从酒店餐饮区建筑布局来看，各厨房均与其所服务的餐厅贴邻布置，在房间压差的作用下，餐厅的部分空气流入厨房，这部分风量与另外设置的机械补风系统（补风量为排风量的 80%）共同形成对厨房排风系统的补风。根据凯悦酒店管理公司的要求，夏季对厨房的补风作冷却处理、冬季对补风作加热处理。

根据相关顾问公司提供的基础数据，在酒店洗衣房设置了全面排风和局部排风相结合的排风系统，局部排风系统预留接口供洗衣房深化单位接入。洗衣房的补风量为排风量的 80%，为改善操作人员的工作环境，对补风进行了相应的冷、热处理。洗衣房的补风系统风管上亦预留了相应接口，供深化单位根据工艺布置设置岗位送风支管时接入。

4. 卫生间排风

酒店客房卫生间设置机械排风系统，排风量取客房新风量的 90%。各卫生间内分别设置 1 台可独立控制的低噪声管道风机，淋浴器与坐便器上方各设一个排风口。排风通过竖向风管汇总至二十一层和三十七层的转轮热回收新排风机组，与新风进行热交换后排至室外。

酒店公共卫生间设置机械排风系统，排风量按 15 次／小时换气次数计算。各层卫生间的排风通过竖向风管汇总，经总排风机排至室外。

防排烟系统设计

1. 防烟系统

与酒店相关的疏散楼梯间及其前室、合用前室均无自然通风条件，其防烟方式采用机械加压送风方式，设置机械加压送风系统。疏散楼梯间的机械加压送风量根据上海市《建筑防排烟技术规程》中的公式 5.1.1 计算确定，并与《建筑防排烟技术规程》中表 3.3.7-1 及表 3.3.7-2 所列的数据进行比较，取大值作为疏散楼梯间机械加压送风系统的送风量。当疏散楼梯间采用直灌式加压送风系统时，机械加压送风量应再增加 20%。合用前室的机械加压送风量根据上海市《建筑防排烟技术规程》中的公式 5.1.1 计算确定。

地上疏散楼梯间与地下疏散楼梯间分别设置独立的机械加压送风系统。塔楼超过 32 层，建筑高度超过 100m，其疏散楼梯间、前室、合用前室的机械加压送风系统以二十一层为界，分两段独立设置。

疏散楼梯间的机械加压送风口采用带调节阀的常开型风口。合用前室的机械加压送风口采用常闭型多叶送风口，火灾时由消防控制中心联动（或就地手动）开启火灾层的送风口。

机械加压送风机设置在裙房屋顶、塔楼屋顶及塔楼避难层的风机房内。机械加压送风系统的送风总管上设置带电动对开多叶调节阀的泄压旁通，根据设置在疏散楼梯间及其前室、合用前室中的压力传感器所测量的数据，控制电动对开多叶调节阀的开度，调节旁通风量，以保证疏散楼梯间及其前室、合用前室的压力值满足上海市《建筑防排烟技术规程》中的相关要求。

塔楼六层、二十一层及三十七层中设置的避难间原本采用自然通风的防烟方式，在两个不同朝向设置可开启外窗或百叶，且每个朝向的自然通风面积不小于2m²。但在施工图设计阶段，根据施工图审查单位的意见及本项目总体设计阶段的消防设计审核意见书的相关要求，在避难间增设了机械加压送风系统，机械加压送风量按避难间净面积每平方米30m³/h计算。

2. 排烟系统

地下二层和地下一层停车库按防烟分区设置机械排烟系统，排烟量按6次/小时换气次数计算，且不小于30000m³/h。地下一层有车道直通地面的防火分区采用车道自然补风，其余防火分区均设置补风风机，机械补风，机械补风量不小于排烟量的50%。地下车库火灾时的排烟和补风系统与平时排风和补风系统合用。

客房层面积大于100m²的套房，设置机械排烟系统，排烟量按60m³/（h×m²）计算。客房层走道设置竖向机械排烟系统，排烟量为9000m³/h。

三十四层行政酒廊设置电动排烟窗自然排烟，排烟窗面积不小于室内面积的2%。三十八层～四十层的酒店大堂、餐厅、厨房均设置机械排烟系统，隔间面积小于500m²的房间，排烟量按60m³/（h×m²）计算，隔间面积超过500m²的房间，排烟量按上海市《建筑防排烟技术规程》中公式5.2.5计算确定。

一层酒店门厅设置电动排烟窗自然排烟，排烟窗面积按上海市《建筑防排烟技术规程》中公式5.2.7计算确定。五层宴会厅前厅设置电动排烟窗自然排烟，排烟窗面积不小于室内面积的2%。

五层宴会厅可直通室外，设置自然补风、机械排烟系统，排烟量按上海市《建筑防排烟技术规程》中公式5.2.5计算确定。

设置在地下一层的厨房、洗衣房、员工餐厅及走道等区域设置机械排烟系统，走道排烟量为13000m³/h，其他隔间面积小于500m²的房间，排烟量按60m³/（h×m²）计算。

燃气系统设计

本工程采用的燃气种类为天然气，主要用气点为锅炉房及餐饮厨房。其中，锅炉房的用气总量为1712m³/h，用气压力为中压B级。餐饮厨房分布在地下室、商业裙房及塔楼顶部，其用气总量约为580m³/h，用气压力为低压。

根据前期与业主及燃气管理部门的沟通结果，本工程的燃气系统由业主另行委托相关燃气专业单位进行设计和安装。本次设计仅在基地西南角的室外地面上预留一处燃气调压站位置（4.5m×4.5m）和一处中压燃气表房（3m×3m）位置，为锅炉房供气。在基地南侧的室外地面上预留一处燃气调压站位置（4.5m×4.5m），为餐饮厨房供气。在塔楼核心筒内预留燃气立管的专用土建竖井，竖井每隔2～3层设置相当于楼板耐火极限的不燃防火隔断，燃气管道周围留有适当空隙。竖井顶部设置与大气相通的百叶窗，底层防火门的下部设置带有防火阀的进风百叶，防火阀选用带24V（DC）的电动机构，由消防控制中心监控，并可就地控制。

燃油系统设计

为满足柴油发电机和油气两用锅炉的用油要求，本项目设置了燃油系统。

5600kW锅炉的燃油耗量约581L/h，2100kW锅炉的燃油耗量约218L/h，每台蒸汽锅炉的燃油耗量约155L/h，每台柴油发电机的耗油量约309L/h。

设置1台15m³的卧式油罐直埋于基地的西南侧室外绿化内，油罐储油量分别能满足约9h锅炉用油及约48h柴油发电机用油。柴油发电机房及锅炉房内均设置日用油箱间及油泵间。两处日用油箱间内分别设置1台1m³日用油箱，日用油箱上设置通向室外的通气管，通气管上设置带阻火器的呼吸阀。油泵间内各设置2台供油泵（一用一备）和1台排油泵。

供油泵从室外油罐吸取燃油，并通过室外直埋供油管将燃油输送至柴油发电机房和锅炉房的日用油箱。日用油箱在日用油箱间内高位设置，通过柴油发电机房和锅炉房内的燃油管道将燃油输送给柴油发电机和锅炉。当日用油箱内的油位达到设计上限时，日用油箱上的液位计发出信号，供油泵自动停止运转。当发生火警且用油设备不再启动时，紧急排油电磁阀开启，排油泵自动将日用油箱内的燃油排至室外油罐底部。

6.1.2.3 给排水

给水

水源、水压、水质

市政给水管网。从基地北侧的白银路和西侧的裕民南路各接入一路 DN250 的引入管，在基地内兜通，形成环状管网，作为本项目消防专用管道；另接入一路 DN200 引入管，作为生活专用管道，城市管网压力不低于 0.16MPa。

市政水源的水质符合《生活饮用水卫生标准》标准。

用水量表（冷水）

项目生活用水主要为酒店、办公、商业、影院等各类人员的生活用水、餐饮用水、空调补给水及道路绿化浇洒用水。其中绿化浇洒采用收集的屋面雨水，处理后回用。

生活水量表

表 6.1-9

用途	用水量定额	用水单元数	最高日用水量 m^3/d	小时变化系数	用水时间（h）	最大小时用水量 m^3/h
酒店客房	300L/人·日	700 人	210	2.5	24	21.9
员工用水	80L/人·日	600 人	48	2.5	24	5
洗衣用水	46 L/kg 干衣	1350kg/日	62	1.5	8	11.6
员工餐厅	25L/人·次	600 人·次	15	2	12	2.5
其它餐厅			112.8	1.5	12	14.1
办公	40L/人·日	2000 人	80	1.5	8	15
商业文化	5L/ ㎡ /d	40%x42293 ㎡	84.5	1.5	12	10.5
电影院	3 L/人·场	1687 座 x2	10	1.2	3	4
小计			622.3			84.6
空调冷却塔补给水	1%	3500m^3/h	350	1	10	35
市政给水总计			972.3			119.6
绿化浇洒	2 L/ ㎡·d	13348 ㎡	26.7	1	3	8.9
总用水量			999			128.5

注：绿化浇洒 - 采用收集的屋面雨水，处理后回用。为保证水质，冷却塔循环水系统上需安装杀菌灭藻设施。

综合用水量（不含空调补水、消防用水）分析：

给水系统

1. 供水方式及分区

地下一层设一座泵房和两座独立的生活水池，酒店、办公、商业分功能形成独立给水系统，水泵分区分功能设置。酒店要求到淋浴等用水设备的最低水压为 0.2MPa。商业、裙房酒店区和办公的水泵分区设在地下层。酒店采用重力供水，屋顶设 2 只独立的生活水箱，屋顶水箱供水泵设在地下一层泵房。

一层以下为市政管网压力直接供水区（酒店职工浴室、酒店厨房区备用水源除外）。一层及以上至 21 层由变频调速泵供水。其中 1 层至 5 层为商业区；6 层至 13 层办公低区，14 层至 20 层办公高区；21 层为避难层（及设备层）；22 层至 29 层为酒店低区，30 层至 36 层酒店高区，37 层至 40 层为酒店增压区。

2. 泵房及增压设施

本项目供水采用并联的增压设施。地下一层建有生活泵房，地下泵房内设 140m^3（10mx6500mx2.5m）生活蓄水池 2 座。其中商业区供水泵 Q=35m^3/h，H=45m，二用一备（冷却塔设在裙房屋顶）；裙房酒店区供水泵 Q=15m^3/h，H=45m，二用一备；办公低区供水泵 Q=10m^3/h，H=80m，二用一备；办公高区供水泵，Q=10m^3/h，H=118m，二用一备。屋顶生活水箱为两座 47m^3，屋顶水箱供水泵 Q=48m^3/h，H=205m，一用一备，由水位控制器控制启停水泵；生活水箱直接供应 30

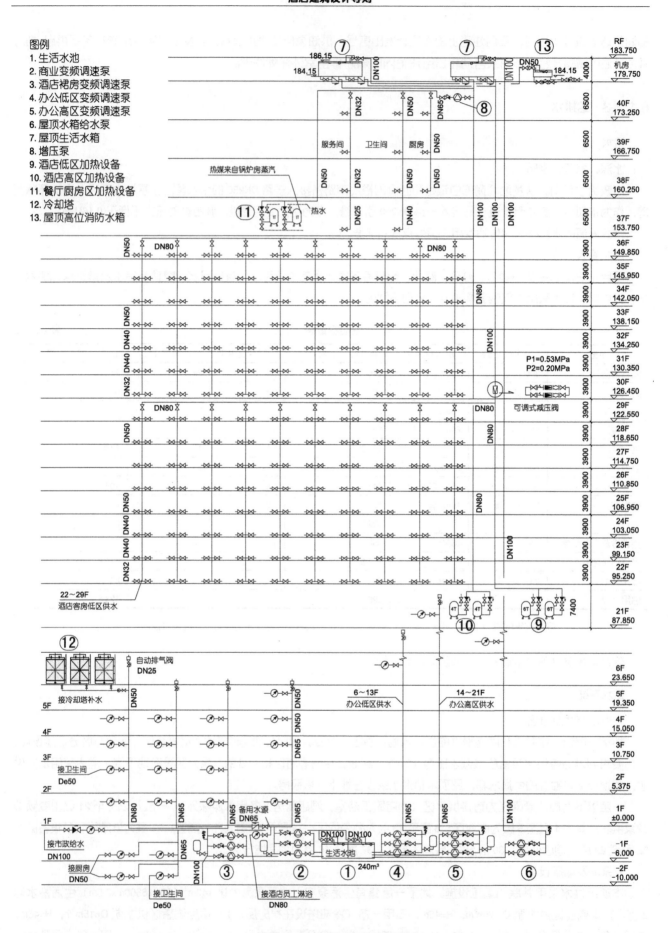

图 6.1-53　给水系统原理图

层～ 36 层，经可调式减压阀减压后供 22 层～ 29 层，经管道泵增压后供应 37 ～ 40 层。除屋顶水箱供水泵外，均采用变频泵，各变频泵组均配置小型气压罐。

3. 计量泵房及增压设施

分区按功能分别设置水表。进水总管上设置总水表。

排水

市政条件

基地北侧的白银路规划有雨水管和污水管，为本工程预留 D700 雨水接口和 D300 污水接口各 1 个；东侧裕民南路规划有雨水管和污水管，并为本工程预留一个 D700 雨水接口和 1 个 D300 污水接口。

排水体制

雨、污分流。污水排入城市污水管网，由城市综合污水处理厂统一处理；雨水蓄水池溢流雨水和道路雨水一并排入城市雨水管。

污水的收集和排放

污水的收集和排放：一层及其以上的生活污水，直接由重力排放至室外污水管网；地下室地面废水先收集到集水坑，再由潜水排污泵提升至室外污水管网；地下室生活污废水由密封的整体污水提升装置提升至室外污水管网。厨房排出的含油废水经由隔油池处理后，接入室外污水管网。

污水排放量

最高日污水排放量 560m³/d。

雨水系统设计参数

1. $i=33.2 \cdot (p0.3-0.42) / (t+10+7/gP)^{0.82+0.01lgp}$；

2. 设计重现期：屋面 $P=50$，室外 $P=3$；

3. 综合径流系统：$\psi=0.7$。

雨水处理和利用系统

雨水收集和利用

屋面雨水收集至雨水池。处理后用于绿化和冲洗地面等。

雨水蓄水池雨水量按上海市 1 年重现期的暴雨量计算，一年重现期的暴雨强度为 $i_1=2.1$mm/min。

雨水处理工艺流程

屋顶→雨水蓄水池→絮凝剂→全自动过滤系统→次氯酸钠消毒→清水池→供水水泵→绿化喷灌、路面冲洗。

处理规模

设计处理规模：15m³/h。

雨水处理水质指标

清洁水水质采用：《建筑与小区雨水利用工程技术规范》GB50400-2006 的雨水处理后 CODcr 和 SS 指标和《城市污水再生利用 城市杂用水水质》GB/T18920-2002 的标准。

雨水处理后 CODcr 和 SS 指标　　　　　　　　　　　　　　　　　　　表 6.1-10

项目指标	绿化	车辆冲洗	道路浇洒
CODcr(mg/L) ≤	30	30	30
SS(mg/L) ≤	10	5	10

清洁水供水泵采用变频泵，为两台一组，可分别或同时启动。

雨水处理系统的运行以及启停等为自动控制。

排水体制：雨、污分流。污水排入城市污水管网，由城市综合污水处理厂统一处理；雨水蓄水池溢流雨水和道路雨水一并排入城市雨水管。

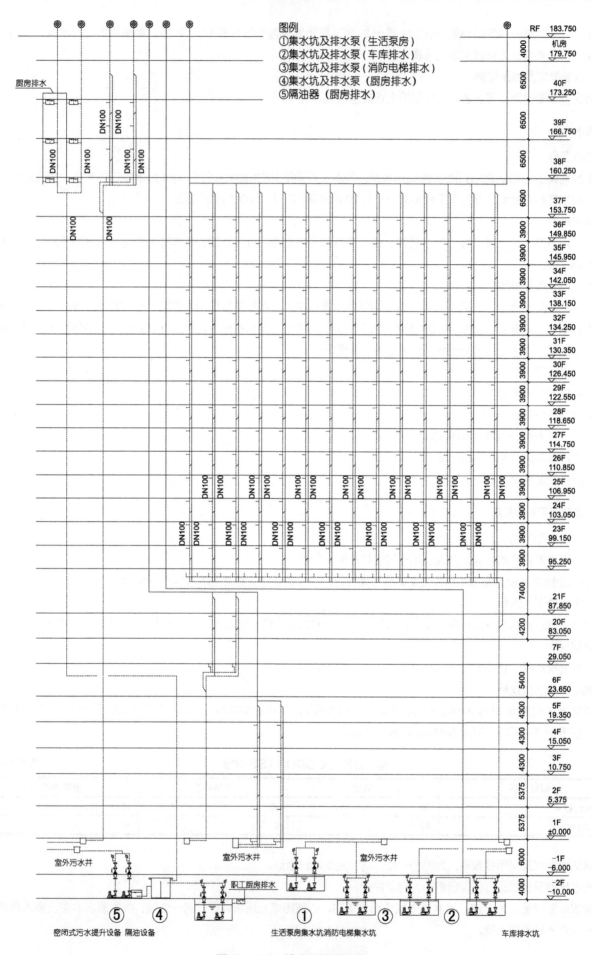

图例
①集水坑及排水泵（生活泵房）
②集水坑及排水泵（车库排水）
③集水坑及排水泵（消防电梯排水）
④集水坑及排水泵（厨房排水）
⑤隔油器（厨房排水）

图 6.1-54　排水系统原理图

热水系统

水源

热水水源及压力分区方式和冷水系统一致。

热水用量

生活热水量表　　　　　　　　　　　　　　　　　　　　　　表 6.1-11

用途	用水量定额	用水单元数	最高日用水量 m³/d(60℃)	小时变化系数	用水时间	最大小时用水量 m³/h
客房	140L/人·日 (60℃)	700 人	98	3	24	12.25
员工	40L/人·日 (60℃)	600 人	24	3	24	1
淋浴	540L/只·小时 (40℃)	20 只	14.4	1	2	7.2
西餐、快餐员工餐厅	15L/人·日 (60℃)	1600 人次	24	1.5	12	3
商业文化	1L/m²·d (60℃)	16900	16.9	1.5	12	2.1
电影院	1L/人·场	3374	3.4	1.2	3	1.35

最大小时设计热水量: 23.9m³/h; 其中, 22 层以上为 13.3m³/h, 其余为 10.6m³/h。

游泳池耗热量

游泳池容积 240 (27℃), 补水量按 10% 计, 为 24m³/d, 使用 8h, 最高时补水量为 3m³/h (27℃);

1. 表面蒸发损失热量:

$Q_z=Y（0.0174vf+0.0229）(P_b-P_q)A(760/B)$

$Q_z=50598.6$kcal/h

2. 水表面、池底、池壁、管道和设备蒸发损失热量:

按表面蒸发损失的 20% 考虑, 为 10120kcal/h

3. 补充水所需的热量:

$Q_b=qb.r.(tr-tb)/t$

$Q_b=6.6\times104$kcal/h

泳池总耗热量为: 1.26719×10^5kcal/h, 5.32×10^5KJ/h, 即 148 kW。

小时耗热量

小时耗热量: 1522+148=1670kW。

热量分配为 22 层以上为 1062kW (其中 37 层以上是 250 kW), 其余为 608 kW。

热水分区

热水分区与冷水分区一致。

热水制备

生活热水采用节能导流型容积式汽－水热交换器制备热水; 壳程设计压力 1.0MPa, 管程压力 1.6MPa, 热水出水温度为 65℃。位于地下一层机房内的热交换器有预热罐, 冷水先由空调系统提供的余热进行预热, 热媒由热水锅炉或蒸汽锅炉供给。热交换器内热水温度控制在 65℃。商业部分 1F ~ 5F 采用 2 台 1.5m³ (DN1000x2500) 的容积式热交换器作为预热水罐, 2 台 1.5m³ 的容积式热交换器作为加热水罐。

酒店的裙房部分采用 2 台 4m³DN1400x3200 的容积式热交换器作为预热水罐, 2 台 4m³ 的容积式热交换器作为加热水罐。酒店低区采用 2 台 4m³ 的容积式热交换器作为加热水罐; 酒店高区采用 2 台 4m³ 的容积式热交换器作为加热水罐, 交换器设于 21 层机房内。酒店 37 层以上的区域在 37 层设 2 台 1.2 吨半即热式容积式热水器制备热水。办公区域不设集中热水供应系统。

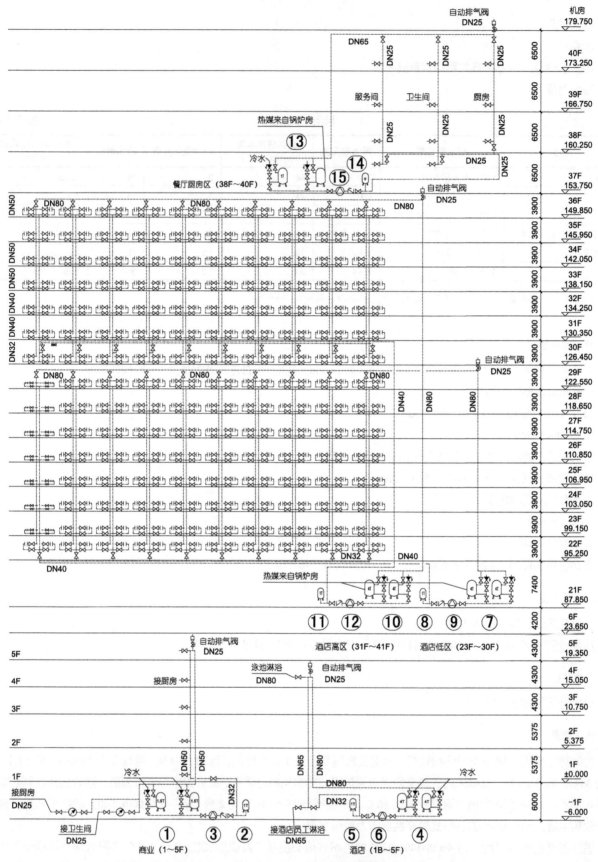

图 6.1-55　热水系统原理图

图例
①热交换器（商业）
②压力式膨胀罐（商业）
③热水循环泵（商业）
④热交换器（酒店地下1层～5层）
⑤压力式膨胀罐（酒店地下1层～5层）
⑥热水循环泵（酒店地下1层～5层）
⑦热交换器（酒店客房低区）
⑧压力式膨胀罐（酒店客房低区）
⑨热水循环泵（酒店客房低区）
⑩热交换器（酒店客房高区）
⑪压力式膨胀罐（酒店客房高区）
⑫热水循环泵（酒店客房高区）
⑬热交换器压力式膨胀罐（餐厅厨房区）
⑭压力式膨胀罐（餐厅厨房区）
⑮热水循环泵（餐厅厨房区）

饮用净水系统

饮用净水供应范围

根据酒店管理的要求，饮用净水用于供应厨房、制冰机和饮料机、饮水机。

净水水量

净水水量：按床位 3 L/d. 每人，员工按 3L/d 考虑，厨房按 3L/ 人·次，未预见量为 15% 考虑。

饮用水量表 表 6.1-12

用途	用水量定额	用水单元数	最高日用水量（m³/d）	小时变化系数	用水时间 (h)	最大小时用水量(m³/h)
①客房	3L/ 人·日	700 人	2.1	1.5	12	0.26
②员工	3L/ 人·日	600 人	1.8	1.5	12	0.2
③西餐快餐员工餐厅	5L/ 人·日	1000 人·次	5	1.5	12	0.6
④中餐	5L/ 人·次	600 人·次	3	1.5	10	0.45
⑤办公	2L/ 人·日	2000 人	2.8	1.5	8	0.53
⑥电影院	0.5 L/ 人·场	3374	1.7	1.2	3	0.68
小计			16.4			2.72
不可预见	15%		2.5			0.41

最大日用水量为：18.9m³/d.max；最大小时用水量为：3.1m³/h·max。

净水处理设备选用：产水量为 4m³/h·max 的全自动过滤成套设备。给水管网系统采用机械全循环消毒。

饮用净水处理工艺流程

根据与业主的沟通结果，本项目的饮用净水处理由业主委托专业单位进行设计和安装，本次设计预留设备间、用电量及接驳管道。

自来水→水箱→原水泵→活性炭过滤器→初级精密过滤器→全自动超滤系统→碳过滤器→超滤水箱→超滤送水泵→ UV 紫外线→精密过滤器→变频供水装置→饮水点。

软化水处理系统

软化水处理量

为保证洗衣房用水的硬度要求，供给洗衣房用水进行软化处理，出水碳酸钙浓度为小于 80mg/L。处理规模为 20m³/h。

软水处理工艺流程

根据与业主的沟通结果，本项目的饮用净水处理由业主委托专业单位进行设计和安装，本次设计预留设备间、用电量及接驳管道。

泳池水处理系统

泳池处理规模

按室内标准池设计 20x8x1.5，容积为 240m³，间隙式开放，4 小时循环一次，每天池水循环 6 次，循环流量 60m³/h。

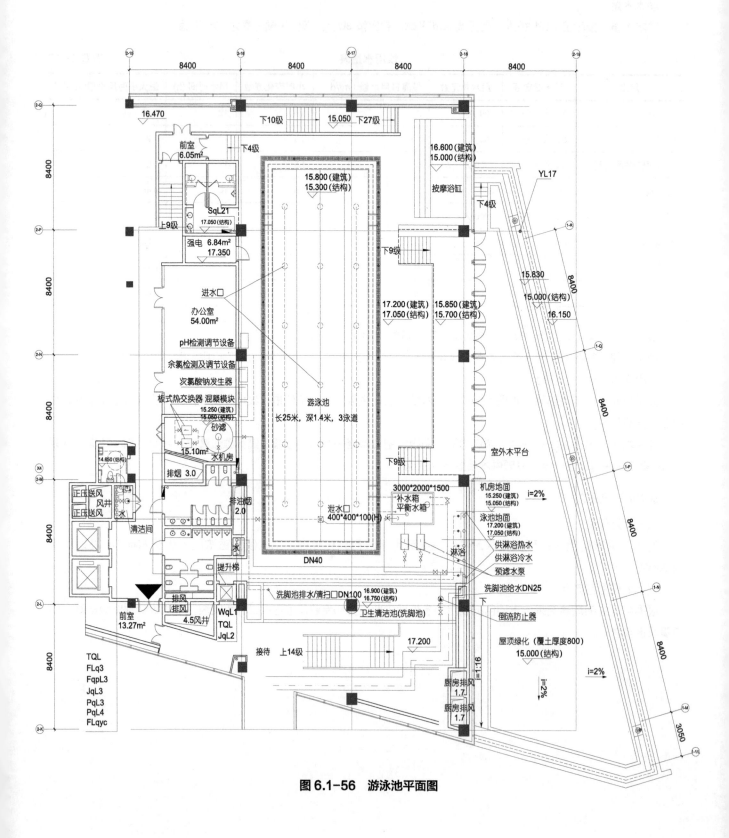

图 6.1-56　游泳池平面图

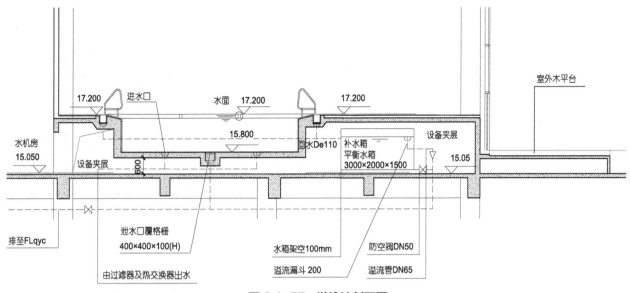

图 6.1-57 游泳池剖面图

工艺流程

采用逆流式循环方式,池底进水,池顶周边溢流至水槽,至水量平衡池。

游泳池回水→毛发过滤器与加压泵→电杀菌混凝器→过滤器→PH 值调节→热交换器→至游泳池→余氯检测与控制。工艺特点:采用新生氧离子杀菌,对眼睛无刺激且运行成本低。

采用 1 套玻璃钢制侧开式过滤器。滤速 30m³/m²·h。设置两台 5.5 kW 预滤水泵(带毛发过滤器)。

水消防系统

水源、水压、水质

城市自来水管网。从白银路和裕民南路的市政管网接入二路 DN250 管道,在基地内兜通,形成环状管网,作为本工程的消防专用水源。城市管网的压力不低于 0.16MPa。

消防水量表 表 6.1-13

用 途	设计秒流量	火灾延续时间	一次灭火用水量
1 室外消防	30L/S	3 小时	324m³
2 室内消火栓系统	40L/S	3 小时	432m³
3 自动喷淋系统	30L/S	1 小时	108m³
4 水喷雾系统	27L/S	1 小时	98m³
1+2+3	100L/S		864m³

注:自动喷淋系统和水喷雾系统不会同时作用,设计一次灭火用水量取数值较大的系统。

消防系统设计

1. 室外消防设施

沿建筑物外围布置室外消火栓,和市政消火栓共同作用,确保消火栓间距不大于 120m,保护半径不大于 150m。

室外设置 10 组消防水泵接合器,其中 3 组供低区消火栓系统、2 组供低区喷淋系统、5 组供高区消防及喷淋系统,与消防转输泵共同作用,向中间消防水箱供水。

2. 室内消火栓系统

按超高层建筑的要求设计消火栓系统,保证室内任何部位有两支水枪的充实水柱同时到达。消防箱内将同时配置消火栓、水龙带、水枪、自救式灭火喉、手提式灭火器以及消防泵启动按钮。

竖向分为 4 个压力区,地下 2 层至地面 6 层为低区的 1 区;7 层至 21 层为低区的 2 区,22 层至 29 层为高区的 1 区,30 层到 40 层为高区的 2 区;低区由地下泵房的低区消火栓泵供水,其中低区的 1 区经由减压阀减压供水。高区用水先由消防转输泵将水提升至 21 层的中间水箱,再经中高区消火栓增压供水,其中高区的 1 区经由减压阀减压供水。所有动压超过 0.5MPa 的消火栓将设置减压孔板减压。

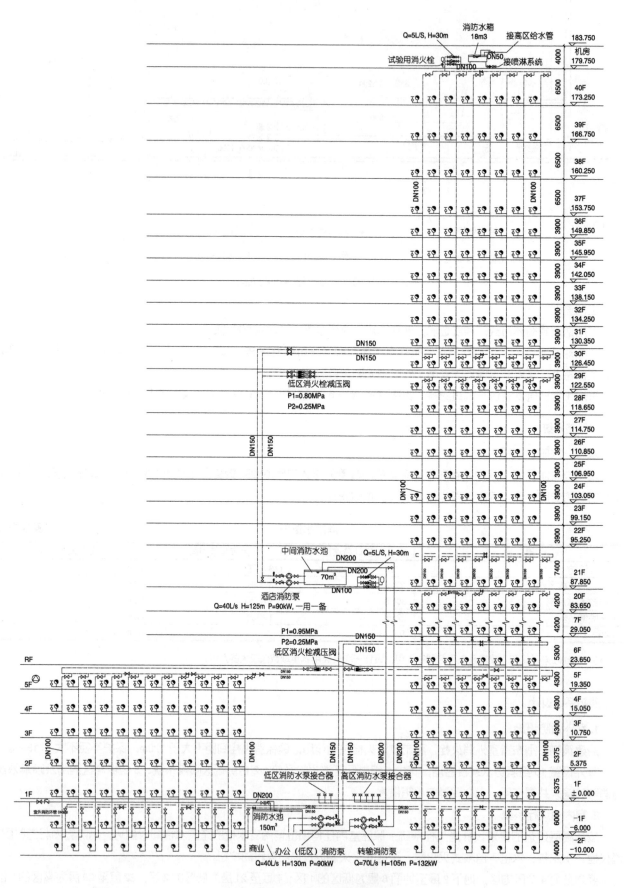

图 6.1-58 消火栓系统原理图

3. 自动喷水灭火系统

除不宜用水扑救的场所、游泳池以及面积小于5m²的卫生间外，楼内遍设湿式自动喷水灭火系统。其中地上建筑按中危险Ⅰ级设计；地下车库按中危险Ⅱ级设计。

竖向分为二个压力区，地下2层至20层为低区，21层至40层为高区；低区由地下泵房的喷淋泵供水，5F及以下层减压供水，高区由21层泵房的高区喷淋泵供水；喷淋水量的转输和消火栓系统合用。动压超过40m的配水管将设置减压孔板减压。

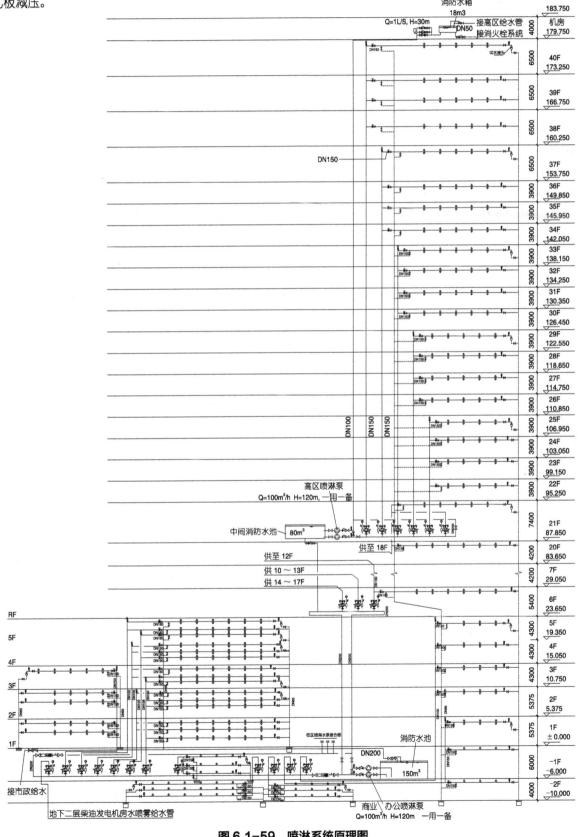

图6.1-59 喷淋系统原理图

4. 水喷雾灭火系统

本工程在柴油发电机房内设水喷雾灭火系统，其喷水强度按 20L/min·㎡设计，持续喷雾时间为 0.5h。由低区喷淋泵供水。雨淋阀在泵房内设置。

5. 气体灭火系统

地下层的变压器及高低压变配电间、高于 24m 设备转换层的变电所、采用七氟丙烷气体灭火全淹没系统。各层配电间设脉冲干粉自动灭火装置。

6. 建筑灭火器配置

按严重危险级设计，一般为 A 类火灾，柴油发电机房为电气火灾，均配置磷酸铵盐干粉灭火器。

泵房及增压设施

消防水池和泵房在地下一层设置，150m³ 消防水池一座，其中贮存部分消防系统用水量。整栋大厦设独立的高低两个区。20 层以上水灭火系统采用串联增压的临时高压系统。地下一层泵房内分别设置 19 层及以下消防泵二台，Q=40L/S，H=130m；喷淋泵二台，Q=30L/S，H=120m；均为一备一用；另设消防转输泵二台，Q=70L/S，H=105m，一用一备，向 21 层中间消防水箱供水，其执行机构和中间泵房（设在 21 层）的消防泵和喷淋泵联动。21 层设有中间消防水箱 70m³，高区消防泵二台，Q=40L/S，H=125M，一用一备；喷淋泵二台，Q=30L/S，H=120m，一用一备。屋顶设置 18m³ 消防水箱一只，消防和喷淋稳压泵各一组。

注：案例所用参数、做法，为设计参考。所有项目，必须符合项目设计实施时的规范、标准。

管材

生活给水

酒店室内冷热水管采用铜管，水泵出水管为无缝热镀锌钢管或全部采用铝合金衬塑（PP-R）复合管道。室外埋地给水管（含消防管）为球墨铸铁管。

室内消防管

室内消防管和喷淋管为热镀锌钢管，卡箍沟槽式接口，管径 ≤ DN100 时为丝扣连接。

排水管

室内污水管采用柔性接口机制球墨铸铁排水管，雨水管及其他压力排水管为钢塑复合管；室外埋地排水管为 FRPP 模压塑料排水管或 HDPE 排水管。

隔振措施

水泵下设隔震垫。

水泵进、出口装可曲挠橡胶接头。

6.2　上海瑞金洲际酒店

6.2.1　项目概况

设计单位：同济大学建筑设计研究院（集团）有限公司

建设地点：上海市瑞金二路 118 号

设计时间：2008 年

建成时间：2012 年

瑞金宾馆位于新中国成立前上海滩的法租界内。是一座风格典雅、环境优美的花园式别墅型宾馆。地理位置临近繁华的淮海路商业街区。瑞金宾馆改造后成为具有综合接待会议功能的国宾馆。

瑞金宾馆新接待大楼及贵宾楼项目为新建一幢九层高的酒店和一幢三层高的贵宾楼，并分别设有一层高和两层高的地下停车库。瑞金宾馆新接待大楼基地位于宾馆区域的西北角；北邻复兴中路，西邻瑞金大厦综合楼，南邻四号楼别墅及大草坪，位置优越；贵宾楼用地紧邻瑞金宾馆内历史最悠久的一号楼，为原二号楼区域，其北侧为水晶花园，西侧是三号楼，整个基地位于宾馆区域的中心位置。

经济技术指标表

表 6.2-1

项目		数量	项目		数量
总占地面积		51759 ㎡	改造后绿地率		55.3%
接待大楼			贵宾楼		
总建筑面积		18912 ㎡	总建筑面积		14615 ㎡
地上建筑面积		14793 ㎡	地上建筑面积		7976 ㎡
地下建筑面积		4119 ㎡	地下建筑面积		6639 ㎡
建筑总高度		36.35m	建筑总高度		16.90m
建筑层数	地上	9 层	建筑层数	地上	3 层
	地下	2 层		地下	1 层
客房统计	标准间	101 间	停车位	地下	92 辆
	套房	7 套	客房统计	标准间	68 套
	豪华间	16 套		套房	3 套
	残疾人客房	2 套		豪华间	13 套
	合计	126 间（套）		合计	84 间（套）

贵宾楼经济技术指标表

表 6.2-2

区域			单位面积（㎡）	数量（间）	累计面积（㎡）	每间房间分项面积指标（㎡/间）	占该部分面积比（%）	占总面积比（%）
公共部分	酒店大堂				340	4.05		2.33%
	会议区	会议室			21			
		贵宾室			251			
		小计			272	3.23		1.85%
	娱乐区	室内游泳			660			
		体育休闲			472			
		文化娱乐			320			
		小计			1452	17.29		9.93%
	公共部分走道、卫生间、电梯厅				671			
	公共部分分项总计				4187	49.85		31.39%

区域		单位面积（m²）	数量（间）	累计面积（m²）	每间房间分项面积指标（m²/间）	占该部分面积比（%）	占总面积比（%）
客房部分	豪华间	42～98	13	919		12.91%	
	标准间	45～54	26	1230		17.28%	
	单人间	34～64	42	2121		29.80%	
	豪华套房	94～126	3	336		4.72%	
	休息区			210			
	客房部分走道、卫生间、电梯厅			1501			
	客房部分分项总计		84	6317	75.2		48.70%
后勤部分	员工生活区			31			
	食物加工区			86			
	功能服务区			124			
	设备用房			469			
	后勤部分走道、卫生间、电梯厅			611			
	后勤部分分项总计			1501	17.87		13.01%
合计				14615	173.99		

　　瑞金宾馆地处历史风貌保护区，基地本身及周边地区有着丰富而悠久的历史文脉，整个内部环境清新优美，所以设计遵从以下的理念：

1. 整合园区空间环境，改善空间品质；
2. 保护历史建筑，完善其功能，使之持续发展；
3. 保护古树，优化园区环境。

　　通过新接待大楼和贵宾楼的建设，使瑞金宾馆形成完善的接待功能，环境得到进一步优化，历史得以保护和延续发展，使之成为上海中心城区历史风貌保护区内集悠久历史、优雅景观为一体的具有鲜明特色的五星级接待酒店。

图 6.2-1　一号楼日景

图 6.2-2　二号楼日景

图 6.2-3　三号楼日景

图 6.2-4　四号楼日景

新接待大楼经济技术指标表

表 6.2-3

区域			单位面积 （m²）	数量 （间）	累计面积 （m²）	每间房间分项面积指标 （m²/间）	占该部分面积比 （%）	占总面积比 （%）
公共部分	大堂区	酒店大堂			350			
		大堂吧			190			
		前厅			125			
		大堂后勤			188			
		小计			853	8.05		4.51%
	餐饮区	全日制			620			
		包间			97			
		小计			717	6.76		3.79%
	会议区	多功能厅			406			
		会议室			228			
		贵宾室			120			
		休息区			78			
		小计			1271	11.99		6.72%
	公共部分走道、卫生间、电梯厅				1524			
	公共部分分项总计				4365	41.18		23.08%
客房部分	标准间		30～43	62	2391		26.03%	
	套房		37～96	28	2148		23.36%	
	豪华间		39～59	16	776		8.44%	
	客房部分走道、卫生间、电梯厅				3881			
	客房部分分项总计			106	9196	86.75		48.63%
后勤部分	行政办公区				439			
	员工生活区				886			
	食物加工区				1053			
	功能服务区				553			
	设备用房				1285			
	后勤部分走道、卫生间、电梯厅				1135			
	后勤部分分项总计				5351	50.48		28.29%
合计					18912	178.42		

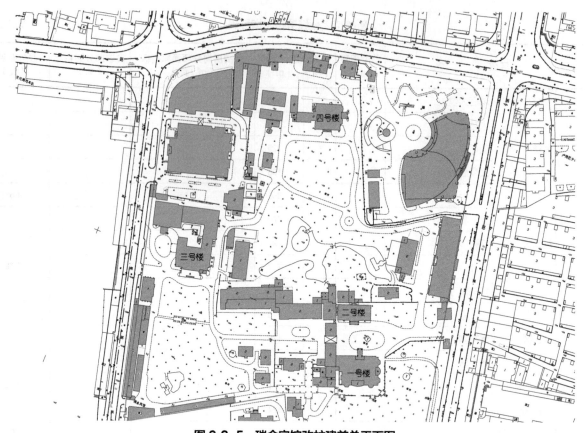

图 6.2-5　瑞金宾馆改扩建前总平面图

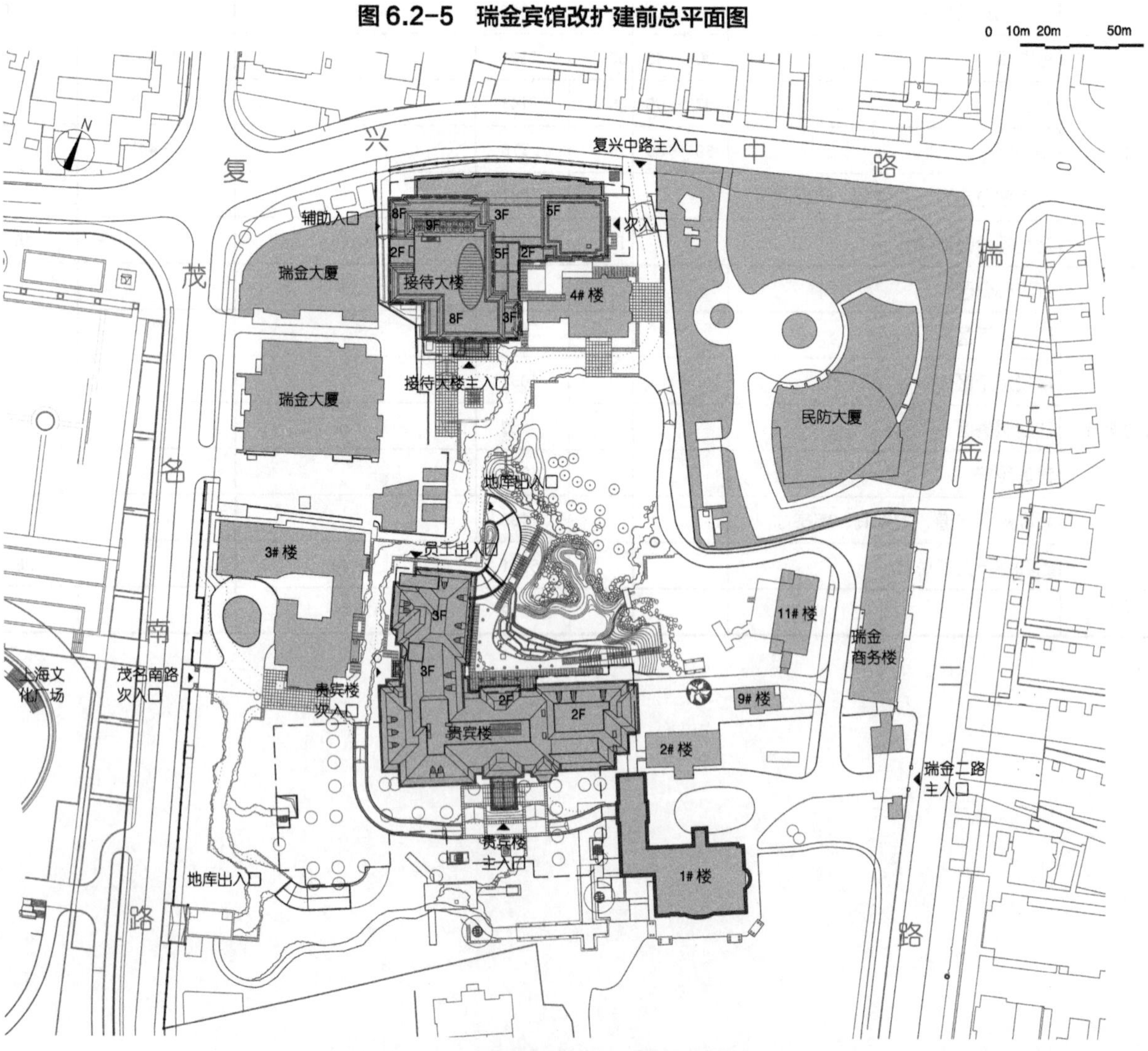

0　10m 20m　　50m

图 6.2-6　瑞金宾馆改扩建后总平面图

6.2.2　贵宾楼

图 6.2-7　贵宾楼北侧日景

图 6.2-8　贵宾楼下沉庭院日景

图 6.2-9　贵宾楼入口日景

图 6.2-10　贵宾楼西侧日景

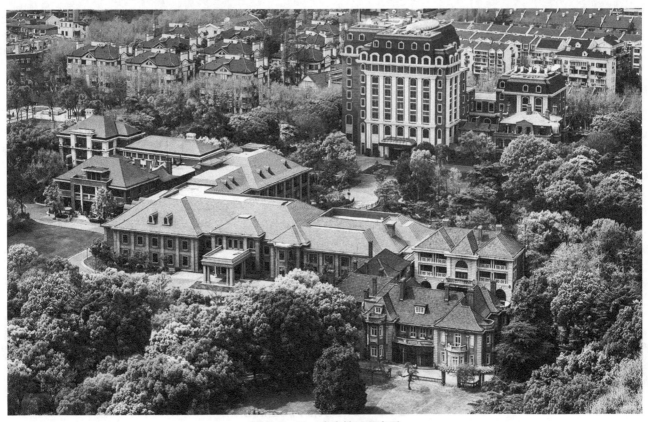

图 6.2-11　贵宾楼日景鸟瞰

图 6.2-12　贵宾楼入口夜景

图 6.2-13　贵宾楼下沉庭院夜景

图 6.2-14　贵宾楼下沉庭院夜景

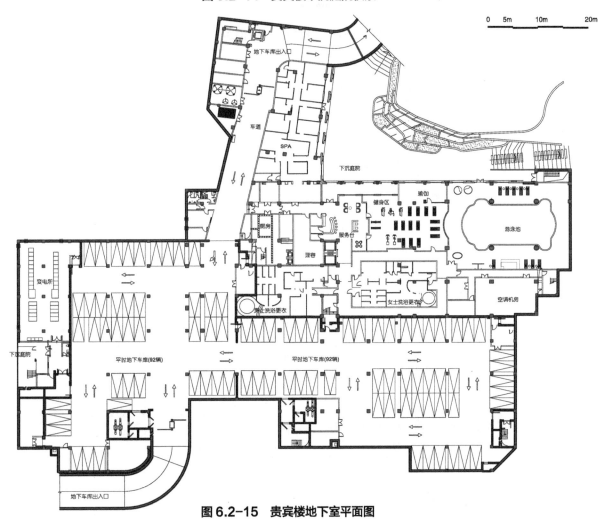

图 6.2-15　贵宾楼地下室平面图

293

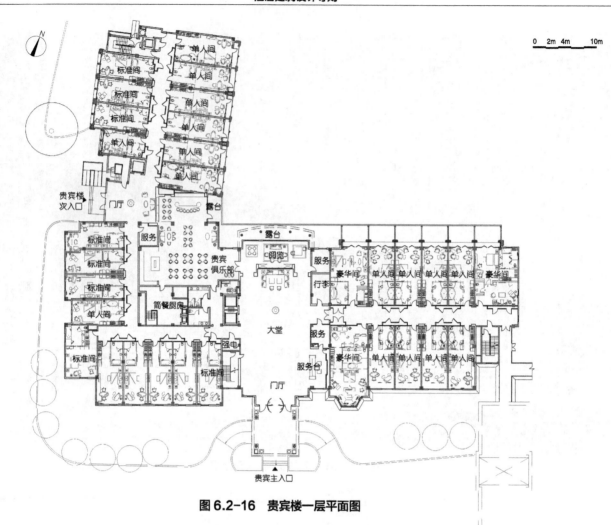

0 2m 4m   10m

图 6.2-16 贵宾楼一层平面图

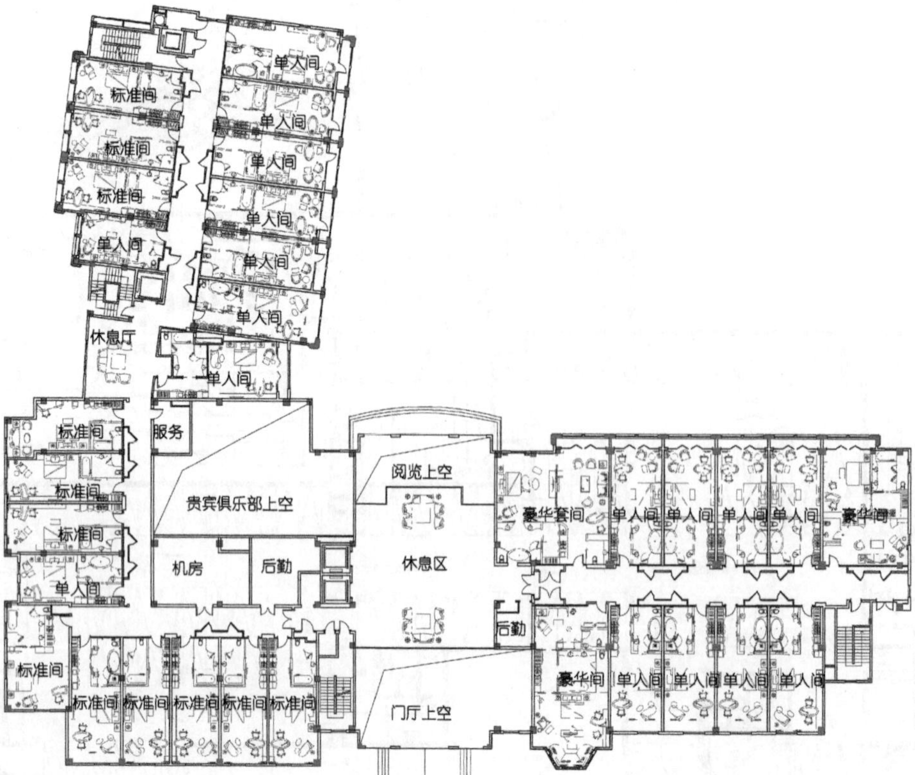

图 6.2-17 贵宾楼二层平面图

0 2m 4m 10m

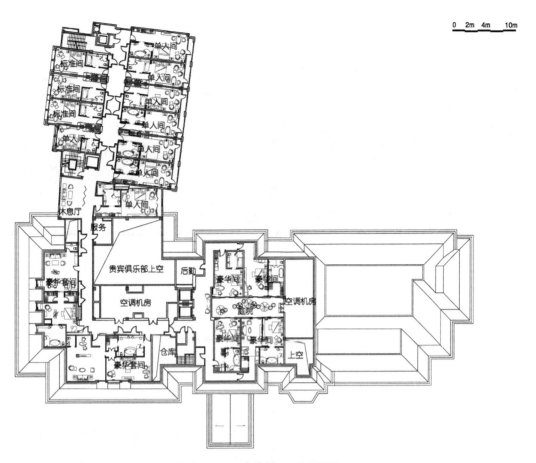

图 6.2-18 贵宾楼三层平面图

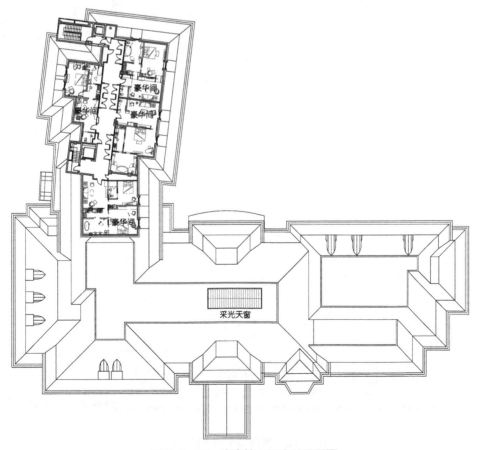

图 6.2-19 贵宾楼三层夹层平面图

0　2m　4m　10m

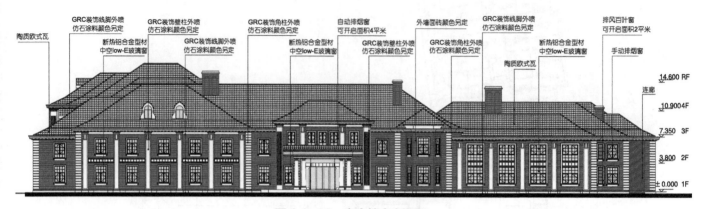

陶质欧式瓦

GRC装饰线脚外喷
仿石涂料颜色另定

断热铝合金型材
中空low-E玻璃窗

GRC装饰壁柱外喷
仿石涂料颜色另定

GRC装饰线脚外喷
仿石涂料颜色另定

GRC装饰角柱外喷
仿石涂料颜色另定

断热铝合金型材
中空low-E玻璃窗

自动排烟窗
可开启面积4平米

外墙面砖颜色另定

GRC装饰壁柱外喷
仿石涂料颜色另定

GRC装饰角柱外喷
仿石涂料颜色另定

GRC装饰线脚外喷
仿石涂料颜色另定

陶质欧式瓦

断热铝合金型材
中空low-E玻璃窗

排风百叶窗
可开启面积2平米

手动排烟窗

连廊

14.600 RF
10.900 4F
7.350　3F
3.800　2F
±0.000 1F

图 6.2-20　贵宾楼南立面图

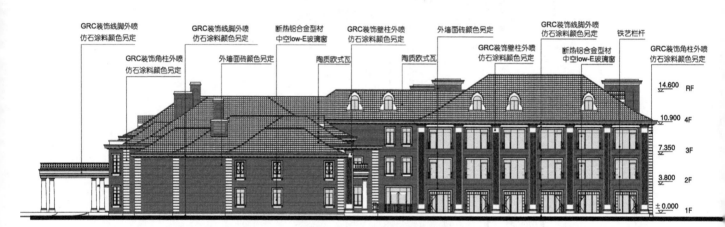

GRC装饰线脚外喷
仿石涂料颜色另定

GRC装饰角柱外喷
仿石涂料颜色另定

GRC装饰线脚外喷
仿石涂料颜色另定

外墙面砖颜色另定

断热铝合金型材
中空low-E玻璃窗

陶质欧式瓦

GRC装饰壁柱外喷
仿石涂料颜色另定

陶质欧式瓦

外墙面砖颜色另定

GRC装饰线脚外喷
仿石涂料颜色另定

GRC装饰壁柱外喷
仿石涂料颜色另定

断热铝合金型材
中空low-E玻璃窗

铁艺栏杆

GRC装饰角柱外喷
仿石涂料颜色另定

14.600　RF
10.900　4F
7.350　3F
3.800　2F
±0.000　1F

图 6.2-21　贵宾楼东立面图

豪华间

单人间　休息

单人间　休息

贵宾俱乐部　门厅

SPA　车道

14.600 RF
10.900 4F
7.350 3F
3.800 2F
0.000 1F
-5.100 -1F

图 6.2-22　贵宾楼 1-1 剖面图

6.2.3　新接待大楼

图 6.2-23　新接待大楼南立面日景

图 6.2-24　新接待大楼东南侧日景

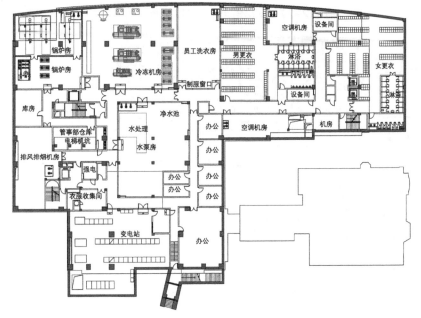

图 6.2-25　新接待大楼地下二层平面图

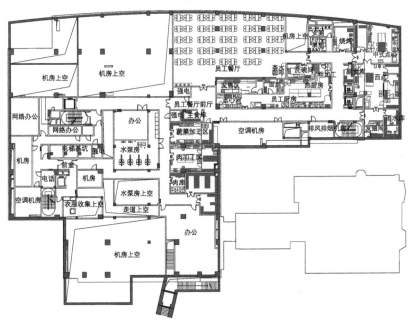

图 6.2-26　新接待大楼地下一层平面图

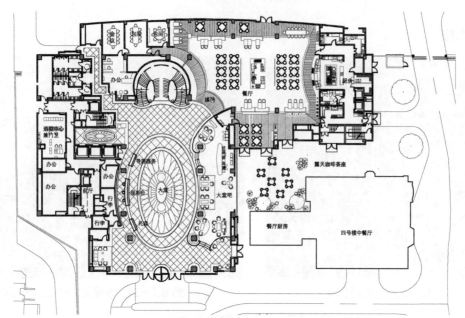

图 6.2-27　新接待大楼一层平面图

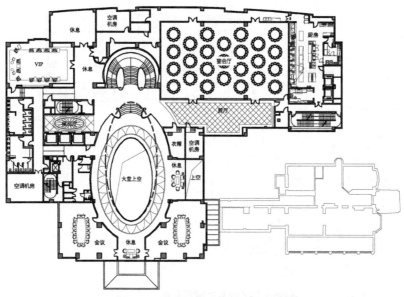

图 6.2-28　新接待大楼二层平面图

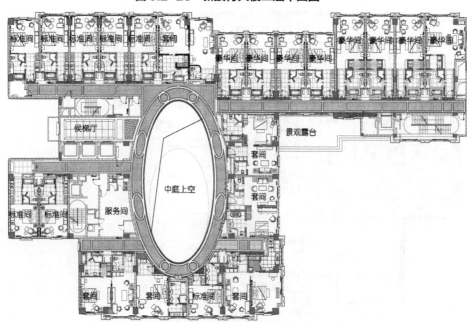

图 6.2-29　新接待大楼三层平面图

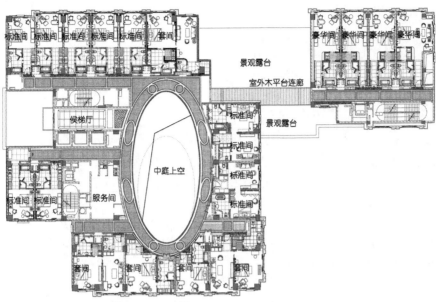

图 6.2-30 新接待大楼四、五层平面图

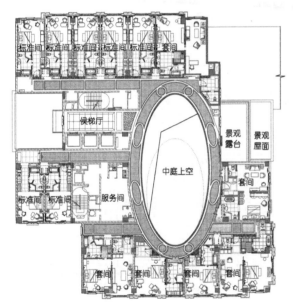

图 6.2-31 新接待大楼六层平面图

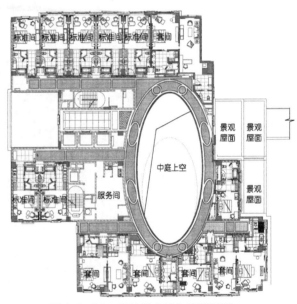

图 6.2-32 新接待大楼七层平面图

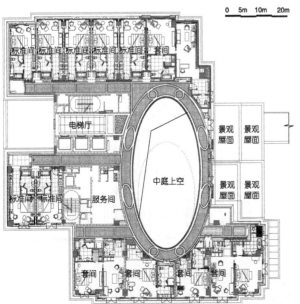

图 6.2-33 接待大楼八层平面图

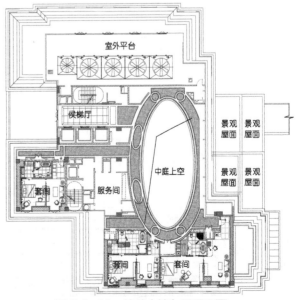

图 6.2-34 接待大楼九层平面图

金属防雨百叶　外墙面砖颜色另定　天然花岗石开放式幕墙　装饰壁柱　玻璃天棚　陶质欧式瓦　中空Low-E玻璃非隔热钢包钢窗

装饰壁柱　陶质欧式瓦　中空Low-E玻璃非隔热钢包钢窗

装饰线脚　陶质欧式瓦

玻璃栏板

金属防雨百叶

乙级固定防火窗

0　2m　4m　10m

RF	36.200
9F	31.800
8F	28.250
7F	24.700
6F	21.150
5F	17.600
4F	14.050
3F	10.500
2F	4.700
1F	±0.000

图6.2-35　接待大楼南立面

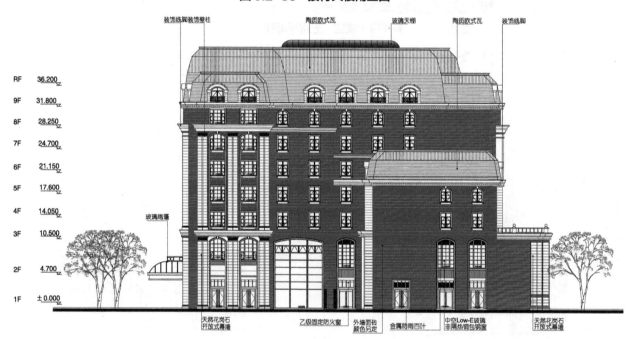

装饰线脚装饰壁柱　陶质欧式瓦　玻璃天棚　陶质欧式瓦　装饰线脚

玻璃雨蓬

RF	36.200
9F	31.800
8F	28.250
7F	24.700
6F	21.150
5F	17.600
4F	14.050
3F	10.500
2F	4.700
1F	±0.000

天然花岗石开放式幕墙　乙级固定防火窗　外墙面砖颜色另定　金属防雨百叶　中空Low-E玻璃非隔热钢包钢窗　天然花岗石开放式幕墙

图6.2-36　接待大楼西立面

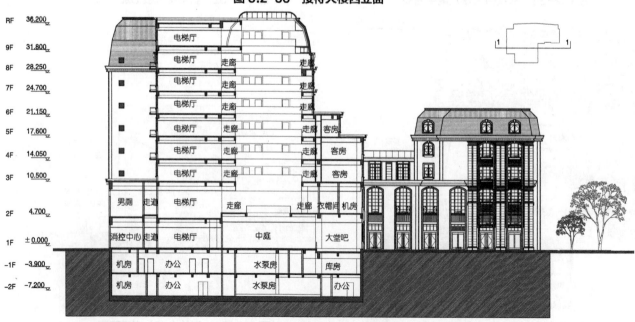

1　1

RF	36.200	电梯厅		
9F	31.800	电梯厅	走廊	走廊
8F	28.250	电梯厅	走廊	走廊
7F	24.700	电梯厅	走廊	走廊
6F	21.150	电梯厅	走廊	走廊
5F	17.600	电梯厅	走廊	走廊　客房
4F	14.050	电梯厅	走廊	走廊　客房
3F	10.500	电梯厅	走廊	走廊　客房
2F	4.700	男厕　走道　电梯厅	走廊	走廊　衣帽间　机房
1F	±0.000	消控中心　走道　电梯厅	中庭	大堂吧
-1F	-3.900	机房　办公	水泵房	库房
-2F	-7.200	机房　办公	水泵房	办公

图6.2-37　接待大楼1-1剖面图

6.2.4　主要功能区

娱乐区

娱乐区位于贵宾楼地下一层，与下沉庭院相邻，含游泳池、健身区、男女洗浴更衣以及服务接待等相关辅助用房面积共计 1590 m²。

图 6.2-38　健身中心室内

图 6.2-39　游泳池室内

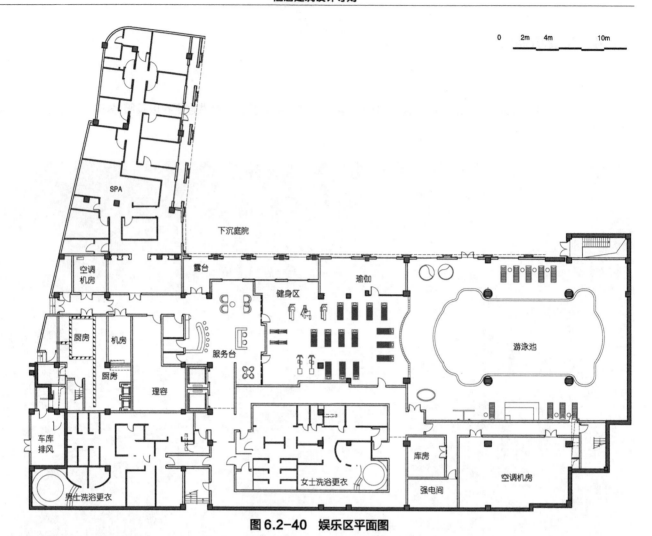

图 6.2-40　娱乐区平面图

宴会厅

图 6.2-41　新接待大楼中庭

图 6.2-42　新接待大楼中庭

图 6.2-43　宴会厅室内

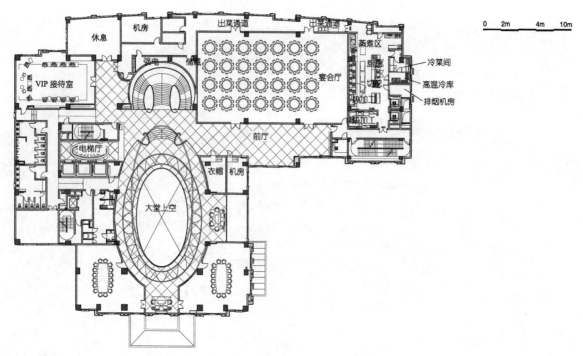

图 6.2-44　宴会厅平面图

客房

图 6.2-45　客房标准间室内

图 6.2-46　套房起居室室内

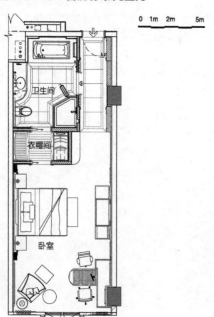

图 6.2-47　客房标准间平面图

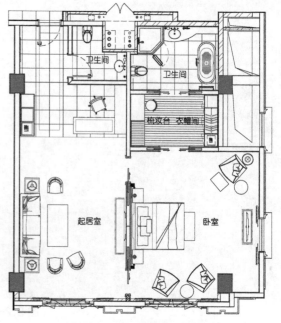

图 6.2-48　客房套房平面图

6.3　上海外滩半岛酒店

6.3.1　项目概况

设计单位：同济大学建筑设计研究院（集团）有限公司

顾问单位：凯达环球建筑设计公司

建设地点：上海黄浦区中山东一路

设计时间：2006 年

建成时间：2008 年

上海半岛酒店位于外滩源地区，北邻领事馆花园，西邻圆明园路，南邻北京路，东邻外滩，基地面积约为 13898m²。本项目面对外滩，周围是哥特式、罗马式、巴洛克式等风格各异的多座大楼被称为"万国建筑博览会"的建筑群。本项目的建成将延续外滩的天际线，成为位于外滩的一座全新的超五星级酒店。

根据土地使用条件规定，该地段的使用定性为"酒店、商业、办公"综合。拟建项目设计包括酒店大楼、公寓式酒店大楼和设有商场及酒店设施的裙楼。

酒店塔楼面向外滩，坐向与其他外滩历史建筑一致，亦让酒店的宾客饱览黄浦江的景致。为配合外滩建筑物的高度，酒店第一层面建筑高度不超过 37m，向西退缩后建筑的高度控制在 57m 以下，只有局部建筑高度超过 57m 而不多于 60m，延续了外滩历史建筑群的建筑布局，亦与沪规景 [2005]1034 号中的规划要求相符。

技术经济指标　　　　　　　　　　　　　　　　　　　表 6.3-1

项目			数量	项目		数量
总用地面积			13922 m²	绿化率		8.95%
总建筑面积			93808 m²	集中绿地率		5.88%
其中	地上部分建筑面积		57466 m²	机动车停车位数		270 个
	酒店大楼	酒店大楼建筑面积	35286 m²	其中	室外	7 个
		商业建筑面积	4094 m²		室内	263 个
	地下部分建筑面积		36342 m²		地上	7 个
	公寓式酒店大楼	公寓式酒店建筑面积	13557 m²		地下	263 个
		商业建筑面积	7094 m²	自行车停车位		500 个
	停车库		11587 m²	酒店层数		15 层
建筑占地总面积			7555 m²	酒店总高度		60.45m
地面绿化总面积			1244 m²	公寓式酒店层数		14 层
容积率			6.75	公寓式酒店层高		标准层 3.3m
建筑密度			54.36%	公寓式酒店总高度		55.70m
				酒店客房总数		247 个
				公寓式酒店客房总数		132 个

酒店功能面积表 表 6.3-2

区域			单位面积 (m²)	数量 (间)	累计面积(m²)	每间房间分项面积指标 (m²/间)	占该部分面积比 (%)	占总面积比 (%)
公共部分	大堂区	酒店大堂			1979.56			
		大堂商业			6321.05			
		大堂后勤			73.26			
		小计			8373.87	30.45	42.23	0.03
	餐饮区	西餐厅			845.02			
		中餐厅			720.31			
		小计			720.31	2.62	3.63	0.78
	会议区	多功能厅			1184.08			
		会议室	41～78	8	512.22			
		商务中心			133			
		其他			50			
		小计			1879.3	6.83	9.48	2.03
	娱乐区	室内游泳			2230.25			
		体育休闲			497.49			
		文化娱乐			923			
		小计			3650.74	13.28	18.41	3.95
	公共部分走道、卫生间、电梯厅				5206.37			
	公共部分分项总计				19830.59	72.11		21.43
客房部分	标准间		56	206	11518.53		37.19	
	套房		116	52	9334.39		30.14	
	大套房		387	4	1303.38		4.21	
	特大套房		535.95	1	535.95		1.73	
	贵宾套房		229.52	1	229.52		0.74	
	花园套房		203.26	1	203.26		0.66	
	行政客房		43～63	9	1420.64		4.59	
	半岛套房		393.1	1	393.1		1.27	
	客房部分走道、卫生间、电梯厅				6029.34			
	客房部分分项总计			275	30968.11	112.61		33.47
后勤部分	行政办公区				1074.54			
	员工生活区				1068.02			
	食物加工区				1095.98			
	功能服务区				1447.26			
	设备用房				7864.54			
	后勤部分走道、卫生间、电梯厅				3922.57			
	其他				7969.14			
	后勤部分分项总计				16472.91	59.90		17.80
车库	机动车	室外车位		7				
		地下车库		279	16991.61			
	自行车				287.64			
合计					92520			

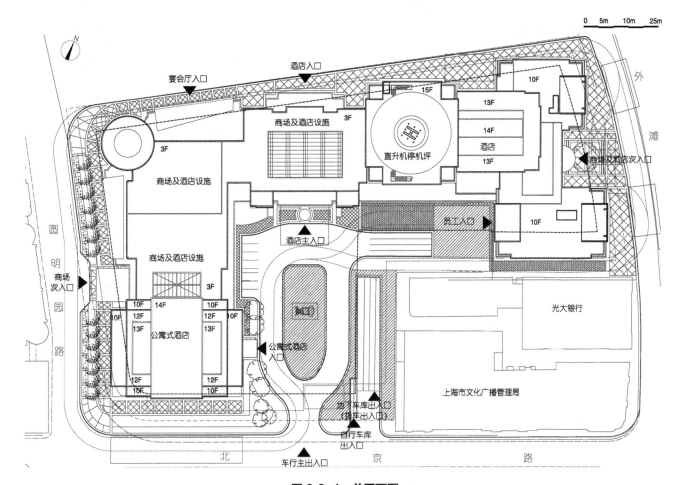

图 6.3-1 总平面图

6.3.2 实景照片

图 6.3-2 半岛酒店沿外滩面日景

图 6.3-3 半岛酒店沿外滩面日景

图 6.3-4 半岛酒店西北立面日景

图 6.3-5 半岛酒店主入口日景

6.3.3 主要技术图纸

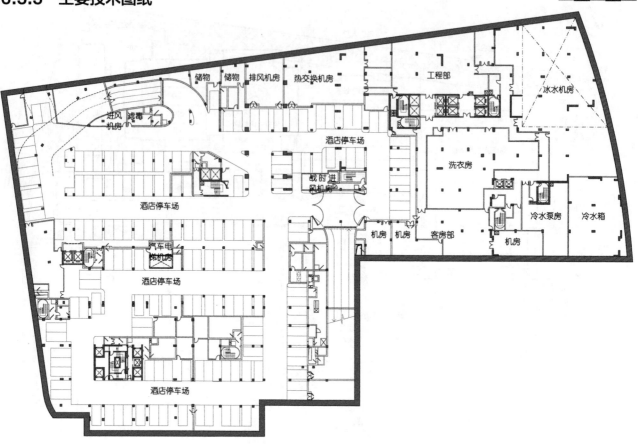

图6.3-6 地下三层平面图

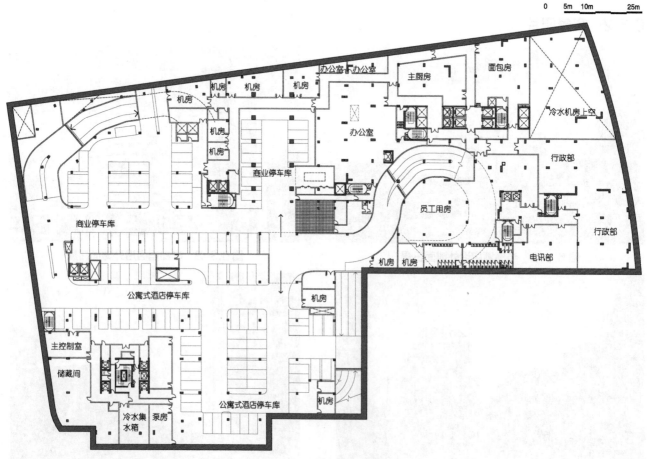

图6.3-7 地下二层平面图

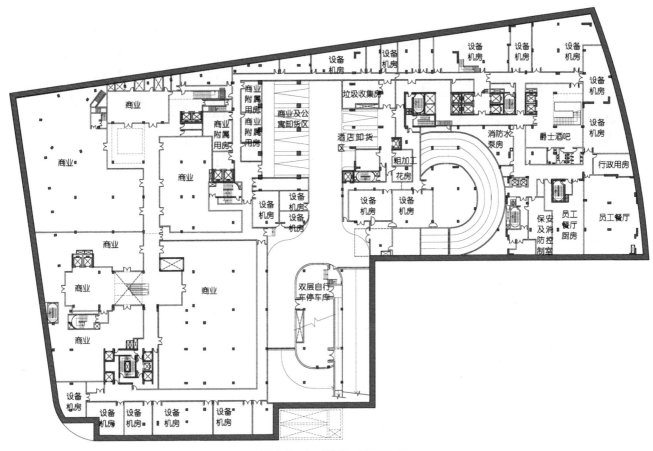

图 6.3-8　地下一层平面图

0　　5m　10m　　　　30m

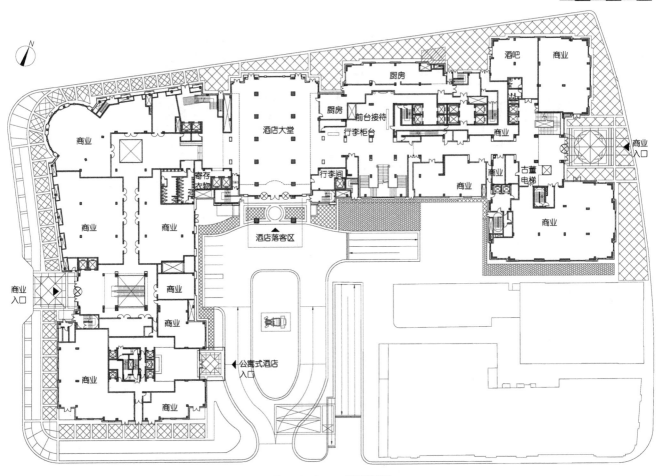

图 6.3-9　一层平面图

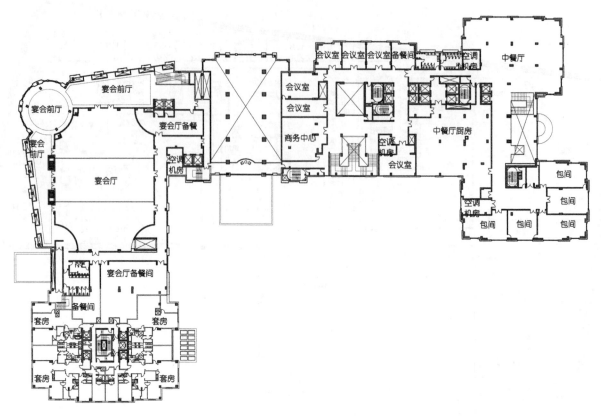

图 6.3-10　二层平面图

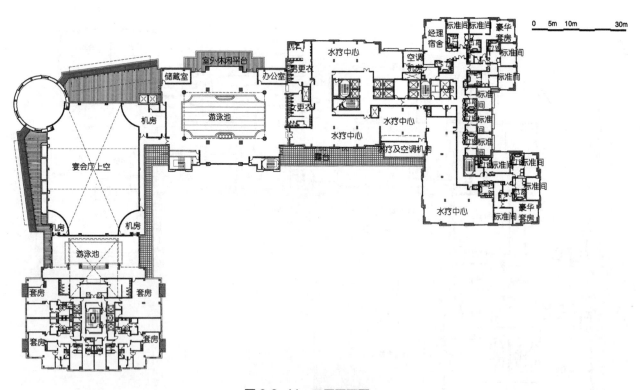

图 6.3-11　三层平面图

0 5m 10m   25m

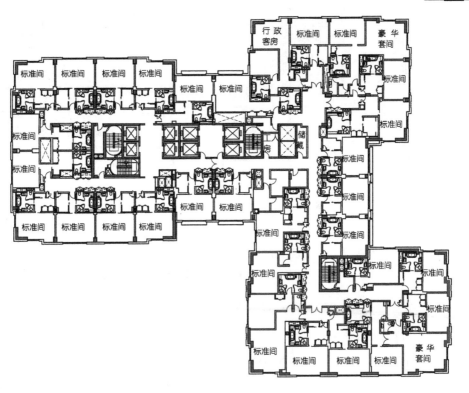

图6.3-12 四至八层平面图

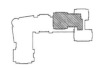

图6.3-13 十一层平面图

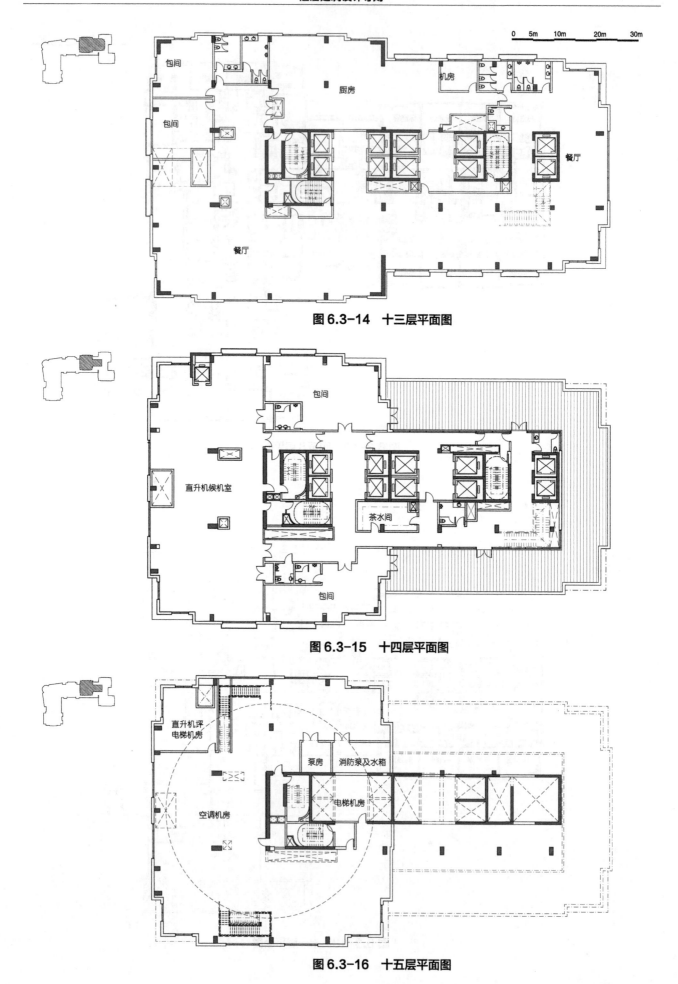

图 6.3-14 十三层平面图

图 6.3-15 十四层平面图

图 6.3-16 十五层平面图

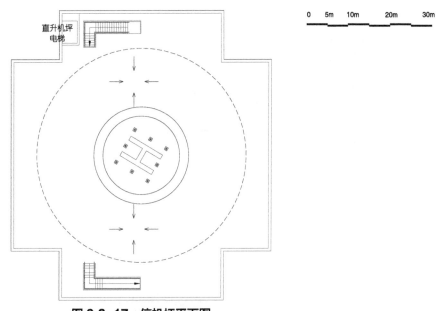

图 6.3-17 停机坪平面图

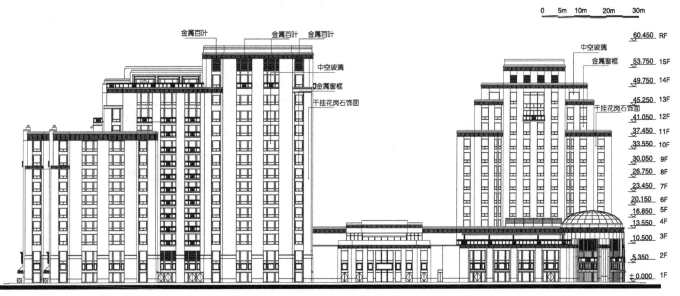

图 6.3-18 北立面图

图 6.3-19 南立面图

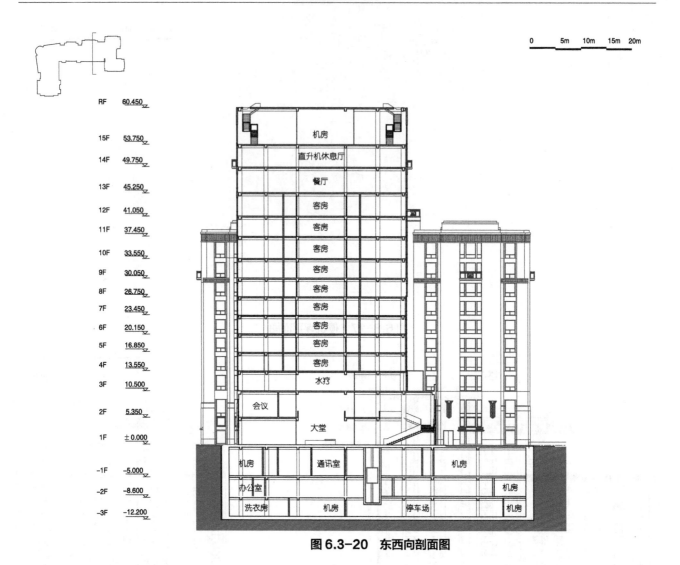

图 6.3-20　东西向剖面图

图 6.3-21　南北向剖面图

6.4 上海浦东嘉里中心

6.4.1 项目概况

设计单位：同济大学建筑设计研究院（集团）有限公司

顾问单位：KPF 建筑设计公司

建设地点：上海浦东新区花木路

设计时间：2010 年

建成时间：2011 年

上海浦东嘉里中心（A-04 地块项目）发展项目位于浦东新区，毗邻上海新国际博览中心展览场地。北临花木路，西临芳甸路，东及南临国际博览中心，是为配合国际博览中心项目。

该建筑由三个塔楼和裙楼组成，公寓式酒店总建筑高度为 99.8m，酒店总建筑高度为 134.3m，办公楼总建筑高度为 179m，裙楼可用层高度为 23.8m。项目主要功能组成为酒店、商业、办公、酒店式公寓等综合性质，酒店/公寓/办公楼功能采用了独立建筑主体的处理方式，三座大楼高度拾级而上，分别坐落基地东北，西南及中间位置，各大楼长边又分别面向不同方向，裙楼主要为商业用途，大大减轻了建筑的体量感，基地内庭园及广场空间感更强。

技术经济指标   表 6.4-1

项目				数量	项目			数量
基地面积				58942.1 m²	集中绿地率			5.67%
总建筑面积				345236 m²	机动车停车位数			1201 个
其中	地上部分总建筑面积			249558 m²	其中	地上		51 个
	其中	地上部分核定建筑面积		229999 m²		地下		1150 个
		其中	公寓式酒店建筑面积	33529 m²	自行车停车位数			2500 个
			酒店建筑面积	71173 m²	其中	地上		261 个
			裙房（商业）建筑面积	38149 m²		地下	地下夹层	1208 个
			办公楼	83247 m²			地下一层	1031 个
			博览中心	3901 m²	公寓式酒店	层数		26 层
		地上面积（其他）		19559 m²		层高		标准层 3.3m
	地下部分总建筑面积			95678 m²		总高度		105.05m
	其中	地下一层夹层建筑面积		3121 m²		房数		182 个
		地下一层建筑面积		46403 m²	酒店	层数		30 层
		地下二层建筑面积		46154 m²		层高		标准层 3.3m
建筑占地总面积				28060 m²		总高度		127.9m
容积率				5.857		客房数		574 个
建筑密度				47.61%	办公楼	层数		40 层
地面绿化总面积				8940 m²		层高		标准层 4.0m
集中绿地面积				3342 m²		总高度		179m

酒店功能面积表 表 6.4-2

区域			单位面积 （m²）	数量 （间）	累计面积 （m²）	每间房间分项面积指标 （m²/间）	占该部分面积比 （%）	占总面积比 （%）
公共部分	大堂区	酒店大堂			1350			
		商务中心			338			
		大堂商业			240			
		大堂后勤			454			
		小计			2852	5.04		3.98
	餐饮区	全日制	850	1	850			
		西餐厅	778	1	778			
		中餐厅	753	1	753			
		小计			2331	4.16		3.25
	会议区	多功能厅	900	1	900			
		会议室	41～78	8	562			
		贵宾室	48	1	48			
		其他	814.5	3	2520			
		小计			4030	7.13		5.61
	娱乐区	室内游泳			540			
		体育休闲			450			
		文化娱乐			365			
		小计			1355	2.39		0.89
	公共部分走道、 卫生间、电梯厅				7804	13.8		
	公共部分分项总计				18735	30.75		26.11
客房部分	大床标准间		40.5	244	9882		23.52	
	双床标准间		40.5	288	11664		14.17	
	套房		81～121.5	33	10500		20.51	
	客房部分走道、 卫生间、电梯厅				11570		24.10	
	客房部分分项总计			565	36816	65.16		51.32
后勤部分	行政办公区				2050			
	员工生活区				1185			
	食物加工区				1408			
	功能服务区				3320			
	设备用房				7235			
	后勤部分走道、 卫生间、电梯厅				2430			
	后勤部分分项总计				16186	29.76		23.44
合计					71173	126.97		100

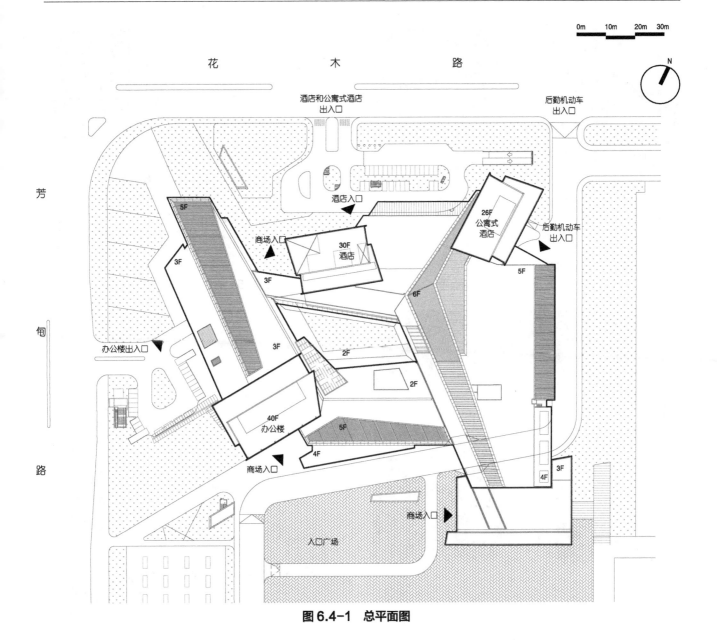

0m 10m 20m 30m

N

花 木 路

酒店和公寓式酒店
出入口

后勤机动车
出入口

芳

旬

路

酒店入口

商场入口

5F

3F

3F

办公楼出入口

3F

30F
酒店

3F

2F

6F

2F

2F

26F
公寓式
酒店

后勤机动车
出入口

5F

40F
办公楼

5F

4F

4F

3F

商场入口

商场入口

入口广场

图 6.4-1 总平面图

6.4.2 实景照片

图 6.4-2 嘉里中心东南侧日景

图 6.4-3 嘉里中心西北侧夜景

图 6.4-4 嘉里中心北侧塔楼夜景

图 6.4-5 嘉里中心东侧裙楼日景

图 6.4-6 嘉里中心酒店中庭室内

图 6.4-7 嘉里中心酒店办公中心室内

图 6.4-8 嘉里中心酒店标准间室内

图 6.4-9　嘉里中心酒店套间起居室室内

6.4.3　主要技术图纸

酒店停车区

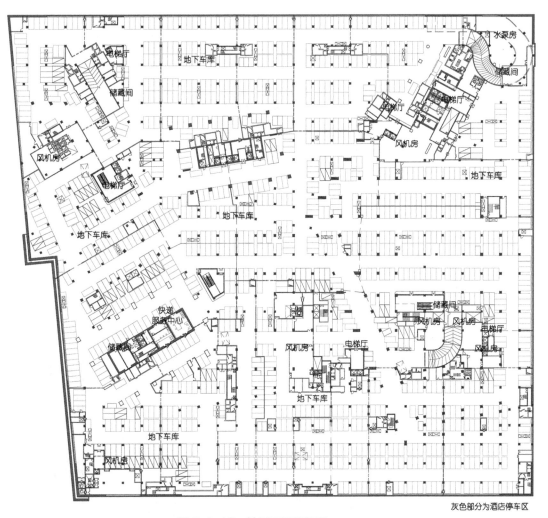

灰色部分为酒店停车区

图 6.4-10　地下二层平面图

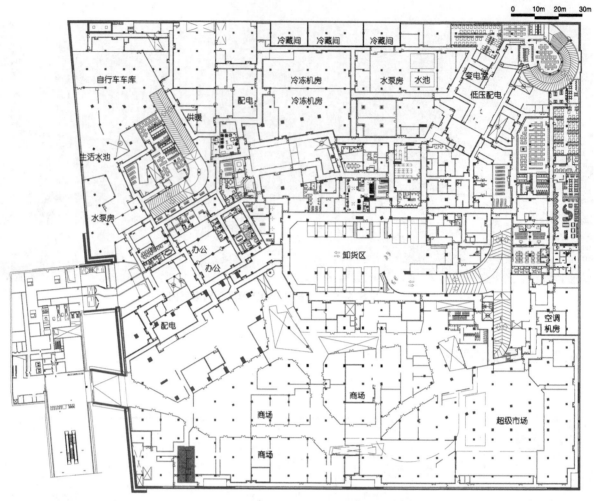

图 6.4-11　地下一层平面图

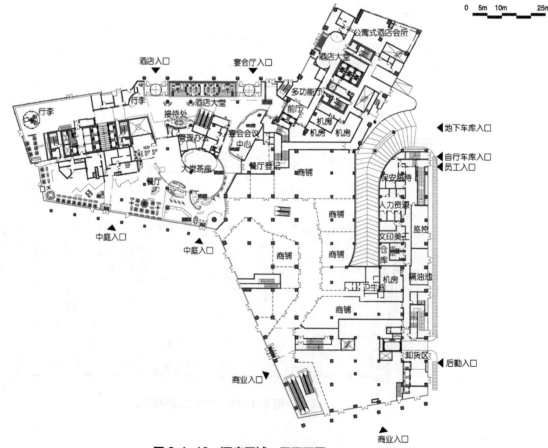

图 6.4-12　酒店区域一层平面图

图6.4-13 酒店区域二层平面图

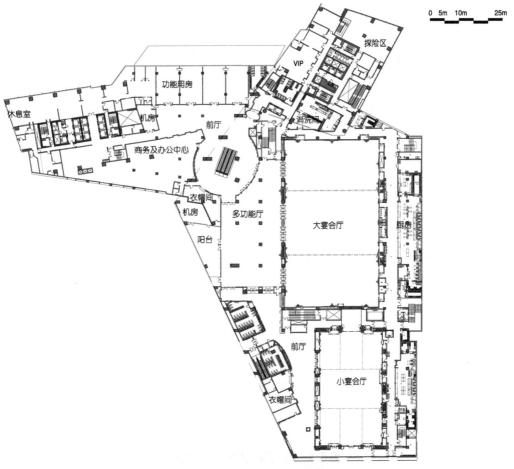

图6.4-14 酒店区域三层平面图

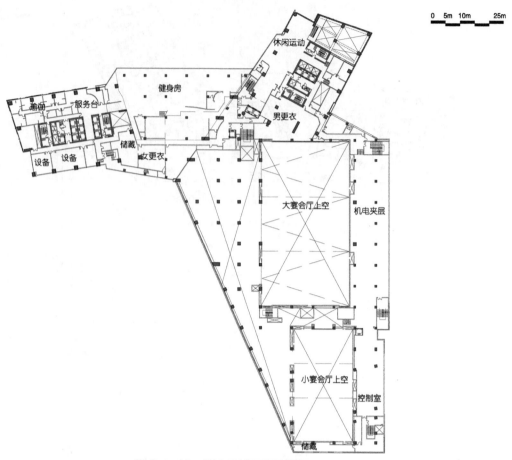

图 6.4-15　酒店区域四层平面图

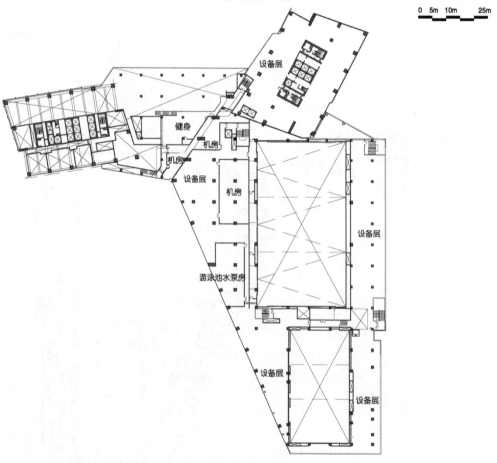

图 6.4-16　酒店区域五层平面图

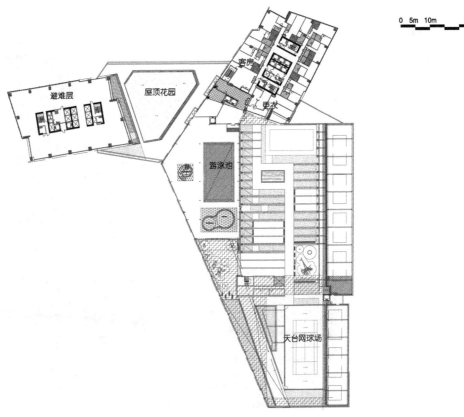

0 5m 10m 25m

图 6.4-17 酒店区域六层平面图

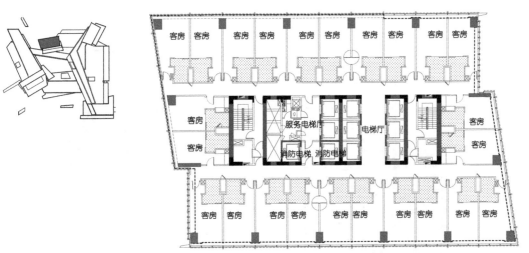

0m 2m 4m 10m

图 6.4-18 酒店塔楼五至十六层平面图（酒店标准层）

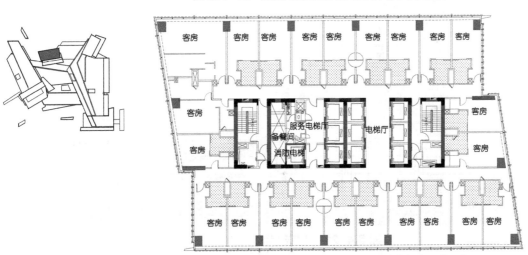

0m 2m 4m 10m

图 6.4-19 十七至二十一层平面图（酒店标准层）

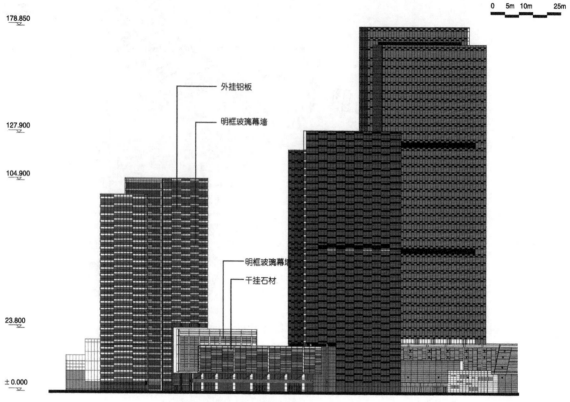

图 6.4-20　北立面图

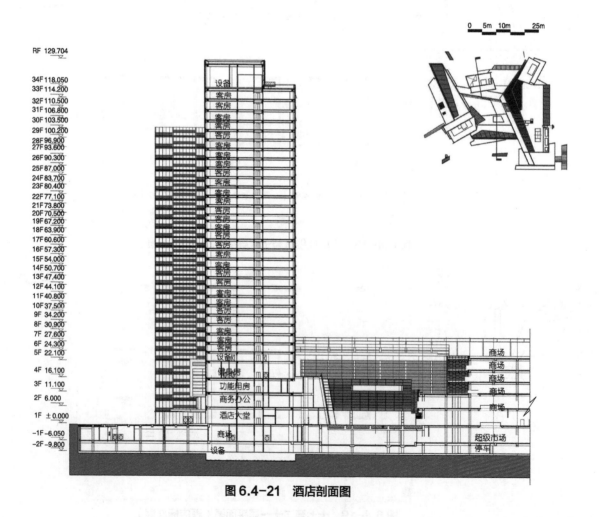

图 6.4-21　酒店剖面图

6.5　上海漕河泾万丽酒店

6.5.1　项目概况

设计单位：同济大学建筑设计研究院（集团）有限公司

建设地点：上海漕河泾新兴技术开发区

设计时间：2011 年

建成时间：2012 年

本工程地上建筑由酒店、公寓式酒店、写字楼三栋塔楼，以及连接酒店和公寓式酒店的裙房组成。其中酒店 22 层，高度为 87.8m，公寓式酒店 9 层，高度 39.5m，裙房 3 层，高 15.7m。裙房和塔楼之间设有设备夹层。酒店部分总客房数为 384 套，公寓式酒店总套数为 75 套。写字楼 17 层，高 69.5m；地下部分共两层，高度为 9.3m。

经济技术指标表　　　　　　　　　　　　　　　表 6.5-1

项目		数量	项目		数量	项目	数量
用地面积		26708m²	酒店＋公寓式酒店地上建筑面积		44593m²	公寓式酒店标准层面积	1055m²
总建筑面积		92403m²	酒店标准层面积		1339m²	建筑高度	39.5m
其中	地上建筑面积	65032m²	建筑高度		87.8m	最高点高度	40.9m
			最高点高度		97.4m	标准层层高	3.6m
	地下建筑面积	27371m²	标准层层高		3.6m	建筑层数	地上 9 层，地下 2 层
			建筑层数		地上 22 层，地下 2 层	总套数	75 套
建筑占地面积		5590m²	总客房套数		384 套	写字楼地上建筑面积	20515m²
容积率		2.435	其中	普通标间	117 间		
建筑密度		20.90%		普通大床房	164 间	标准层面积	1243m²
绿化率		37%		普通套房	30 套	建筑高度	69.5m
机动车停车		477 辆		无障碍客房	4 间	最高点高度	75.5m
地上		44 辆（包括 2 辆大巴车位）		行政标间	20 间	标准层层高	4m
地下		433 辆		行政大床房	38 间	建筑层数	地上 17 层，地下 2 层
非机动车停车		404 辆		行政套间	10 套		
				总统套房	1 套		

酒店功能面积表　　　　　　　　　　　　　　　表 6.5-2

区域			单位面积（m²）	数量（间）	累计面积（m²）	每间房间分项面积指标（m²/间）	占该部分面积比（%）	占总面积比（%）
公共部分	大堂区	酒店大堂			392			
		前台			137			
		商务中心			641			
		大堂后勤			205			
		小计			1375	3.58		3.13
	餐饮区	全日制			470			
		特色餐厅			338			
		宴会厅			620			
		中餐厅			443			
		小计			1871	4.82		4.26
	会议区	会议室			557			
		办公			525			
		小计			1082	2.82		2.47
	娱乐区	室内游泳			494			
		体育休闲			296			
		小计			790	2.06		1.80
	公共部分走道、卫生间、电梯厅				4156			
	公共部分分项总计				9274	24.15		21.14

区域		单位面积 （m²）	数量 （间）	累计面积 （m²）	每间房间分项面积指标 （m²/间）	占该部分面积比 （%）	占总面积比 （%）
客房部分	大床房	40～49	167	6797			
	标准间	41～46	118	4993			
	套房	48～281	41	2819			
	行政客房	40	58	2320			
	客房部分走道、卫生间、电梯厅			8092			
	客房部分分项总计		384	25441	66.25		57.99
后勤部分	行政办公区			459			
	员工生活区			861			
	食物加工区			1321			
	功能服务区			1468			-
	设备用房			2979			
	客房部分走道、卫生间、电梯厅			2030			
	后勤部分分项总计			9154	23.84		20.87
合计				43869	114.24		

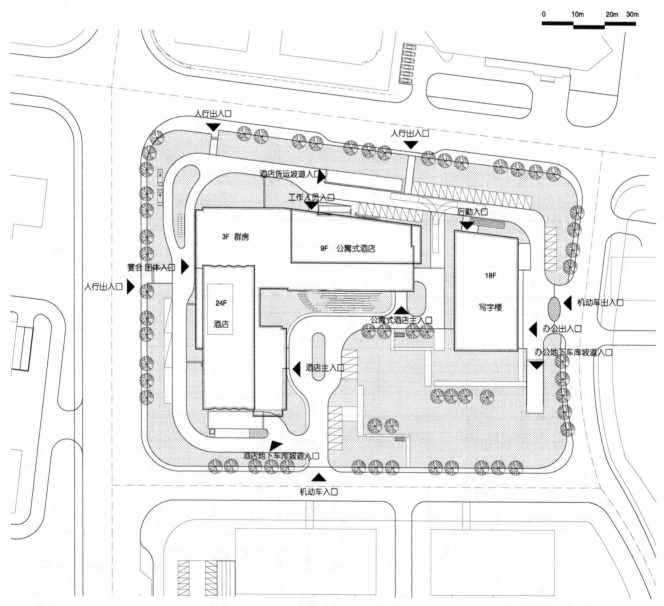

图 6.5-1　总平面图

6.5.2　实景照片

图 6.5-2　酒店西北侧日景

图 6.5-3　酒店东南侧日景

图 6.5-4　酒店大堂室内

图 6.5-5　酒店全日餐厅室内

图 6.5-6　酒店全日餐厅室内

图 6.5-7　酒店双床间客房室内

图 6.5-8　客房卫生间室内

6.5.3 主要技术图纸

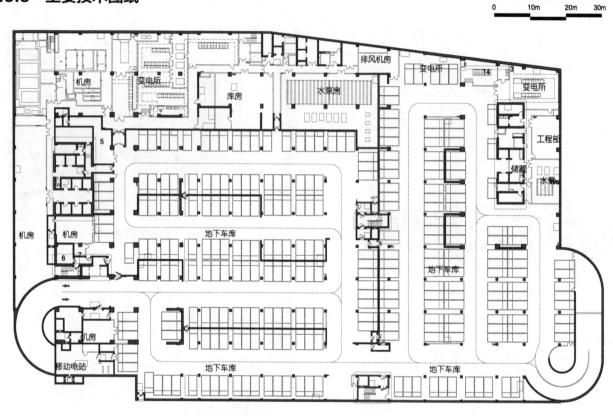

图 6.5-9 地下二层平面图

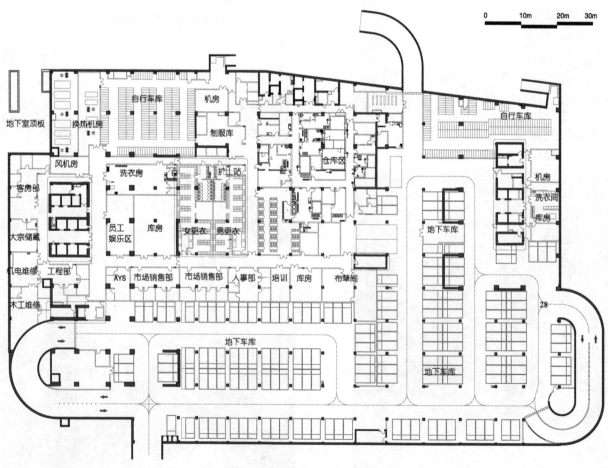

图 6.5-10 地下一层平面图

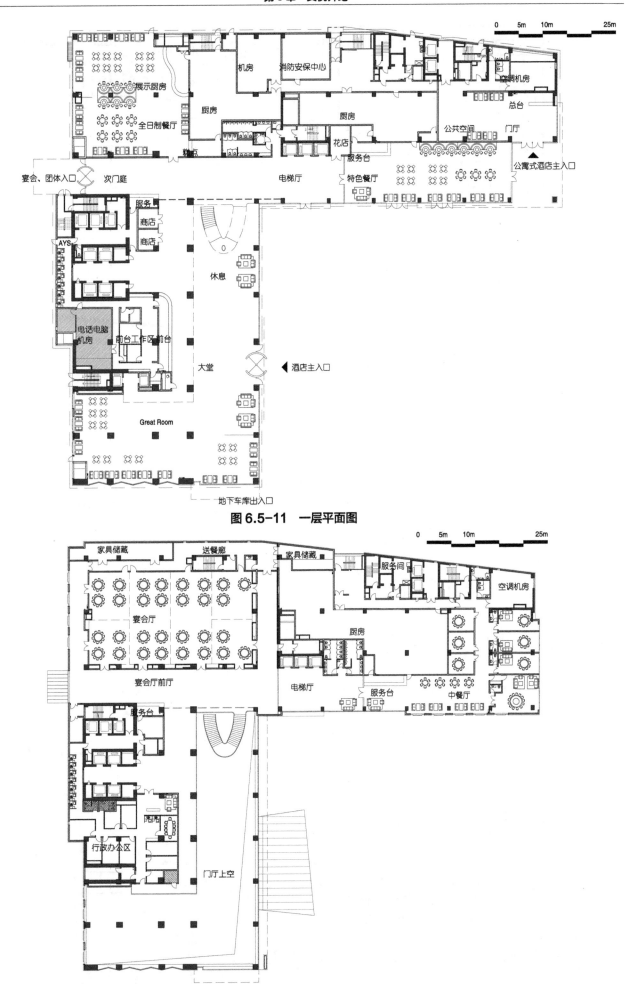

图6.5-11 一层平面图

图6.5-12 二层平面图

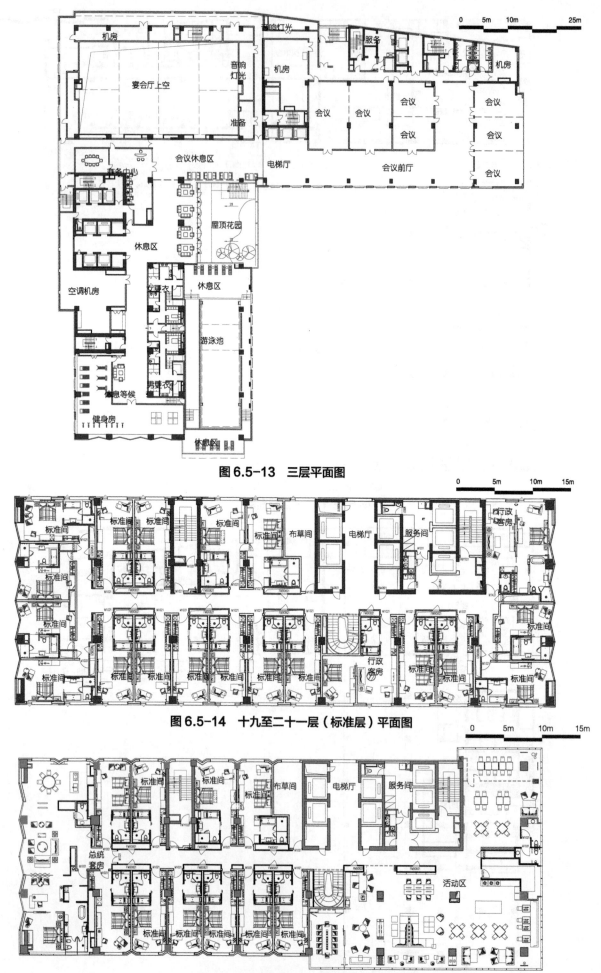

图 6.5-13　三层平面图

图 6.5-14　十九至二十一层（标准层）平面图

图 6.5-15　二十二层（行政层）平面图

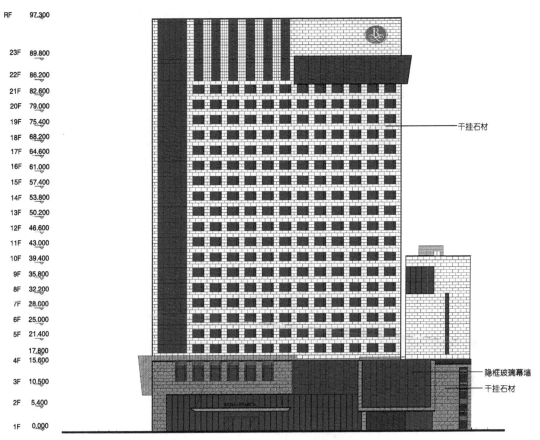

RF	97.300
23F	89.800
22F	86.200
21F	82.600
20F	79.000
19F	75.400
18F	68.200
17F	64.600
16F	61.000
15F	57.400
14F	53.800
13F	50.200
12F	46.600
11F	43.000
10F	39.400
9F	35.800
8F	32.200
7F	28.000
6F	25.000
5F	21.400
	17.800
4F	15.600
3F	10.500
2F	5.400
1F	0.000

干挂石材

隐框玻璃幕墙
干挂石材

图 6.5-16 东立面图

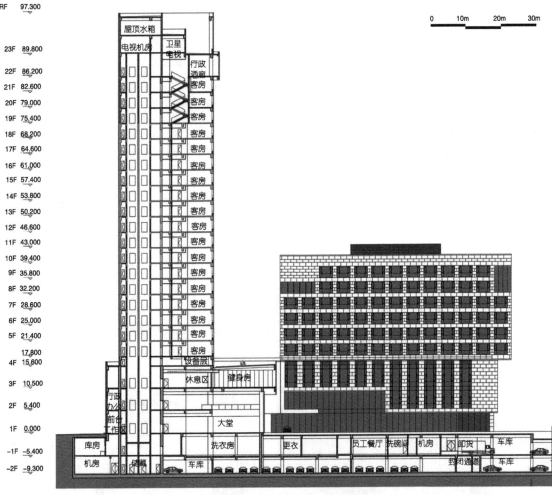

图 6.5-17 A-A 剖面图

6.5.4 客房层区

标准间

标准间共计 281 间，客房开间 4200mm，进深 9050mm，客房面积 36.8m²，其中卫生间面积 7.8m²。

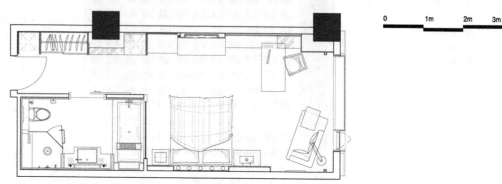

图 6.5-18 标准间平面图

行政客房

行政客房共计 10 套，套房开间 7650mm，进深 11000mm，套房面积 68.7m²，其中卫生间面积 11.4m²。

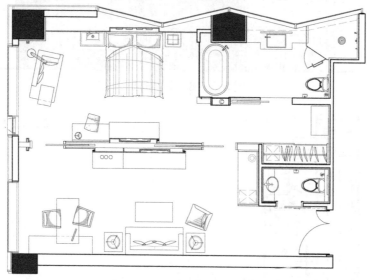

图 6.5-19 行政客房平面图

总统套房

总统套房共计 1 套，套房开间 12600mm，进深 21200mm，套房面积 265m²，其中卫生间面积 34.7m²。

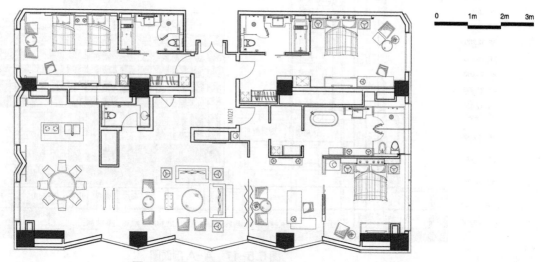

图 6.5-20 总统套房平面图

参考文献

连续出版物：

[1] 佳图文化.世界建筑 3: 酒店建筑设计 [J]. 华南理工大学出版社；2012.01

专（译）著：

[1] Carles Broto, HOTEL DESIGN. Links Internacional, 2007.08

[2] Walter Rutes, Richard Penner, Lawrence Adams, Hotel Design, Planning and Development. WW Norton & Co; New edition, 2009.09

[3] Patricia Masso, Ecological Hotels. teNeues Verlag GmbH + Co KG; Mul, 2009.03

[4] 王琼,酒店设计方法与手稿.辽宁科学技术出版社,2007.06

[5] 《旅游饭店星级的划分与评定释义》编写组,旅游饭店星级的划分与评定释义.中国旅游出版社；第 1 版 2010.11

[6] 王奕,酒店与酒店设计 (第 2 版).中国水利水电出版社,第 2 版,2012.08

[7] 朱守训,酒店度假村开发与设计.中国建筑工业出版社；第 1 版 2010.08

[8] 《酒店设计师访谈录》编辑组,设计的智慧:酒店设计师访谈录.辽宁科学技术出版社；第 1 版 2010.05

[9] LINKS,1000 个酒店设计创意.江西美术出版社；第 1 版 2013.04

[10] 香港理工国际出版社,100 家全球最新品牌酒店.华中科技大学出版社,2010.07

[11] 上海万创文化传媒有限公司,101 国际最新品牌酒店.江苏人民出版社,2011.07

[12] Asensio, Paco, Ultimate Hotel Design . Te Neues Pub Group, 2005.01

[13] Kunz, Martin Nicholas (EDT)/ Masso, Patricia, LUXURY HOTELS TOP OF THE WORLD. Te Neues Pub Group, 2006.10

[14] 北京万创文化传媒有限公司,世界顶级酒店.大连理工大学出版社,2010.03

[15] [英] 弗雷德·劳森,酒店与度假村规划、设计和重建.大连理工大学出版社,2003-09-01

[16] ARTPOWER, Hotel Design Bible– Global Top Hotel. ARTPOWER; 第 1 版 2010.06

[17] 香港理工国际出版社,世界酒店建筑.对话国际建筑师事务所,2010.10

[18] 邢日瀚,酒店字典.江苏人民出版社；第 1 版 2011.04

[19] 香港科讯国际出版公司,国际品牌酒店.湖北华中科技大学,2007.11

[20] 香港科讯国际出版公司,国际品牌酒店 2.湖北华中科技大学,2009.05

[21] 霍华德·沃森,酒店设计革命.高等教育出版社,2007.01

[22] Danny Zhai, 顶级酒店 . Dalian University of Technology Press, 2009.06

[23] 杨明涛,明月国际 (香港) 出版公司,顶级酒店 3.大连理工大学出版社；2010.03